Modellierung von eingebetteten Systemen mit UML und SysML

D1694612

In dieser Reihe sind bisher erschienen:

Martin Backschat / Bernd Rücker
Enterprise JavaBeans 3.0
Grundlagen – Konzepte – Praxis

Peter Liggesmeyer
Software-Qualität
Testen, Analysieren und Verifizieren von Software

Michael Englbrecht
Entwicklung sicherer Software
Modellierung und Implementierung mit Java

Klaus Zeppenfeld
Objektorientierte Programmiersprachen
Einführung und Vergleich von Java, C++, C#, Ruby

Martin Backschat / Stefan Edlich
J2EE-Entwicklung mit Open-Source-Tools
Coding – Automatisierung – Projektverwaltung – Testen

Marco Kuhrmann / Jens Calamé / Erika Horn
Verteilte Systeme mit .NET Remoting
Grundlagen – Konzepte – Praxis

Peter Liggesmeyer / Dieter Rombach (Hrsg.)
Software Engineering eingebetteter Systeme
Grundlagen – Methodik – Anwendungen

Stefan Conrad / Wilhelm Hasselbring / Arne Koschel / Roland Tritsch
Enterprise Application Integration
Grundlagen – Konzepte – Entwurfsmuster – Praxisbeispiele

Ingo Melzer et al.
Service-orientierte Architekturen mit Web Services, 2. Auflage
Konzepte – Standards – Praxis

Oliver Vogel / Ingo Arnold / Arif Chughtai / Edmund Ihler / Uwe Mehlig / Thomas Neumann / Markus Völter / Uwe Zdun
Software-Architektur
Grundlagen – Konzepte – Praxis

Marco Kuhrmann / Gerd Beneken
Windows® Communication Foundation
Konzepte – Programmierung – Konzeption

Andreas Korff
Modellierung von eingebetteten Systemen mit UML und SysML

Andreas Korff

Modellierung von eingebetteten Systemen mit UML und SysML

Unter Mitwirkung von Markus Schacher

Autor:
Andreas Korff
Kaufbeuren
E-Mail: andreas.korff@artisansw.com

Wichtiger Hinweis für den Benutzer:
Der Verlag und der Autor haben alle Sorgfalt walten lassen, um vollständige und akkurate Informationen in diesem Buch zu publizieren. Der Verlag übernimmt weder Garantie noch die juristische Verantwortung oder irgendeine Haftung für die Nutzung dieser Informationen, für deren Wirtschaftlichkeit oder fehlerfreie Funktion für einen bestimmten Zweck. Ferner kann der Verlag für Schäden, die auf einer Fehlfunktion von Programmen oder ähnliches zurückzuführen sind, nicht haftbar gemacht werden. Auch nicht für die Verletzung von Patent- und anderen Rechten Dritter, die daraus resultieren. Eine telefonische oder schriftliche Beratung durch den Verlag über den Einsatz der Programme ist nicht möglich. Der Verlag übernimmt keine Gewähr dafür, dass die beschriebenen Verfahren, Programme usw. frei von Schutzrechten Dritter sind. Die Wiedergabe von Gebrauchsnamen, Handelsnamen, Warenbezeichnungen usw. in diesem Buch berechtigt auch ohne besondere Kennzeichnung nicht zu der Annahme, dass solche Namen im Sinne der Warenzeichen- und Markenschutz-Gesetzgebung als frei zu betrachten wären und daher von jedermann benutzt werden dürften. Der Verlag hat sich bemüht, sämtliche Rechteinhaber von Abbildungen zu ermitteln. Sollte dem Verlag gegenüber dennoch der Nachweis der Rechtsinhaberschaft geführt werden, wird das branchenübliche Honorar gezahlt.

Bibliografische Information der Deutschen Nationalbibliothek
Die Deutsche Nationalbibliothek verzeichnet diese Publikation in der Deutschen Nationalbibliografie; detaillierte bibliografische Daten sind im Internet über http://dnb.d-nb.de abrufbar.

Springer ist ein Unternehmen von Springer Science+Business Media
springer.de

© Spektrum Akademischer Verlag Heidelberg 2008
Spektrum Akademischer Verlag ist ein Imprint von Springer

08 09 10 11 12 5 4 3 2 1

Das Werk einschließlich aller seiner Teile ist urheberrechtlich geschützt. Jede Verwertung außerhalb der engen Grenzen des Urheberrechtsgesetzes ist ohne Zustimmung des Verlages unzulässig und strafbar. Das gilt insbesondere für Vervielfältigungen, Übersetzungen, Mikroverfilmungen und die Einspeicherung und Verarbeitung in elektronischen Systemen.

Planung und Lektorat: Dr. Andreas Rüdinger, Barbara Lühker
Herstellung: Andrea Brinkmann
Umschlaggestaltung: SpieszDesign, Neu-Ulm
Satz: Mitterweger & Partner, Plankstadt
Druck und Bindung: Krips b.v., Meppel

Printed in the Netherlands

ISBN 978-3-8274-1690-2

Vorwort

Zeitlich ist ein Vorwort eigentlich ein Nachwort, denn es wird zumeist dann geschrieben, wenn das Buch schon fertig ist. So bietet sich mir die Chance, die Entstehung des Buchs noch einmal Revue passieren zu lassen und danke zu sagen. Am Anfang stand, wie bei jedem Projekt auch, eine Idee: Wie verbinden sich die verschiedenen Möglichkeiten, mit der UML (und ihren Derivaten) Systeme und Software zu beschreiben, zu einem Leitfaden, der einem Entwickler für eingebettete Systeme den Weg durch seinen Entwicklungsprozess aufzeigt? Mittlerweile konnte die UML bereits ihr zehnjähriges Bestehen feiern, und während dieser Zeit wurde aus der universal anwendbaren Notation zur objektorientierten Beschreibung softwarelastiger Systeme eine universal angewendete Sprache.

Diese Anwendung der UML bedeutete auch, dass der generische Erweiterungsmechanismus der Modellierungssprache über Profile fleißig verwendet wurde und dadurch für viele Domänen Standarderweiterungen durch die Object Management Group entstanden und entstehen. Allein, es fehlt so recht der Überblick für einen neuen Anwender. Die Beschränkung auf eine Notation und die dahinterliegende Semantik bei der Beschreibung der UML als Modellierungssprache führt auch dazu, dass sich die Entwickler ihre passende Methodik dazudenken müssen. Wer zum ersten Mal modellbasiert entwickeln will, ist da leicht überfordert. Daraus entwickelte sich das Ziel des Buchs: Eine verständliche Übersicht über die UML zu liefern, aus der Sichtweise und sozusagen mit der Brille des Entwicklers eingebetteter Systeme.

Natürlich schreibt sich ein Buch nicht von selbst, und schon gar nicht allein. Daher möchte ich mich ganz herzlich bedanken bei allen, die mich auf vielfältige Weise unterstützt haben: An erster Stelle bei Claudia, Matthias und Jonas, die sich meine Zeit und Aufmerksamkeit mit diesem Buch für eine (zu) lange Zeit haben teilen müssen. Dann möchte ich mich natürlich für die Unterstützung bei meinen deutschen und englischen Kollegen und dem Management von ARTiSAN Software Tools bedanken: Ich darf die Konzepte und das Vorgehen, die wir bei ARTiSAN zum Einsatz der UML für eingebettete und Echtzeitsysteme vorschlagen, hier mitverwenden. So vermeide ich eine Schere im Kopf, denn ich kann das beschreiben, was ich als Berater auch vertrete. Vielen Dank auch der Object Management Group (OMG): Im Kapitel über die SysML durfte ich deren Beispiel der Distillers[1] als bereits vorhandenes und gutes Beispiel für die neuen Sichten der SysML nutzen.

Ganz besonders bedanke ich mich bei Markus Schacher von Knowgravity, Inc., der durch sein Abschlusskapitel über die ausführbare UML (xUML) das Buch erst richtig abrundet. Danke, Markus!

---

[1] SysML Group, Distiller-Beispiel; Von der Object Management Group genehmigter Nachdruck, © OMG. 2007

Meinem Verlag und besonders meiner Lektorin, Frau Lühker, möchte ich zum Abschluss auch herzlich danken für ihre Geduld mit einem, der auf die harte Tour lernen musste, dass sich ein Buch nicht mal nebenbei schreibt. Mit dieser Erfahrung stehe ich aber nicht allein, was dieses Zitat von Douglas Adams belegt:

I love deadlines. I like the whooshing sound they make as they fly by.

Inhaltsverzeichnis

1 | Einführung in die Modellierung von Systemen

Nichts geht ohne Motivation. Daher motivieren wir zu Beginn des Buchs die Modellierung von Systemen, indem wir schon vorab ihre Ziele darstellen, z. B. die Begünstigung von Teamarbeit, da Modelle als Kommunikationsmedien für verlustfreie Informationsvermittlung verwendbar sind. Modelle können weiterhin helfen, Komplexität in den Griff zu bekommen. Dabei bedient sich die grafische Modellierung der Möglichkeit, verschiedene Perspektiven für die unterschiedlichsten Zwecke aufzubauen, um jeweils eine Sache gut darstellen zu können. Wenn die Systementwicklung die Einhaltung von Normen voraussetzt, so bedingen diese ein systematisches Vorgehen. Dieses wird durch Modellierung erst möglich. Zum Abschluss betrachten wir noch die Historie der UML und der SysML, um sie als aktuelle Modellierungssprachen in den zeitlichen und logischen Kontext setzen zu können.

Modellierung gab's schon immer

Früher war alles einfacher, oder? Da gab es geniale Menschen, die sich tolle Sachen ausdachten und die dann einfach auch in die Tat umsetzten. Leonardo da Vinci war ein solcher oder Thomas Alfa Edison oder auch Blaise Pascal oder Konrad Zuse. Betrachten wir aber, wie sich diese an die Realisierung ihrer Ideen heranarbeiteten, dann wird deutlich, dass nicht alle einfach beim Duschen einen Geistesblitz hatten und sich dann frisch ans Werk machten. Stattdessen finden wir bei allen Systemen, die einen gewissen Grad an Komplexität überschreiten, ein planvolles Vorgehen, und das im wahrsten Sinne des Wortes, denn die an der Realisierung beteiligten Personen machen sich einen Plan. Manchmal ist nur der Plan erhalten wie bei den Flugmaschinen des Leonardo da Vinci, manchmal ist nur das Produkt erhalten wie der Mechanismus von Antikythera. Um Letzteren verstehen zu können, wäre es sehr hilfreich, uns stünden abstraktere Sichten auf die Funktionsweise zur Verfügung. Da fehlt der Plan auf die funktionalen Sichten, da sich diese nicht immer eindeutig durch die Struktur eines Systems ergeben. Somit wäre auch die Modellierung eines Systems oder Vorhabens als die Erstellung eines oder mehrerer Pläne anzusehen, und unsere genialen Geister haben seit jeher modelliert. In diesem Sinne sind sogar die Höhlenzeichnungen unserer Steinzeitvorfahren Modelle einer erfolgreichen Jagd.

Planvolles Vorgehen beim Hausbau

Die immer wieder herangezogene Analogie zur Systementwicklung ist die des Hausbaus. Es sind die verschiedensten Gewerke zu vergeben, zu planen, zu koordinieren und schließlich auszuführen. Alle diese Informationen formen zusammen ein Modell des Hauses. Dieses Modell ist allerdings nicht homogen, denn die Sichten sind domänenspezifisch und nicht automatisch aufeinander abgestimmt. Wenn als Beispiel der Zimmermann seine zweidimensionalen Planzeichnungen oder die dreidimensionalen Fertigungsvorgaben für den Dachstuhl mit der Holz-Einkaufsliste beim Sägewerk vergleicht, sollten sich gewisse Parallelen zeigen, ansonsten ist Ärger vorprogrammiert.

Planvolles Vorgehen durch Modellierung

Wie können wir die Komplexität von solchen Vorhaben in den Griff bekommen? Beim Hausbau hilft nur rigide Kontrolle durch den Architekten oder Bauherrn und ein gewisser Fatalismus, in der Hoffnung, dass das, was bestimmt schiefgehen wird, möglichst nicht fundamentale Dinge betrifft. Gibt es denn Alternativen? Bei größeren System- und Softwareprojekten in der Entwicklung können wir die feuchte Wand nicht immer wieder mit Schimmeltod überstreichen. Durch Modellierung ist es möglich, von Anfang an die Anforderungen an das System in eine passende Architektur umzusetzen und Beziehungen zwischen ihnen zu beschreiben. Für Modellierung gibt es gewichtige Gründe:

1. Die heutige System- und Softwareentwicklung ist nicht mehr nur ein Job, den eine Person allein stemmen könnte. Somit wird die Kommunikation im Team eine Schlüsseldisziplin und braucht daher ein Medium, das Missverständnisse gar nicht erst aufkommen lässt.
2. Die zu berücksichtigenden Informationen sind zu viele und zu vielfältig. Grafische Modellierung heißt, gefilterte Sichten auf das „große Ganze" erstellen zu können.

3. Die Abläufe im System und auch im Entwicklungsprozess sind zu komplex.
4. Trotzdem wird zur Entwicklung nicht immer mehr Zeit zur Verfügung gestellt, sondern eher weniger. „Time-to-Market“ hat die höchste Priorität.
5. Die Anforderungen an das System oder die Software sind nicht stabil. Unser Entwicklungsprozess und auch das Modell muss Nachjustierungen zulassen.
6. Äußere Gegebenheiten wie Produkthaftung erzwingen eine Nachvollziehbarkeit von eingehaltenen Regeln, um die einzuhaltende Sorgfaltspflicht belegen zu können. Dies kann durch die Klassifizierung der erreichten Prozessqualität nach Vorgehensnormen wie CMMI und SPICE oder durch die Kritikalität des Produktes entsprechend IEC61508 oder von domänenspezifischen Tochternormen notwendig sein.

Wenn wir uns überzeugen lassen, dass Modellierung eine gute Sache für unser Projekt ist, stellt sich natürlich die nächste Frage: Wie modellieren wir? Bauen wir die Antwort auf diese Frage doch Schritt für Schritt von unten nach oben auf: Modellierung bedeutet gekonntes Weglassen. Das fertige Gesamtsystem ist ein Modell ohne jede Abstraktion. Darin enthalten ist der binäre Laufzeitcode der Software, kompiliert und gelinkt. Wenn wir uns den Source Code davor ansehen, ist dieser bereits ein Modell der Software. Dieser ist verständlicher als der Binärcode, aber in der Menge und von der Struktur her noch nicht abstrakt genug. Wir können die Software und das eingebettete System textuell beschreiben, nur dann fehlt der Formalismus, der es uns erlaubt, im Team ohne Informationsverlust oder Missverständnisse kommunizieren zu können.

Der nächste konsequente Schritt wäre der Versuch, durch gezielte Nutzung von eindeutiger Sprache die Unschärfe aus unserem textuellen Modell herauszunehmen. Dies wird zum Teil auch getan, wenn es nötig ist, eine genaue textuelle Beschreibung des Systems oder von Komponenten erstellen zu können. Wofür hier aber noch eine Lösung fehlt, ist die große Lücke zwischen solchen Beschreibungen und der formalen Software. Hier setzen grafische Beschreibungssprachen an. Bleiben wir auf unserem Weg von unten nach oben, so sind die nächsten Modellsichten über der Software quasi „Landkarten“, die die Bestandteile der Software nach Struktur, Zusammengehörigkeit und Eigenschaften zeigen. Wie bei diesem Bild der Landkarten können wir auch für die Software unterschiedliche Abstraktionsebenen verwenden. Manche echte (Land-) Karten zeigen die Topologie und die Höhenlinien, andere die Straßen, Schienen und andere Verkehrswege, während manch andere mit Farben und seltsamen Linien Staaten und Staatsgrenzen darstellen. Die letzteren Abbildungen sind schon so abstrakt, dass anstelle der natürlichen Gegebenheiten hier die Gebietsnutzung, politische Zugehörigkeit und die Geschichte einer Landschaft ins Spiel kommen. In Analogie dazu können höhere Abstraktionen in unserer Software den Zweck und die funktionalen Nutzungsmöglichkeiten aufzeigen.

Genauso geht die UML und auch die SysML vor, wie wir im Einzelnen sehen werden.

Ein wenig Geschichte

Wo kommt die UML her? Abbildung 1.1 zeigt einen Zeitablauf und verschiedene Elemente: Mit dem Aufkommen objektorientierter Sprachen wie Ada, Smalltalk oder C++ versuchte man, in der Informatik das Problem der Softwarekrise in den Griff zu bekommen. Mit diesem Terminus können wir alle Schwierigkeiten bei der Softwareentwicklung zusammenfassen: fehlerhafte Programmierung, Fehler bei der Umsetzung der Kunden- und Nutzeranforderungen, Fehler im Projektmanagement und dadurch mangelnde Termintreue, ineffizientes Vorgehen bei der Entwicklung und vieles mehr. Diese objektorientierten Sprachen sollen den Entwickler in die Lage versetzen, die Software „menschlicher" beschreiben und sich auf die Problemlösung konzentrieren zu können. Was fehlt, ist das planvolle Vorgehen bei der System- und Softwareerstellung. Die strukturierten Methoden sollten genau dies leisten. Danach folgten viele Versuche und Ansätze, das Vorgehen und die Sprachen miteinander in Einklang zu bringen. Leider waren selbst die auf grafischen Beschreibungen beruhenden Vorschläge allesamt unterschiedlich, so dass Anfang der 1990er-Jahre Begriffe wie „babylonische Sprachverwirrung" oder „Methodenkriege" aufkamen. Letztendlich versuchten sich dann mit Grady Booch, James Rumbaugh und Ivar Jacobson drei der Protagonisten, ein gemeinsames Vorgehen zu entwickeln. Dabei half sicher, dass sie einen gemeinsamen Arbeitgeber hatten. Aus der Idee, eine gemeinsame Methodik (engl. Unified Method, abgekürzt UM) zu entwickeln, wurde letztendlich zumindest eine gemeinsame Modellierungsnotation (engl. Unified Modeling Language), die UML. Die Version UML 1.1 schließlich wurde 1997 von der Object Management Group (OMG), einem internationalen Industriekonsortium zur Nutzung objektorientierter Technologien, als Standard akzeptiert.

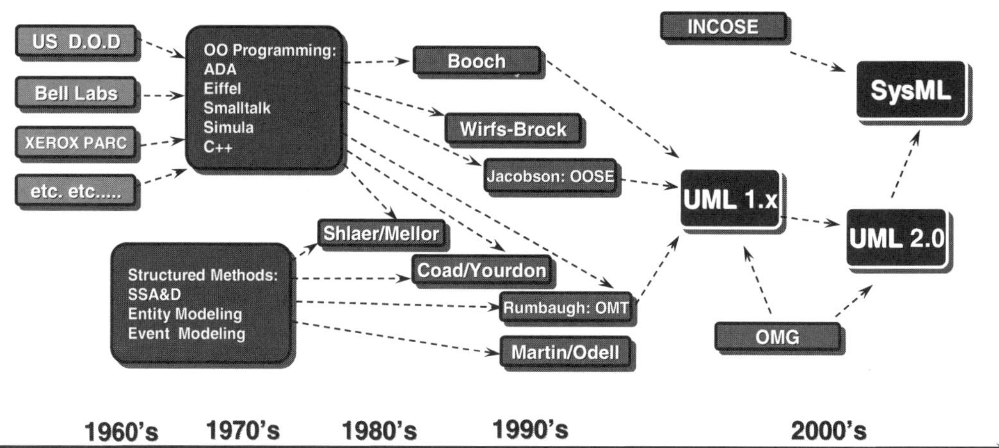

Abb. 1.1 *Die Entwicklung der Standards UML und SysML*

Es gibt sogar Querverbindungen zu anderen internationalen Standardisierungsgremien. Die UML in der Version 1.4.2 ist als ISO/IEC 19501 international standardisiert. Die OMG selbst arbeitet weiter kontinuierlich an Verbesserungen der Modellierungssprache UML. Mit der UML 2 kam der Standard einen großen Schritt voran, vor allem, weil System- und Softwarestrukturen nun besser darstellbar sind. Mittlerweile - das bezieht sich natürlich auf den Sachstand bei Erstellung des Manuskripts 2007 - ist der aktuelle Stand die UML 2.1.1.

UML for Systems Engineering

Zusammen mit dem International Council on Systems Engineering (INCOSE), einer weltweiten Organisation von Systemingenieuren mit über sechstausend Mitgliedern, erarbeitete die OMG auf Basis der UML 2.0 eine Systemmodellierungssprache, die Systems Modeling Language (SysML), die 2006 vorgestellt und 2007 verabschiedet wurde. Hier wurden die Lücken geschlossen, die bei domänenspezifischer Nutzung der UML für das Systems Engineering erkannt wurden. Wir werden uns intensiv auch mit der SysML beschäftigen, denn das Modellieren eingebetteter Systeme bedeutet nicht die Fokussierung auf die Entwicklung der darin enthaltenen Software, sondern Ziel soll es sein, ein vollständiges Modell des Systems mit allen Bestandteilen zu entwickeln.

2 | Die UML 2

In diesem Kapitel betrachten wir den Aufbau und Ziele der UML 2. Dabei werden die vier Dokumente im Einzelnen beleuchtet, die den Sprachaufbau der UML bestimmen. Diese sind die Infrastrukturspezifikation und die Superstructure Specification, dann die Definition der UML Object Constraint Language (OCL) sowie das Modelldatenaustauschformat XML Metadata Interchange (XMI).

Da die UML nur eine Notation ist, wird in der Beschreibung der Sprache hier nicht nur auf die die diagrammatikalischen Definitionen in einem Kurzüberblick eingegangen, sondern diese werden detailliert in der Reihenfolge besprochen, in der sie auch in der Entwicklung eines eingebetteten Systems Verwendung finden könnten. Dazu werden verschiedene Entwicklungsprozesse vorgestellt, denn nur in Kombination von Notation und Methodik kann Modellierung sinnvoll eingesetzt werden. Ausgehend von einem inkrementellen, iterativen Entwicklungsprozess nutzen wir die UML-Diagramme für objektorientierte Anforderungsanalyse und Systemdesign, immer im Hinblick auf eingebettete Systeme. Daher werden auch die Verbindung zum Quellcode exemplarisch für ANSI-C veranschaulicht und spezifische Erweiterungen der UML eingeführt, die für eingebettete Systeme nützlich sein können.

Übersicht

Mit der UML 2 steht uns nach zehn Jahren der Reife eine Modellierungssprache für Software und Systeme zur Verfügung, die für möglichst viele Anwendungsbereiche rund um softwarelastige Systeme optimiert wurde. Interessant ist aber auch, wie die UML selbst spezifiziert ist, denn die OMG nutzt die UML, um die UML zu beschreiben.

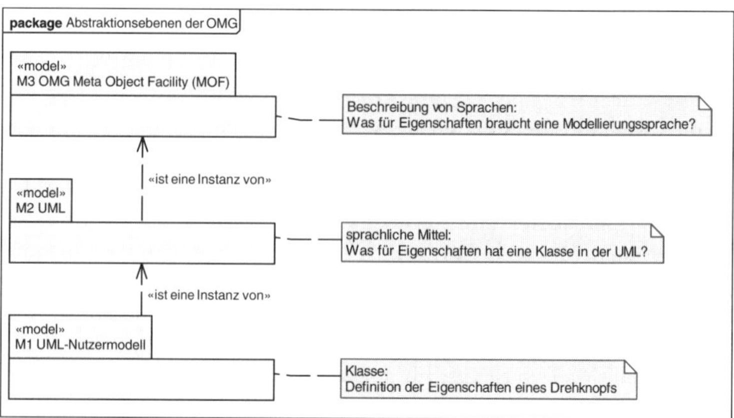

***Abb. 2.1** Abstraktionsebenen der OMG*

Verschiedene Metaebenen

Die Object Management Group hat hier verschiedene Ebenen und Metaebenen definiert ganz nach dem objektorientierten Paradigma: Das sogenannte OMG Meta Object Facility (MOF) beschreibt als Meta-Meta-Modell, welche Eigenschaften eine objektorientierte Modellierungssprache enthalten sollte. Ein „Meta" weniger liegt die UML als eine Instanz des MOF. Hier werden die Eigenschaften konkretisiert, die wir zur Beschreibung eines Systems oder einer Software brauchen. Somit ist die UML eine Metasprache für Systeme. Jedes UML-Modell wiederum, das wir als Nutzer dieser Sprache aufbauen, ist auf der nächstniedrigeren Stufe. Hier können wir unser System beschreiben. Vielleicht hat unser System einen Drehknopf, der sich seine aktuelle Position als Attribut (das ist eine Modellelementeigenschaft) merken kann. Mit dem Modell selbst sind wir aber noch nicht auf der Stufe der realen Systeme angekommen. Unser Systemmodell abstrahiert natürlich nur ein reales System, denn die Softwarestruktur ist in Wirklichkeit ja zum Beispiel ein Speicherabbild, das zu einer bestimmten Zeit in einem realen Computersystem existiert. Wir kommen später noch auf diese Metaebenen im Zusammenhang mit dem UML-Klassenmodell zurück.

Spezifikationsdokumente der UML 2

Von der OMG gibt es mehrere Spezifikationen, die gemeinsam die UML 2 aufbauen: Die Sprache selbst besteht aus dem Infrastrukturdokument und dem Superstructure-Dokument. Dazu gesellen sich die Object Constraint Language (OCL) und die Spezifikation zum Diagrammaustausch (engl. Diagram Interchange). Da alle vier „lebende" Spezifikationen sind, die in regelmäßigen Abständen aktualisiert werden, lohnt sich in jedem Fall ein Blick auf die Internetseite der OMG, http://www.omg.org.

Die UML-Infrastruktur

Die Spezifikation UML 2.1.1 Infrastructure legt die Basis für die eigentliche für den Nutzer wichtige Spezifikation, die UML 2.1.1 Superstructure. Sie definiert die fundamentalen Sprachkonstrukte der UML. Wichtig ist hierbei, dass die Spezifikation Designprinzipien für das UML-Metamodell enthält, aus denen die Ziele der UML herausgelesen werden können:

- Modularität: Typisch für objektorientierte Vorgehensweise sind starke Kohäsion und lose Kopplung der einzelnen Elemente. Errichtet wird dies dadurch, dass auch in der Definition der UML die verschiedenen Sichten in Paketen organisiert sind und die einzelnen Eigenschaften in Metaklassen definiert sind. Starke Kohäsion bedeutet, dass möglichst für eine separate, wohldefinierte Aufgabe ein Element verantwortlich ist. Lose Kopplung sieht im objektorientierten Design vor, dass Elemente des Designs möglichst unabhängig von anderen Elementen funktionieren und dass möglichst schmale, wohldefinierte Schnittstellen zwischen den Elementen verwendet werden. Hier wird die Grundidee der Kapselung (engl. Encapsulation bzw. Information Hiding[1]) verwendet.
- Schichtung: Die Sprachspezifikation enthält Pakete für Basiselemente und für Konstrukte, die diese Basiselemente nutzen. Weiterhin definiert die UML 4 Metaebenen, von denen wir drei in Abbildung 2.1 sehen können.
- Partitionierung: Hier werden konzeptionelle Bereiche in den Schichten selbst organisiert. Das UML-Metamodell ist grober organisiert im Vergleich zu der in der Infrastruktur definerten Modellbibliothek, um die Modularität der einzelnen Pakete innerhalb des Metamodells zu verbessern.
- Erweiterbarkeit: Die UML ist eine Standardmodellierungssprache, die aber nicht alle Feinheiten der verschiedenen Domänen enthalten kann, für die sie Verwendung finden soll. Daher ist es wichtig, dass es ein allgemeines Erweiterungskonzept für die domänenspezifische Modellierung gibt. Die Infrastrukturspezifikation beschreibt die beiden grundsätzlichen Möglichkeiten hierzu: UML-Profile verändern bzw. erweitern das Metamodell der UML und können als Dialekte der UML angesehen werden. Im Gegensatz dazu wird durch Wiederverwendung der in der Infrastruktur definierten Modellbibliothek mit einer Anreicherung der betreffenden Metaklassen und -Assoziationen eine neue mit der UML verwandte Sprache definiert, die über einen Dialekt hinausgeht. Man unterscheidet diese beiden Erweiterungsmechanismen auch mit den Begriffen „schwergewichtig“ für eine neue Sprachdefinition und „leichtgewichtig“ für die Nutzung von UML-Profilen.
- Wiederverwendbarkeit: Die Metamodell-Bibliothek innerhalb der UML-Spezifikation ist so flexibel, dass sie in anderen OMG-Spezifikationen wie MOF wiederverwendet werden kann.

---

[1] Information Hiding ist auch eine (meist schlechte) Managementstrategie, die aber hier nicht gemeint ist. In unserem Kontext geht es um die Verhinderung eines unkontrollierten Zugriffs auf Informationen und/oder Daten innerhalb von Software.

Im Grunde genommen nimmt die Definition des UML-Metamodells die Architekturprinzipien vorweg, die auch für die in UML modellierten Systeme gelten sollen.

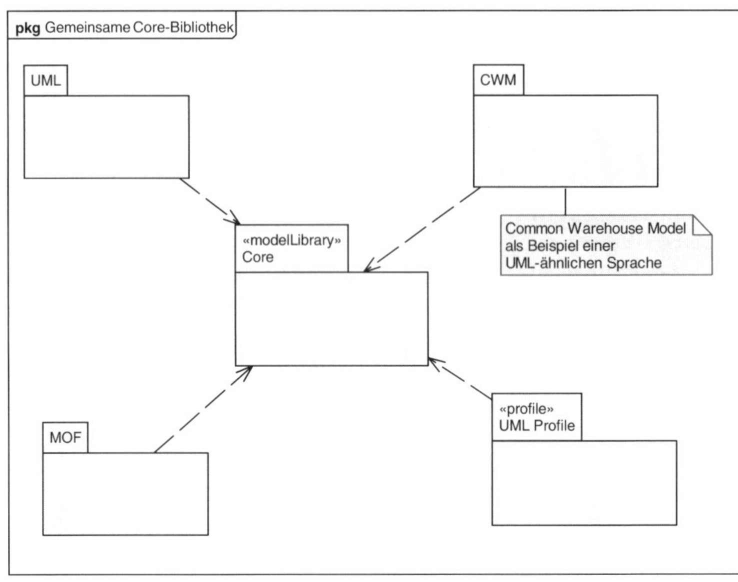

Abb. 2.2 *Gemeinsame Core-Bibliothek*

Eine wiederverwendete Core-Bibliothek

In der Infrastrukturbeschreibung der UML wird eine Modellbibliothek definiert, von der die verschiedensten Ausprägungen von Modellierungssprachen abhängen. Abbildung 2.2 als UML-Paketdiagramm drückt dies aus, indem das Core-Paket in der Mitte als Ziel der Abhängigkeitspfeile der unterschiedlichen anderen Pakete wie dem UML-Paket dargestellt wird. Natürlich werden wir uns die Paketdiagramme auch im Detail ansehen, hier haben wir aber auch ein schönes Beispiel für die Beschreibung der UML durch die UML. Kurz zum Verständnis dieses Diagramms: Die mit einem „Registratur-Reiter" versehenen Rechtecke stellen UML-Pakete (engl. Package) dar, die als generische Container ein Modell (oder Metamodell bzw. Meta-Metamodell) logisch ordnen. Eine immer wieder gern genommene Analogie ist die des Verzeichnisses in einem Dateisystem. Die gerichteten, gestrichelten Pfeile sind UML-Abhängigkeiten (engl. Dependencies), die beschreiben, dass beispielsweise die UML die Modellbibliothek „Core" benötigt. Dies kann bedeuten, dass auf Elemente in „Core" von der UML aus zugegriffen wird. Alles, was in der UML mit in sogenannten „Guillemets"[2] eingeschlossenen Begriffen wie «profile» oder «modelLibrary» in der obigen Abbildung annotiert ist, trägt einen mit diesem Be-

[2] Guillemets sind ursprünglich Anführungszeichen, die im Französischen und auch in anderen romanischen Sprachen Verwendung finden. Die Verwendung in der UML in Bezug auf Richtung und ohne Leerzeichen zum annotierten Wort entspricht den Regeln der Schweiz. Vielleicht will die UML auch hier neutral sein?!

griff bezeichneten Stereotyp. Mit Stereotypen wiederum kann der Modellierer zusätzliche Eigenschaften für Modellelementtypen definieren. Wir werden später anhand von Standardprofilen wie dem SPT-Profil diesen Erweiterungsmechanismus mit Stereotypen noch genauer betrachten.

Die Basis der Basis: Primitiva

Irgendwo muss auch die UML-Spezifikation einmal konkret werden, und das passiert bei den Basistypen. Als Beispiel für Elemente aus dieser Basisbibliothek sehen wir uns die primitiven Typen der UML einmal genauer an, die in Abbildung 2.3 beschrieben sind.

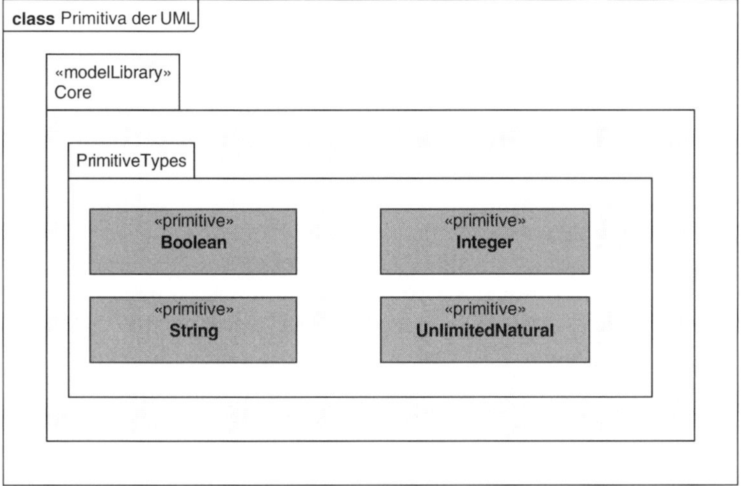

***Abb. 2.3** Primitiva der UML*

Auch hier sehen wir wieder die Verwendung eines Stereotyps, nämlich «primitive». Die UML-Primitiva selbst sind eigentlich selbsterklärend, lediglich für „UnlimitedNatural" lohnt sich vielleicht eine Begriffsbestimmung: Gemeint ist ein Element aus den natürlichen Zahlen inklusive null. Wir brauchen diesen primitiven Typ, um auszudrücken, dass ein Element unseres Modells mit eventuell beliebig vielen Elementen eines anderen oder gleichen Typs zusammenspielt. Bei den Assoziationen im UML-Klassenmodell werden wir dies genauer sehen.

Weitere Elemente von Core

Ohne detaillierte Kenntnis des UML-Klassenmodells wird es schwierig, die weiteren Elemente der Core-Modellbibliothek vollständig zu verstehen. Die UML tastet sich Schritt für Schritt im Aufbau des Metamodells voran. Daher seien hier zum Abschluss nur die anderen Bestandteile der Basisbibliothek angesprochen:

1. Es wird beschrieben, wie Elemente benannt und typisiert werden.
2. Der Aufbau eines Klassenkonzepts wird festgelegt. Damit geht einher, wie Objekttypen in ihren Eigenschaften und Fähigkeiten beschrieben werden und wie die Zusammenarbeit von Objekten in Assoziationen aufgebaut werden kann.
3. Der Aufbau komplexerer Datentypen wird beschrieben.
4. Über Pakete und deren Organisation in einer Baumstruktur wird die Modellorganisation möglich.

UML-Superstruktur

Das eigentliche Herzstück der Spezifikation UML als grafische Modellierungssprache ist die „Superstructure Specification". Sie baut auf den Elementen der UML-Infrastruktur auf und beschreibt die verschiedenen Teilmetamodelle wie Struktur, Verhalten und weitere Ergänzungen. Da diese Teilmetamodelle den Aufbau der UML bestimmen, kann hier auf das entsprechende Kapitel verwiesen werden. Dort werden wir auch die Topologie der UML-Diagramme kennenlernen, die die unterschiedlichen grafischen Sichten innerhalb der UML ordnen.

Die Object Constraint Language

Es stellt sich die Frage, warum noch eine weitere Sprache OCL in der Sprache UML nötig ist. Das Wort „Constraint" bedeutet „Rahmenbedingung" oder „Einschränkung", und genau diese sind zur vollständigen Beschreibung eines Systems oder einer Software zusätzlich zu den grafischen Informationen in den Diagrammen notwendig. Generell bieten alle Diagramme die Möglichkeit, Randbemerkungen oder Notizen (engl. Notes) an beliebige Elemente auf dem Diagramm anzuhängen, die Zusatzinformationen beinhalten. Natürlichsprachliche Ergänzungen tragen aber in sich die gleiche Problematik wie Spezifikationen, die komplett textuell geschrieben sind. Sie können missverstanden werden, und damit die ganze Formalisierung infrage stellen, die wir mit Mitteln der UML erreichen wollen. Daher empfiehlt der UML-Standard, hier auf die formale Sprache der OCL zurückzugreifen, die diese notwendigen Zusatzinformationen formal und auswertbar ausdrücken kann. Die Spezifikation der OCL beinhaltet eine Sprachbeschreibung mit einer Einführung, den Link ins UML-Metamodell, den Zugriff auf Basistypen, Objekten im Modell und deren Eigenschaften, daneben eine abstrakte und konkrete Syntax der OCL, eine mit Mitteln der UML beschriebene Semantik sowie eine OCL-Standardbibliothek.

Spezifikation zum Diagrammaustausch

Die Diagram Interchange Specification (XMI-DI) stellt eine Neuerung zum Datenaustausch zwischen unterschiedlichen UML-Modellen bzw. -Werkzeugen dar. In der UML 2 ist im Gegensatz zur UML 1.x auch spezifiziert, wie grafische Informationen zusätzlich zu den Modellelementinformationen in XML Metadata Interchange Format (Abkürzung XMI-Format) abzulegen sind. XMI wurde ursprünglich als Standard in die erste Version der UML integriert, um Modellinformationen analysieren zu können. Dazu war eine Abdeckung der grafischen Information innerhalb dieser ersten Version von XMI nicht notwendig. Dabei ist die Verwendung von XMI nicht auf die UML begrenzt, sondern vermag generell Informationen zu speichern, die einen hohen Eigenbezug haben, also viele Referenzen untereinander. In der ersten Version der UML war das Ziel der Umsetzung der Modellinformationen in XMI die Analyse oder Weiterverwendung der Modelldaten, zum Beispiel zur Codegenerierung. Da ein UML-Diagramm nur eine Sicht auf Modellinformationen darstellt, in der im Modell vorhandene Informationen auch absichtlich ausgeblendet sein können, bleibt es auch bei der aktuellen Version der XMI 2.1 beim Hauptaspekt der Modellanalyse.

Ein Beispiel für XMI

Natürlich wissen wir noch fast gar nichts über die Modellierung mit der UML, trotzdem sei hier ein kurzes Beispiel aus der Klassenmodellierung angefügt, das die Verwendung von XMI zeigt. Ein Modell besteht eben nicht aus einem Stapel grafischer Diagramme, sondern aus Modellinformationen und ihren Beziehungen. Genau diese sollen in XMI abgebildet und so „transportabel" gemacht werden.

Am einfachsten erzeugen wir die Modellelemente, ihre Eigenschaften und ihre Beziehungen natürlich in UML-Diagrammen. Wir sollten uns aber dabei immer bewusst machen, dass die Elemente auf nicht nur einem Diagramm auftauchen können, sondern auf vielen, und dort das Erscheinungsbild und die Detaillierung auch unterschiedlich ausfallen können.

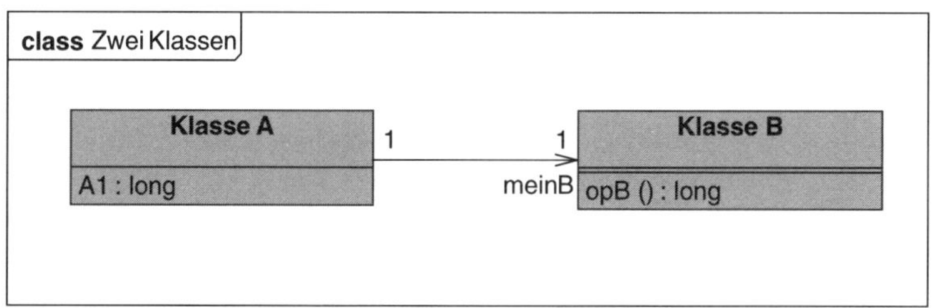

Abb. 2.4 *Zwei Klassen*

Abbildung 2.4 zeigt ein UML-Klassendiagramm. Im Diagrammrahmen stellen die beiden Rechtecke zwei Klassen dar, „Klasse A" und „Klasse B". Klassen dienen dazu, Softwareobjekte zu spezifizieren, denn sie definieren die Eigenschaften der Objekte wie Prägestempel das Aussehen von Münzen festlegen. „Klasse A" enthält ein sogenanntes Attribut, „A1". Attribute können wir – jedenfalls momentan – mit lokalen Variablen gleichsetzen. „Klasse B" enthält eine Operation „opB" als Fähigkeit der Klasse. Operationen setzen wir im Vergleich zu funktionalen Programmiersprachen jetzt erst einmal mit Funktionen gleich. Da die aus den Klassen erzeugten Objekte auch miteinander kommunizieren können müssen, gibt es noch „Verbindungslinien" zwischen den Klassen, die Assoziationen genannt werden. Im obigen Beispiel gibt es eine gerichtete Linie zwischen „Klasse A" und „Klasse B", an der neben den Zahlenangaben noch ein sogenannter Rollenname „meinB" steht. Rollen bezeichnen den Namen, unter dem ein Objekt ein anderes kennt. Im Kapitel über Klassen und Klassenmodellierung werden wir noch viel genauer auf diese Art der Modellierung eingehen können. Sehen wir uns jetzt einmal an, wie diese Information mit XMI aussehen würde:

```
<?xml version="1.0" encoding="UTF-8"?>
<uml:Model xmi:version="2.1" xmlns:xmi="http://www.omg.org/XMI"
xmlns:xsi="http://www.w3.org/2001/XMLSchema-instance"
xmlns:uml="http://www.eclipse.org/uml2/1.0.0/UML"
name="XMI"
xmi:id="_3430a4f6-8734-4b67-935e-3c6d58eb9fe4package">
  <ownedMember xmi:type="uml:Package"
  xmi:id="_3430a4f6-8734-4b67-935e-3c6d58eb9fe4"
  name="XMI" visibility="public">
    <ownedMember xmi:type="uml:Class"
```

```
    xmi:id="_3887d830-1715-46c9-b5bf-9284b300c492"
    name="Klasse A" isAbstract="FALSE" visibility="public">
      <ownedAttribute
      xmi:id="_fccc7d73-19e1-4434-a3f1-60ca354058e6"
      name="A1" type=""
      default="" visibility="private" redefinedProperty=""
      isReadOnly="FALSE" isUnique="FALSE" isStatic="false"
      aggregation="composite">
        <upperValue xmi:type="uml:LiteralInteger"
        xmi:id="_fccc7d73-19e1-4434-a3f1-60ca354058e6upper"
        value="1"/>
        <lowerValue xmi:type="uml:LiteralInteger"
        xmi:id=
        "_fccc7d73-19e1-4434-a3f1-60ca354058e6lower" value="1"/>
      </ownedAttribute>
      <ownedAttribute xmi:id="_c865f57e-fc54-449e-b22d-fdc6d983941f"
      name="" type="_3887d830-1715-46c9-b5bf-9284b300c492"
      default="" visibility="private" aggregation="none"
      association="" redefinedProperty="" isReadOnly="FALSE"
      isUnique="FALSE" isStatic="false">
        <upperValue xmi:type="uml:LiteralInteger"
        xmi:id="_c865f57e-fc54-449e-b22d-fdc6d983941fupper"
        value="1"/>
        <lowerValue xmi:type="uml:LiteralInteger"
        xmi:id="_c865f57e-fc54-449e-b22d-fdc6d983941flower"
        value="1"/>
      </ownedAttribute>
    </ownedMember>
    <ownedMember xmi:type="uml:Class"
    xmi:id="_29116979-89ae-4538-8e08-bbe60e4db676"
    name="Klasse B" isAbstract="FALSE" visibility="public">
      <ownedOperation
      xmi:id="_5116128b-542a-4838-a668-c907ae8fb5f1"
      name="opB" isAbstract="FALSE" isQuery="FALSE"
      type="" visibility="public"
      method="_5116128b-542a-4838-a668-c907ae8fb5f1body"
      isStatic="false">
      </ownedOperation>
      <ownedMember xmi:type="uml:OpaqueBehavior"
      xmi:id="_5116128b-542a-4838-a668-c907ae8fb5f1body"
      name="opB"
      specification="_5116128b-542a-4838-a668-c907ae8fb5f1"
      body="">
      </ownedMember>
    </ownedMember>
  </ownedMember>
</uml:Model>
```

Wenn wir die Einzelheiten der XML-Deklaration und der darauffolgenden Dokumenttypdeklaration übergehen, fällt als Erstes auf, dass jede Information mit mit verschiedenen Bezeichnern versehenen Schlüsselworten eingeklammert ist. Zu jedem beginnenden Schlüsselwort wie <uml:Model> gibt es ein passendes endendes Schlüsselwort wie </uml:Model>. Die Verschachtelung wird mit dem Schlüsselwort <owned-Member> erreicht. Aus dem Beispiel ist herauszulesen, dass das Modell ein Paket enthält, das wiederum die beiden Klassen enthält, die jeweils ein Attribut und eine Rolle oder eine Operation beinhalten. Dies entspricht natürlich genau der Inhaltsstruktur unseres Beispiels. Neben speziellen Eigenschaften innerhalb der Zeilen, die tatsächlich die Beschreibung der UML-Elemente enthalten, sind die 16-Byte-Zahlen auffällig, die für alle Elementen vergeben werden. Diese sind „Universally Unique Identifier“, abgekürzt UUID. Dies ist ebenfalls ein Standard und dient der eindeutigen Identifikation beliebiger Elemente, was wir natürlich auch auf unsere Modellelemente anwenden können. Mit insgesamt 2^{128} möglichen IDs ist zwar nicht garantiert, dass eine ID immer eindeutig ist, ein Vorkommen zweier gleicher IDs ist aber sehr unwahrscheinlich. Ein Standardverfahren zur Erzeugung dieser IDs verwendet die Media-Access-Control (MAC)-Adresse eines Netzwerkadapters des betreffenden Rechners sowie das aktuelle Datum und die Uhrzeit. Eine Implementierung der UUID-Erzeugung auf Microsoft-Windows-Rechnern heißt „Globally Unique Identifier“, abgekürzt GUID.

Verwendung von XMI-Modelldaten

Damit beenden wir aber den Exkurs in den generellen Aufbau von XMI und wenden uns wieder den Modellen und der UML zu. Mit den in XMI gespeicherten Daten können wir nun unabhängig vom Modellierungswerkzeug, in dem die Elemente erzeugt (= modelliert) wurden, Analysen und Transformationen durchführen. Dazu gehören beispielsweise Metriken, die errechnen, ob unsere Klassen nicht zu groß sind und somit eine hohe Kohäsion wenig wahrscheinlich ist. Wir könnten den Grad der Kopplung durch Auszählen der Assoziationsreferenzen im Klassenmodell errechnen oder das Klassenmodell in den gewünschten Source Code transformieren. Zu alldem brauchen wir die grafische Repräsentation in UML-Diagrammen nicht.

Modellaustausch bedarf grafischer Informationen

Im Gegensatz dazu ist eine Weitergabe des Modells zur ergänzenden Modellierung vielleicht in einem anderen Werkzeug ohne die Diagramminformationen schwer möglich. Zwar gibt es Tools, die automatisch oder semiautomatisch Diagramme aus den vorhandenen Modellelementen und deren Beziehungen erzeugen können, aber generell ist ein Export in XMI und ein Re-Import in ein Werkzeug ohne Diagrammaustausch wie das Modellieren ohne Diagramme, also nur im Modellbrowser. Eine Darstellungsvariante der obigen XMI-Informationen als Browser-Baumstruktur zeigt Abbildung 2.5.

Wie kommt Grafik in XMI?

Die Neuerung des Diagram Interchange (DI) vervollständigt die Abbildung von Modellinformation in die XMI. Im obigen Beispiel ist ja die diagrammatikalische Informationen noch nicht enthalten. Da der grafische Aufbau eines Diagramms toolspezifisch in jedem UML-Werkzeug

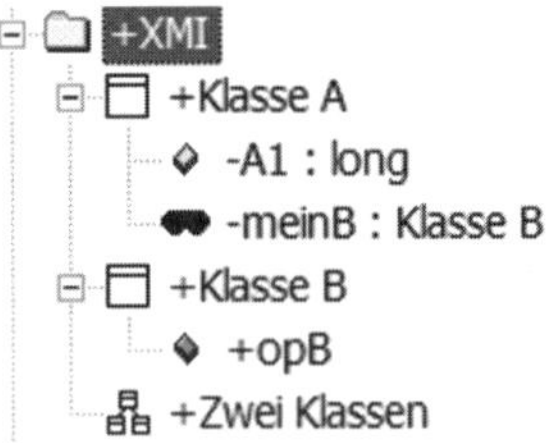

Abb. 2.5 *Die gleiche Information im Modellbrowser*

anders implementiert ist, brauchen wir zum Austausch von Diagrammen in XMI einen Standard für die Beschreibung beliebiger Grafiken, der mit XMI oder der allgemeinen Extensible Markup Language (XML) kompatibel ist. Diesen Standard gibt es, er heißt Scalable Vector Graphics oder kurz SVG. Es werden drei verschiedene Elementtypen unterstützt, denn neben Vektorgrafiken können Rastergrafiken und Text dargestellt werden. Durch die Vektorgrafik und die Möglichkeit, diese textuell zu ergänzen, steht einer Umsetzung der UML als grafischer Sprache in SVG eigentlich nichts mehr im Wege.

Spezifikation von XMI-DI

In der vierten Spezifikation der UML 2 wird nun festgelegt, wie SVG zur Darstellung von UML-Diagrammen verwendet werden soll. Da die Struktur XML-basierter Dokumente durch eine Dokumenttypdefinition (engl. Document Type Definition, DTD) beschrieben wird, ist die Erzeugung einer der Spezifikation entsprechenden DTD auch thematisiert. Dazu kommt die Notwendigkeit, das UML-Metamodell um die grafischen Elemente zu erweitern. Verwundern braucht uns diese Erweiterung nicht, denn in der eigentlichen Spezifikation der UML, der UML Superstructure, werden die grafischen Elemente nur nicht-formal spezifiziert. Wenn dort beispielsweise steht, dass eine Klasse als Rechteck mit drei Abteilungen dargestellt wird, reicht diese Information zum einfachen „Zeichnen" einer Klasse völlig aus. Wenn wir allerdings diese Zeichnung standardisiert auswerten möchten, muss formal festgelegt werden, wie Größe, Position, Liniendicke, Position des Klassennamens etc. präzise anzugeben sind. Weiterhin enthält die Spezifikation Ableitungen zur Transformation zwischen den genutzten XML-basierten Sprachen. XMI-DI baut zwar auf den Strukturen von SVG auf, ist aber damit nicht gleichzusetzen. Daher ist es notwendig, die Informationen zwischen diesen XML-Sprachen zu transformieren, was über die Nutzung von XSLT funktioniert. Diese Abkürzung steht für Extensible Stylesheet Language Transformation, einer turing-vollständigen Programmiersprache. Sie ermöglicht unter anderem Datentransformation für den Austausch der darin enthaltenen Information. Die XMI-DI-Spezifikation beschreibt diesen Ansatz allerdings nur für einen kleinen, aber wichtigen Teilbereich der UML, nämlich für Klassendiagramme ausführlich.

Effizienz von XMI-DI

Anzumerken bleibt, dass der Diagrammaustausch von UML-Diagrammen mittels SVG sehr große Datenmengen erzeugt. Selbst das kleine Beispiel innerhalb der OMG-Spezifikation zu DI, das in der Komplexität in etwa dem Klassendiagramm in Abbildung 2.4 entspricht, benötigt 27 Seiten der Spezifikation. Setzt man dies in Relation zu durchaus gängigen Systemmodellen mit vielen tausend Modellelementen und hunderten von Diagrammen, muss eine generelle, effiziente Speicherung von Modellen in XMI-DI doch kritisch hinterfragt werden.

Zusammenfassung

Wenn wir die Struktur der Spezifikation der UML in allen vier OMG-Dokumenten durchgehen, fallen die Mächtigkeit und die große Bandbreite der UML auf. Dies soll uns nicht davon abhalten, die objektorientierte, grafische Modellierung mit der UML als Change einer verbesserten Entwicklung von Software und Systemen zu nutzen. Genauso, wie die Verwendung einer natürlichen Sprache wie des Deutschen nicht voraussetzt, alle Vokabeln zu kennen und alle grammatikalischen Regeln fehlerfrei anwenden zu können (wer kann das schon?), können wir uns Schritt für Schritt einer Modellierung eines eingebetteten Systems bzw. Software nähern.

2.1 Vorgehensweise

Die UML ist allgemeingültig einsetzbar

Betrachten wir den Aufbau und auch die Geschichte der UML als Modellierungssprache, so fällt auf, dass sie sich im Gegensatz zu vielen ihrer Vorgänger auf die Notation beschränkt und eine planvolle Verwendung dieser Notation nicht vorschreibt. Die Kombination des „Wie gehe ich vor?“ (wie bei einem Kochrezept) mit „Welche Mittel verwende ich?“ (wie eine Zutatenliste) ist aber essenziell wichtig, denn das eine kann nicht ohne das andere erfolgreich eingesetzt werden. Nur durch beides kann das Ergebnis schmecken. Der vermeintliche Nachteil, dass in der UML kein Kochrezept integriert ist, kann aber auch ein Vorteil sein, denn nun können wir die Zutaten so einsetzen, dass vielleicht ein länderspezifisches Gericht entsteht – um bei dem gleichen Bild zu bleiben. Im Bereich der System- und Softwareentwicklung spricht man von unterschiedlichen Domänen. Eine Finanzsoftware für eine Bank muss anders konstruiert sein als eine Softwarefunktion in einem Fahrzeugsteuergerät. Grundsätzlich ist die UML für beide Domänen geeignet, zumal sich domänenspezifische Sichten für beide Fälle durch Erweiterungen des UML-Sprachschatzes mit Profilen erzeugen lassen. Sicherlich ist jedoch auch der passende Entwicklungsprozess jeweils ein anderer. In der Bankenwelt treiben Geschäftsprozesssichten die Erstellung von Anforderungen, während die Hardware, auf der die Bankensoftware laufen soll, eher keine Rolle spielt. Bei einem Fahrzeugsteuergerät kann es sein, dass wir sicherheitskritische Normen wie die ISO/IEC61508 einhalten müssen und daher Prozessschritte mit einplanen müssen, die für Standardsoftware nie zum Tragen kämen. Wer käme schon auf die Idee, eine komplementäre Implementierung auf Basis anderer Hardware, anderer Betriebssysteme und anderer Designregeln in Auftrag zu geben, um in der Lage zu sein, dass die Rechenergebnisse beider Lösungen sich gegenseitig validieren können? Dies wird nur dann durchgeführt, wenn es der Entwicklungsprozess unbedingt erfordert.

Nix is fix

Da der Umgang mit der UML in der Sprache nicht spezifiziert ist, vermeiden es UML-Lehrbücher, sich bei der Beschreibung auf ein einzelnes Vorgehensmodell für die UML festzulegen. Das jeweilige Buch wäre dann ja nicht mehr allgemeingültig. Stattdessen wird oft die Spezifikation der UML-Notation zum Thema genommen und mit eigenen Beispielen erklärt. Stoff für ein Buch gibt es da genug, denn allein die für den Modellierer nützlichste Spezifikation zur UML Superstructure in der Version 2.1.1 hat 732 Seiten. Dabei gibt es natürlich UML-Sichten, bei denen es offensichtlich ist, wann im Entwicklungsprozess ihr Einsatz sinnvoll ist. Anwendungsfälle sind der typische Einstiegspunkt für die funktionale Anforderungsanalyse. Andere wiederum sind eigentlich für ein formales Design tief im laufenden Projekt gedacht wie beispielsweise Zustandsdiagramme. Im Zusammenspiel mit Struktursichten und funktionalen Anwendungsfällen ist ein Systemzustandsmodell aber auch sehr hilfreich, was aber nicht der typische Ansatz für diese Art der Modellperspektive ist.

UML mal anders

Ziel dieses Buches ist es daher nicht, die unterschiedlichen Sprachspezifikationen der UML in einer anderen Sprache und mit anderen Beispielen versehen aber im Wesentlichen entsprechend der Sprachspezifikation zu beschreiben. Stattdessen wollen wir einen möglichen Entwicklungsprozess speziell für eingebettete Systeme entlanggehen und uns anhand der typischen Phasen eines Systemprojekts fragen: Welche UML-Sicht ist hier hilfreich? Die Kapitel des Buchs unterteilen sich also nicht anhand der UML-Diagrammtaxonomie, aber sie nutzen diese natürlich auch ordnend. Nach einer kurzen Einführung in die generelle Struktur der UML als Modellierungssprache werden wir da beginnen, wo alle eingebetteten Systementwicklungen starten: bei den Anforderungen und den Möglichkeiten der Anforderungsanalyse mit verschiedenen UML-Sichten, ausgehend von Anwendungsfällen. Wir werden uns bei der Anforderungsanalyse aber nicht nur auf diese funktionale Sicht beschränken. Danach betrachten wir den Übergang zum Systemdesign und werden hier ein Schichtenmodell für eingebettete Systeme entwickeln, das nicht nur die Objekte, sondern auch Tasks und die Beschreibung der Systemhardware umfasst. Damit haben wir genug Erfahrung mit der Modellierung von eingebetteten Systemen gesammelt, um uns zu fragen, welche Lücken innerhalb der UML für eingebettete Systeme anscheinend vorhanden sind und wie diese geschlossen werden können. Vorhandene Werkzeuge, aber auch standardisierte Erweiterungen der UML als Sprache könnten hier Lösungswege aufzeigen. Mit der neuen Systems Modeling Language (OMG SysML) als Abart der UML ergeben sich neue Möglichkeiten, Systeme, aber auch eingebettete Systeme zu beschreiben. Aus diesem Grund werden wir uns auch die SysML sehr genau ansehen. Ein komplexes, eingebettetes System bedarf aller möglichen Perspektiven, der Softwaresicht, der Systemsicht, der Hardwaresicht, der Nebenläufigkeitssicht und so weiter. Wenn wir die Möglichkeiten der UML, der verfügbaren UML-Erweiterungen und der SysML in einem gemeinsamen Modell nutzen, können wir ein ganzheitliches Modell erhalten, das allen Projektanforderungen nach Wiederverwendbarkeit, Wartbarkeit, Nachverfolgbarkeit und verbesserter Teamkommunikation genügt.

Ausblick

Die Entwicklung bleibt aber auch bei der Entwicklung von eingebetteten Systemen nicht stehen. Daher werden wir uns am Schluss mit der Model Driven Architecture (MDA) ein vielversprechendes Entwicklungskonzept ansehen. Ganz besonders freut es mich, dass sich Markus Schacher von KnowGravity, Inc. angeboten hat, einen speziell für komplexe Systeme hervorragend geeigneten Ansatz vorzustellen: Die Executable UML (xUML) lässt die Vision einer echten ausführbaren Spezifikation Wirklichkeit werden. Danke, Markus!

2.1.1 Der Aufbau der UML

See Europe in three days – Ein Kurzüberblick

Das Ziel der UML ist es, grafische Modellierungssichten, genannt Diagramme, zur objektorientierten Modellierung softwarelastiger Systeme bereitzustellen. Dabei hat die UML mittlerweile in ihrer eigenen Entwicklung viele verschiedene Ideen aufgenommen, so dass es schwerfällt, von einer leichtgewichtigen Sprache zu sprechen. In der momentan aktuellen Version UML 2.1.1 gibt es dreizehn verschiedene Perspektiven, die zum Teil gleichartige Ziele verfolgen. Manche Sichten sind so formal definiert, das aus ihnen relativ leicht Source Code generiert werden kann, andere sind nicht formal und dienen „nur" dazu, Designentscheidungen besser beschreiben zu können als nur reiner Prosatext. Wir werden uns daher nur ganz kurz den diagrammatikalischen Aufbau der UML ansehen, in der gleichen Geschwindigkeit, mit der Touristen aus Übersee im Urlaub durch den alten Kontinent Europa rauschen.

UML-Diagrammtopologie

Abbildung 2.6 ist typisch für die UML: Wir erklären eine Sprache, indem wir diese Sprache benutzen. Es zeigt ein UML-Klassendiagramm, das die unterschiedlichen Diagrammarten der UML benennt und miteinander in Beziehung setzt. Dazu werden Klassen wie „Klassendiagramm" als Klasse ohne weitere Eigenschaften als Rechtecksymbole eingetragen. Andere Klassen wie „UML-Diagramm" sind nur Klassen, um Ordnung in die Diagrammtopologie zu bringen. Sie sind keine echten Diagrammarten, was durch den Stereotyp «Diagrammfamilie» dargestellt wird.

UML-Strukturdiagramme

Wir unterscheiden in der UML dreizehn Diagrammarten, die in strukturelle und in Verhaltenssichten unterteilt werden können. Sehen wir uns zunächst die **Strukturdiagramme** an:

Klassendiagramme stellen Klassen dar, die beschreiben, welche Eigenschaften und Fähigkeiten Objekte einmal haben sollen. Objekte ererben von ihren Klassen diese Eigenschaften und Fähigkeiten, aber auch die Möglichkeit, sich mit anderen Objekten auszutauschen, um Systemfunktionen gemeinsam in Kooperation zu realisieren. Diese Kommunikationsfähigkeit wird ebenfalls im Klassendiagramm modelliert und heißt Assoziation.

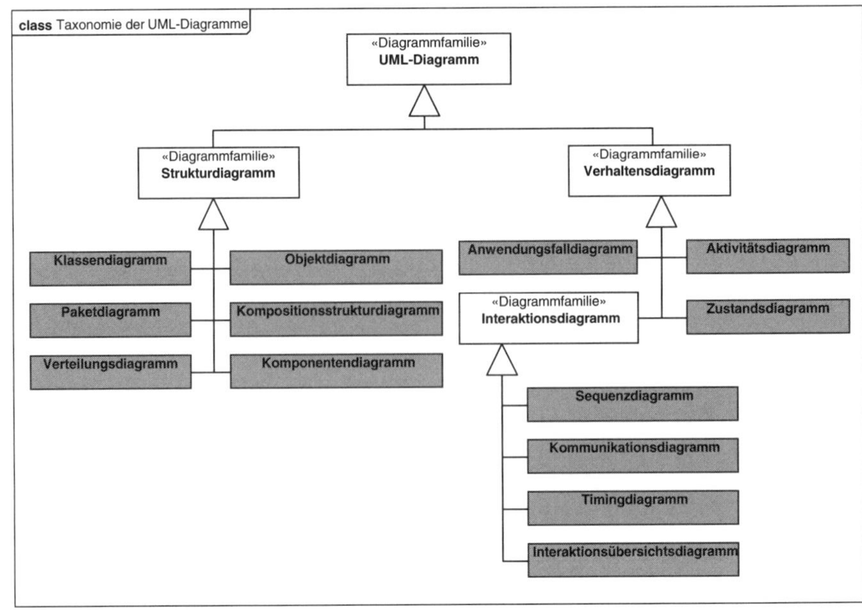

Abb. 2.6 *Taxonomie der UML-Diagramme*

Objektdiagramme stellen eine ähnliche Sicht dar wie Klassendiagramme, nur eine Metaebene tiefer. Anstelle der „Baumuster" der Objekte (= Klassen) werden hier die Objekte selbst gezeigt. Dabei handelt es sich um eine Momentaufnahme zu einem bestimmten Zeitpunkt, denn Objekte werden im Laufe der Zeit erzeugt oder gelöscht und verändern ihren Zustand in Form der angenommenen Werte ihrer Eigenschaften.

Kompositionsstrukurdiagramme wurden mit der UML 2 in die UML eingeführt, weil im Klassendiagramm zwar Teil-Ganzes-Beziehungen modelliert werden können, diese aber nur unbefriedigend alle Aspekte einer mehrstufigen Hierarchie einer Komposition wiedergibt. Hier ist dies jetzt möglich zusammen mit einer Verschaltung der bereitgestellten und benötigten Schnittstellen und den Kommunikationsports der Klassen.

UML-Pakete stellen ein generisches Strukturierungskonzept für unser UML-Modell dar. Pakte dienen der Unterteilung des Modells, der Zuweisung als Arbeitspaket für Teammitglieder oder Teilteams, zur Identifikation von wiederverwendbaren beziehungsweise wiederverwendeten Komponenten oder zur Modellierung von Namensräumen. Auch Pakete können in Beziehung zueinander stehen, was im Paketdiagramm veranschaulicht wird.

Die Aufgabe der *Komponentendiagramme* ist teilweise von den Kompositionsstrukturdiagrammen übernommen worden, als diese in der zweiten Version der UML eingeführt wurden. Wenn mehrere Klassen zusammenarbeiten, können sie als Komponente modelliert werden. Die Schnittstellen der Komponente bestimmen die Zusammenarbeit verschiedener Komponenten untereinander. Softwareartefakte wie Dateien,

Dokumente, lauffähige Programme oder Bibliotheken können mit den Komponenten verbunden werden.

Verteilungsdiagramme dienen dem Mapping von Softweareartefakten auf Hardwareknoten. Wir können damit die Hardwareebene mit Elementen der Software verbinden. Allerdings sind die UML-Verteilungsdiagramme eher für große, verteilte Systeme wie zum Beispiel webbasierte Client-Server-Systeme gedacht als für eingebettete Systeme. Deren Spezifika wie Nebenläufigkeit oder Details der genutzten Hardware fehlen in den normalen Verteilungsdiagrammen.

Somit bietet die UML eine Vielzahl von Möglichkeiten, die Systemstruktur zu modellieren. Wir sollten die verschiedenen Ebenen einer Strukturkonzeption und realer Hardware bzw. Softwareelemente auseinanderhalten und bei der Auswahl der im Projekt verwendbaren Diagramme darauf achten, dass zwischen diesen Ebenen ein passendes und nachvollziehbares Mapping erstellt wird. Aus dem Klassenmodell mit seinen Sichten wie Klassendiagramm und Kompositionsstrukturdiagramm können wir die Coderahmen in der jeweiligen Programmiersprache generieren, wenn wir hier Transformationsregeln festlegen.

UML-Verhaltensdiagramme

Für die Beschreibung, wie sich Objekte in unserer Software verhalten oder wie die Kommunikation auf den verschiedenen Strukturebenen abläuft, brauchen wir die **Verhaltensdiagramme der UML**. Diese sind konzeptionell noch vielfältiger als die UML-Strukturdiagramme. Dies liegt vor allem daran, dass die UML verschiedene Verfahren der Verhaltensmodellierung, die schon außerhalb der UML existierten, mit aufgenommen hat.

Anwendungsfalldiagramme stellen die funktionale Grundlage der Anforderungsanalyse mit der UML dar. Wir nehmen dazu die Sicht der Systemnutzer ein und betrachten das System von außen. In den Anwendungsfällen wird dann beschrieben, welche einzelnen Nutzerziele das System erfüllen soll. Der Anwendungsfall enthält eine textuelle Beschreibung des Kommunikationsablaufs an der Systemgrenze. Anwendungsfälle strukturieren die funktionalen Anforderungen an das System. Da sie in der Hauptsache textuell beschrieben sind und nur die Abhängigkeiten der Anwendungsfälle untereinander grafisch modelliert werden, können auch die Projektmitglieder, die mit der UML nicht vertraut sind, an den Anwendungsfällen leicht mitwirken.

Aktivitätsdiagramme haben sich mittlerweile von reinen Ablaufdiagrammen emanzipiert und bieten eine eigene Semantik für Verhalten. Dennoch sind sie hauptsächlich dazu da, die Abläufe innerhalb des Systems mit allen Verzweigungsmöglichkeiten und auf allen dynamischen Ebenen darzustellen. Wir können darin modellieren, wie auf oberster Ebene Geschäftsprozesse ablaufen, aber auch, wie die Intertaskkommunikation zwischen nebenläufigen Prozessen funktioniert.

Zustandsdiagramme der UML haben wie die Anwendungsfalldiagramme eine historische Basis außerhalb der UML: In den 1980er-Jahren entwickelte David Harel Zustandsautomaten als formale Beschreibungsmöglichkeit für das Verhalten komplexer Systeme. Die Grundidee ist trotz der Weiterentwicklung in der UML immer noch die gleiche: Wir modellieren die Zustände, die das System oder Teile davon einnehmen können und beschreiben, aufgrund welcher Ereignisse diese Zustände erreicht werden. Auf dem Weg der Zustandswechsel oder auch innerhalb der Zustände werden die Aktionen des beschriebenen dynamischen Elements modelliert. Da Zustandsdiagramme formal definiert sind, ist es möglich, das modellierte Verhalten durch Transformation in Source Code umzuwandeln.

UML-Interaktionsdiagramme

In der Objektorientierung kapseln wir Verhalten innerhalb der Objekte. Objekte leben aber nie allein für sich, sondern kommunizieren miteinander, um die Systemfunktionalitäten gemeinsam zu realisieren. Daher brauchen wir passende Beschreibungsmöglichkeiten der **Objektinteraktion**, die quasi ein eigenes Kapitel in den Verhaltensdiagrammen ergeben.

Kommunikationsdiagramme reichern die Objektdiagramme an, indem wir auf der gleichen Ebene die Objekte und ihre Verbindungen um die Nachrichten, die sie austauschen, ergänzen. Es gibt Ordnungsmechanismen, damit erkennbar ist, wie die logische Nachrichtenreihenfolge zwischen den Kommunikationspartnern abläuft.

Sequenzdiagramme sind das Mittel der Wahl zur Beschreibung komplexer Kommunikationsabläufe. Zwar stellen sie eigentlich die gleiche Information dar wie Kommunikationsdiagramme, aber durch ihren Aufbau betonen sie die logische oder zeitliche Abfolge der ausgetauschten Nachrichten. Mittlerweile ist es durch Erweiterungen der UML 2 auch möglich, Ablaufstrukturen und Referenzen auf andere Sequenzdiagramme zu modellieren. Damit sind auch komplexe Abläufe in wenigen Diagrammen darstellbar.

Timingdiagramme sind dafür da, die Abläufe innerhalb verschiedener struktureller Modellelemente miteinander in Beziehung zu setzen. Die zeitliche Abfolge fungiert hier als übergeordnete Klammer. So können Zustandswechsel in den Modellelementen das Verhalten und somit die aktuellen Zustände in anderen Modellelementen hervorrufen. Insgesamt erhalten wir einen Überblick über die aktuellen Zustände verschiedener Elemente zu verschiedenen Zeitpunkten.

Interaktionsübersichtsdiagramme wurden eingeführt, um die verschiedenen anderen Interaktionsdiagramme und auch Aktivitätsdiagramme miteinander zu koppeln, so dass der Zusammenhang zwischen den unterschiedlichen Verhaltenssichten in einem System dargestellt wird. Hauptelement ist die Möglichkeit, andere Diagramme als Teilinteraktion zu referenzieren. Gestalterisch entspricht ein Interaktionsübersichtsdiagramm einem Aktivitätsdiagramm, das anstelle von Aktivitäten andere Interaktionsdiagramme enthält.

Zusammenfassung

Die dreizehn Diagrammarten bieten eine Vielzahl von Perspektiven auf unser System, in allen möglichen Abstraktionsebenen. Die Sprachkonstrukte rangieren von nicht formal bis komplett formal. Aufgrund dieser

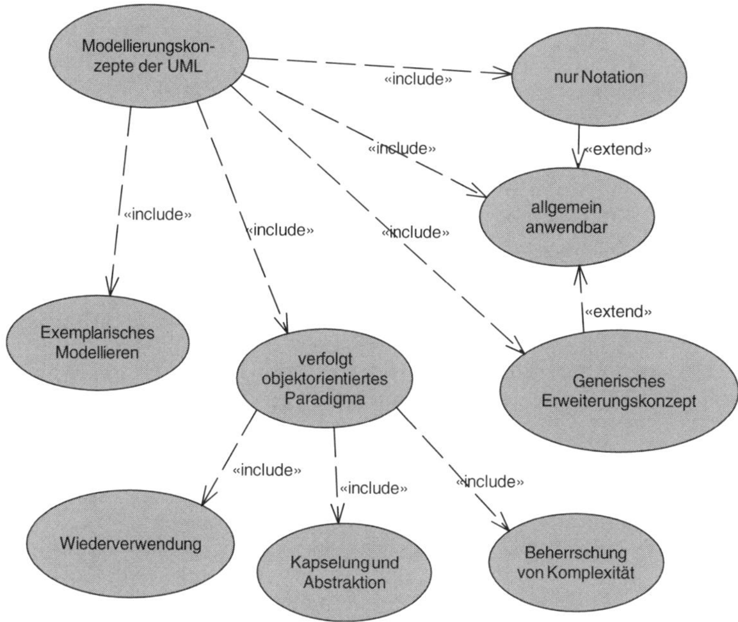

Abb. 2.7 *Modellierungskonzepte der UML*

Bandbreite wäre es ungeschickt, die UML als grafischen Lückentext zu verstehen, den wir nur ausfüllen müssen, um das optimale Systemdesign zu erhalten. Besser ist, sich die Ziele der Modellierung mit der UML wie in Abbildung 2.7 gezeigt vor Augen zu halten und sich die passenden Diagramme als erlaubte oder empfohlene Sichten in einem definierten Entwicklungsprozess zusammenzustellen. Dazu brauchen wir aber erst einmal einen funktionierenden Entwicklungsprozess, den wir kurz skizzieren wollen.

2.1.2 Ein Entwicklungsprozess

Eine funktionierende Methode zur Entwicklung von eingebetteten Systemen bedarf zweier Dinge:

Methodik = Prozess + Notation

Mit Fragen ausgedrückt entspricht dies:

Methodik = Wer tut wann was? + mit welchen Mitteln?

Definition der Notation

Als Notation im Projekt für Anforderungsanalyse und System- bzw. Softwaredesign verwenden wir generell die UML oder die SysML mit ihren verschiedenen Adaptionsmöglichkeiten. Dabei werden wir für ein konkretes Projekt unser gültiges Modellierungsvokabular als Untermenge des Standards mit notwendigen Erweiterungen festlegen. Eine generelle

Projektvorgabe „Zur Modellierung wird UML verwendet" ist schon besser als gar keine, allerdings sind für die Mitglieder im Projektteam Anleitungen wie „Funktionale Anforderungen werden mit Anwendungsfällen, ihre Ablaufszenarien mit Sequenzdiagrammen modelliert" wesentlich hilfreicher.

Das Wasserfallmodell

Der Stammvater der Vorgehensmodelle

Komplexe Software wurde schon früher entwickelt. Daher gibt es auch schon sehr lange den „Urvater" der Entwicklungsprozesse, das Wasserfallmodell. Bereits 1970 wurde es vorgeschlagen. Der Begriff „Modell" im Zusammenhang mit Entwicklungsprozessen soll uns hierbei nicht verwirren. Er hat nichts mit System- oder Softwaremodellierung zu tun, sondern wird einfach deshalb benutzt, weil alle Prozessvorschläge idealtypische Modelle für das echte Prozessgeschehen im Projekt sein sollen. Daher lassen sich Prozessmodelle auch mit einer Modellierungssprache wie der UML beschreiben. In Abbildung 2.8 wurde ein einfaches Aktivitätsdiagramm genutzt, um die verschiedenen Aktivitäten im Wasserfallmodell zu beschreiben.

In der *Projektplanung* wird der Kunde mit einbezogen, das Lastenheft wird erstellt und die zeitliche und monetäre Projektplanung erfolgt. Die darauffolgende *Analyse* hat das Pflichtenheft zum Ziel, in dem alle Anforderungen enthalten sind. Im *Entwurf* wird das System- bzw. Softwaredesign erstellt. Hier können wir die UML anwenden, und als Ergebnis ein Designmodell oder daraus erstellte Dokumente vorlegen. In der *Realisierungsphase* wird implementiert und getestet, damit danach in der *Einführungsphase* ein vollständig funktionierendes System zur Verfügung steht. Hier werden zum Beispiel Nutzerschulungen durchgeführt, bevor es in die *Nutzungsphase* geht. Darin bleibt die Entwicklung nicht stehen, sondern die *Wartung* des Systems oder der Software wird durchgeführt. Bei Systemen kann danach noch eine *Außerdienststellungsphase* eingeplant werden, denn im Gegensatz zur Software kann bei Systemen die Entsorgung, Verschrottung oder Demontage eine äußerst komplexe und aufwendige Phase darstellen, die von Anfang an mit geplant sein sollte.

Bewertung

Das Wasserfallmodell ist einfach, verlangt einmal aufgesetzt wenig Managementaufwand und kann leicht angepasst werden. Die einzelnen Phasen haben klar definierte Bedingungen zu Anfang und am Ende, die meist mit dem Vorhandensein von spezifischen Dokumenten wie Pflichtenheft oder Benutzerhandbuch gleichgesetzt werden können. Trotzdem ist der reale Prozessalltag anders als ein Wasserfall strukturiert, was klare Nachteile bei der Verfolgung dieses Prozessmodells nach sich zieht: So ist der Kunde nur in frühen Phasen involviert. Danach wird das implementiert, was zu einem bestimmten Zeitpunkt einmal als Projektziel festgelegt wurde. In der Realität ändern sich mit dem Wissen im Projektteam Anforderungen ständig, was zur Folge hat, dass das Ergebnis bei Fertigstellung nie den dann gültigen Erwartungen am Projektende entsprechen kann. Erkannte Probleme innerhalb von Phasendoku-

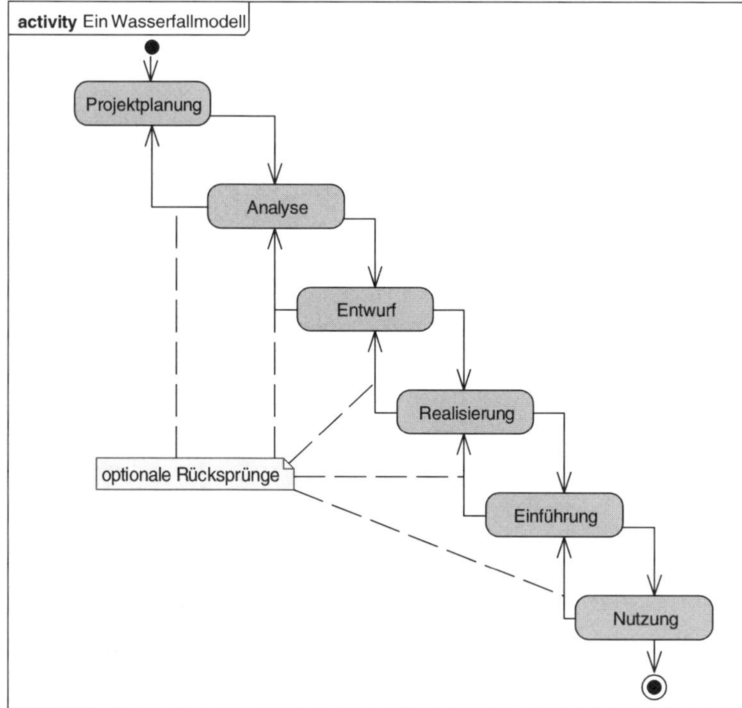

Abb. 2.8 *Ein Wasserfallmodell*

menten bedingen einen optionalen *Rücksprung* in die Vorphase, was dramatische Auswirkungen auf die Projektplanung zur Folge haben kann. Die Überprüfung der Leistung eines Systems kann auch nur ganz am Schluss erfolgen, so dass ein Nachsteuern bei Problemen nicht oder nur mit extremem Aufwand möglich ist.

Das V-Modell

Der übliche Verdächtige

Wann immer etwas über planvolles Vorgehen erklärt werden soll, ist das V-Modell® mittlerweile eine beliebte Grundlage. Dabei kommt es ursprünglich aus der militärischen Softwareentwicklung und wurde vom Bundesverteidigungsministerium in den 1980er-Jahren initiiert. Mittlerweile wird es militärisch und zivil genutzt, und V-Modell® ist eine geschützte Marke der Bundesrepublik Deutschland, betreut durch die Koordinierungs- und Beratungsstelle der Bundesregierung für Informationstechnik in der Bundesverwaltung (KBSt). Das V-Modell durchlief selbst bereits einige Verbesserungsiterationen, der aktuelle Stand ist das V-Modell® XT 1.2.1.

Struktur des V-Modells

In der Neufassung des V-Modell XT liegt das Hauptaugenmerk nicht mehr auf dem „V" mit dem linken Ast der System- oder Softwareentwicklung und dem rechten Ast der dazugehörigen Tests. In Abbildung 2.9 ist noch die Struktur der Systementwicklung in der typischen V-Form dargestellt.

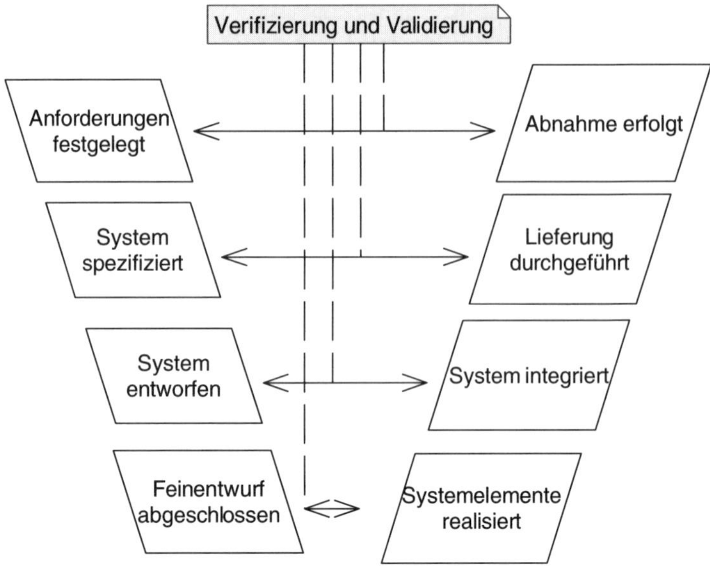

Abb. 2.9 *Struktur der Systemerstellung*

Diese V-Form finden wir noch in der Darstellung der verschiedenen Entscheidungspunkte wieder. Abbildung 2.10 zeigt die Entscheidungspunkte für alle Projekte, für die Systementwicklung, für die Kommunikation von Auftraggeber und Auftragnehmer sowie für die Verbesserung des Vorgehensmodells selbst.

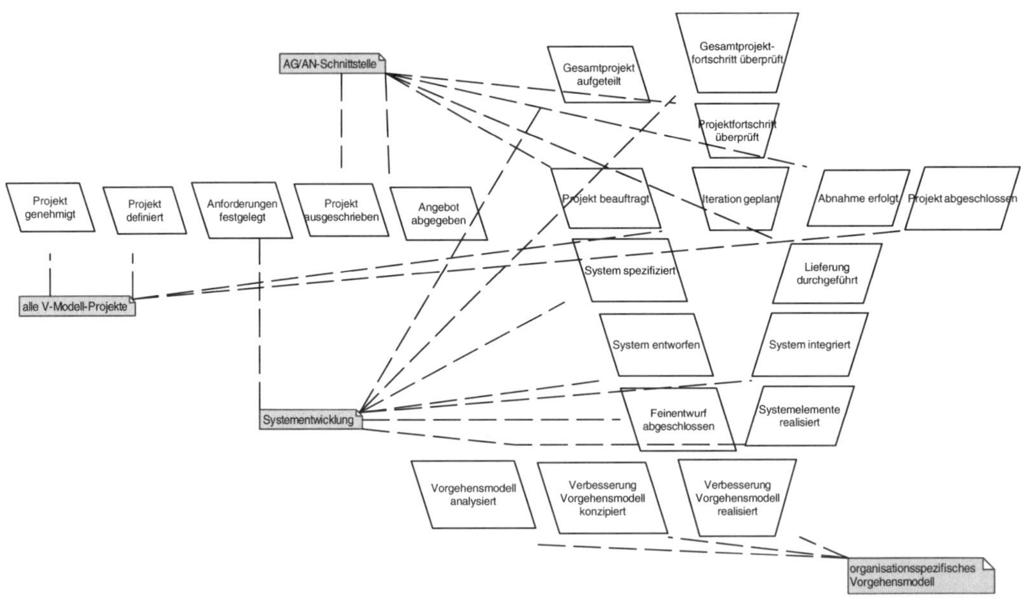

Abb. 2.10 *Entscheidungspunkte im V-Modell*

Mit den Entscheidungspunkten wird vor der Durchführung eines Projekts mit der Durchführungsstrategie festgelegt, welche der Entscheidungspunkte im Projekt von Bedeutung sind. Wichtiger noch im V-Modell ist der Begriff des Produkts. Im Vorgehensbaustein werden Produkte durch Aktivitäten fertiggestellt, wie Abbildung 2.11 darstellt. Die hier verwendete Abbildung ist ein UML-Klassendiagramm, das die Beziehungen zwischen Elementtypen zeigt. Das Strichmännchen wird uns noch in einigen Diagrammarten begegnen. Hier steht es für die Rollen von Personen im Entwicklungsprozess. Es gibt eine oder keine Rolle, die für Produkte verantwortlich ist. Dabei wirken *n* Rollen an *m* Produkten mit. In den Klassendiagrammen gibt es Teil-Ganzes-Beziehungen wie die Beziehung zwischen Produktgruppe und Produkt. Eine Produktgruppe enthält mindestens ein Produkt. Diese Beziehung wird mit einer Raute am Ganzen beschrieben. Genauso wie die Produkte sind auch die zugehörigen Aktivitäten aufgeteilt in Aktivitätsgruppe, Aktivität und Teilaktivität.

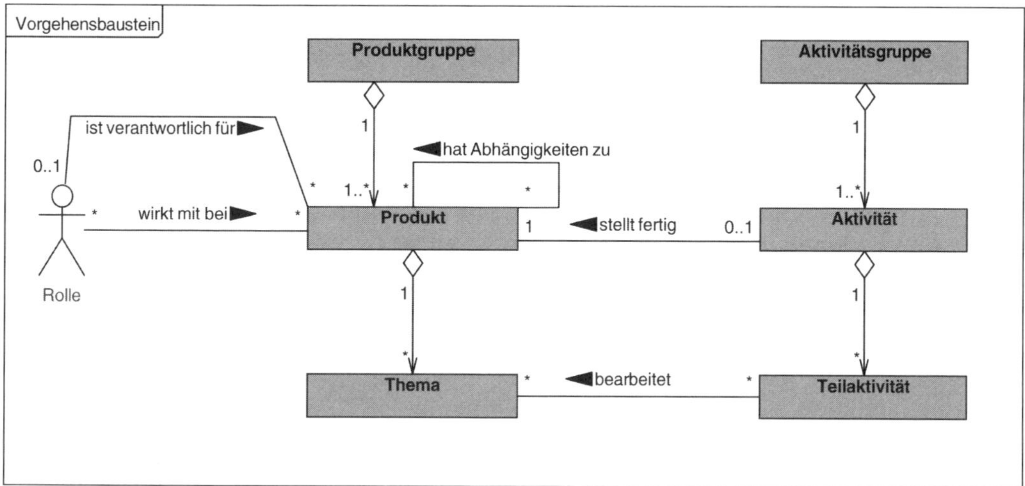

Abb. 2.11 *Vorgehensbaustein*

Der zentrale Begriff des Produkts wird im V-Modell weiter detailliert. Interessanterweise wird auch dafür ein UML-Diagramm Verwendung finden, das Zustandsdiagramm. Abbildung 2.12 stellt die verschiedenen Produktzustände dar sowie die Transitionen mit ihren Bedingungen für den Zustandsübergang.

Ein wesentlicher Fortschritt in heutigen Entwicklungsprozessen ist ihre Agilität. Damit können wir am Anfang eines Projekts bestimmen, was wir im Projekt für wichtig halten und welche Schritte wir begründet (!) weglassen können. Auch im V-Modell wird durch die Zuordnung der Aktivitäten, Produkte und Entscheidungspunkte untereinander festgelegt, wie ein Projekt durchgeführt werden soll. Dabei ist das V-Modell auch rekursiv, denn auch Projekte zur Verbesserung des Vorgehensmodells passen in sein Schema.

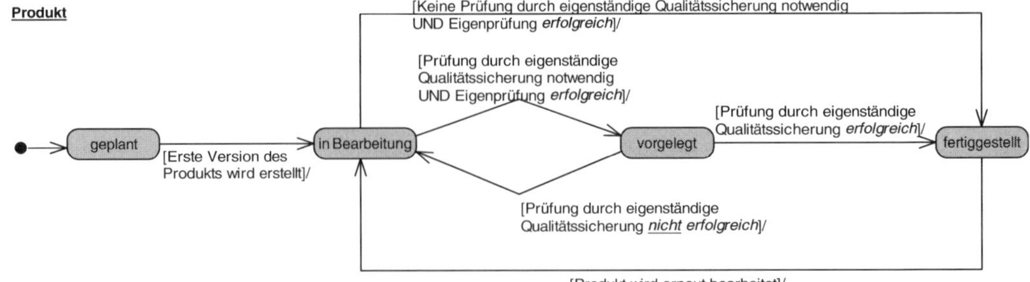

Abb. 2.12 *Produktzustandsmodell*

The Real-time Perspective

Ein Prozess für eingebettete Systeme

Einen pragmatischen Ansatz für die Entwicklung eingebetteter Systeme stellt der Prozess „The Real-time Perspective" dar, der von ARTiSAN Software Tools Ltd. auf Basis der mit der UML darstellbaren Sichten zusammengestellt wurde. Er umfasst im Wesentlichen ein Prozessmodell, das verschiedene Aktivitäten für die System- und Softwareentwicklung kennt und im Detail für jede Einzelaktivität auflistet, welche Rollen im Projektteam welche Aufgaben haben und mit welchen Mitteln diese Aufgaben durchzuführen sind. Hauptaugenmerk wird dabei auf die verwendbaren UML-Diagramme als Sichten im System- oder Softwaremodell gelegt. Der Prozess ist auf der Webseite von ARTiSAN frei verfügbar und auch lose mit dem CASE-Werkzeug ARTiSAN Studio verknüpft. Lose deshalb, weil diesem Prozess bei der Modellierung nicht gefolgt werden muss.

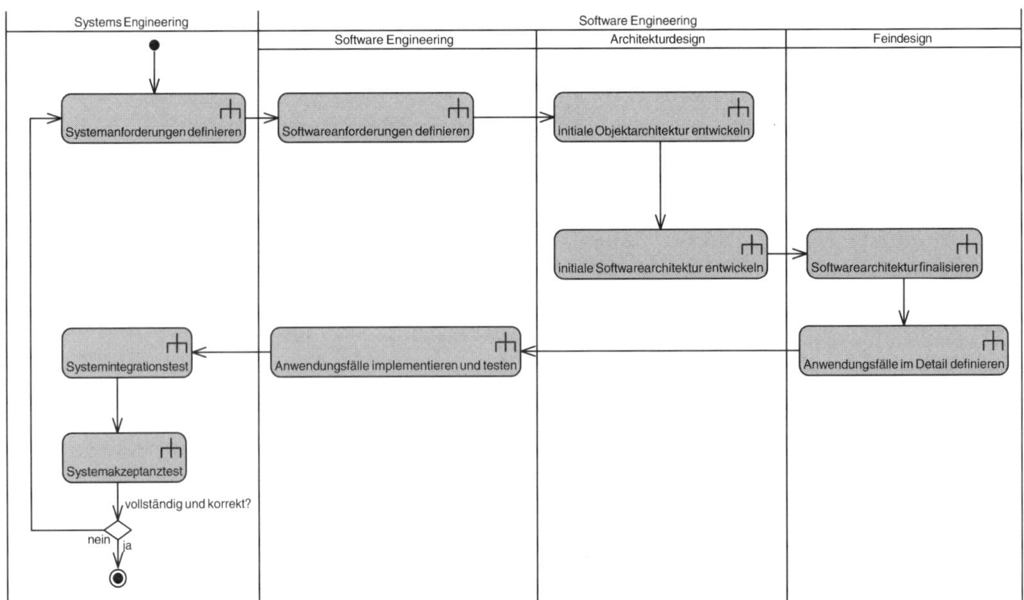

Abb. 2.13 *Gesamtübersicht über den Prozess „The Real-time Perspective"*

Das Aktivitätsdiagramm in Abbildung 2.13 zeigt den Prozessablauf der verschiedenen Aktivitäten, die unterschiedlichen Domänen zugeordnet sind. Der Prozess ist anwendungsfallzentriert, denn die Aktivität im Mittelpunkt ist „Anwendungsfälle implementieren und testen". Wie wir später in der Betrachtung der UML-Anwendungsfälle noch sehen werden, entsprechen die Anwendungsfälle funktionalen Anforderungen, die zum Teil unabhängig voneinander, aber in jedem Fall aufeinander aufbauend implementierbar sind. Wenn die Grundstruktur des Systems einmal konzeptionell steht, können wir uns auf die Implementierung der Anwendungsfälle im Einzelnen konzentrieren. Solange wir noch nicht fertig sind, durchlaufen wir den Prozess immer wieder, wobei notwendige Änderungen in den einzelnen Sichten das Gesamtmodell jeweils aktualisieren.

Iterativer Ablauf

Jede der oben gezeigten Aktivitäten ist natürlich komplexer als nur einfach ein Prozessschrittname. Am Beispiel der Aktivität „Systemanforderungen definieren" wollen wir uns den Aufbau einer Prozessaktivität näher ansehen.

In der UML können wir in Aktivitäten „hineinzoomen", indem wir ein weiteres Diagramm für diese Aktivität modellieren. Später präzisieren wir die sprachlichen Möglichkeiten der UML-Aktivitätsdiagramme noch, daher hier nur ganz kurz im Telegrammstil:

- Der Diagrammrahmen trägt den Namen der Aktivität, die näher erläutert wird.
- Die eckigen Elemente am Rand sind Eingangs- oder Ausgangsparameter. In unserem Fall können wir modellieren, welche Prozessprodukte eine Aktivität benötigt oder welche von ihr erstellt werden.
- Die Elemente mit abgerundeten Ecken sind Aktivitäten. Diese schalten wir mit anderen Aktivitäten oder mit Parametern durch gerichtete Pfeile aneinander, um den Ablauf der Aktivitäten festzulegen.

Die Schritte im Einzelnen

Dazu sehen wir uns Abbildung 2.14 genauer an. Um die Systemanforderungen zu definieren, brauchen wir also anfängliche Kundenanforderungen. Diese werden in einem Review analysiert. Danach wird eine Anforderungsspezifikation erstellt, die auch die Ergebnisse der anfänglichen Systemarchitektur sowie die identifizierten funktionalen und nicht-funktionalen Anforderungen berücksichtigt. Neben der Anforderungsspezifikation als Dokument erhalten wir die physikalische Systemdefinition, die Systemzusicherungen und die Systemfunktionsdefinition als Sichten im Modell. In dieser Prozessaktivität müssen wir auch zwei weitere Einzelaktivitäten durchführen: Das Projekt könnte von externen Gegebenheiten abhängig sein. Beispielsweise könnte die Hardware, die wir verwenden wollen, noch nicht verfügbar sein. Vielleicht gibt es auch Abhängigkeiten im Projektteam, die wir zu berücksichtigen haben. Wenn ein Schlüsselmitglied (z.B. auch der Kunde) im Team ausfällt oder aus Auslastungsgründen nicht zur Verfügung steht, hat das schwerwiegende Auswirkungen auf den Zeitplan. Damit einher geht die Iden-

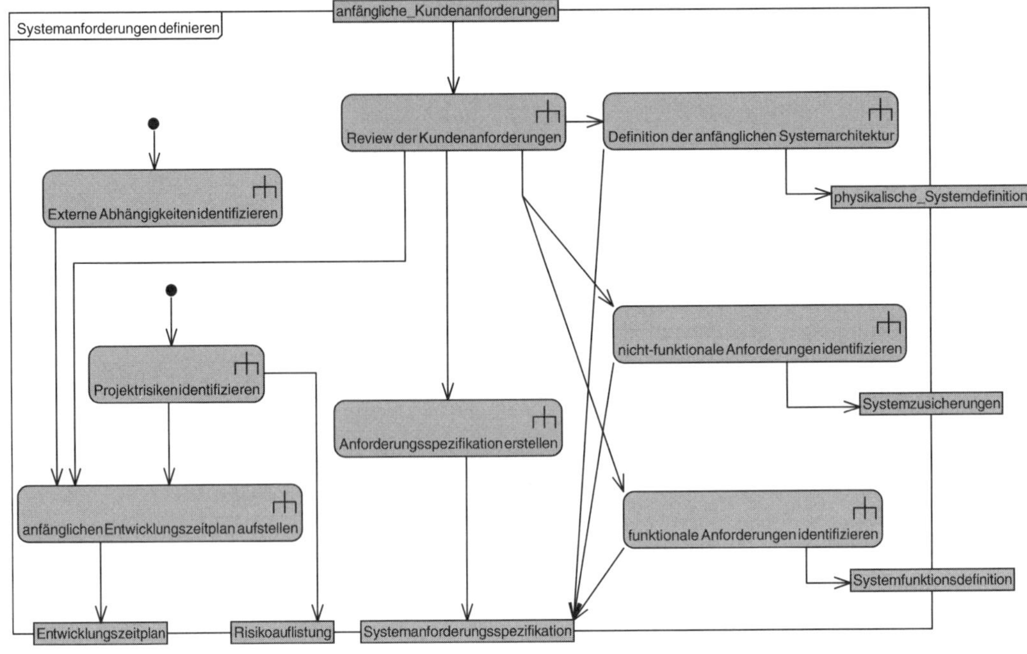

Abb. 2.14 *Aktivität Systemanforderungen definieren*

tifikation von Projektrisiken. Beispielsweise müssen wir die Lernkurve bei der ersten Verwendung einer neuen Technologie berücksichtigen.

Verschaltung der einzelnen Aktivitäten

Um nun nicht nur die wenig detaillierte Übersicht wie in Abbildung 2.13 und die sehr genauen Einzelschritte in den Aktivitätsbeschreibungen fast zusammenhanglos nebeneinander zu betrachten, dienen die Produkte der Einzelaktivitäten als Koppelelemente, welche in Abbildung 2.15 dargestellt werden.

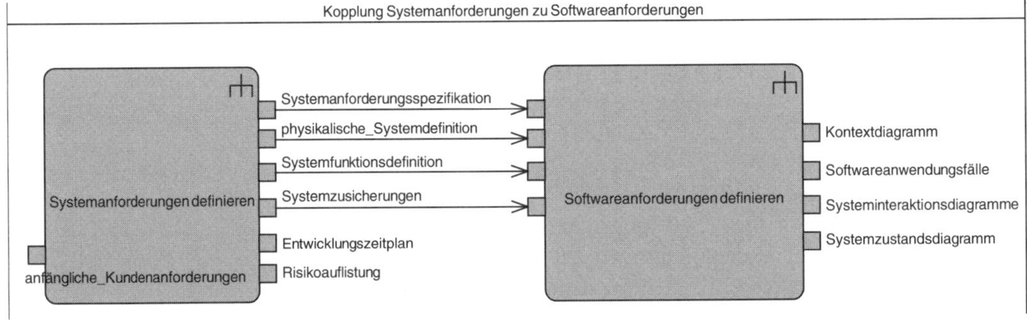

Abb. 2.15 *Kopplung Systemanforderungen zu Softwareanforderungen*

Da wir die UML auch sehr gut zur Modellierung unseres Prozesses benutzen können, sind alle gezeigten Aktivitätsdiagramme unterschiedliche Sichten auf die gleichen Modellelemente, wie zum Beispiel die Aktivität „Softwareanforderungen definieren". Die benötigten und bereitgestellten Parameter können wir anzeigen oder auch weglassen, wenn dies der Aussage des Diagramms dienen sollte.

Übergang zu den Modellsichten

Jede der Einzelaktivitäten beschreibt, wer was mit welchen Mitteln durchführen soll. Im Prozess sind diese Angaben der Mittel, wenn sie sich auf Modellsichten der UML beziehen, direkt verlinkt mit der Beschreibung, wie diese Sichten zu erstellen und zu lesen sind. Das Paketdiagramm in Abbildung 2.16 zeigt eine Gesamtaufstellung der verwendeten Modellsichten. Hier wird unterschieden zwischen Anforderungssichten und Designsichten. Hervorzuheben ist, dass wir keine direkten Angaben zu Diagrammen finden, sondern zu Teilmodellen der UML. Nehmen wir als Beispiel die Systemnutzung. Darin enthalten sind die UML-Anwendungsfälle, aber auch die Interaktionsdiagramme, die die Anwendungsfälle präzisieren oder formalisieren können.

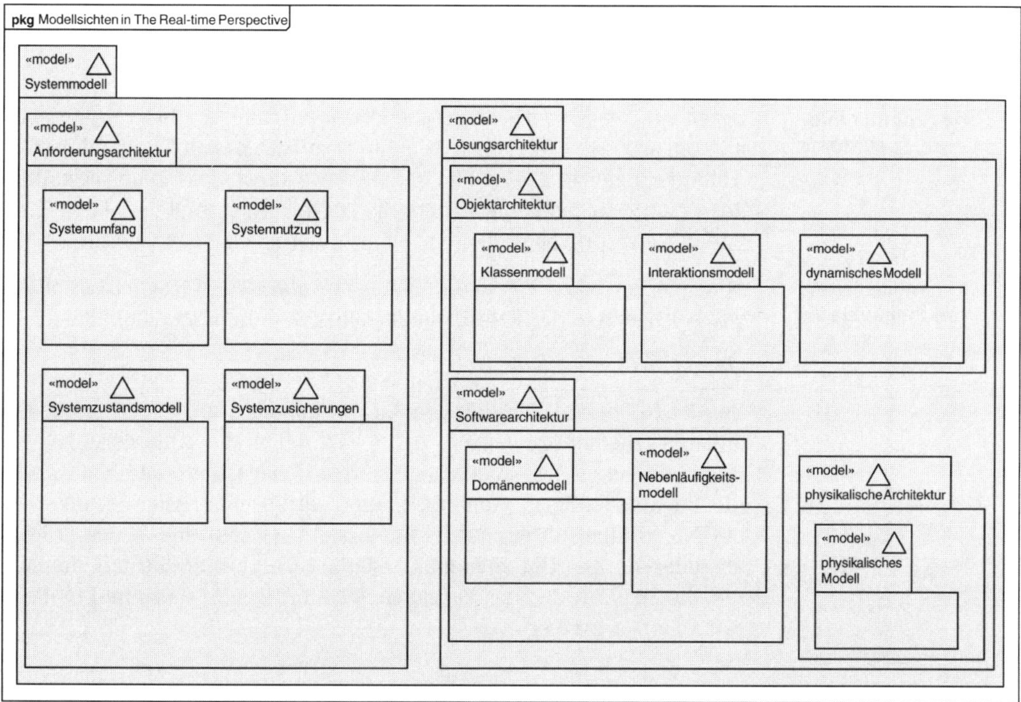

Abb. 2.16 Modellsichten im Prozess „The Real-time Perspective"

Wir werden nicht alle Schritte und Sichten dieses Entwicklungsprozesses im Detail durchgehen können, denn wir wollen uns ja auch auf die UML als Sprache für die prozessbegleitenden Sichten und darin auf die wichtigsten konzentrieren. Trotzdem nehmen wir die einzelnen Phasen als roten Leitfaden durch die Möglichkeiten der Modellierung mit der UML und später auch der Systemmodellierungssprache SysML.

2.2 Die UML 2 und ihre Sichtweisen

Der rote Faden durch die UML

Entsprechend dem Entwicklungsprozess „The Real-time Perspective" werden wir uns Schritt für Schritt die verschiedenen Perspektiven auf ein eingebettetes System genau ansehen und für sie die jeweiligen Modellierungsstrategien in den Teilmodellen für eingebettete Systeme entwickeln. Dabei stehen die Standardmöglichkeiten, die uns die UML bietet, erst einmal im Vordergrund. Wir überlegen uns aber auch, wie wir wichtige, aber im Metamodell der UML vielleicht nicht vorgesehene Informationen in das Systemmodell einfügen können.

2.2.1 Systemanforderungen

Die Anforderungsarchitektur

Bevor wir ein System entsprechend der Vorgaben realisieren können, müssen wir diese Vorgaben kennen. Dazu gehört ein Verständnis der Anforderungen an das System und die Gewissheit, dass in unserem Bild der Anforderungen keine allzu große Lücke vorliegt und dass keine größeren Widersprüche in den einzelnen Anforderungen existieren.

Modellierung im Problemraum

Mit Anforderungen, die von Kundenseite aufgestellt werden, ist es oft so wie bei Reden in der Politik, deren Abdruck diesen Satz enthält:

„Es gilt das gesprochene Wort."

Bei der Systementwicklung können wir uns aber nicht kopfschüttelnd anderen Themen zuwenden, denn wir sollen die Anforderungen ja durch ein passendes Produkt realisieren. Daher ist es wichtig, dass wir die in textueller Form (wenn überhaupt) vorliegenden Anforderungen in ein Modell überführen, das es uns erlaubt, Lücken und Widersprüche aufzudecken. Die UML bietet auch dafür verschiedene Sichten, die helfen, die Struktur und das Verhalten des künftigen Systems im Problemraum zu beschreiben.

2.2.2 Funktionale Anforderungen als UML-Anwendungsfälle

Beginnt der Entwickler mit der Anforderungsspezifikation, so ist die erste Frage: „Was soll mein System leisten?" Ivar Jacobson, einer der drei „Väter" der UML, verstand es bereits sehr früh, durch die Definition der Anwendungsfälle die Sichtweise der mit dieser Frage im Entwicklungsprozess beschäftigten Personen (Systemingenieure, Softwareentwickler, Projektsponsoren, Marketingspezialisten und natürlich zukünftige oder existente Kunden) in die richtige Richtung zu lenken. Der Aufbau des Systems ist dabei noch völlig unerheblich, und es existieren in dieser Sichtweise von der Systemwelt nur drei Elementarten: Akteure, Anwendungsfälle und „das Subjekt", in unserem Fall das zu entwickelnde System.

Blackbox-Sicht auf das System

Das System als zeichnerisches Element kann sogar komplett aus diesen Diagrammen entfallen, da es als Systemgrenze lediglich veranschaulicht, dass alle Anwendungsfälle innerhalb des Systems dargestellt werden und sich alle Akteure definitionsgemäß außerhalb des Systems befinden. Wenn Sie aber beim Erstellen Ihres ersten Anwendungsfalldiagramms nicht wissen, womit Sie anfangen sollen, dann empfehle ich auf jeden Fall das Zeichnen eines Rechteckrahmens als Systemabgrenzung. Das beruhigt ungemein.

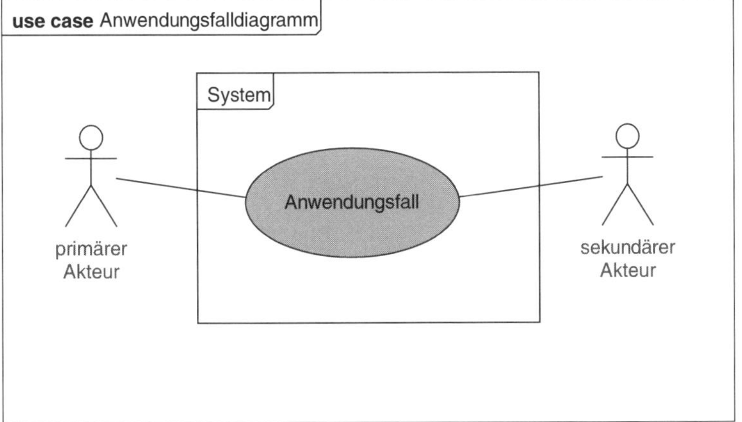

Abb. 2.17 *Anwendungsfalldiagramm*

Akteure

Akteure als externe Entitäten

Akteure werden in der UML im Allgemeinen mit Strichmännchen dargestellt, wie in Abbildung 2.17 zu sehen. Sie beschreiben externe Entitäten bezogen auf das System. Das können Personen oder besser Rollen von Personen oder andere Systeme sein, mit denen das System interagieren soll. Daneben gibt es noch generische Akteure wie die physikalische Umwelt oder - für die Systementwicklung sehr wichtig - die Zeit. In unserem objektorientierten Weltbild brauchen wir immer miteinander kommunizierende Objekte. Nichts passiert automatisch oder spontan, es muss immer Objektinteraktion stattfinden. Thomas von Aquin wäre begeistert von dieser Weltanschauung[3].

Akteure sind in einem UML-Modell nur dann gültig, wenn sie auch mit dem System interagieren. Dies wird mit der Interaktionslinie zwischen

[3] „Nichts bewegt sich, ohne bewegt worden zu sein."

einem Akteur und einem Anwendungsfall dargestellt. Steht also ein Akteur in einem Anwendungsfalldiagramm ohne Verbindung zu einem Anwendungsfall (oder einem anderen Akteur), so ist er obsolet.

Primäre Akteure initiieren Anwendungsfälle

Manchmal ist es vorteilhaft, zwischen primären und sekundären Akteuren zu unterscheiden, auch wenn die UML diese Unterscheidung nicht explizit trifft. Primäre Akteure initiieren einen Anwendungsfall, was bedeutet, dass eine wie auch immer geartete Nachricht von diesem Akteur als erster Kommunikationsschritt innerhalb des betreffenden Anwendungsfalls ausgeht. Das heißt auch gleichzeitig, dass ein primärer Akteur mit diesem Anwendungsfall ein Ziel verfolgt. Sekundäre Akteure nehmen an der Interaktion eines Anwendungsfalls teil, initiieren ihn aber nicht. Das System braucht also, um den Anwendungsfall durchführen zu können, die Kooperation weiterer externer Systeme oder Entitäten. Natürlich lässt sich diese Eigenschaft eines primären oder sekundären Akteurs auch durch Stereotypisierung «primär» oder «sekundär» eindeutig im Anwendungsfalldiagramm darstellen. Als alternativen Vorschlag kann man durch die Anordnung von Akteur und Anwendungsfall aber auch implizit diese Eigenschaft ausdrücken. Links vom Anwendungsfall steht der primäre Akteur, rechts vom Anwendungsfall stehen die sekundären Akteure. Durch die für uns natürliche Veranlagung, von links nach rechts zu lesen, ergibt sich automatisch eine Reihenfolge der Interaktionslinien im Anwendungsfalldiagramm. Die Kennzeichnung von primären Akteuren hilft dabei, zwischen ihnen als Entitäten mit einer Zielsetzung und anderen Akteuren zu unterscheiden, die mit einem Anwendungsfall kein Ziel verfolgen, sondern nur an der Interaktion teilhaben.

Externe Akteure

Akteure sind immer extern zum System. Bei eingebetteten Systemen werden also schon hier wichtige Entscheidungen getroffen. Ein Beispiel: Gehört der Sensor zum System oder ist er ein Akteur? Wenn er zum System gehört (siehe Variante 1, Abb. 2.18), dann wäre der passende Akteur das Medium, das der Sensor misst.

Variante 1: Der Drucksensor gehört zum System:

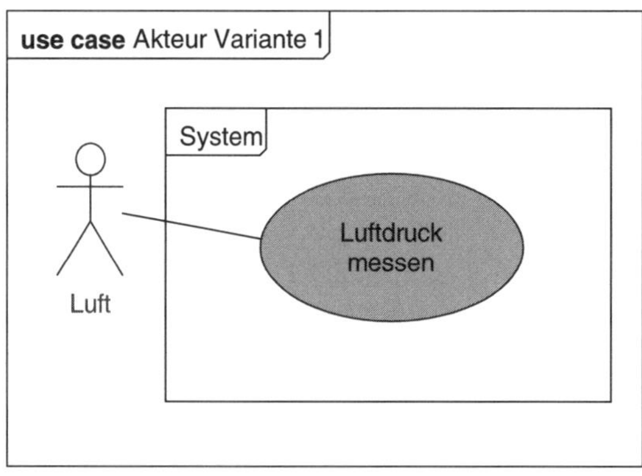

Abb. 2.18 *Akteur, Variante 1*

Variante 2: Der Drucksensor ist extern:

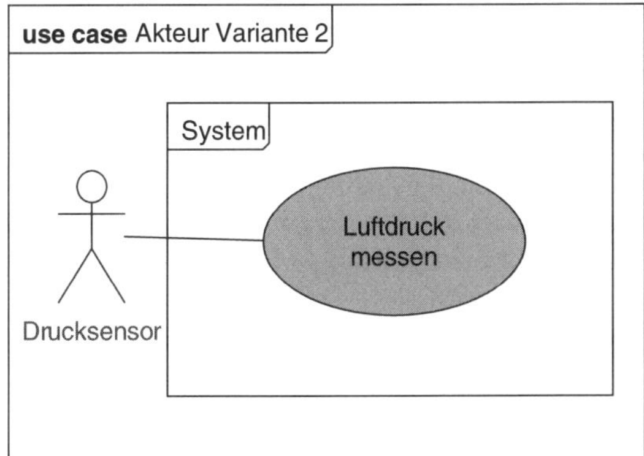

Abb. 2.19 *Akteur, Variante 2*

Die Schnittstellenbeschreibung kommt später

Da lediglich eine Interaktionslinie als Assoziation zwischen einem Akteur und einem Anwendungsfall gezeichnet werden kann, fehlen dem Systemingenieur hier zwei wichtige Informationen, die erst durch die Struktursicht im Kompositionsstrukturdiagramm ersichtlich werden. Zum einen gibt es hier keine explizite Darstellung der Systemschnittstelle. Der Drucksensor als Schnittstelle in Variante 1 fehlt einfach. Zum anderen kann ein Anwendungsfalldiagramm nicht aufzeigen, welche Art von Nachrichten, Daten oder Signalen zwischen einem Akteur und dem System ausgetauscht werden.

Grafische Stereotypisierung von Akteuren

Bei Akteuren, die Systembestandteile, andere Systeme oder auch generisch sind, ist die allgemeine Darstellung als Strichmännchen eher hinderlich. Daher empfiehlt es sich hier bereits, von der Möglichkeit der grafischen Stereotypisierung in der UML Gebrauch zu machen (siehe Abb. 2.20).

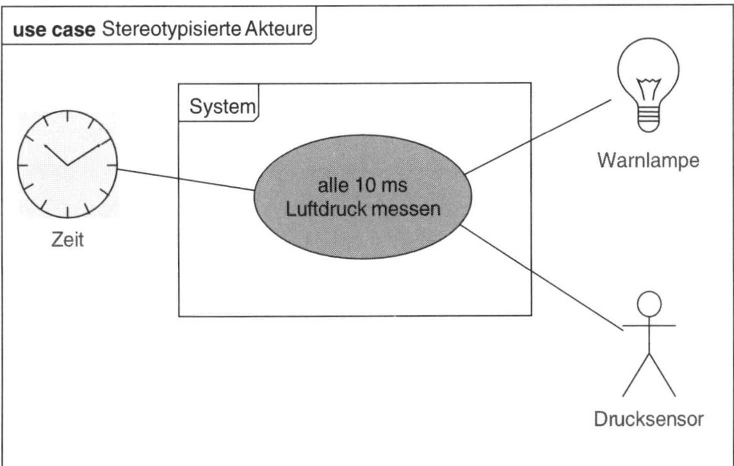

Abb. 2.20 *Stereotypisierte Akteure*

Die definierten Darstellungsmöglichkeiten, wie in Abbildung 2.21 veranschaulicht, von Akteuren in der UML-Spezifikation kommen den Entwicklern von eingebetteten Systemen sehr entgegen, denn sie enthalten neben den Strichmännchen noch zwei weitere Alternativen. Wie eben schon gesehen, ist es möglich, die Art des Akteurs durch ein passendes Bild als grafischen Stereotyp zu verwenden. Daneben ist es auch möglich, einfach einen sogenannten Namensbereich (engl. Name Compartment) mit einem expliziten Stereotyp «Akteur» zu benutzen, also ein Rechteck mit dem Namen des Akteurs plus dem Hinweis, um was für ein Modellelement es sich handelt. Diese Darstellungsform gilt für alle Diagrammarten, die Akteure enthalten dürfen, also für die hier beschriebenen Anwendungsfalldiagramme wie auch beispielsweise für Klassendiagramme oder Kompositionsstrukturdiagramme.

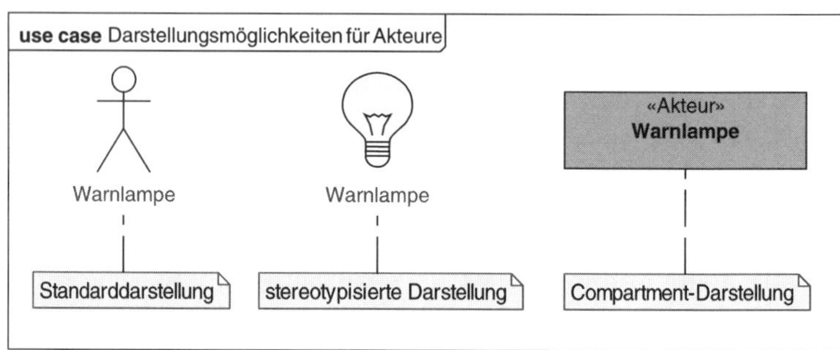

Abb. 2.21 *Darstellungsmöglichkeiten für Akteure*

Eigenschaften von Akteuren

In jedem Fall müssen Akteure einen Namen haben. Weiterhin können Akteure nicht nur mit Anwendungsfällen verbunden werden. Die UML erlaubt Assoziationen mit Komponenten und mit Klassen. Dies macht natürlich auch Sinn, denn im Anwendungsfalldiagramm spezifiziert der Modellierer ja nur, dass ein Akteur an einer im Anwendungsfall definierten Interaktion teilnimmt oder sie initiiert. Wie er das macht, vor allem aber über welche Schnittstelle diese Art von Kommunikation vonstatten geht, ist in dieser Perspektive nicht sichtbar. Hier zeigt sich der iterative und ergänzende Charakter der Modellierung mit UML: Das Anwendungsfalldiagramm beschränkt sich auf den funktionalen Aspekt und wird durch strukturelle Informationen zum Beispiel aus einem Kompositionsstrukturdiagramm ergänzt.

In der UML-Spezifikation ist auch erwähnt, dass auf der Assoziation zwischen Akteur und Anwendungsfall Multiplizitäten eingetragen sein können. Diese spielen zwar zum Beispiel in Strukturdiagrammen wie dem Klassendiagramm eine große Rolle, dürften hier aber eher Verwirrung stiften, zumal sich die Spezifikation bezüglich der Bedeutung dieser Möglichkeit vornehm zurückhält. Wenn eine Zahl größer als 1 aufseiten des Anwendungsfalls eingetragen ist, so kann ein Akteur nebenläufig an der definierten Zahl an Interaktionen teilhaben, zum Beispiel kann ein Akteur ein Programm mehrfach aufrufen. Für eingebettete Systeme ist diese Art der Re-Entranz der Normalfall und braucht nicht explizit erwähnt zu werden.

Anwendungsfälle

Anwendungsfälle als externe Sicht auf das System

Anwendungsfalldiagramme sehen meist sehr einfach aus, weil nur wenige Elementtypen und nur wenige Verbindungsmöglichkeiten zwischen diesen definiert sind. Dabei enthalten gerade die Anwendungsfälle eine Vielzahl von Informationen, die sich erst durch die Betrachtung der Eigenschaften von Anwendungsfällen zeigen. Anwendungsfälle sind die einzigen in der UML definierten Verbindungselemente zwischen textuellen funktionalen Anforderungen und dem System- oder Softwaredesign. Sie repräsentieren eine einzelne funktionale Anforderung. Laut UML-Spezifikation heißt das: Der Anwendungsfall beschreibt ein Verhalten eines Systems, einer Komponente oder Klasse durch eine Interaktion mit einem oder mehreren Akteuren, ohne die interne Struktur des Systems zu berücksichtigen. Der Ablauf eines Anwendungsfalls kann eine Zustandsänderung des Systems, der Komponente oder der Klasse zur Folge haben. Ein Anwendungsfall kann Variationen des Verhaltens beinhalten.

Anwendungsfälle als Zielbeschreibung von Akteuren

So weit zur Theorie, aber wie kann man Anwendungsfälle als Beschreibungsmittel für funktionale Anforderungen effizient einsetzen? Ein Anwendungsfall spezifiziert eine Interaktion zwischen dem System und Akteuren. Der primäre Akteur will ein Ziel erreichen, d. h., nach Ablauf der Interaktion sollte sein Ziel erreicht sein, was vor dem Ablauf der Interaktion noch nicht der Fall war. Als Beispiel dient hier, wie in Abbildung 2.22 zu sehen, die Kalibrierung eines Drucksensors. Initiator des Anwendungsfalls ist ein Systemnutzer, der durch einen Tastendruck auf seinem Bedienfeld die Kalibrierung anstößt. Wie die Kalibrierung tatsächlich durchgeführt wird, ist diesem Akteur erst einmal egal. Sein Ziel ist es, nach Ablauf der Interaktion einen kalibrierten Drucksensor zur Verfügung zu haben. Insofern ist es nützlich, wenn dies als Ziel des Anwendungsfalls beschrieben werden kann. Der definierte Ausgangspunkt des Ablaufs des Anwendungsfalls ist ebenfalls wichtig: Kann der primäre Akteur den Anwendungsfall nur dann starten, wenn der Drucksensor nicht kalibriert ist, oder auch, wenn die Kalibrierung eigentlich nicht nötig ist? Wir brauchen also die Möglichkeit, Vorbedingungen für

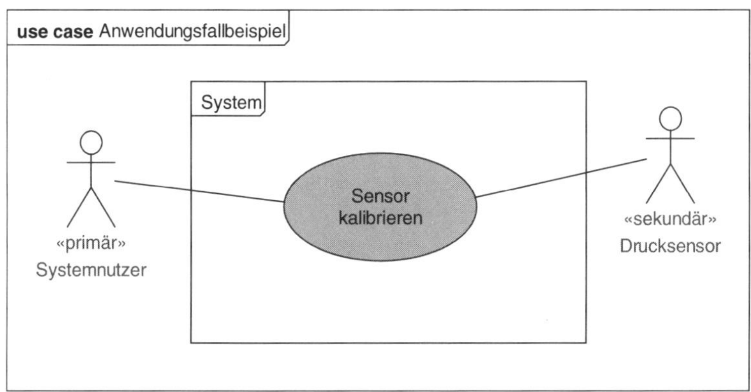

Abb. 2.22 *Anwendungsfallbeispiel*

den Anwendungsfall definieren zu können. Ebenso sind in manchen Fällen Nachbedingungen nach Ablauf des Anwendungsfalls interessant. Außerdem sollte vermerkt werden können, ob das Ziel des Anwendungsfalls auch durch Alternativen erreicht werden kann. In unserem Beispiel könnte es wichtig sein zu wissen, dass beim Systemstart bereits alle Sensoren kalibriert werden und daher ein manuelles Starten der Kalibrierung nicht unbedingt sofort notwendig ist.

Als wichtigsten textuellen Zusatz zu einem Anwendungsfall kann die eigentliche Beschreibung der Interaktion angesehen werden, also eine Erklärung, was Schritt für Schritt passiert. Dabei sind folgende Regeln wichtig:

1. Das System ist eine Blackbox. Es werden nur die Interaktionen an der Systemgrenze beschrieben. Dies beinhaltet natürlich auch die Eigenschaften der Systemschnittstellen.
2. Ein Anwendungsfall wird immer aus der Sicht des Akteurs beschrieben und nicht aus Systemsicht.
3. Das objektorientierte Modell hinter der UML beschreibt die Interaktion als Austausch von Nachrichten und nicht als Aufruf von Funktionen.
4. Exemplarisch modellieren. Gehen wir also erst einmal von einem Sonnenscheinszenario aus und betrachten Fehlerfälle erst später.

Anwendungsfalldiagramme zeigen nicht alles

Zusätzlich zum eigentlichen Anwendungsfalldiagramm brauchen wir weitere Informationen, die zum Beispiel tabellarisch angelegt werden können:

Tab. 1.1 *Zusätzliche Informationen zum Anwendungsfall*

Anwendungsfall	Sensor kalibrieren
Intention	Drucksensor wird kalibriert, und dies wird angezeigt.
Vorbedingung	Der Sensor kann entweder kalibriert oder nicht kalibriert sein.
Nachbedingung	Keine
Alternativen	Systemstart
Beschreibung	Der Systemnutzer drückt den Knopf „Drucksensor kalibrieren“ auf seinem Bedienpanel. Das System nimmt dies auf und sendet den Kalibrierbefehl an den externen Drucksensor. Dieser kalibriert sich durch eine interne Funktion und bestätigt die Kalibrierung an das System. Das System zeigt den kalibrierten Sensor durch eine grüne LED am Bedienpanel an.

Natürlich kann beim toolgestützten Modellieren diese Information in entsprechende Eigenschaften des Anwendungsfalls eingetragen werden. Die grafische Repräsentation im Anwendungsfalldiagramm zum Beispiel durch Stereotypen und Eigenschaftswerte ist in der UML grundsätzlich möglich, überfrachtet aber meist das Diagramm, wie in Abbildung 2.23 zu sehen ist:

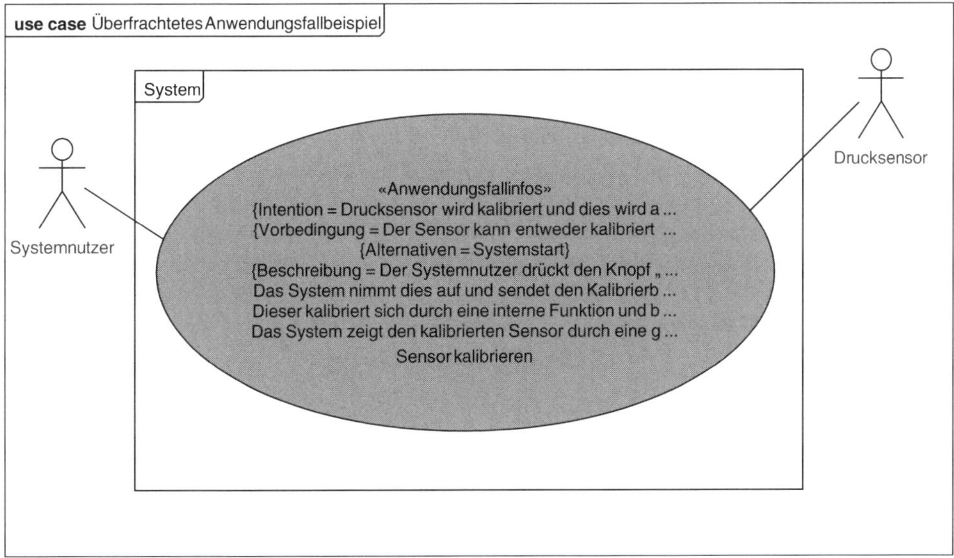

Abb. 2.23 *Überfrachtetes Anwendungsfallbeispiel*

Interaktionsdiagramme als Beschreibung von Anwendungsfällen

Das detaillierte Verhalten, das ein Anwendungsfall repräsentiert, kann laut UML-Spezifikation abhängig von der für den genutzten Entwicklungsprozess passenden Beschreibungstechnik als Textdokument oder mit weiteren Diagrammen modelliert werden. Dazu eignen sich Aktivitäts-, Kommunikations- und besonders Sequenzdiagramme. Zustandsdiagramme wären natürlich auch zur Verhaltensmodellierung verwendbar. Die Idee des exemplarischen Modellierens ist bei Zustandsdiagrammen allerdings nicht verfolgbar, denn sie beschreiben das Verhalten des Systems vollständig. Hier ist es besser, die „gesammelten" Informationen aller Anwendungsfälle in einem Systemzustandsdiagramm zusammenzufassen, das die Systemmodi darstellt und wie diese zum Beispiel durch externe Auslöser oder *Trigger* ereicht werden.

Beziehungen von Anwendungsfällen

Die für die frühen Phasen wichtigen Beschreibungen und Formalisierungen der Anforderungen werden also gerade bei den funktionalen Anwendungsfällen nur Schritt für Schritt in eine grafische Notation überführt. Dabei helfen die in der UML enthaltenen Beziehungen der Anwendungsfälle, denn sie strukturieren die verschiedenen Interaktionen auf eine einfache, aber vollständige Art und Weise. Die UML unterscheidet drei verschiedene Beziehungen von Anwendungsfällen: Die Spezialisierung/Generalisierung, die „Beinhaltet"-Beziehung («include») und die „Erweitert"-Beziehung («extend»).

Generalisierung und Spezialisierung von Anwendungsfällen

Anwendungsfälle sind objektorientiert

Ein Grundprinzip der Objektorientierung ist die Vererbung von Eigenschaften. Dies ist in der UML in allen Aspekten der Modellierung sichtbar, auch bei den Anwendungsfällen. Da aber Vererbung sehr oft mit den spezifischen Mechanismen der Vererbung bei objektorientierten Programmiersprachen gleichgesetzt wird, diese jedoch nur einen kleinen Teilbereich der Spezialisierung und Generalisierung umfassen, benutzt die UML lieber die abstrakteren Begriffe.

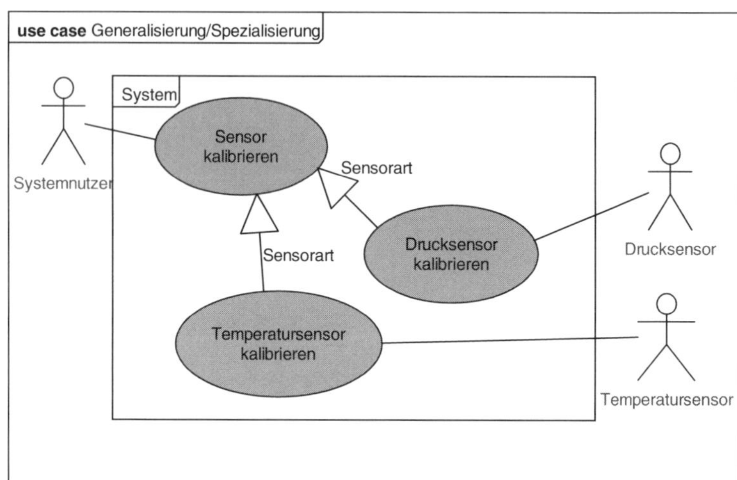

Abb. 2.24 *Generalisierung/Spezialisierung von Anwendungsfällen*

Vererbung von Abläufen

Die Generalisierung bzw. die Spezialisierung von Anwendungsfällen dient dazu, von allgemeiner gehaltenen Ablaufbeschreibungen Beziehungen zu spezifischer definierten Abläufen im Anwendungsfalldiagramm darstellen zu können. Wenn in obiger Abbildung 2.24 die zwei Kalibrierungen verschiedener Sensoren Gemeinsamkeiten in der Ablaufbeschreibung aufweisen, beispielsweise weil ihre Initialisierung und die Prüfung des korrekten Ablaufs gleich ablaufen, ist es sinnvoll, dies mit einem generalisierten Anwendungsfall anzuzeigen. Zwar macht die UML keine Aussage, wie die in den Anwendungsfällen bezeichneten Szenarien nun tatsächlich „vererbt" werden, aber auch das Wissen, dass es sich um grundsätzlich ähnlich ablaufende Interaktionen handelt, kann für den Modellierer wichtig sein.

Vererbung von Akteureigenschaften

Generalisierungs- und Spezialisierungsbeziehungen gibt es im Anwendungsfallmodell nicht nur für die Anwendungsfälle selbst, sondern auch für die Akteure. Besteht für zwei Akteure eine Generalisierungs- bzw. Spezialisierungsbeziehung, so hat der spezialisierte Akteur dieselben Intentionen und Berechtigungen wie der übergeordnete Akteur. Dazu kommen noch die eigenen Eigenschaften des spezialisierten Akteurs hinzu. Das Anwendungsfalldiagramm in Abbildung 2.25 zeigt beispielsweise, dass der Akteur Produktionsmanagement beide Anwendungsfälle initiieren kann.

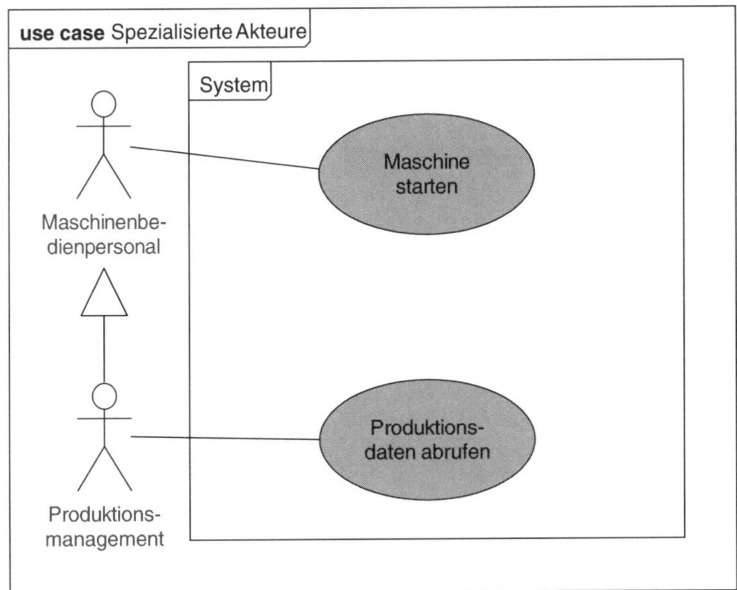

Abb. 2.25 *Spezialisierte Akteure*

Für Anwendungsfälle sind andere Beziehungsformen wichtiger als die Generalisierung/Spezialisierung. Das Inkludieren und die Erweiterung von Anwendungsfällen sind präziser definiert und besser nutzbar als die Generalisierung/Spezialisierung.

Inkludierte Anwendungsfälle

Wiederverwendbare Teilsequenzen

Wenn in einer Ablaufbeschreibung eines Anwendungsfalls eine Teilsequenz definiert werden kann, die in einem anderen Anwendungsfall ebenfalls vorkommt, so erlaubt die UML-Anwendungsfallmodellierung, diese Teilsequenz als eigenen Anwendungsfall herauszulösen und durch jeweils eine «include»-Beziehung mit den dann übergeordneten Anwendungsfällen zu verbinden. Dabei spezifiziert die UML, dass das beinhaltete Verhalten in jedem Fall durchlaufen werden muss, also immer zum übergeordneten Verhalten gehört. Dies impliziert auch die Möglichkeit, so zu einer Art funktionaler Komposition zu kommen, in dem übergeordnete Anwendungsfälle in immer detailliertere Anwendungsfälle aufgespalten werden können. Dies ist zwar in der UML-Spezifikation als Begründung für die Einführung dieser Modellierungstechnik ebenfalls erwähnt, aber in der objektorientierten Analyse ist dieses Vorgehen eigentlich nicht gewünscht. Vielmehr geht es um die Wiederverwendung von Verhalten, was natürlich bedeutet, dass der inkludierte Anwendungsfall mindestens in einem weiteren Anwendungsfall auch genutzt werden sollte. Dies steht auch explizit in der semantischen Erklärung der «include»-Beziehung. Das Anwendungsfalldiagramm in Abbildung 2.26 zeigt, dass die Kalibrierung des Sensors mehrfach verwendet wird.

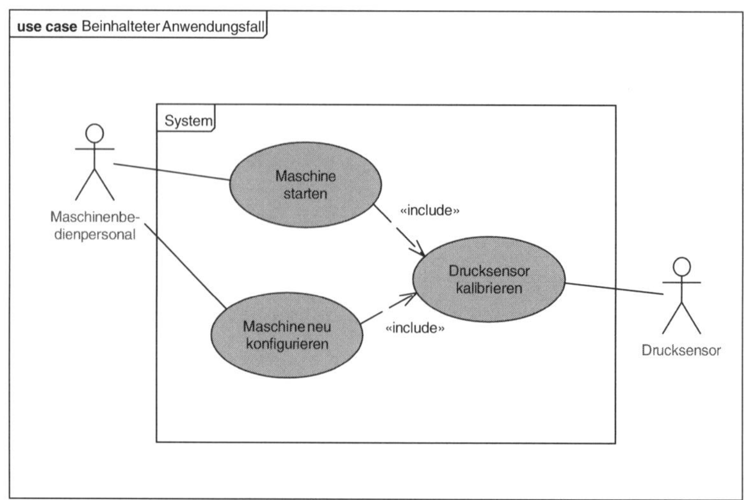

Abb. 2.26 Beinhalteter Anwendungsfall

Standarddarstellung von UML-Abhängigkeiten

Die Beziehungslinie einer «include»-Beziehung ist wie in allen Diagrammarten der UML ein gestrichelter, gerichteter Pfeil, was einer Abhängigkeit des Elements am Startpunkt des Pfeils von dem Element entspricht, auf das der Pfeil zeigt. Dieser Pfeil trägt in seiner Nähe einen Stereotyp „include" in den für Stereotypen genutzten Guillemets «...». Ein Tipp dabei: Die Richtung der Beziehung ist ganz einfach wie ein normaler Satz zu lesen. Unser Beispiel in Abbildung 2.26 enthält den Satz „Der Anwendungsfall „Maschine starten" beinhaltet den Anwendungsfall „Drucksensor kalibrieren". Durch das Lesen kann die Richtung von Anfang an automatisch richtig eingetragen werden, weil das der Abhängigkeitsrichtung entspricht.

«include» heißt „*Call*"

Die Strukturierung von Verhalten in Anwendungsfällen ist analog zu Unterprogrammaufrufen zu verstehen. Wie in Programmiersprachen verzweigt der Verhaltensablauf in den beinhalteten Anwendungsfall und kehrt nach dessen Ablauf an die Stelle im übergeordneten Ablauf zurück, die nach dem „*Call*" folgt.

Die Erweiterung von Anwendungsfällen

Exemplarische Modellierung als UML-Grundprinzip

Einer der ganz großen Vorteile der Modellierung in UML ist die Möglichkeit, exemplarisch zu arbeiten, was einer ganz natürlichen Herangehensweise an die Beschreibung eines Systems entspricht. Anwendungsfälle sollen erst einmal die Sicht des Nutzers darstellen, der vielleicht gar nicht wissen möchte, wie komplex die Abläufe im System tatsächlich sind. Die Szenarien von Anwendungsfällen sollen also zunächst so einfach wie möglich beschreibbar sein, ohne bei jedem Entscheidungspunkt ins Detail gehen zu müssen. Wir sprechen auch zum Beispiel vom „Sonnenscheinszenario", wenn ein Anwendungsfall, ohne auf die möglichen Fehler eingehen zu müssen, erst einmal komplett in seinem ganzen Ablauf beschrieben wird. Die UML-Spezifikation betont dabei den

Umstand, dass der Basisanwendungsfall, also das Szenario, das später erweitert werden kann, unabhängig von den erweiternden Anwendungsfällen in sich vollständig sein muss. Dies ist für den erweiternden Anwendungsfall nicht notwendig. Dieser stellt zusätzliches Verhalten zur Verfügung, das für sich alleine keinen Sinn ergeben muss.

Erweiterung durch Fehlerbehandlung

Was bedeutet also das Erweitern von Anwendungsfällen? Üblicherweise gibt es in jedem nicht trivialen Ablaufszenario Entscheidungspunkte. Ein Beispiel dazu ist das gängige Entwurfsmuster, die Fehlerbehandlung in einem separaten Anwendungsfall darzustellen, wie in Abbildung 2.27 zu sehen ist. Der Erweiterungspunkt wäre dabei: „Wenn ein Fehler bemerkt wird, dann durchlaufe die Fehlerbehandlung.“

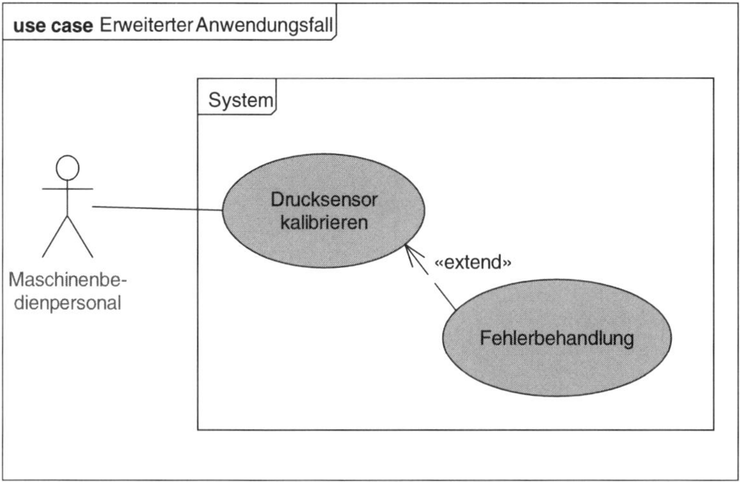

Abb. 2.27 *Erweiterter Anwendungsfall*

Darstellung von erweiternden Anwendungsfällen

Wie bei inkludierten Anwendungsfällen wird die Erweiterung von Anwendungsfällen durch eine Abhängigkeit, also einen gestrichelten, gerichteten Pfeil zwischen zwei Anwendungsfällen, modelliert. Hier trägt der Abhängigkeitspfeil ebenfalls einen Stereotyp in Guillemets: Dieser heißt hier «extend». Auch bei erweiterten Anwendungsfällen ist die Richtung des Abhängigkeitspfeils für Einsteiger in die UML-Modellierung nicht einfach. Wie bei der «include»-Beziehung lautet die gleiche Empfehlung: Lesen Sie die «extend»-Beziehung in einem ganzen Satz: „Der Anwendungsfall „Fehlerbehandlung“ erweitert den Anwendungsfall „Drucksensor kalibrieren“.“

Definition des Erweiterungspunkts

Im Anwendungsdiagramm selbst ist hier noch gar nicht sichtbar, an welcher Stelle der erweiterte Anwendungsfall gegebenenfalls durch den erweiternden ergänzt wird. Das liegt vor allem daran, dass die Art der Beschreibung des Anwendungsfallszenarios in der UML gar nicht festgelegt ist. Anwendungsfälle werden meistens erst einmal rein textuell beschrieben. Eine formale Beschreibung des Erweiterungspunktes ist mit dem Anwendungsfalldiagramm allein nur schlecht möglich. Trotzdem gibt es mit der UML 2 die Möglichkeit, auch im Anwendungsfalldiagramm die Erweiterungspunkte in einem erweiterten Anwendungsfall explizit zu nennen. Abbildung 2.28 zeigt die erste Variante, bei der eine Notiz, die mit der «extend»-Beziehung verbunden wird, die zusätzlich notwendigen Informationen beisteuert.

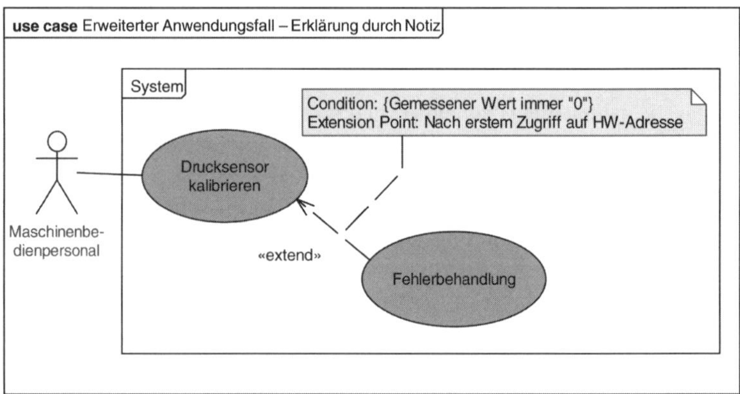

Abb. 2.28 *Erweiterter Anwendungsfall – Erklärung durch Notiz*

***„Compartment"*-Darstellung von Anwendungsfällen**

Die zweite hier gezeigte Variante nutzt aus Platzgründen die „Compartment"-Darstellung für Anwendungsfälle. Diese können wie Klassen auch als Rechteck mit speziellen Unterteilungen, sogenannten Bereichen, gezeichnet werden. Die oberste Abteilung enthält den Namen des Anwendungsfalls und eine Ellipse in der oberen rechten Ecke zur grafischen Darstellung, dass es sich nicht um eine Klasse, sondern um einen Anwendungsfall handelt. In der darunterliegenden Abteilung ist mit der Überschrift „extension points" textuell die gleiche Information eingetragen wie in der Notiz der ersten Variante. Die Mehrzahl in der Überschrift dieser Abteilung impliziert, dass es auch mehrere Erweiterungspunkte geben darf. Als grafische Alternative dazu sei noch angemerkt, dass die UML 2 auch in der elliptischen Standarddarstellung von Anwendungsfällen diese Art der Unterteilung erlaubt. Das in Abbildung 2.29 genutzte Rechteck kann formgemäß aber mehr Text enthalten.

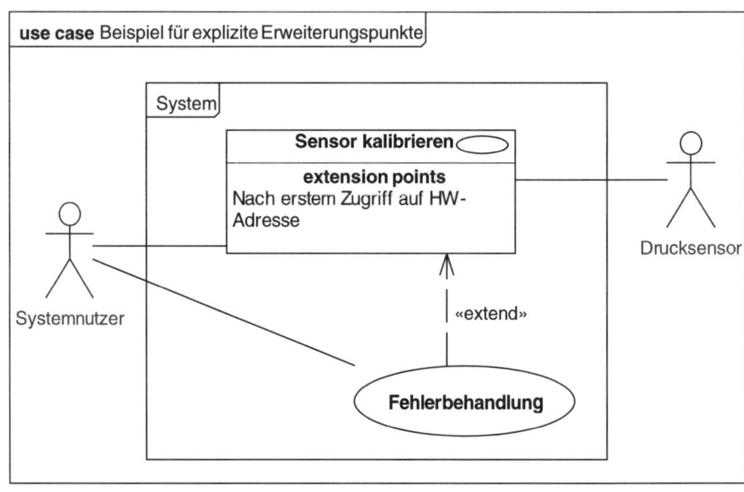

Abb. 2.29 *Beispiel für explizite Erweiterungspunkte*

Sowohl für die inkludierten wie auch für die erweiternden Anwendungsfälle fehlt eine formale Möglichkeit, in den Anwendungsfällen genau zu definieren, wo im Ablauf des übergeordneten Anwendungsfalls der inkludierte oder der erweiternde Anwendungsfall den Kontrollfluss übernimmt. Hier empfiehlt es sich, das Szenario des übergeordneten Anwendungsfalls in einem Sequenzdiagramm zu formalisieren. Anstatt nur die übertragenen Nachrichten darzustellen, können dort auch andere Anwendungsfälle referenziert werden, was natürlich mit den in den Anwendungsfalldiagrammen verwendeten Beziehungen konform gehen muss. Nutzt man die UML toolgestützt, sollte dies durch das Werkzeug aber überwacht werden können.

Formale Beschreibung durch Sequenzdiagramme

2.2.3 Weitere Perspektiven auf Anforderungen

Für eingebettete Systeme reichen Anwendungsfälle nicht aus

Wenn ein reines Softwaresystem betrachtet wird, bei dem der Hardwareaspekt keine Rolle spielt, z.B. weil die Software auf einer Standardplattform abläuft, reicht die Anforderungsbeschreibung durch Anwendungsfälle meistens aus. Die Standardschnittstellen eines normalen PCs geben keine Überraschungen auf, ebenso wie das Finden der Akteure in einem solchen System. Bei einem eingebetteten System ist die Definition der Systemgrenze wesentlich wichtiger, da die Art der Akteure wesentlich vielfältiger ist. Ein anderes System als Interaktionspartner macht es nötig, die Schnittstellen der Kommunikation zwischen den beiden Systemen genau festzulegen, und dies hängt mit der Systemgrenze unseres betrachteten Systems eng zusammen. In den ersten Versionen der UML war die Softwarezentrik der Notation noch sehr ausgeprägt, denn die typischen Konzeptsichten einer anfänglichen Typologie waren nicht darstellbar. Dabei hat schon die funktionale Dekomposition mit ihrem Kontextdiagramm vorgemacht, was zur Beschreibung von Systemgrenzen nötig ist. Die gleiche Aussage ließ sich in der UML 1.x durch eine einfache Stereotypisierung des Objektkollaborationsdiagramms erreichen. Dazu nötige Elemente waren: die Akteure eines Systems, das System selbst, ein darin enthaltenes Kontrollobjekt und alle notwendigen Schnittstellenobjekte. Das „Enthalten-Sein" kann durch Einrahmen von enthaltenen Teilen verdeutlicht werden, Dies war zwar nicht Teil der Semantik des Objektkollaborationsdiagramms der UML 1.x, entsprach und entspricht aber mehr der natürlichen grafische Darstellung von Teil-Ganzes-Beziehungen als beispielsweise die gefüllten Rauten der Komposition im Klassenmodell.

Der Systemumfang

Definition der Systemgrenze

Mit der UML 2 fand ein Revival der Hierarchien statt, was für die Systemmodellierung einen ganz großen Vorteil darstellt. Das Metamodell des Klassenmodells wurde um Kompositionsstrukturen erweitert, und eine neue Diagrammart, das Kompositionsstrukturdiagramm, erweitert den Modellierungshorizont erheblich. Bevor wir uns im Detail mit dieser neuen Diagrammart befassen, nutzen wir sie gleich als Kontextdiagramm aus. Abbildung 2.30 zeigt für unser Sensorbeispiel alle in einem Kontextdiagramm nötigen Elemente.

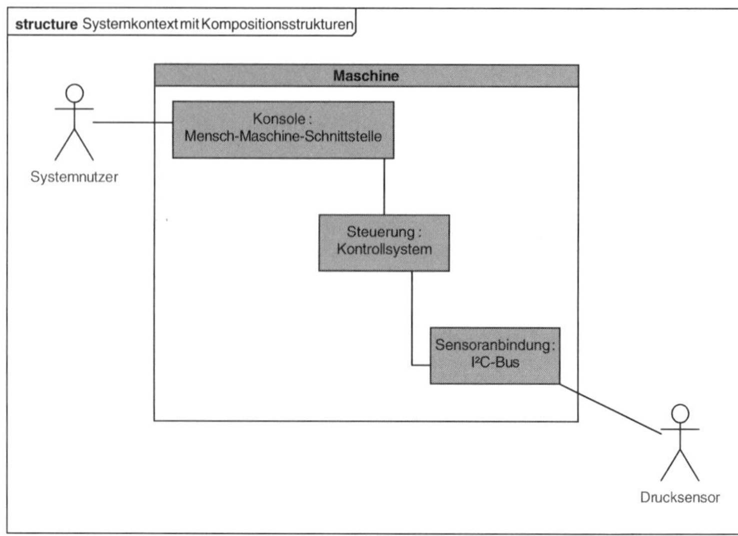

***Abb. 2.30** Systemkontext mit Kompositionsstrukturen*

Dabei kann das Kompositionsstrukturdiagramm die Definitionen des Anwendungsfalldiagramms weiter präzisieren. Da wir bei der Definition des Systemumfangs für ein eingebettetes System nicht auf der reinen Softwareseite modellieren, müssen wir die Elemente des Kompositionsstrukturdiagramms allerdings etwas in Richtung Systems Engineering uminterpretieren.

Das System als Komponente

Das System ist eine Klasse

In einem Kompositionsstrukturdiagramm ist das im Diagramm auf oberster Ebene stehende Element ein sogenannter „Classifier". Für unsere Zwecke können wir sagen, dass es sich um eine Klasse handelt. Eine Klasse ist aber kein Objekt, sondern ein Metaobjekt. Das heißt, eine Klasse existiert nicht im eigentlichen Sinn, sondern definiert nur die Eigenschaften für die von dieser Klasse abgeleiteten Objekte. Günstigerweise ergeben sich damit auch Parallelen zur Beschreibung eines Systems. Begreift man die Kompositionsstruktur als Modellsicht eines Systems als Bauplan für eine Klasse gleichartiger Systeme, entspricht das doch ziemlich dem Weltbild für reale Systeme.

Parts als Teile des Systems

Systembestandteile durch Teil-Ganzes-Beziehungen

Die Kompositionsstrukturen sind neu in der UML 2. Die Bausteine, die eine interne Struktur beschreiben, spezifizieren miteinander verbundene Elemente, die innerhalb einer Instanz des sie beinhaltenden Ganzen erzeugt werden. Diese etwas abgehobene Definition innerhalb der UML-Spezifikation könnte aber dennoch etwas für die Kontextbeschreibung unseres Systems beisteuern. Es geht also um eine Teil-Ganzes-Beziehung. In unserem System sind Bestandteile zu modellieren, die miteinander und mit externen Akteuren kommunizieren können. Für die Beschreibung des Systemkontexts brauchen wir dafür die Parts. Wer das Kompositionsstrukturmodell kennt, könnte jetzt einwenden, dass Ports dem Schnittstellencharakter der Geräteschnittstellen mehr entsprechen würden. Für uns ist aber hier der Unterschied zwischen Parts und Ports unerheblich, denn wir brauchen nur Systembestandteile, die mit den Akteuren verbunden werden können. Wichtig ist auch die Typisierung und das Verständnis für die einzelnen Elemente. Sehen wir uns also die Parts aus Abbildung 2.30 etwas genauer an:

Gleiche Akteure in Struktur- und Anwendungsfallsicht

Die Akteure „Drucksensor" und „Systemnutzer" sind dieselben wie in der Anwendungsfallmodellierung. Ein gutes UML-Tool unterstützt den Modellierer darin, dass die Akteursymbole auf dem als Kontextdiagramm genutzten Kompositionsstrukturdiagramm und auf den Anwendungsfalldiagrammen auch auf die gleichen Elemente im Repository des Modells zeigen. Wenn ein Modellierer sich also die Eigenschaften eines Akteurs anzeigen lässt, so wird das Werkzeug für diesen sowohl die Interaktion mit den entsprechenden Anwendungsfällen als auch die Assoziationen aus den Kompositionsstrukturbeziehungen darstellen.

Die Komponente, hier mit „Maschine" bezeichnet, stellt das gesamte System dar. Alles außerhalb muss ein Akteur sein. Die Maschine ist in ihren strukturellen Eigenschaften im Kontextdiagramm dargestellt. Insofern gibt es keine Referenzen auf eine Systeminstanz, denn es geht ja um den Typus der Komponente.

Unterschied Klasse – Rolle – Instanz

Im Gegensatz dazu sind die Schnittstellen-Parts „Konsole : Mensch-Maschine-Schnittstelle" oder „Sensoranbindung : I^2C Bus", aber auch die „Blackbox" für das gesamte Kontrollsystem unseres Gesamtsystems „Steuerung : Kontrollsystem" Referenzen auf Objekte und keine Klasse aus UML-Sicht. Um den Grund dafür zu erläutern, möchte ich kurz auf ein ganz eingängiges Beispiel zurückgreifen, dass ich bei der Erklärung von Kompositionsstrukturen gerne verwende: Wenn ich die Bestandteile eines Autos beschreiben will, ist der Prosasatz „Das Auto besteht unter anderem aus vier Rädern und einem Reserverad" mit dem Kompositionsstrukturdiagramm wie in Abbildung 2.31 darstellbar. Es gibt den Typus „Auto", der mit einer Klasse bzw. Komponente modelliert wird. Dessen Bestandteile sind Kompositionsreferenzen auf andere Klassen, die Parts genannt werden. Die Referenzen werden uns im Klassenmodell auch noch als Rollen begegnen. Besonders hinweisen möchte ich bereits hier schon auf die Möglichkeit, die Kardinalität der Parts in der oberen rechten Ecke der Parts anzugeben. Aus dem Kompositionsstrukturdiagramm können wir hier ablesen, dass das Auto (unter anderem) aus vier Rädern besteht. Das Reserverad ist explizit erwähnt, als Referenz auf die gleiche Klasse „Rad". Wir können also ablesen, dass das Reserverad in unserem Beispiel ein vollwertiges Rad ist – im Gegensatz zu vielen realen Fahrzeugen.

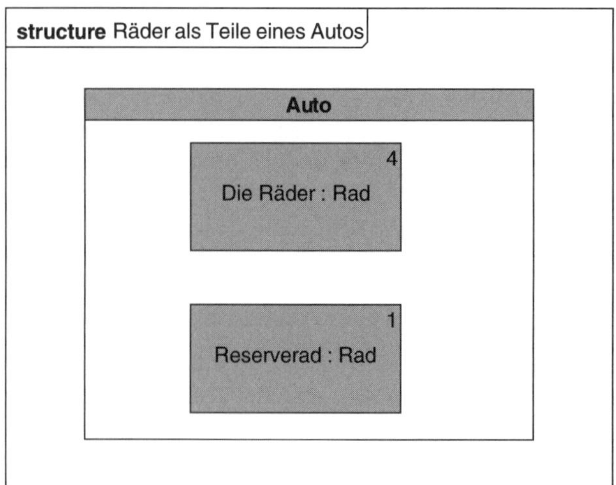

Abb. 2.31 *Räder als Teile eines Autos*

Deutlicher wird der Unterschied zwischen Klasse und Part, wenn wir uns die Räder im Einzelnen ansehen. Abbildung 2.32 zeigt das mit allen Kardinalitäten auf „genau eins".

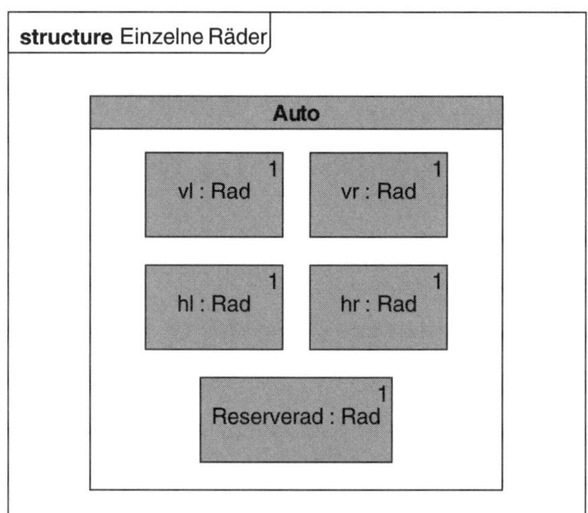

Abb. 2.32 *Einzelne Räder*

Jedes einzelne Rad ist so mit seinem Partnamen beschrieben, und alle stammen von der gleichen Klasse ab. Jedes der Räder „erbt" die Eigenschaften der Klasse „Rad", die in einem Klassendiagramm beschrieben werden können. Dies zeigt Abbildung 2.33.

Eigenschaften von Klassen

Ich greife hier etwas dem Kapitel über Klassendiagramme vor, aber da die Klassen (genauer gesagt die sogenannten „Classifier") in der UML von fundamentaler Bedeutung sind, können wir uns nicht früh genug mit deren Konzept auseinandersetzen. Die normale UML-Klasse besteht

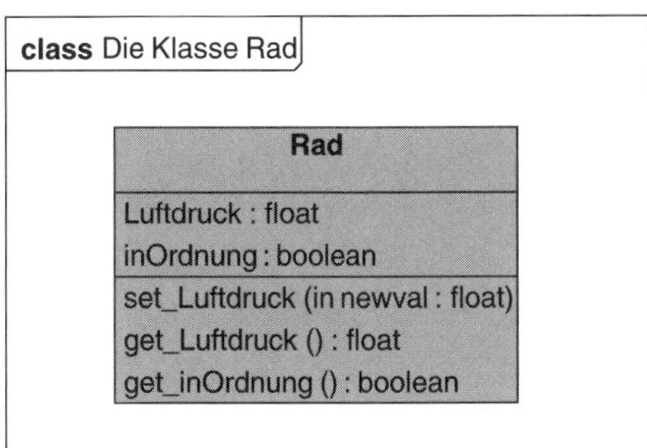

Abb. 2.33 *Die Klassenbeschreibung der Klasse „Rad“*

aus einem Rechteck, das in drei Abschnitte (sogenannte Bereiche oder Compartments) unterteilt ist. Der obere Bereich enthält den Namen der Klasse, der mittlere Bereich zeigt die Eigenschaften der Klasse, die sogenannten Attribute, und der untere Bereich ist den Operationen vorbehalten, die zeigen, was für Fähigkeiten die Objekte einer Klasse haben. Im Vergleich zu Programmiersprachen entsprechen die Attribute den (meist versteckten) Variablendeklarationen und die Operationen den Funktionssignaturen. In objektorientierten Programmiersprachen wie C++ oder Java gibt es naturgemäß sehr passende Analogien zu Operationen und Attributen wie Methode und Member-Variable. Für eingebettete Systeme ist es aber auch wichtig, dass die Implementierung ebenfalls in prozeduralen Sprachen wie C möglich ist und ein Umsetzen von fast allen UML-Sprachkonstrukten in diese Sprachen zum Beispiel durch template-basierte Codegeneratoren von modernen Tools unterstützt wird.

In unserem Rad-Beispiel beschreiben wir mit der Klasse „Rad“, dass alle Rad-Objekte einen Luftdruckwert besitzen, der mit der Operation get-Luftdruck() abgefragt und mit der Operation set-Luftdruck() auch gesetzt werden kann. Der Zustand des Rads kann in Ordnung sein (oder auch nicht), was durch die Operation get-inOrdnung() von außen ausgelesen werden kann. Ein Interaktionsdiagramm wie ein UML-Kommunikationsdiagramm, das wir auch später beschreiben werden, zeigt Objekte der Klasse Rad live in Aktion.

Objekte nutzen die Klasseneigenschaften

Was zeigt uns das Kommunikationsdiagramm in Abbildung 2.34? Der Akteur „Fahrer“ überprüft am 25. April 2007 die Räder seines Wagens in der Reihenfolge hinten links, vorne links, vorne rechts und hinten rechts. Dabei bemerkt er, dass das Rad vorne rechts nicht in Ordnung ist, weil der Operationsaufruf get-inOrdnung() für dieses Rad „false“ zurückliefert. Weiterhin ist herauszulesen, dass der Fahrer das Reserverad nicht überprüft, was sich im Falle einer Reifenpanne als sehr unglückliche Bequemlichkeit herausstellen wird, denn wir wissen durch das Kommunikationsdiagramm bereits, dass das Reserverad nicht in Ordnung ist. Übrigens: Die Darstellung der Attributwerte kennen nur wir im Modell und auf dem Diagramm, der Akteur Fahrer sieht diese nicht und braucht daher die Aufrufe der Zugriffsmethoden, um über die einzelnen Reifen Informationen einzuholen.

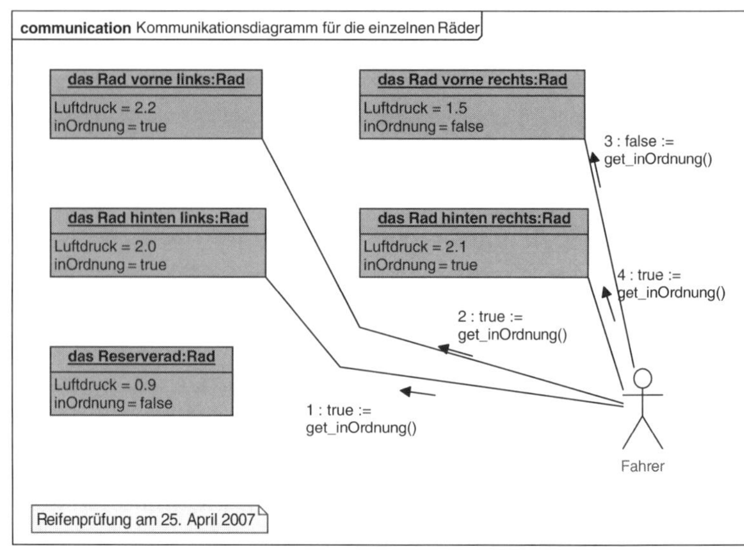

***Abb. 2.34** Ein Kommunikationsdiagramm zeigt die Reifenprüfung am 25.04.2007*

Fazit: Es gibt also in der Sichtweise der UML Objekte, die miteinander kommunizieren und daher miteinander in assoziativer Beziehung stehen. Weiterhin gibt es die Möglichkeit, Komponenten und ihre Bestandteile zu modellieren, also auch hierarchische Strukturen aufbauen zu können. Das Kompositionsstrukturdiagramm verbindet diese unterschiedlichen Sichten. Es kann mit den Parts die Teile einer Komponente bezeichnen, den Typus (also die Klasse) dieser Teile genauso darstellen wie auch die Referenz, unter der die Parts innerhalb der Komponente bekannt sind. Das Rad vorne links ist der Komponente unter dem Namen „vl" bekannt. Dies zeigt das Kompositionsstrukturdiagramm in Abbildung 2.32 für unser Auto.

Verbindung von Anwendungsfällen und Systemkontext

Systemnutzung und Systemstruktur ergänzen sich

Wozu können wir diese Verbindung von Objektnetzwerkstrukturen und Hierarchien für unsere Anforderungsanalyse einsetzen? Hier kommen wir wieder auf unser Kontextdiagramm zurück. In Ergänzung zum Anwendungsfalldiagramm, wo wir beschreiben, welcher externe Akteur von unserem System welche Art von Funktionalität abrufen möchte, können wir mit einer spezialisierten Art des Kompositionsstrukturdiagramms modellieren, welche Schnittstellen für die in den Anwendungsfällen beschriebenen Interaktionen genutzt werden. Diese beiden Sichten können im Entwicklungsprozess im Wechselspiel eingesetzt werden, um mehr über das zu entwickelnde System zu lernen. Bei unserem Maschinenbeispiel kennen wir beispielsweise schon den Akteur „Systemnutzer". Dieser initiiert einen weiteren Anwendungsfall „Notaus", wie in Abbildung 2.35 gezeigt.

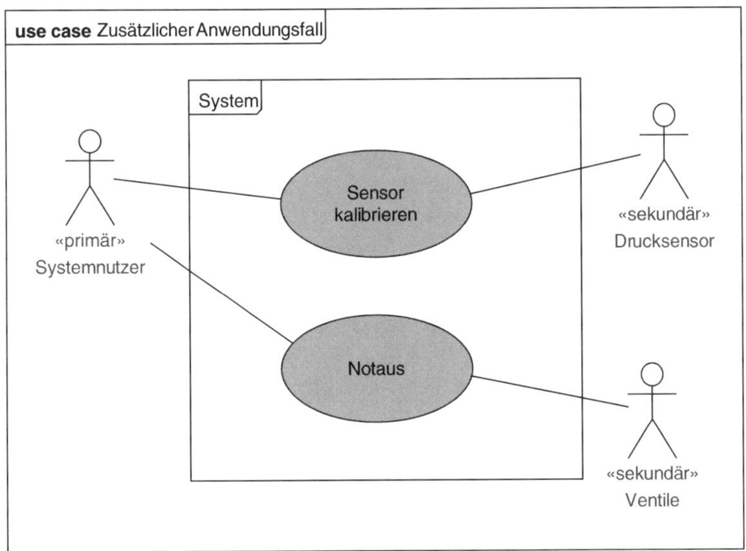

Abb. 2.35 *Zusätzlicher Anwendungsfall*

Wir brauchen dazu im Modell die Schnittstellen des Systemnutzers und für den zusätzlich gefundenen Akteur „Ventile", damit im Falle eines Notaus die Ventile sofort geschlossen werden können. Dies lässt sich durch eine Erweiterung des Systemkontexts darstellen.

Wie in Abbildung 2.36 zu sehen, enthält die Maschine jetzt auch eine Ventilansteuerung, die mit der Klasse DA-Wandler (für Digital-Analog-Wandler) in ihren Eigenschaften modelliert werden kann. Der Notaus-Knopf ist in der Konsole des Systemnutzers enthalten. Dies kann und

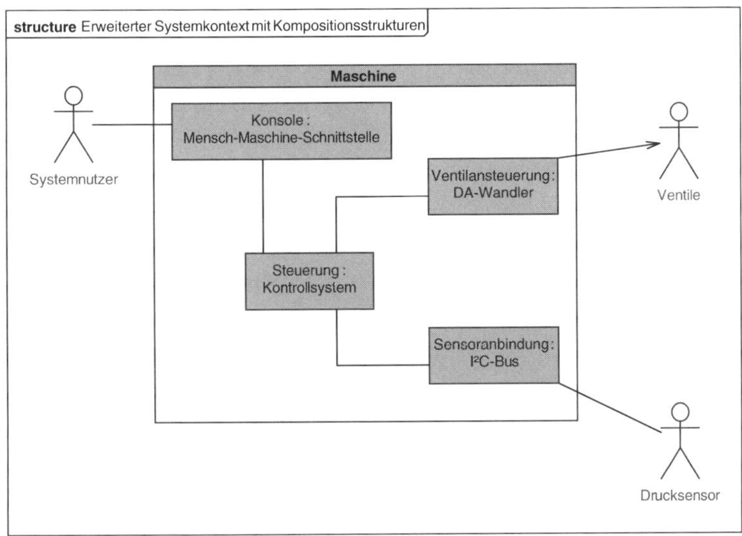

Abb. 2.36 *Erweiterter Systemkontext mit Kompositionsstrukturen*

muss auch aus den Eigenschaften der Mensch-Maschine-Schnittstelle hervorgehen. In der UML 2 ist es aber nicht möglich, dies direkt in einem Kontextdiagramm darzustellen, denn dann müssten wir auch die Konsole wieder als Komponente mit ihren Parts darstellen. Manche UML/SysML-Werkzeuge sind dazu in der Lage.

Konnektoren

Verbindung der Systembestandteile

Konnektoren zeigen die Verschaltungen der Komponente an, sowohl im Inneren wie auch nach außen.

Was jetzt im Kontextdiagramm noch fehlt, ist die Möglichkeit, auf den Konnektoren auch die Nachrichten modellieren zu können, die zwischen den referenzierten Objekten ausgetauscht werden. Dies sieht aber erst die SysML in ihren internen Blockdiagrammen vor, insofern ist das nachfolgende Diagramm offiziell nicht mehr UML-konform. Legt man die Nachrichten aber als Notizen zu den Konnektoren aus, dann könnten wir diese sehr nützliche Information zu unserem Kontextdiagramm hinzufügen.

Diese Zusammenhänge im Kompositionsstrukturdiagramm können den Modellierer jetzt auch veranlassen, sich die im Anwendungsfall beschriebene Interaktion an der Systemgrenze iterativ nochmals anzusehen. Zum Beispiel wäre es sehr nützlich, ein Sequenzdiagramm, das dem Anwendungsfall als Szenario zugeordnet ist, auf diese im Kontextdiagramm verwendeten Nachrichten abzuprüfen. Sind sie schon verwendet? Fehlen sie etwa oder sind sie mit anderen Nachrichten beschrieben? Ein UML-Werkzeug kann einem bei diesem Wechselspiel zwischen mehreren Sichten zur Konsistenz sehr behilflich sein. Die Interaktion des Notaus-Beispiels ist ja relativ einfach, aber selbst hier ist

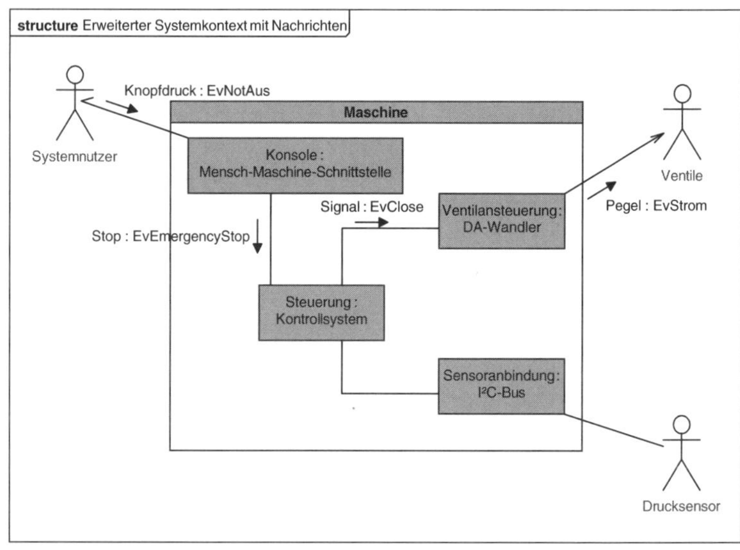

***Abb. 2.37** Erweiterter Systemkontext mit Nachrichten*

es schon interessant, ob schon alle beteiligten Kommunikationsteilnehmer gefunden sind. Eine Formalisierung der Interaktion des Anwendungsfalls Notaus ist in Abbildung 2.38 zu sehen.

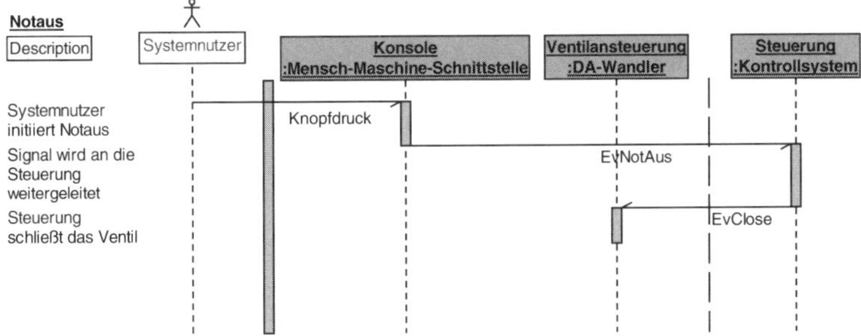

Abb. 2.38 *Notaus – Interaktion an der Systemgrenze*

Die Systemzustände

Das System als dynamisches Objekt

Durch die iterative Betrachtung von Anwendungsfallszenarien und dem Systemkontext wächst das Wissen des Modellierers darüber, was alles an der Systemgrenze abläuft, und welche Systemschnittstellen notwendig sind, damit die Anwendungsfälle „funktionieren“. Was hier noch fehlt, ist die Möglichkeit, die verschiedenen Interaktionen logisch zu sortieren. Nicht immer ist der Start eines Anwendungsfalls möglich, zum Beispiel wenn das System in einem Fehler- oder Initialisierungszustand ist. Das Wort „Zustand“ bringt uns genau auf die richtige Fährte, welche UML-Notation hier wunderbar verwendbar ist, denn die UML kennt schon seit ihrer Version 1.x die Modellierung dynamischer Objekte. Was haben nun dynamische Objekte mit unserem Systemverhalten zu tun? Ganz einfach: Zustandsdiagramme zeigen, wie Objekte sich auf von außen kommende Nachrichten abhängig vom ihrem aktuellen Zustand verhalten. Dies beinhaltet (Re-)Aktionen des Objekts wie auch die Zustandsübergänge. Auch ein Gesamtsystem kann als ein großes, dynamisches Objekt betrachtet werden, da es sich nicht immer gleich verhält. Unser System kommuniziert mit den externen Akteuren, indem es auf die von außen kommenden Nachrichten reagiert. Die Reaktionen des Systems stellen die Anwendungsfälle dar, detaillierter müssen wir hier im Bereich der Systemzustände nicht sein.

Was fungiert hier aber als das dynamische Objekt? Das Gesamtsystem oder aber die Steuerung des Systems, die wir als Part des Systems im Systemkontext definiert haben? Dies könnten wir durch die Modellierung in UML 2 selbst festlegen. Es macht aber generell mehr Sinn, Folgendes zu beachten: Für die Reaktion und die Steuerung des Systems haben wir die Steuerung als „aktive“ Komponente eingeführt. Die im Kontextdiagramm als Schnittstellenelemente modellierten weiteren Parts kommunizieren mit den Akteuren. Wenn wir das Teilsystem der Steuerung als für die Reaktion des Gesamtsystems verantwortlich betrachten, dann gehört die Verhaltensmodellierung mit einem Systemzustandsdiagramm auch in diesen Systemteil. Die von außen kommenden Nachrichten der Akteure werden über die Schnittstellenelemente in Signale oder Nachrichten umgewandelt, die die Systemsteuerung versteht. Diese Schnittstellenelemente tragen aber nicht zum Systemverhalten bei.

Elemente des Systemzustandsdiagramms

So wie die Kontextdiagramme eine spezielle Anwendung der UML-2-Kompositionsstrukturdiagramme sind, ist auch das Systemzustandsdiagramm eine spezielle Modellierungsanwendung der UML-Zustandsdiagramme. Daher nehmen wir einige Konzepte der Zustandsmaschinen vorweg, die später beim Systemdesign noch im Detail besprochen werden.

Die wichtigsten Elemente von Zustandsdiagrammen sind in der folgenden Abbildung dargestellt:

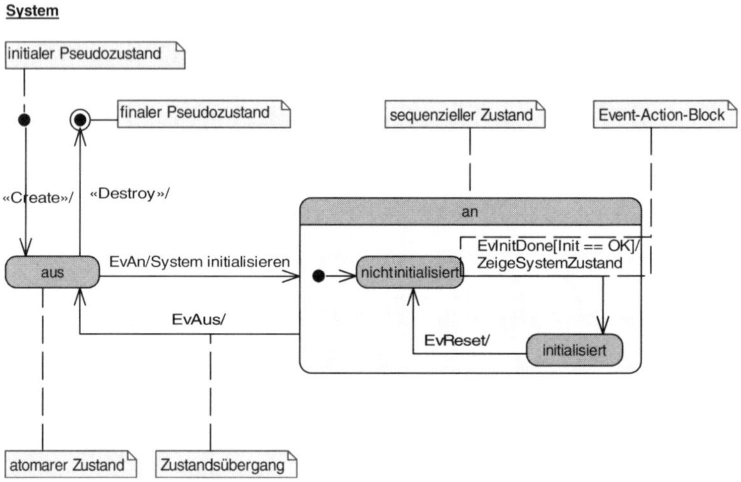

Abb. 2.39 *Zustandsdiagrammelemente*

Pseudozustände

Der initiale und der finale Pseudozustand sind keine normalen Systemzustände, denn das betreffende Objekt – hier das System –, dessen Zustände gezeigt werden, kann diese Zustände niemals einnehmen. Der initiale Pseudozustand zeigt auf der jeweiligen Ebene an, welcher Zustand beim Betreten der Ebene automatisch eingenommen wird. Finale Pseudozustände zeigen an, auf welchem Weg die jeweilige Ebene verlassen werden kann. Sehen wir uns das Systemzustandsdiagramm in Abbildung 2.39 an, so ist das System zuerst immer „aus“, denn auf den Zustand „aus“ zeigt der Zustandsübergang vom initialen Pseudozustand. Ebenso können wir sehen, dass das Zustandsdiagramm nur vom Zustand „aus“ wieder verlassen werden kann. In der Systemsicht spielt dies vielleicht keine so große Rolle, bei (Software-)Objekten, die auch wieder gelöscht werden können, wird aber genau dieses Löschen so eingeleitet.

Zustände sind entweder atomar, d.h., in diesen gibt es kein untergeordnetes Verhalten, oder sie sind zusammengesetzte Zustände. Der eben schon betrachtete Zustand „aus“ ist atomar, während der Zustand „an“

ein zusammengesetzter Zustand ist. Im Zustand „an" läuft eine weitere Zustandsmaschine ab, wenn dieser Zustand aktiviert wird. In unserem Beispiel gibt es die atomaren Überzustände „nicht initialisiert" und „initialisiert" im Zustand „an". Zustandsdiagramme sind also hierarchisch geordnet mit einer unbegrenzten Anzahl von Hierarchien, denn jeder der Unterzustände kann ja auch wieder zusammengesetzt sein. Es gibt auch nebenläufige Zustände, die mehr als eine Unterzustandsmaschine enthalten. Diese laufen logisch nebenläufig und können auch miteinander synchronisiert werden.

Transitionen

Zustandsübergänge oder Transitionen werden mit gerichteten Pfeilen dargestellt. Fast immer mit diesen verbunden sind die sogenannten Event-Action-Blöcke, die beschreiben, wann der Zustandsübergang durchlaufen werden soll und was dabei passieren soll. Deren Syntax ist in den zwei Möglichkeiten der Zustandsmaschinen, die die UML 2 definiert, unterschiedlich. Protokollzustandsmaschinen sind neu in der UML 2 hinzugekommen. Wenn wir uns dem Verhalten von Systemen widmen, sind die „normalen" Zustandsmaschinen aber besser geeignet, und daher werden wir uns hier auf diese beschränken. Die Art und Weise, wie Transitionen funktionieren, bestimmt das Verständnis für Zustandsdiagramme. Schritt für Schritt sehen wir uns den Ablauf eines Zustandsübergangs an:

Schritt 1:

Einfacher Zustandswechsel

Abb. 2.40 *Einfacher Zustandswechsel*

Bedeutung: Wenn die Zustandsmaschine sich in Zustand A befindet und die Nachricht „Trigger" auf die Zustandsmaschine auftrifft, dann wechselt der aktuelle Zustand auf Zustand B.

Schritt 2:

Zustandswechsel mit Aktion

Abb. 2.41 *Zustandswechsel mit Aktion*

Bedeutung: Wenn die Zustandsmaschine sich in Zustand A befindet und die Nachricht „Trigger" auf die Zustandsmaschine auftrifft, dann wechselt der aktuelle Zustand auf Zustand B. Dabei wird die Aktion „Aktion" durchgeführt. Die für den Ablauf der Aktion benötigte Zeit wird vernachlässigt und nicht betrachtet. Wichtig: Der Querstrich „/" trennt den

Trigger einer Aktion von der Antwort, die die Zustandsmaschine darauf initiiert.

Schritt 2a:

Interner Event-Action-Block

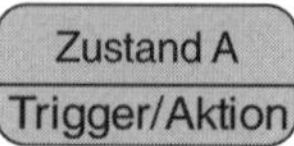

Abb. 2.42 *Interner Event-Action-Block*

Bedeutung: Event-Action-Blöcke können auch zustandsintern abgearbeitet werden. Wenn also die Zustandsmaschine sich im Zustand A befindet und die Nachricht „Trigger" empfangen wird, dann wird die Aktion „Aktion" durchgeführt. Der aktuelle Zustand ändert sich nicht.

Schritt 3:

Zustandswechsel mit Guard-Bedingung

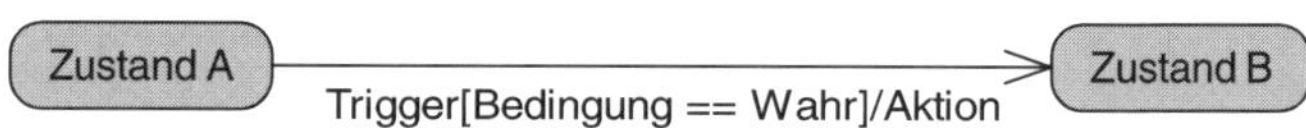

Abb. 2.43 *Zustandswechsel mit Guard-Bedingung*

Bedeutung: Zustandsübergänge können neben dem Signal, das die auslösen, noch mit booleschen Bedingungen verknüpft werden. Wenn sich die Zustandsmaschine aktuell in Zustand A befindet und der „Trigger" als Signal erhalten wird, dann wird der Zustandsübergang nur dann ausgeführt, wenn die in eckigen Klammern vor dem Querstrich befindliche Bedingung zutrifft. Dann wird auch die nach dem Querstrich beschriebene Aktion „Aktion" durchgeführt.

Nutzen in der Anforderungsanalyse

Mit diesen sprachlichen Mitteln ist es nun möglich, auch in der Phase der Anforderungsanalyse die funktionalen Anforderungen, die als Anwendungsfälle vorliegen, miteinander in Beziehung zu setzen. Die externen Akteure initiieren die in den Anwendungsfallszenarien definierten Abläufe, in denen auch die Reaktionen des Gesamtsystems beschrieben sind. Zusammengenommen bilden die Nachrichten an die Systemsteuerung und die nach außen gehenden Reaktionen das Systemverhalten, das wir in einem UML-Zustandsdiagramm darstellen können. Dieses Systemverhalten muss alle initialen Nachrichten der Akteure enthalten und alle Anwendungsfälle als Reaktion auf diese Nachrichten. Dabei werden die Anwendungsfälle durch die definierten Zustände in ihrer Reihenfolge geordnet, und es wird festgelegt, wann ein Anwendungsfall überhaupt ablaufen kann. Bestimmte Muster können wir beim Modellieren der Systemzustände verwenden: Das System ist meist aus- und einschaltbar, hat einen Prüfungszustand, der vor dem eigentlichen Betriebszustand erreicht wird und in dem die Betriebsbereitschaft des Systems überprüft wird. Mindestens ein Fehlerzustand sollte auch definiert werden, um z.B. im Fehlerfall einen gesicherten Zustand erreichen zu können. Zusammen mit den Anwendungsfällen und dem Kontextdiagramm bieten sich so drei Perspektiven an, die sich optimal ergänzen.

Ein Beispiel:

Systemzustände ordnen die Anwendungsfälle

Betrachten wir noch einmal das Anwendungsfalldiagramm in Abbildung 2.35, das unter anderem die Systemfunktion „Notaus" als Anwendungsfall beschreibt. Außer den beteiligten Akteuren können wir nur wenig aus dieser Sicht herauslesen.

Die textuelle Beschreibung des Anwendungsfalls könnte uns hier ein wenig weiterhelfen. Besser ist aber in jedem Fall eine UML-Beschreibung des Anwendungsfallszenarios z.B. durch ein Sequenzdiagramm, denn dies ist eindeutig und zeigt auch die Schnittstellen des Systems für die betreffenden Akteure (siehe Abb. 2.38).

Wie schon im Abschnitt über den Systemkontext gezeigt, können wir die Informationen der Anwendungsfallszenarien im Kontextdiagramm sammeln und erhalten so eine weitere, konsolidierte Sicht auf die Systemgrenze und ihre Schnittstellen. Erweitern wir die in der UML 2 definierten Möglichkeiten der Kompositionsstrukturdiagramme um die Möglichkeit, die betreffenden Nachrichten auf den Konnektoren zwischen Part und Ports darzustellen (siehe Abb. 2.37), dann können wir die Interaktionen der in den Szenarien vorkommenden Objekte noch besser im Systemkontext abgleichen.

Mit den Systemzuständen können wir nun eine weitere nützliche Perspektive auf unsere Systemsteuerung modellieren.

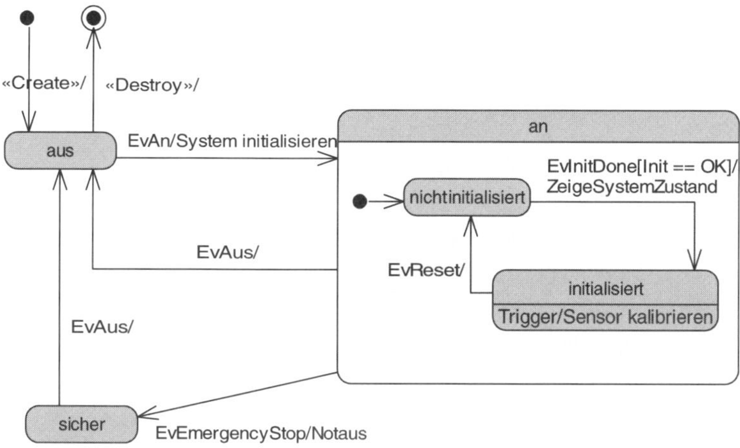

Abb. 2.44 *Zustandsdiagramm des Kontrollsystems mit Notaus*

Es gibt im Systemzustandsdiagramm, wie in Abbildung 2.44 zu sehen, jetzt auch einen Zustand „sicher", der vom Zustand „an" aus erreicht werden kann, in dem die im Kontextdiagramm definierte Nachricht

„EvEmergencyStop“ empfangen wird. Dabei wird der Anwendungsfall „Notaus“ durchgeführt, und das System ist dann im aktuellen Zustand „sicher“. Diesen kann das System nur durch eine Nachricht „EvAus“ verlassen, die es in den Zustand „aus“ versetzt.

Modellierung nicht-funktionaler Anforderungen

Nicht-funktionale Anforderungen bestimmen die Akzeptanz von Systemen

Gerade bei der Softwareentwicklung tendieren wir dazu, nur die funktionale Sicht zu betrachten, nicht-funktionale Aspekte werden meist implizit vorausgesetzt. Bei einem Büro-PC erwartet der Benutzer, dass alle „Standard“-Funktionen vorhanden sind, also beispielsweise dass Dokumente geschrieben, Tabellen berechnet und Internetseiten aufgerufen werden können. Dabei ergeben sich nicht-funktionale Anforderungen ganz automatisch: Die Dokumente sollten sicher zu speichern und einfach wieder auffindbar sein, die Genauigkeit der Berechnungen in der Tabellenkalkulation sollte zumindest der von handelsüblichen Taschenrechnern entsprechen, und auf den Aufbau von Internetseiten möchte der Nutzer auch nicht minutenlang warten müssen. Für eingebettete Systeme sind nicht-funktionale Anforderungen vitale Bestandteile ihrer Spezifikation, denn sie sind architekturbestimmend.

Definition „Nicht-funktionale Anforderung“: Randbedingung, unter der funktionale Anforderungen realisiert werden müssen bzw. ablaufen müssen.

Ein weißer Fleck auf der UML-Landkarte?

Was sagt die UML 2 zu nicht-funktionalen Anforderungen? Leider nicht sehr viel, denn auch sie ist sehr software- und nicht systemzentriert, und bei Software stehen die Funktionen - zum Beispiel als Anwendungsfälle - im Vordergrund. Hier gibt es nur eine nicht-funktionale Eigenschaft, die einigermaßen detailliert betrachtet wird: die der Zeitbedingungen.

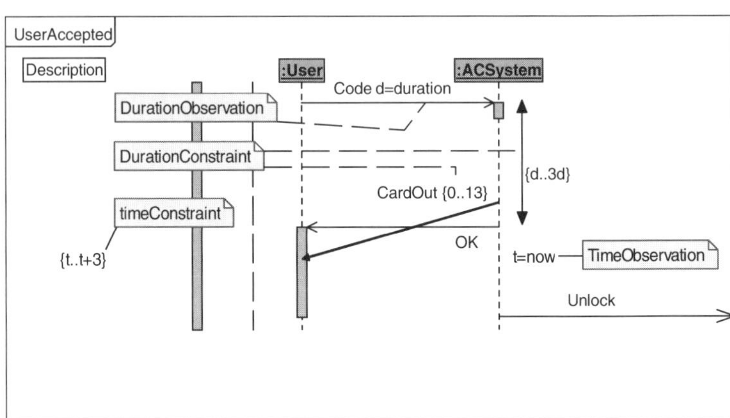

Abb. 2.45 *Sequenzdiagramm mit UML-Zeitkonstrukten*

Ein Zitat aus der UML-Spezifikation:

„It is the responsibility of the modeler to ensure that timing issues do not affect system goals, or that they are eliminated from the model. Execution

profiles may tighten the rules to enforce various kinds of execution semantics. Start at ActivityEdge and ActivityNode to see the token management rules.“

Nicht-funktionale Anforderungen können aber aus den verschiedensten Domänen stammen. Nicht nur zeitliche Grenzen, sondern auch Zuverlässigkeit, Wartbarkeit, Erlernbarkeit, Bedienbarkeit, die bei der Entwicklung zu beachtenden Normen und vieles mehr können als Anforderungen beschrieben sein. Betrachtet man nun das Modell als Informationsspeicher für alle Projektbeteiligten, so wäre es auch sinnvoll, die nicht-funktionalen Anforderungen genauso wie die funktionalen zu modellieren und mit anderen Elementen im Modell zu verknüpfen.

Eigenschaften nicht-funktionaler Anforderungen

Anwendungsfälle als Beispiel für funktionale Anforderungen sind, wenn sie nicht mit anderen UML-Sichten wie Sequenzdiagrammen erweitert werden, textbasiert. Nicht-funktionale Anforderungen können wir uns daher auch erst einmal als textbasierte Zusatzinformationen vorstellen, die man auch ordnen können sollte. Wenn wir uns diese nicht-funktionale Anforderungen generisch vorstellen, dann könnten sie folgende Standardeigenschaften haben:

- Name
- Beschreibung
- Eigenschaften zur Messbarkeit:
  - Was wird gemessen?
  - Wie wird gemessen?
  - Aktueller Wert
  - Zielwert
  - Optimalwert
  - Minimalwert
- Referenz auf betroffene Anwendungsfälle

Die nicht-funktionalen Anforderungen können vom Typus her auch klassifiziert werden. Eine Klassifikation ergibt sich beispielsweise aus der ISO/IEC 9126, die Produkteigenschaften für Software funktional und auch nicht-funktional beschreibt.

Qualitätsmerkmale

Abbildung 2.46 zeigt als Klassendiagramm mit Klassen und Unterklassen die Struktur der Qualitätsmerkmale dieser Norm. Wir verwenden hier stereotypisierte Klassen zur Strukturierung, weil dies am besten zur Aufgabe der Modellierung einer Norm passt. Später, wenn wir uns die Systems Modeling Language (SysML) genauer ansehen werden, wird sich zeigen, dass dies ein guter Start ist, denn die Anforderungen in der SysML werden ebenfalls als stereotypisierte Klassen modelliert.

Für eingebettete Systeme gibt es domänenspezifische Normen, die sich aus der übergeordneten IEC 61508 für die Entwicklung sicherheitskritischer Systeme entwickelt haben oder sich abzeichnen. Die IEC 61508 ist in ihren normativen Teilen bindend, was bedeutet, dass wir als Entwickler eines sicherheitskritischen Systems sehr gute Gründe vorgeben müssen, wenn wir uns in Teilen der Entwicklung für die Software oder die elektrischen bzw. elektronischen Anteile nicht daran halten, denn es gilt:

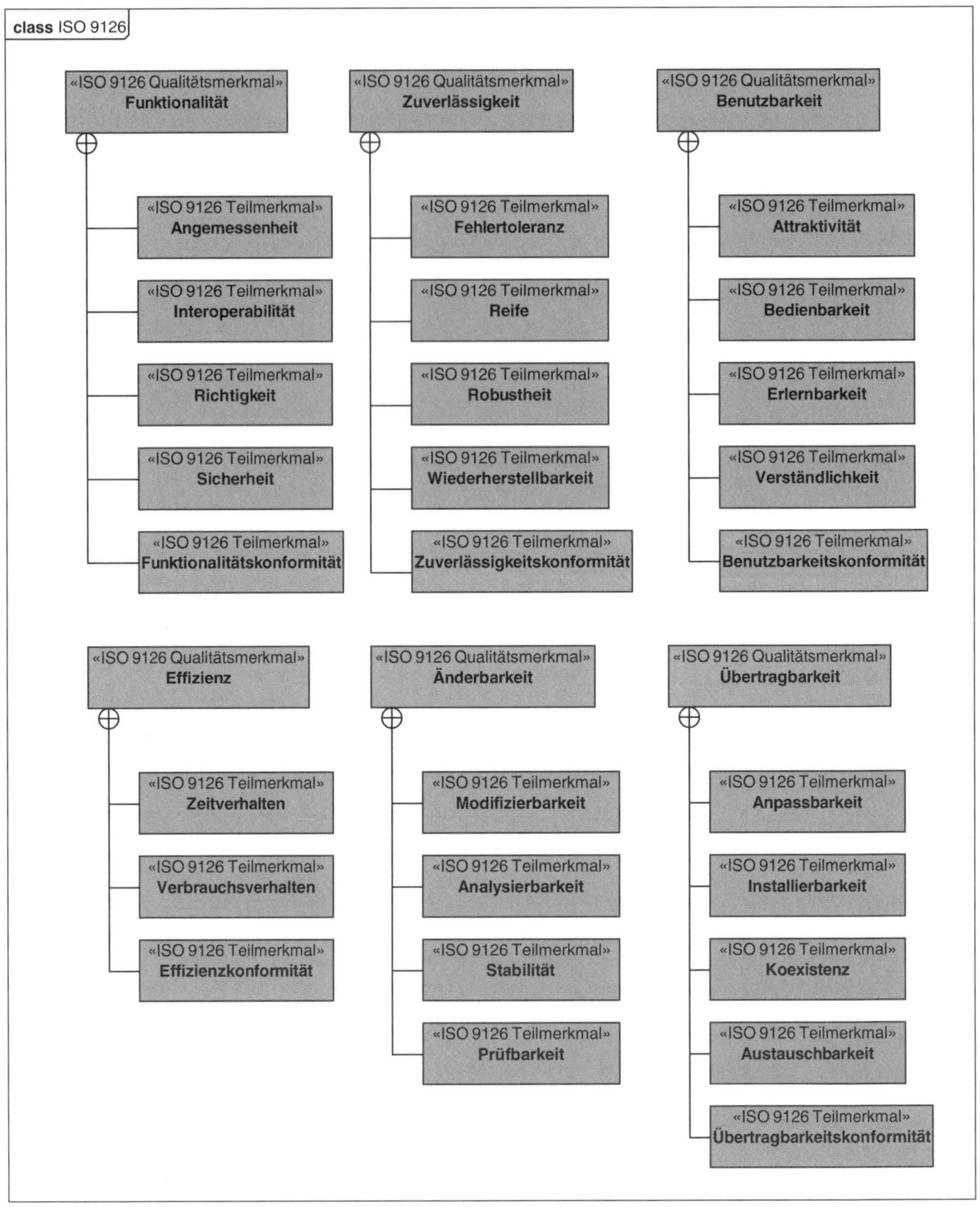

Abb. 2.46 *Qualitätsmerkmale der ISO 9126*

Die IEC 61508 beschreibt „die im Verkehr geschuldete Sorgfalt“ zur Sicherheit von Embedded Systemen.

Prozessnormen sicherheitskritischer Systeme

Sofern es abgeleitete Tochternormen gibt wie beispielsweise die IEC 60601-1-4:1996 + A1:1999 für programmierbare medizinische Geräte, die DIN EN 50126, die DIN EN 50128 und die DIN EN 50129 für den Bereich der Eisenbahn oder die kommende DIN EN 26262 für Automotive, ersetzen diese Tochternormen die generische Norm IEC 61508. Alle diese Normen beschreiben eine Vielzahl von Prozessdefinitionen, die eingehalten werden müssen. Softwareaspekte werden auch explizit angesprochen. Nehmen wir uns die IEC 61508 als Beispiel, so können wir die insgesamt sieben Teile so klassifizieren:

- Teil 1 ist systemisch, d.h., er enthält die übergeordneten Anforderungen und die Anforderungen an das Zusammenspiel zwischen der Steuerungselektronik und dem zu steuernden System.
- Teil 2 betrifft die Anforderungen an die Elektronik in Gänze, also die Hardware und die Software sowie die spezifischen Anforderungen an die Hardware.
- Teil 3 beschreibt die Anforderungen an die Software.
- Teil 4 erklärt die verwendeten Begriffe.
- Teile 5 bis 7 sind nur informativ und enthalten Beispiele. Für die Anwendung der IEC 61508 helfen die Beispiele zwar dem Verständnis der Norm. Wichtig ist aber: Auf die informativen Teile können wir uns nicht berufen. Wenn in einem Beispiel aufgrund spezifischer Gründe auf bestimmte Prozessanforderungen nicht Wert gelegt wird, muss das nicht für unser Projekt gelten.

2.2.4 Übergang von der Anforderungsanalyse zum Systemdesign

Vom Problem zur Lösung

Wenn das Modell der Anforderungen als Kenntnisstand der Antwort „was müssen wir eigentlich machen?“ fertig ist, kann mit dem nächsten Schritt, dem Design, also der Antwort auf „und wie realisieren wir das Ganze?“ begonnen werden. Dieser Satz wäre zu Zeiten des ersten V-Modells oder im Sinne der strukturellen Analyse richtig gewesen, allerdings wissen wir heute mehr:

- Das Anforderungsmodell ist nie fertig, denn zum einen ändern sich die Anforderungen möglicherweise in jeder Phase des Projekts. Die Idee, die Anforderungsspezifikation wie ein Dokument fertigstellen zu können und dann zu schließen, hat sich leider als nicht praktikabel erwiesen, denn den Stakeholdern fällt zu jeder Zeit ein, was man vielleicht noch ändern sollte. Zum anderen ergeben sich einige Anforderungen erst bei der Modellierung oder in der Designphase, oder sie ändern sich, weil das Entwicklungsteam im Design mehr über die Machbarkeit weiß als vorher.
- Der Übergang vom Anforderungsmodell zum Designmodell ist fließend. Einige Sichten wie zum Beispiel die der Anforderungsfallszenarien sind die Basis für wichtige Perspektiven in der Designphase. Diese werden quasi komplettiert.

Das V-Modell

In einem Projekt ist es dennoch wichtig, Phasen zu definieren, daher hält sich das V-Modell auch weiterhin erfolgreich als konzeptionelles Bild für Entwicklungsprozesse.

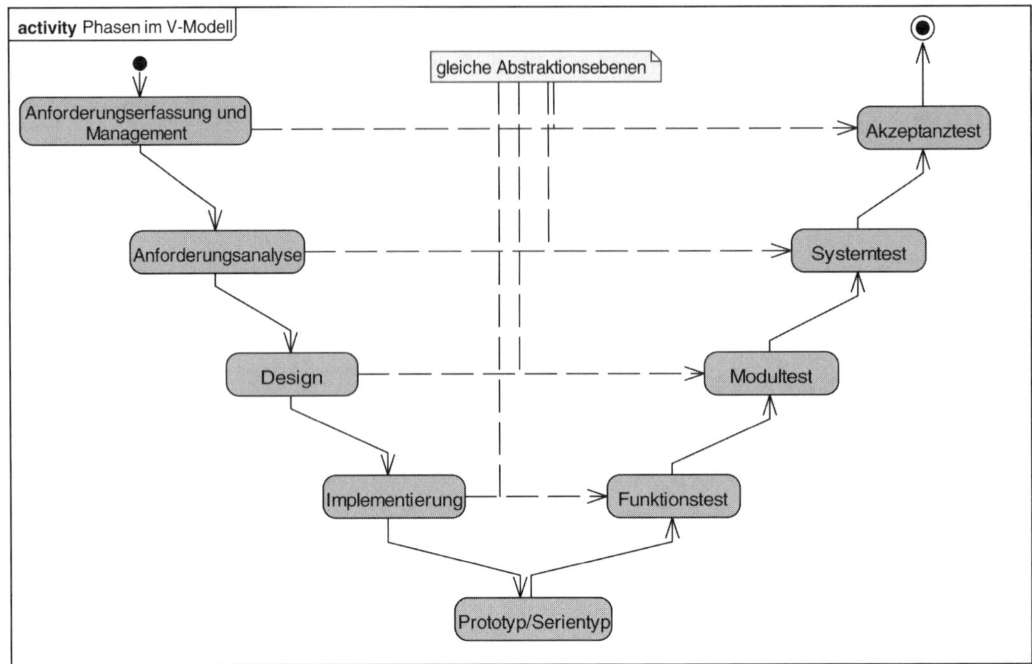

Abb. 2.47 *Das Vorgehensmodell (V-Modell) als Prozessmodell*

Das V-Modell hat verschiedene Abstraktionsebenen, die ineinander übergehen und die jeweils eine Engineering-Seite und eine Test-Seite beinhalten. Dies wird in Abbildung 2.47 durch die waagerechten Pfeile symbolisiert. Die eigentlich angedachten Arbeitsabläufe sind die von Phase zu Phase, zuerst immer detaillierter bis zum implementierten System und dann wieder abstrakter von einer zur nächsten Testphase.

Schritt für Schritt?

Aufgrund äußerer Gegebenheiten wie zum Beispiel der zeitlichen Vorgaben ist das sequenzielle Durchleben der klassischen Phasen des V-Modells heute eher nur noch schwer möglich. Neue Ideen und Konzepte können und müssen integriert werden:

- Testdurchführung am Ende der Entwicklung bedeutet ein sehr spätes Auffinden von Fehlern. Entwicklungsmodelle wie das Extreme Programming von Kent Beck et. al. definieren daher erst den Test, bevor auch nur eine Zeile Code entwickelt wird.
- Absicherung durch Simulation: Ausführbare Modelle sorgen dafür, dass die Qualität der Anforderungen und der Lösungskonzeptionen beständig steigt. Wenn ein Nutzer durch Simulation seine bewussten – und unbewussten (!) – Anforderungen ausprobieren kann, sind grundlegende Anforderungsänderungen weniger wahrscheinlich.
- Durchgängigkeit der Entwicklungsprozessphasen durch werkzeugbasierte Modellierung: An die Stelle eines dokumentenbasierten

Prozesses, der für jede Phase festlegt, welche Eingangsdokumente zu Beginn der Arbeiten in dieser Phase zur Verfügung stehen müssen und welche Dokumente am Ende der Phase fertiggestellt sein müssen, tritt die Idee, alle Phasendokumente aufgrund von Modellständen automatisch zu generieren.

Das Domänenmodell

Die „großen" Teile des Systems

Bevor einzelne Objekte innerhalb der Software identifiziert werden können, ist es wichtig, sich über die verschiedenen größeren Teile Gedanken zu machen. Software- und Systemdomänen helfen dabei, wiederverwendbare Komponenten von Anfang an als Ziel zu sehen, denn es sind meist nicht die einzelnen Objekte und Klassen, die sich per se wiederverwenden lassen, da sie immer im Zusammenspiel mit anderen Objekten ihren Dienst tun.

Für Domänen hat die UML 2 eine eigene Diagrammart in petto: das Paketdiagramm. Es verhält sich so wie ein Klassendiagramm (auch auf diesem können UML-Pakete dargestellt werden), nur werden im Paketdiagramm lediglich die Pakete und ihre Beziehungen modelliert. Klassen werden hier (noch) weggelassen.

Schichtenmodell

Das Paketdiagramm in Abbildung 2.48 zeigt eine typische Softwarestruktur, die auch einem üblichen Schichtenmodell nahekommt. Ein Paket in der UML ist ein Rechteck mit einem Namensreiter an der linken oberen Ecke und symbolisiert wie eine Aktenmappe eine Ablage- oder Sortierungsmöglichkeit für weitere Informationen. Ein Paket enthält beliebige andere Modellelemente, einschließlich anderer Pakete. Für die UML ist lediglich wichtig, dass jedes Modellelement seinen eindeutigen Platz in der durch die Pakete aufbaubaren Baumstruktur hat. Innerhalb eines Paketes muss jedes Element eindeutig benannt sein, denn ein Paket definiert auch einen Namensraum. Es kann also in der Software innerhalb eines Pakets keine Klasse namens „Displayart" existieren, wenn es beispielsweise schon einen Enumerationstyp dieses Namens auf der gleichen Paketebene gibt. Gute UML-Werkzeuge verhindern diesen Fehler automatisch.

Pakete können hierarchisch ineinandergeschachtelt sein. Die Applikationsdomäne ist in Abbildung 2.48 in zwei Unterdomänen unterteilt. Daneben gibt es Support-Domänen, die die Applikationssoftwareobjekte unterstützen. Diese können beispielsweise dafür verantwortlich sein, dass korrekt auf die Hardwareregister zugegriffen werden kann oder dass geschützte Datenbereiche von mehreren Objekten ohne die Gefahr der Verklemmung genutzt werden können. Diese Idee der Kapselung ist nicht neu. Auch prozedural entwickelte Software setzt üblicherweise ein Schichtenmodell ein, wie zum Beispiel einen Protokollstack, der zum Beispiel in ANSI-C geschrieben wurde. Durch die Darstellung in UML werden aber diese Designideen deutlich transparenter dargestellt.

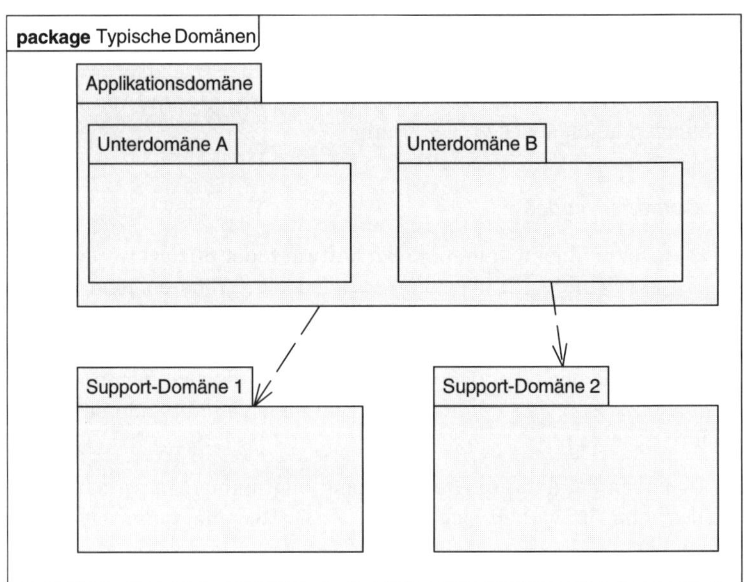

Abb. 2.48 *Ein UML-Paketdiagramm mit einer typischen Domäneneinteilung*

Pakete als Namensräume

Pakete können nicht nur andere Pakete enthalten, es gibt auch die Möglichkeit, Abhängigkeiten in Paketen zu modellieren. Diese Abhängigkeitslinien kennen wir schon aus der Anwendungsfallmodellierung, wo mit den Stereotypen «include» oder «extend» ausgestattete, spezifische Abhängigkeiten zwischen Anwendungsfällen genutzt wurden. Abhängigkeiten werden als gestrichelte, gerichtete Pfeile dargestellt. Sie bedeuten eine Art Erlaubnis, die Elemente des Pakets nutzen zu dürfen, auf die die Abhängigkeit zeigt. So dürfen alle Elemente aus der Applikationsdomäne die Elemente aus der Support-Domäne 1 nutzen. Die Elemente der Support-Domäne 2 stehen aber nur den Elementen der (Applikations-)Unterdomäne B zur Verfügung. Würde eine Objekt a:A1 der Klasse A1 aus der Unterdomäne A auf ein Objekt sd:SD2 der Klasse SD2 aus der Support-Domäne 2 zugreifen wollen, könnte a dieses Objekt sd gar nicht sehen, da deren Klasse in einem anderen Namensraum definiert worden ist. Dieses kleine Beispiel würde in einem Kommunikationsdiagramm wie in Abbildung 2.49 aussehen.

Wenn dies nur in einem Zeichenwerkzeug modelliert wäre, würde dem Softwaredesigner dieser Fehler wahrscheinlich gar nicht auffallen. Ein UML-Werkzeug mit Metamodellunterstützung würde hingegen monieren, dass das Objekt a:A1 das Objekt sd:SD2 gar nicht sehen kann. Wenn dies in eine objektorientierte Programmiersprache wie C++ umgesetzt wird, ist der Compiler die letztmögliche Instanz, die diesen Fehler im Namensraum bemerkt. Es gibt allerdings auch Programmiersprachen wie ANSI-C, die nur einen globalen Namensraum kennen und daher hier überhaupt keine Probleme sehen würden. Aber auch in diesem Fall würde ein Designfehler in der Software vorliegen, denn schließlich nutzt ein Objekt ein anderes, ohne dass es ihm explizit erlaubt wäre. So-

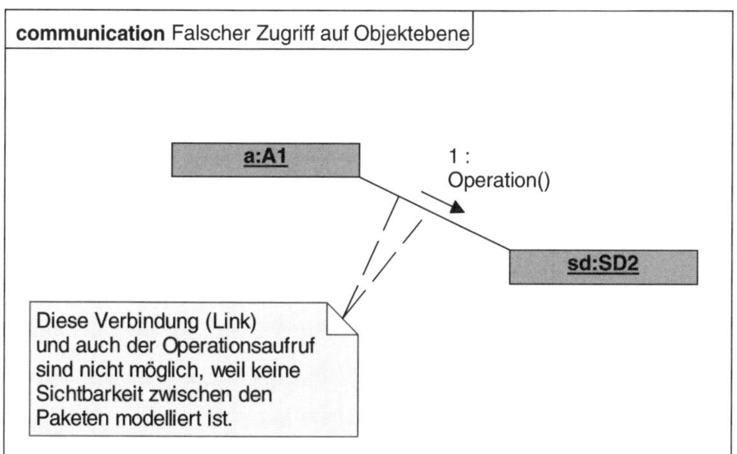

Abb. 2.49 *Falscher Zugriff auf Objektebene*

mit existiert eine Abhängigkeit zwischen Softwareteilen, die nicht gewollt ist und die die Wiederverwendung und Wartung erschwert.

Objekte vs. Klassen

Hier haben wir dem Objektinteraktionsmodell und dem Klassenmodell ein wenig vorgegriffen. Deshalb nur ganz kurz zum Verständnis:

1. Klassen definieren die Eigenschaften von Objekten und können als deren Typ angesehen werden. Werden in der UML Objekte genannt, so erhalten sie dabei neben dem Namen wie hier „sd" auch die Typbezeichnung hinter einem Doppelpunkt. Um sie besser von Klassen unterscheiden zu können, werden Objekte unterstrichen: sd:SD2.
2. In Kommunikationsdiagrammen kann die Interaktion zwischen Objekten modelliert werden. Objekte werden als Rechtecke dargestellt und mit ihrem Namen wie unter 1. erklärt. Wenn Objekte miteinander interagieren, brauchen sie Kommunikationslinien, die die UML als „Link" bezeichnet und die als durchgezogene, ungerichtete Kanten die Kommunikationspartner verbinden.
3. Auf den Kanten „passiert" schließlich die Interaktion als Aufruf von Operationen. Die Reihenfolge der Aufrufe kann durch eine Nummerierung erfolgen.

Ein eingebettetes Beispielsystem

Ein Beispiel soll auch die Nützlichkeit der Einführung von Domänen zeigen: Als eingebettetes System modellieren wir ein FLASH-basiertes, mobiles Musikabspielgerät, einfacherweise heute „MP3-Player" und in unserem Fall „FLASHman" genannt. Schon hierbei können für die Gesamtapplikation einige Domänen sehr schnell gefunden werden. Als Erstes fällt auf, dass das eigentliche Gerät allein nichts bringt, da die Musiktitel „von außen" aufgespielt werden müssen. Für eine vollständige Topologiebeschreibung reicht das Domänenmodell allerdings nicht aus. Sichtbarkeitsregeln hängen allerhöchstens mittelbar davon ab, wo bestimmte Funktionen ablaufen und welche Kommunikationsmittel sie einsetzen. Dafür gibt es in der UML das Verteilungsdiagramm, dass allerdings für detaillierte, beispielsweise hardwareorientierte Modellierung per se nicht gut geeignet ist. Im Kapitel der SysML werden wir noch näher auf diese Problematik eingehen.

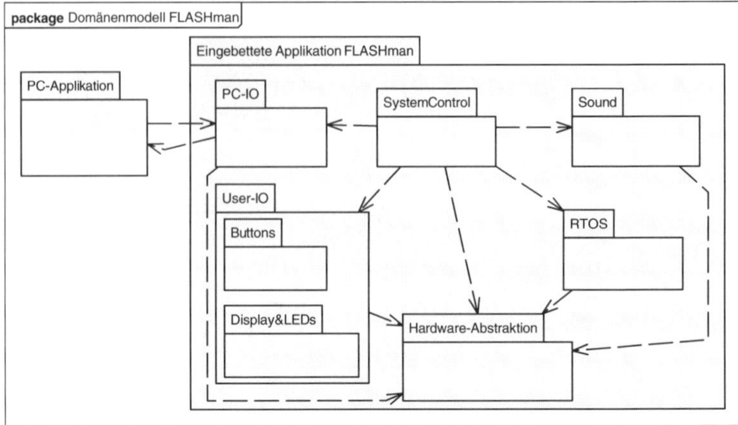

Abb. 2.50 *Paketdiagramm des FLASHman*

Domänenstruktur des FLASHman

Innerhalb der eingebetteten Applikation finden wir verschiedene Aufgaben, die höchstwahrscheinlich nicht von einem Objekt alleine vollständig übernommen werden können: Es gibt ein Paket „SystemControl", das die Abläufe steuern soll. Die Tonverarbeitung übernehmen die Objekte der Klasse aus dem Paket „Sound", die Interaktion mit dem Nutzer wird durch „User-IO" erledigt, das wiederum unterteilt wird in die Anzeigen und die Inputs durch Knopfdrücke. Für Kommunikationsaufgaben mit einem PC ist „PC-IO" vorgesehen, während es auch ein Paket „RTOS" gibt, das beispielsweise Scheduler bereitstellt. Hardwarefunktionen werden im Paket „Hardware-Abstraktion" so gekapselt, dass alle anderen Objekte kein Wissen um die reale Hardware wie Register oder Adressen haben müssen.

Mit den Abhängigkeiten zwischen den einzelnen Paketen sind die „Zugriffsrechte" in Form der UML-Sichtbarkeit in diesem Paketdiagramm definiert. Ein Domänendiagramm oder „Sichtbarkeitsdiagramm" ist immer ein guter Einstiegspunkt in die Objektarchitektur.

Objektarchitektur als konzeptionelles Design

Da die UML ja generisch anwendbar ist, können wir die eben vorgestellten Paketdiagramme auch dazu nutzen, um uns im Entwicklungsprozess zurechtzufinden. Es macht Sinn, auch hier Abstraktionsebenen zu definieren, vor allem, um zu vermeiden, dass Objekte für zu viele Dinge verantwortlich sind.

Generische Dreiteilung des Designs

Drei Ebenen lassen sich im Design eingebetteter Systeme sehr leicht finden. Sie beschreiben die Modellierungssichten und damit die Metamodellelemente, die genutzt werden sollten:

- In der Objektarchitektur werden die klassischen Softwareelemente beschrieben. Die eben vorgestellten Pakete und Paketdiagramme un-

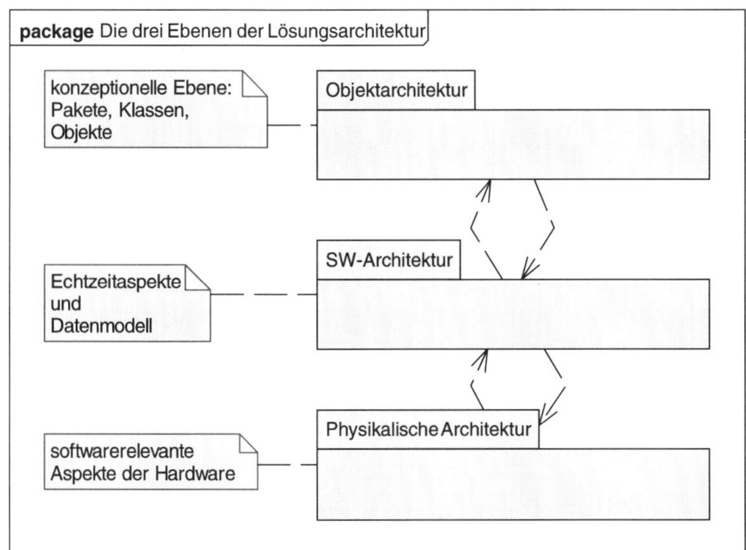

Abb. 2.51 *Das Domänenmodell der Lösungsarchitektur*

terteilen die verschiedenen Domänen und strukturieren die Software. Objektinteraktionen in UML-Diagrammen wie den Sequenzdiagrammen zeigen, wie Objekte miteinander kooperieren, um die funktionalen Abläufe aus den Anwendungsfällen zu realisieren. Dafür sehr wichtig ist das Klassenmodell, denn dies bestimmt die Eigenschaften und Fähigkeiten der Objekte und deren Kommunikationsmöglichkeiten aus statischer Sicht. Mit den Aktivitätsdiagrammen, vor allem aber mit den Zustandsdiagrammen ist es dem Modellierer in der UML möglich, das dynamische Verhalten der Objekte zu beschreiben. Aus dieser Ebene wird später einmal auch Source Code generiert werden können.

- Für ein eingebettetes System spielt das Zeitverhalten eine tragende Rolle, denn oft formulieren nicht-funktionale Anforderungen, dass bestimmte Reaktionen auf externe Signale nicht irgendwann, sondern in definierten Zeitgrenzen zu erfolgen haben. Auch für unser FLASHman-Beispiel gilt das, denn kein Nutzer akzeptiert ein abgehacktes Abspielen von Musik, bloß weil beispielsweise das Auslesen des FLASH-Speichers zu lange dauert. Diese Zeitgrenzen zu erfüllen bedingt sehr oft eine Nutzung von Multitasking und Mechanismen zum Schutz vor Verklemmung, Intertaskkommunikation und Ähnlichem. Natürlich sollte dies auch im Modell dargestellt sein, und dies wird separat in das Paket der Softwarearchitektur einsortiert. Leider stellt die UML hier von sich aus keine detaillierteren Metamodellelemente zur Verfügung, so dass eine Erweiterung mittels Stereotypen unausweichlich ist. Als Diagrammformen lassen sich Aktivitätsdiagramme und Kommunikationsdiagramme am besten nutzen.
- Genauso wie Echtzeitaspekte sind auch Hardwaresichten zum Verständnis eines eingebetteten Systems wichtig. Die Softwareobjekte

brauchen ja eine „Abarbeitungsmaschine", auf der sie existieren und laufen können. Hier sind zum einen Performanzaspekte von Belang, denn für unseren FLASHman dürfen wir zum Beispiel aus Kostengründen nicht von einem Prozessor mit Rechenleistungen eines Desktop-PCs ausgehen. Auch die realen Hardwareanschlüsse müssen dargestellt werden, um die Aufgaben aus der Anforderungsanalyse zu lösen: Wie kommen die Knopfdrücke durch den Nutzer an die Softwareobjekte? Was kann auf dem Display dargestellt werden? Gibt es einen Hardwaretimer, den die Software nutzen kann? „Echte" Hardwarediagramme gibt es allerdings nicht in der UML, so dass auch hier die Erweiterbarkeit des Sprachumfangs gute Dienste leistet. Da Hardware meist hierarchisch organisiert ist, sind gerade die in der UML 2 neu hinzugekommenen Kompositionsstrukturdiagramme eine gute Ausgangsbasis zur Darstellung von Hardwareaspekten.

Finden und Darstellen von Objekten

Grundsätzliche Objekteigenschaften

In der obersten der drei Ebenen wird die konzeptionelle Seite des Systems modelliert, unter Nutzung des objektorientierten Paradigmas. Die Objektorientierung ist schon recht alt[4], aber gerade in der Entwicklung eingebetteter Systeme etabliert sie sich erst in den letzten Jahren, vor allem, weil viele sie auf objektorientierte Programmiersprachen wie Java reduzieren. Die UML zeigt aber auch auf, dass objektorientiertes Design mehr umfasst und auch mit prozeduralen Sprachen implementiert werden kann.

Das Grundprinzip der Objektorientierung kannte schon Julius Cäsar:

Teile und Herrsche!

Technischer ausgedrückt heißen die wichtigsten Prinzipien Kapselung und Abstraktion. Information, also Daten, wird nur durch ein dafür verantwortliches Objekt modifiziert und auch nur dem zur Verfügung gestellt, der sie explizit braucht und deshalb anfordert. So werden Daten und Prozesse nicht durchmischt, sondern auf einer abstrakteren Ebene zusammengefasst, die eben Objekte darstellt.

Anstatt sich zu fragen, was durchgeführt werden muss, um eine Funktion zu erhalten, wird nach der Verantwortlichkeit von einem oder manchmal mehreren Objekten gefragt: Wer macht was? Ein Objekt kann dabei folgendermaßen definiert werden:

1. Ein Objekt ist eine Abstraktion eines Konzepts oder von Dingen der realen Welt.
2. Ein Objekt einer Applikation sollte aus der Problemdomäne stammen.

---

[4] Als erste objektorientierte Programmiersprache gilt Simula-67, die Basis für objektorientierte Ideen kam also 1967 auf. Smalltalk-80 setzte diese dann konsequent um.

3. Ein Objekt hat eine klare Grenze und eine eindeutige Identität, gegeben durch einen (optionalen) Namen und der Angabe seiner Klasse.
4. Ein Objekt hat Eigenschaften. Sie werden Attribute genannt und sind (normalerweise) gekapselt, d.h. versteckt. Somit weiß das Objekt etwas über sich selbst.
5. Ein Objekt kann mit anderen Objekten kommunizieren, indem Funktionen von diesen aufgerufen werden. Diese werden Operationen genannt. Andere Operationen ändern die eigenen Attribute des Objekts.

Darstellung von Objekten

In der UML ist das ganz am Anfang gut in Interaktionsdiagrammen darstellbar. Ein solches Diagramm, beispielsweise ein Sequenzdiagramm oder ein Kommunikationsdiagramm, stellt einen „realen" Ablauf in der Zeit dar, also ein exemplarisches Zusammenspiel von Objekten. Dabei müssen nicht alle existierenden Objekte mit einbezogen werden (schließlich sind wahrscheinlich etliche in diesem speziellen Ablauf gar nicht relevant), und es werden auch nur die Eigenschaften bzw. Operationen modelliert, die hier auch gebraucht werden.

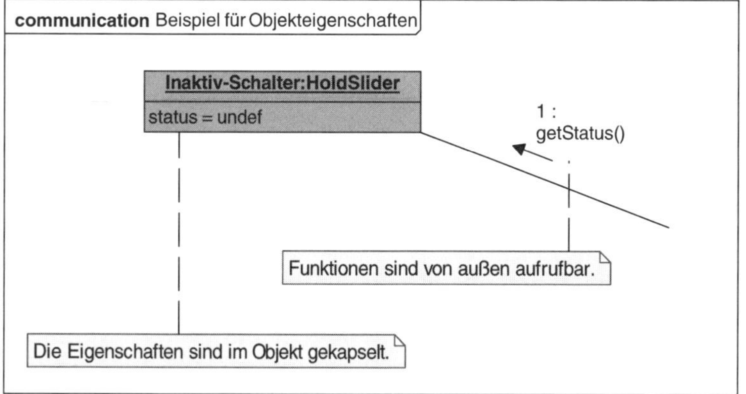

Abb. 2.52 *Ein Beispiel für Objekteigenschaften*

Betrachten wir dazu das Kommunikationsdiagramm in Abbildung 2.52: Üblicherweise sind die Eigenschaften eines Objekts - in einer Programmiersprache wären das die Variablen - von außen nicht sichtbar. Das Attribut „status" des Inaktiv-Schalters kann von anderen Objekten nur deshalb erfragt werden, weil eine passende Operation „getStatus()" existiert, die für andere Objekte sichtbar ist und von diesen aufgerufen wird. In Klassendiagrammen ist es möglich, diese Sichtbarkeit von Attributen und Operationen darzustellen oder auch zu definieren.

Objekttypen

Wie finden wir nun die passenden Objekte für unsere Applikation? Ein Objekt kann sein:

- Abstraktion eines realen Dings, z.B. Sensor, Taste, Anzeige;
- Rolle eines externen Akteurs: Nutzer, Wartungspersonal;
- Ereignis: Knopfdruck, Alarm.

Daher lautet der erste Ansatz, die Objekte unseres Systems zu finden:

Suche nach konkreten, „anfassbaren" Elementen in den Systembeschreibungen wie Sensoren oder Aktuatoren oder die Dinge der externen Umgebung, mit denen diese interagieren.

Beispiele dafür sind in unserem FLASHman-Beispiel:

- Liedanzeige
- Kopfhörer

Die zweite Regel lautet:

Suche nach Rollen, Ereignissen und Interaktionen in den Systembeschreibungen.

Dazu gehören in unserem Beispiel:

- externer PC
- Verstärker
- Equalizer
- Zeitgeber
- FLASH-Speicher

Manche Systeme sind sehr nutzerzentriert, wie auch das FLASHman-Beispiel, insofern ist die nächste Regel bei diesen sehr leicht anwendbar und auch sehr ergiebig zum Auffinden möglicher Objekte:

Suche nach Elementen der Nutzerinteraktion. Über welche Objekte kann ein Nutzer mit dem System interagieren?

- Drehknopf
- Menüknopf
- Lautstärkeregler
- Inaktiv-Schalter
- Liedanzeige

Das war einfach, jedenfalls bei unserem Beispiel. Eine weitere Regel lautet:

Suche nach persistenter Information.

Dazu gehören im FLASHman-Beispiel:

- Liedgruppe
- Liedinformation

Hin und wieder gibt es aber Systeme, die so eingebettet sind, dass eine Nutzerinteraktion nicht sichtbar stattfindet, der Nutzerbegriff selbst hinterfragt werden muss (das hat die UML netterweise mit der Definition des Akteurs schon getan), oder Abläufe bei der Systemdefinition im Vordergrund stehen. Als nächste nützliche Regel gilt:

Nimm die Systembeschreibung(en) und unterstreiche die Hauptwörter.

Objekte sind Elemente unserer Erlebniswelt

Passenderweise denken wir Menschen objektorientiert. Mit der funktionsorientierten Programmierung haben sich die Softwareentwickler aber diese normale Denkweise für alles, was mit Software zu tun hat, abgewöhnt. Die Abläufe, also alles, was „aufgerufen“ werden kann, bestimmen die Struktur. In der Objektorientierung bestimmen die Verantwortlichkeiten, das „wer macht was“ die System- und die Softwarestruktur.

Das Objektdesign reift mit dem Wissen über unser System

Viele „Überläufer“ von der prozeduralen zur objektorientierten Systementwicklung müssen zunächst eine gewisse Scheu bei der Definition von Objekten überwinden, weil sie Fehler bei der Festsetzung der Partitionierung durch die Objekte befürchten. Dabei ist hier nichts in Beton gegossen. Bei der Objektfindung im Grobdesign sprechen wir auch sehr häufig von „Objektkandidaten“. Im Laufe des Designs werden einige neue Objekte dazukommen, andere verschwinden, weil sie nicht mehr benötigt werden oder andere Objekte ihre Eigenschaften und Verantwortlichkeiten übernehmen können. Dieses Umgestalten der Struktur ohne Änderung der Systemeigenschaften und -fähigkeiten heißt „Refactoring“ und ist ein zentrales Element der objektorientierten Arbeitsweise. Wenn man ein UML-Werkzeug zur Modellierung verwendet - was sich empfiehlt, wenn die Anzahl der Modellelemente über die Belanglosigkeitsgrenze wächst -, lassen sich die Umgestaltungen der Objekteigenschaften im Klassenmodell meist ganz einfach per Drag&Drop erledigen. Fürchten Sie also keine Fehler in der Partitionierung Ihrer Objekte! Wenn Sie mehr über das System wissen, können Sie diesen Informationsgewinn immer noch in Ihr Design einpflegen.

CRC-Karten

Im Team lässt sich die Objektfindung auch in einer Art Brainstorming durchführen. Dazu schlagen Kent Beck und Ward Cunningham in ihrem Ansatz mit CRC-Karten vor, mittels Karteikarten die verschiedenen „Mitspieler“ in einem Softwaresystem auf Karteikarten zu schreiben. CRC bedeutet: **C**lass, **R**esponsibility, **C**ollaboration. Da Klassen ihre Eigenschaften an „ihre“ Instanzen, die Objekte, vererben, kann uns dieser Ansatz auch schon helfen, die geeigneten Objekte zu finden. Auf der CRC-Karte muss als Minimum vermerkt sein:

1. ein für die Klasse eindeutiger Name,
2. wofür diese Klasse (oder ihre Objekte) verantwortlich sind,
3. mit welchen anderen Klassen diese Klasse zusammenspielt.

Weiter können auf der CRC-Karte vermerkt sein:

4. Oberklasse (engl. Super-Class): Wenn es in einer Vererbungshierarchie eine Klasse gibt, die ihre Eigenschaften unserer Klasse vererbt, kann diese hier eingetragen werden.
5. Unterklasse (engl. Sub-Class): Wenn unsere Klasse eine Oberklasse für andere Klasse(n) darstellt, können diese hier aufgelistet werden.

Im Klassendiagramm bzw. im Klassenmodell eines UML-Werkzeugs finden sich diese Eigenschaften in der Beschreibung der Klasse sowie ihren Assoziations- und Generalisierungs-/Spezialisierungsbeziehungen wieder.

Im gleichen Tenor können wir uns auch mit der Darstellbarkeit von Objekten in der UML beschäftigen, den Kommunikationsdiagrammen und den Sequenzdiagrammen.

Die UML-Kommunikationsdiagramme und -Objektdiagramme

Darstellung von Objekten

In der UML 2 gibt es separat definierte Diagramme, die sich mit Objekten befassen. Dabei sind Objektdiagramme und Kommunikationsdiagramme so ähnlich, dass wir sie hier gemeinsam beschreiben können.

Objektdiagramme stellen die Objekte und ihre Beziehungen untereinander zu einem bestimmten Zeitpunkt dar, wie eine Fotografie eine Landschaft oder Personen in einem spezifischen Augenblick zeigt.

Kommunikationsdiagramme zeigen auf, welche Objekte miteinander Nachrichten austauschen und wie sie kommunizieren. Dabei steht der Ablauf von Kommunikationssequenzen nicht so im Vordergrund wie beim Sequenzdiagramm.

Objekte auf Objektdiagrammen

Ähnlich wie bei einer Skizze können wir in beiden Diagrammen einfach mit einem weißen Blatt Papier anfangen und Objekte definieren. Alle Eigenschaften, die wir jetzt am Anfang nutzen werden, gelten sowohl für Objektdiagramme als auch für Kommunikationsdiagramme. Objekte werden als Rechtecke gezeichnet, die den Namen des Objekts, vor allem aber seine Klasse, zeigen.

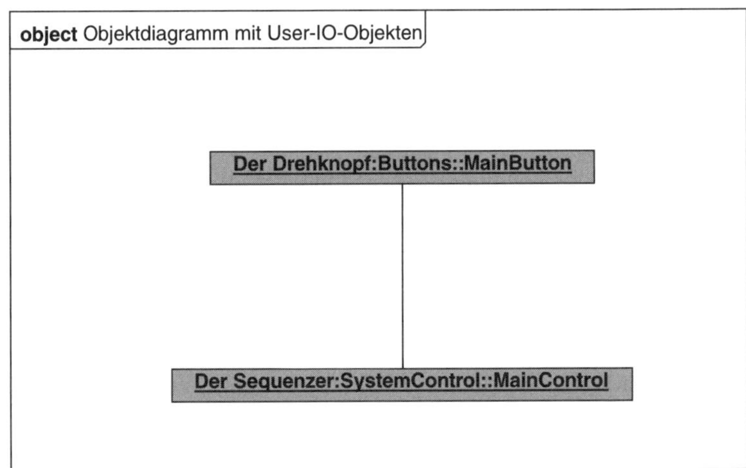

Abb. 2.53 *FLASHman-Beispiel für ein Objektdiagramm*

In Abbildung 2.53 sehen wir am FLASHman-Beispiel, wie Objektdiagramme die innere Struktur unseres Systems oder eines Teils davon wiedergeben. In dem Beispieldiagramm sind lediglich zwei Objekte dargestellt, der Hauptbedienknopf für den Nutzer und das Objekt, das alle Abläufe innerhalb unserer Software steuert, hier Sequenzer genannt. Beide Objekte haben eindeutige Namen, die innerhalb der Objektrechtecke unterstrichen eingetragen sind. Die Namen genügen der folgenden Regel:

```
<UML-Objektname> := [<ObjektName>]:<Voller Name der Klasse>
|<Name der Klasse>
```

Im Beispiel sind die vollen Namen der Klassen genutzt worden, was bedeutet, dass die Klassen inklusive der sie enthaltenen Pakete genannt sind. Die Klasse MainControl ist im Paket SystemControl enthalten. In der UML nutzt man auch den objektorientierten Scope-Operator „::" zur Trennung des Paket- und Klassennamens. Also ist der volle Name SystemControl::MainControl. Die Namensmöglichkeiten für Objekte, die für alle Objekte mit Instanzendarstellung gelten, zeigt das Objektdiagramm in Abbildung 2.54:

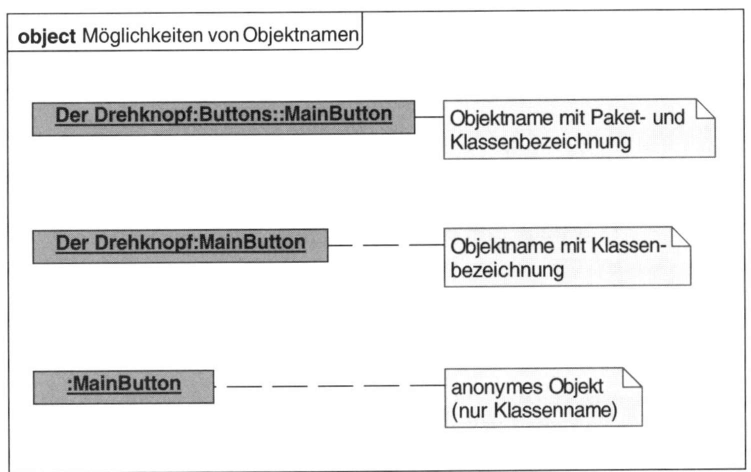

Abb. 2.54 *Möglichkeiten von Objektnamen*

Links als Kommunikationswege von Objekten

Neben den Objekten gibt es in Objektdiagrammen noch Verbindungslinien, die als Link bezeichnet werden. Diese sind Instanzen von Assoziationen im Klassenmodell, entsprechend den Objekten als Instanzen von Klassen. Die Links zeigen, welche Objekte miteinander kommunizieren können. Da Objektdiagramme und auch die Kommunikationsdiagramme zeitliche Ausschnitte der Klassenarchitektur darstellen, sind die Eigenschaften der Assoziationen zwischen den Klassen nicht hundertprozentig aus den Links herauszulesen. Durch diese Beziehung zwischen Typ (hier die Assoziation) und Instanz (hier der Link) bestimmen die Eigenschaften der Assoziationen die der Links in den Instanzendiagrammen. Links können optional auch Namen haben, die den Zweck der Verlinkung zwischen den Objekten zeigen sollen, allerdings ist die Namensgebung der Assoziationen wichtiger.

Objekteigenschaften darstellen

Innerhalb der Objekte kann in Objektdiagrammen der Zustand des jeweiligen Objekts durch die Angabe der Attributwerte angegeben werden. Somit zeigt das Diagramm den Zustand von Objekten zu einem bestimmten Zeitpunkt. Wenn eine Klasse viele Attribute besitzt, sollten im Objekt- oder im Kommunikationsdiagramm nur diejenigen Attributwerte dargestellt werden, die zur Beschreibung der gewünschten Situation notwendig sind. Auch hier gilt: so viel modellieren wie nötig, nicht wie möglich. Erst das Klassenmodell, aus dem die Codestruktur generiert werden kann, muss vollständig sein. Aber auch hier ist es nicht notwendig, dass die Klassendiagramme immer alle Aspekte aller dort gezeigten Klassen wiedergeben.

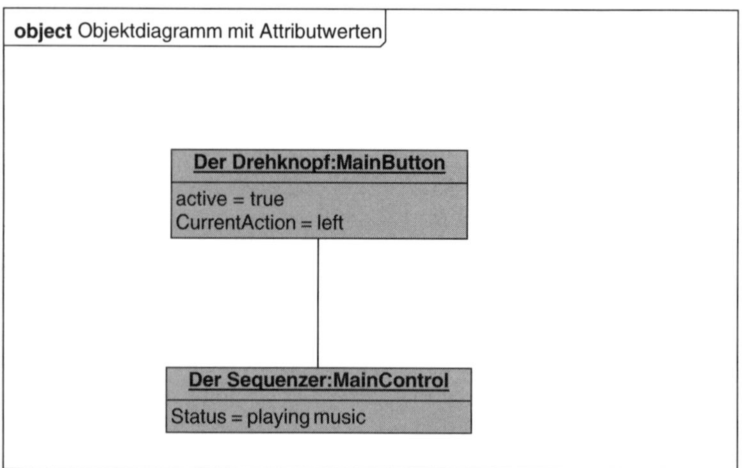

Abb. 2.55 Objektdiagramm mit Attributwerten

Nachrichtenaustausch darstellen

Bei Kommunikationsdiagrammen kommt zu den Elementen des Objektdiagramms die Möglichkeit dazu, die zwischen den Objekten ausgetauschten Nachrichten darzustellen. Diese Nachrichten können generische Signale sein oder auch Aufrufe der Operationen des Objekts, das die Nachricht erhält. In Abbildung 2.56 wird die Interaktion von fünf Objekten des FLASHman dargestellt:

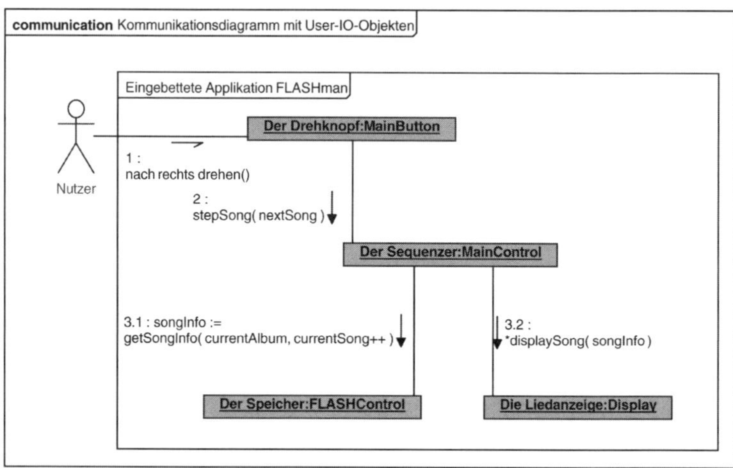

Abb. 2.56 Kommunikationsdiagramm mit User-IO-Objekten

Logische und zeitliche Reihenfolge von Nachrichten

Der Nutzer möchte gern das nächste Lied hören und dreht dazu den Drehknopf nach rechts. Symbolisiert wird das durch das Signal „nach rechts drehen()“, vom Nutzer zum Objekt Drehknopf. Dieses Signal wird vom Objekt Drehknopf der Klasse MainButton erfasst, das seinerseits das Sequenzer-Objekt der Klasse MainControl durch den Aufruf der Operation stepSong() mit dem Parameter nextSong beauftragt, das nächste Lied zu spielen. Unter anderem holt sich der Sequenzer den Titel des nächsten Lieds vom Speicher und zeigt es dann auf der Liedanzeige an. Diese Abfolge ist durch die Struktur der Nachrichten im Diagramm beschrieben. Dabei werden zusammengehörende Nachrichten auch durch Unterschritte bezeichnet, wie durch die Schritte 3.1 : songInfo: = getSongInfo(currentAlbum, currentSong++) und 3.2 : *displaySong(songInfo) auch bei diesem Beispiel zu sehen ist. Der Stern „*" bezeichnet iterative Aufrufe oder Nachrichten. Darüber hinaus können auch Signale und Aufrufe, die logisch nebenläufig passieren, durch kleine Buchstaben im Ablaufbezeichner dargestellt werden.

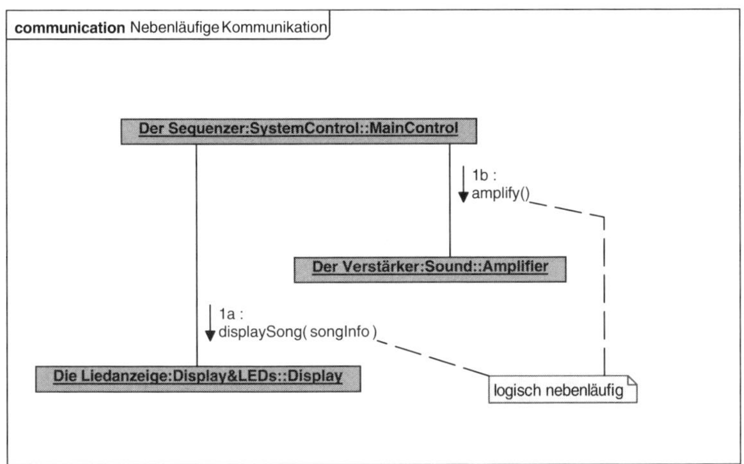

Abb. 2.57 *Kommunikationsdiagramm zeigt nebenläufige Kommunikation*

Da hier keine konkreten Zeitangaben gemacht werden, bedeutet das im Modell, dass die Abläufe parallel oder quasiparallel durchgeführt werden, beispielsweise durch Nutzung von Tasks in einem Echtzeitbetriebssystem. Durch die Erweiterungsmechanismen in UML ist es auch in den Kommunikationsdiagrammen möglich, detaillierte Zeit- und Ressourcenangaben zu machen. Die Object Management Group hat dafür ein eigenes Profil definiert, das „Profile for Schedulability, Performance and Time", kurz SPT-Profil genannt. Ein späteres Kapitel wird genauer auf diese Modellierungserweiterung eingehen.

Die UML-Sequenzdiagramme

Ablaufzentierte Darstellung

Im objektorientierten Design nehmen Abläufe einen breiten Raum ein, denn die Art und Weise, wie Objekte miteinander kommunizieren, definiert die System- oder Softwarearchitektur wie auch die notwendigen Fähigkeiten der Objekte. Im Kommunikationsdiagramm lässt sich durch Gruppierung die „Clusterbildung" eng verbundener Objekte gut darstellen, während die genauen logischen Abfolgen der einzelnen Schritte weniger gut auf einen Blick sichtbar sind. Daher hat die UML mit den Kommunikationsdiagrammen und den Sequenzdiagrammen von Anfang an zwei grafisch unterschiedliche, aber semantisch sehr ähnliche Diagramme zur Verfügung. Bei den UML-Sequenzdiagrammen (vor der UML 2 Objektsequenzdiagramme genannt) ist die Anordnung der kommunizierenden Objekte relativ fest vorgegeben: Sie werden in einer Reihe oben im Diagramm gezeichnet, nur ihre Reihenfolge ist frei. Die Rechteckdarstellung wird um eine senkrechte, gestrichelte Lebenslinie ergänzt. Von diesen Lebenslinien aus können Objekte dann in waagerecht verlaufenden Pfeilen Nachrichten senden und empfangen, was dem Sequenzdiagramm ermöglicht, die logische und zeitliche Reihenfolge der Nachrichten zu repräsentieren. Wenn die Abfolge der Interaktion „Nutzer will nächstes Lied hören", die wir schon in einem Kommunikationsdiagramm gezeigt haben, als Sequenzdiagramm dargestellt wird, sieht das so aus wie in Abbildung 2.58:

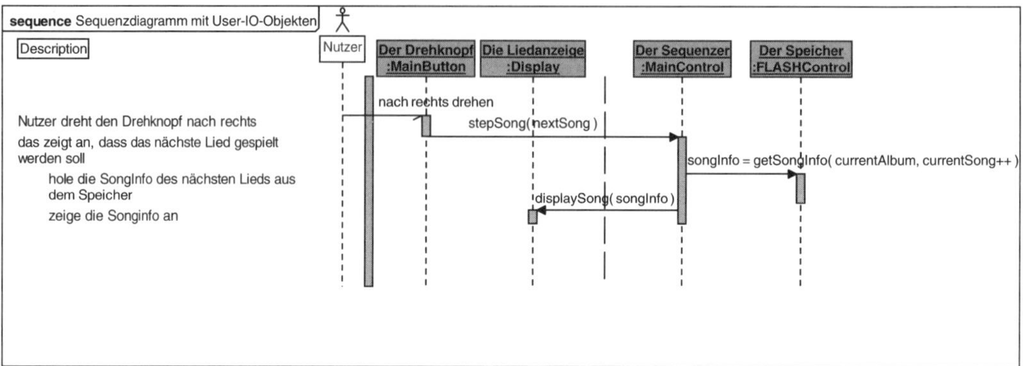

Abb. 2.58 *Sequenzdiagramm mit User-IO-Objekten*

Darstellung des Kontrollflusses

Es fällt auf, dass das Auftreten einer Nachricht einen Aktionsbalken auf der Lebenslinie erzeugt. Damit wird in der Sequenz gezeigt, welches Objekt gerade aktiv ist. Durch den Aufruf stepSong() wird der Sequenzer der Klasse MainControl aktiviert. Die nachfolgenden Aufrufe wechseln den Kontrollfluss nicht auf die anderen Objekte „Der Speicher" und „Die Liedanzeige", denn der Aktionsbalken des Sequenzer bleibt aktiv dargestellt. Damit wird verdeutlicht, dass die Operationen getSongInfo() und displaySong() innerhalb der Methode der Operation stepSong() aufgerufen werden.

Vergleicht man das Sequenzdiagramm der Abbildung 2.58 mit dem Kommunikationsdiagramm in Abbildung 2.56, so fehlt in der Sequenz ein kleines, aber wichtiges Detail: Der Aufruf der Operation displaySong() war im Kommunikationsdiagramm iterativ, was durch ein * vor dem Operationsnamen angezeigt wurde. Wenn wir dieses Detail nun im Sequenzdiagramm nachziehen, so können wir die Iteration mit einem Interaktionsrahmen sogar wesentlich deutlicher darstellen. Abbildung 2.59 ist eine dem entsprechende Erweiterung des Sequenzdiagramms aus Abbildung 2.58 mit einem Strukturierungsrahmen für „LOOP". Diese Möglichkeit ist allerdings erst mit der UML 2 in die Sprache eingeflossen.

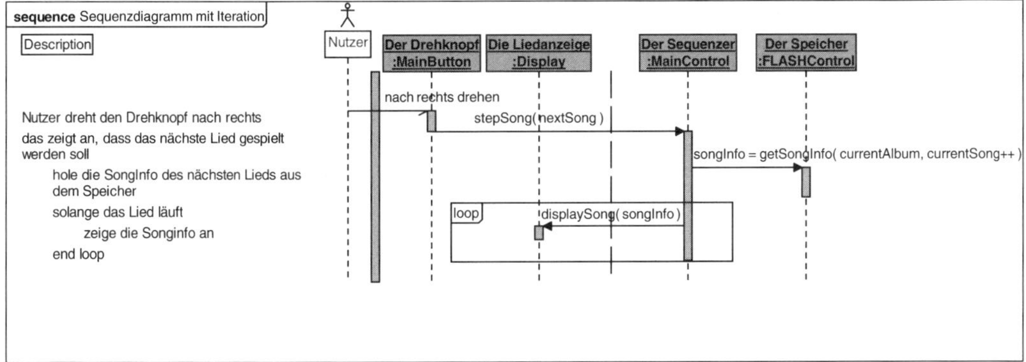

Abb. 2.59 *Sequenzdiagramm mit LOOP*

Strukturierung von Sequenzen

In der UML 1.x gab es kein explizites Modellierungskonstrukt, um Sequenzen zu strukturieren. Lediglich durch die Nutzung von Extend- und Include-Probes, die als Referenz auf inkludierte oder erweiternde Anwendungsfälle in den eindimensionalen Sequenzen anstelle von Nachrichten eingetragen werden konnten, was so etwas wie eine wiederverwendbare „Untersequenz" oder eine optionale Teilsequenz dargestellt hatte. Dagegen bietet die UML 2 jetzt alle notwendigen Strukturelemente als Strukturierungsrahmen an. Es gibt Selektionen, Schleifenkonstrukte, Alternativen und parallele Teilsequenzen, wie in Abbildung 2.60 zu sehen.

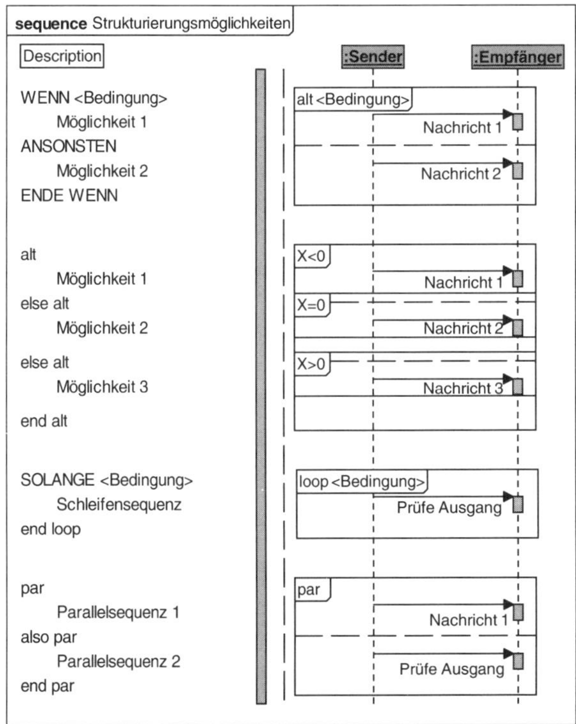

Abb. 2.60 *Strukturierungsmöglichkeiten im Sequenzdiagramm*

Anmerkung zum spezifischen Aufbau der gezeigten Sequenzdiagrammbeispiele

Die in allen Diagrammbeispielen genutzte Modellierungssoftware ARTiSAN Studio 6.x hat eine besondere Eigenart des Sequenzdiagrammaufbaus. Zum einen fallen die beiden senkrechten Linien auf, eine dicke und eine gestrichelte. Diese symbolisieren die Systemgrenze und eine Architekturgrenze, die es ermöglicht, reale Elemente im System von konzeptionellen Objekten zu unterscheiden. Ein Sensor kann im System als reales Gerät an einer Interaktion beteiligt sein, aber auch seine Repräsentanz als Softwareobjekt. Beides sind in der UML Instanzen von Klassen, trotzdem ist es vorteilhaft, zwischen dem realen Gerät (das zum Beispiel keine Operationen zur Verfügung stellen kann) und seinem Abbild in der Software zu unterscheiden. Die Systemgrenze kann ebenfalls sinnvoll sein, wenn die Sequenzdiagramme mit dem Kontextdiagramm abgeglichen werden sollen, das ja definiert, was innerhalb und was außerhalb des Systems modelliert ist.

Eine weitere Eigenart dieser Form von Sequenzdiagrammen sind die links positionierten Kommentare zu Strukturen und zu Objektinteraktionen. Diese Kommentare helfen dabei, die eventuell geschachtelt strukturierten Abläufe der Sequenz zu verstehen. Auch die Nachrichten zwischen Objekten sind besser begreifbar, wenn sie über Freitextkommentare erläutert werden. Die Kommentare sind als UML-Erweiterung optional, können also auch weggelassen werden.

Beziehungen von Interaktionsdiagrammen

Neben den Strukturierungsmöglichkeiten innerhalb des Sequenzdiagramms gibt es neu in der UML 2 auch Referenzen auf andere Sequenzdiagramme. Somit ist es nicht nur möglich, Strukturen innerhalb eines Sequenzdiagramms aufzubauen, sondern Teilsequenzen können entsprechend einer Sequenzhierarchie in andere Diagramme ausgelagert werden. Bisher ging das in der UML 1.x nur über den Umweg von inkludierten Anwendungsfällen, die als sogenannte „Probes“, oder entsprechend ihrem Aussehen auch „Lollipops“ genannt, im Sequenzdiagramm repräsentiert werden können. Beinhaltet ein Anwendungsfall einen anderen, wie in Abbildung 2.61 gezeigt, so kann im Sequenzdiagramm des beinhaltenden Anwendungsfalls der inkludierte an der passenden Stelle in der Sequenz enthalten sein. Das Sequenzdiagramm in Abbildung 2.62 enthält als skizzierten Ablauf den inkludierten Anwendungsfall „Kompressionsformat dekodieren“ als Lollipop dargestellt.

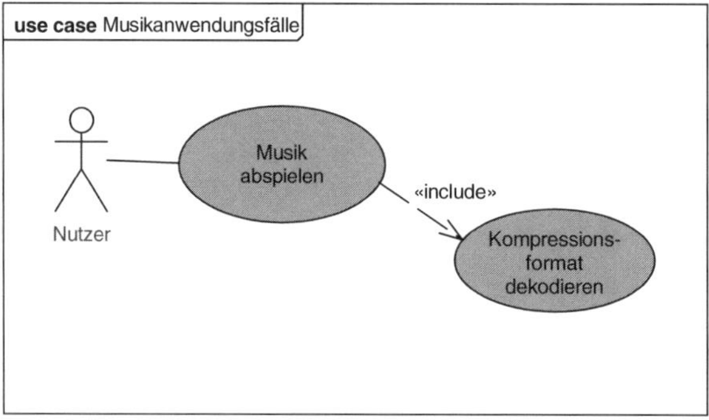

Abb. 2.61 *Musikanwendungsfälle*

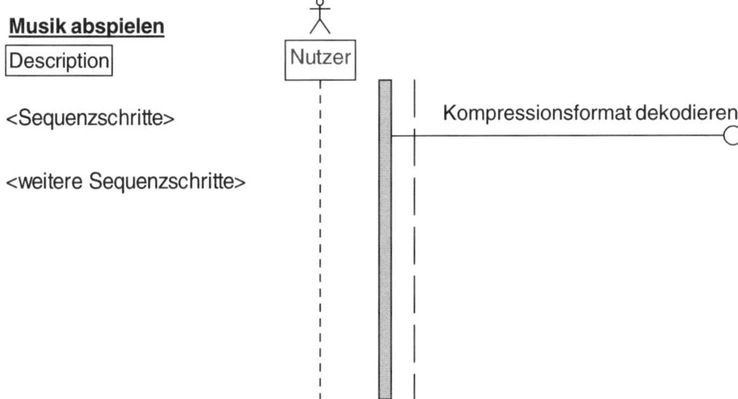

Abb. 2.62 *Inkludierter Anwendungsfall*

Somit war in der UML 1.x auch funktionale Dekomposition möglich, auch wenn das eigentlich nicht im Sinne der objektorientierten Entwicklung ist.

Mit der UML 2 ist ein Umweg über Anwendungsfälle nicht mehr nötig, denn die Rahmennotation ermöglicht auch eine Referenz auf andere Diagramme. Interessieren Detaillierungsschritte in einer Sequenz nicht, weil der Modellierer den eigentlichen Ablauf besser verdeutlichen kann, wenn die Details weggelassen werden, kann er das Ausblenden der Detailschritte sowohl horizontal über einen Rahmen als auch vertikal auf einer Lebenslinie eines Objekts durchführen. Beide Möglichkeiten zeigt das Sequenzdiagramm in Abbildung 2.63.

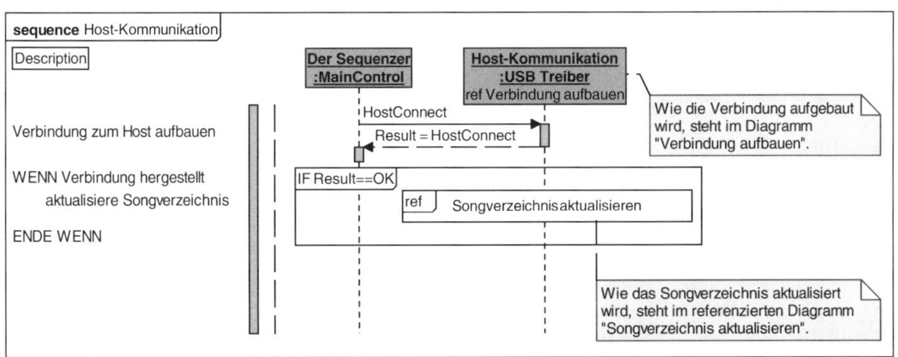

Abb. 2.63 *Sequenzdiagramm zur Kommunikation mit dem Host-PC*

Abschließend sei noch erwähnt, dass als referenzierte Diagramme nicht nur Sequenzdiagramme infrage kommen, sondern auch andere Interaktionsdiagramme wie beispielsweise Aktivitätsdiagramme.

Die UML-Klassendiagramme

Neben den Interaktionsdiagrammen definiert die UML Verhaltensdiagramme und Strukturdiagramme. Letztere ermöglichen es dem Modellierer, seine Architekturideen zur System- und Softwarestatik objektorientiert darzustellen. Die sprachlichen Elemente des Klassenmodells sind ein zentrales Element innerhalb der UML und auch im hohen Maße für den Erfolg der UML verantwortlich. Sogar die UML selbst ist als Metamodell hauptsächlich mit den Mitteln des Klassenmodells beschrieben.

Klassen als Metaobjekte

Was ist eine Klasse? Da wir uns schon im Detail mit Objektinstanzen auseinandergesetzt haben, können wir mit ihrer Hilfe Klassen einfach als abstrahierte Obermengen von Objekten verstehen, die die gemeinsamen Eigenschaften und Fähigkeiten der Objekte beschreiben. Ein Objekt instantiiert eine Klasse, d. h., der Bauplan, der in der Klassendefinition steckt, wird im Objekt Realität, genauso wie ein reales Haus in seinen Eigenschaften das verwirklicht, was der Architekt in seinen Plänen beschrieben hat. Baumängel gibt es dabei in der UML nicht.

Diese Art der Abstraktion hat in der Welt der UML Methode. Ein Objekt ist eine Instanz einer Klasse, die wiederum eine Instanz der Klassenbeschreibung in der UML ist. Die Klassenbeschreibung in der Definition der UML ist auch eine Instanz, nämlich die der generellen Beschreibung von Modellierungssprachen, die bei der Object Management Group „MOF“ heißt: Meta Object Facility.

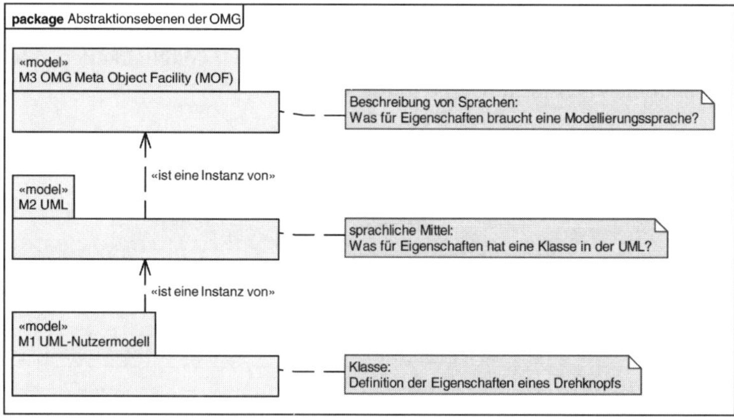

Abb. 2.64 *Abstraktionsebenen*

Seit der Version 2.0 gibt es zwei Sichten auf Klassen im Sprachumfang der UML. Neben den Klassendiagrammen wurde das sogenannte Kompositionsstrukturdiagramm eingeführt, das wir schon in der statischen, hierarchischen Systemsicht in der Anforderungsanalyse kennengelernt haben. Das „klassische“ Klassendiagramm enthält als einzige hierarchische Strukturierungsmöglichkeit die Pakete, die genau wie im Paketdiagramm dargestellt werden, allerdings jetzt auch mit ihrem Inhalt.

Aufbau von Klassen

Das wichtigste Element im Klassendiagramm ist natürlich die Klasse. Eine Klasse wird als Rechteck mit dem Klassennamen dargestellt. Dazu kommen optional als weitere, separat darunter angehängte Rechteckbereiche (sogenannte Compartments) für die Attribute und die Operationen der Klasse. Abbildung 2.65 zeigt dies für eine Klasse aus unserer FLASHman-Applikation.

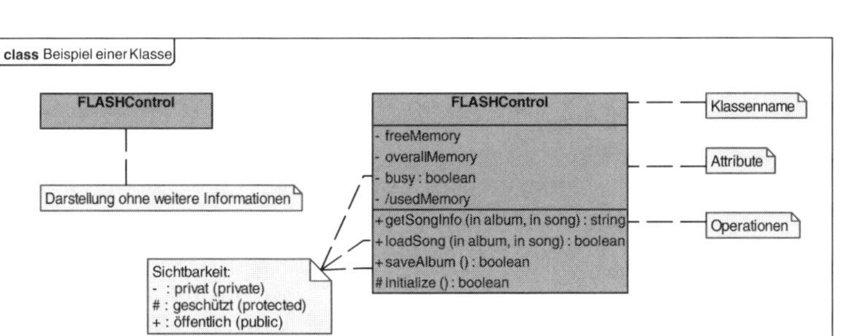

Abb. 2.65 Beispiel einer Klasse

Filterung von Information

Im Klassendiagramm kann eine Überfrachtung des Diagramms durch zu viele Informationen dadurch vermieden werden, dass wir als Modellierer immer der Maxime „so viel modellieren wie nötig und nicht wie möglich" folgen. Wenn wir die gesamten Bestandteile einer Klasse darstellen wollen, dann können wir das wie oben bei der rechten Version der Klasse FLASHControl auch tun. Hier sind sogar die Signaturen der Operationen vollständig dargestellt. Wenn wir hauptsächlich die Verschaltung der Klassen untereinander zeigen wollen, ist es besser, die ganzen „inneren" Eigenschaften in diesem Diagramm wegzulassen. Da jedes Diagramm nur eine gefilterte Sicht auf alle Elemente und Eigenschaften des Modells darstellt, geht uns dabei ja nichts verloren.

Abgeleitete Eigenschaften

In der UML 2 gibt es die interessante Möglichkeit, Attribute durch ein vorangestelltes „/" als abgeleitete Attribute zu kennzeichnen. Wenn ein Modellierer bei der obigen Klasse FLASHControl auf die Idee käme, auch den belegten Speicher als Attribut führen zu wollen, so sähe das so aus wie in Abbildung 2.66.

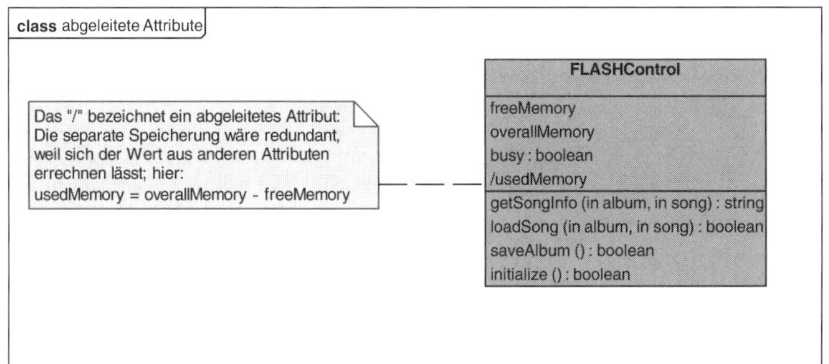

Abb. 2.66 Abgeleitete Attribute

Abstrakte Klassen

Klassen können auch abstrakt sein. Dies bedeutet, dass sie ihre Eigenschaften nicht direkt an Objekte weitergeben können, weil für diese Klassen gar keine Objekte instanziiert werden dürfen. Stattdessen können abstrakte Klassen ihre Eigenschaften über Vererbung an andere Klassen weitergeben, für die es dann auch Objekte gibt. Abstrakte Klassen helfen dabei, mehrfach verwendbare Eigenschaften und Fähigkeiten nicht an mehreren Stellen definieren zu müssen. Stattdessen beschreibt der Modellierer diese in der abstrakten Klasse, die dann in Vererbungsbeziehung zu mehreren anderen Klassen steht. Sollten sich diese Eigenschaften verändern, muss die Veränderung nur an einer einzigen Stelle durchgeführt werden. Abstrakte Klassen werden mit der Eigenschaft „{Abstract}" im Klassennamensbereich bezeichnet oder durch die kursive Darstellung des Klassennamens, wie Abbildung 2.67 zeigt. Ob dabei die Kursivschrift immer eindeutig zu erkennen ist, sei hier dahingestellt, aber gerade, wenn Klassen mit Papier und Bleistift skizziert werden, sollte der Modellierer nicht versuchen, abstrakte Klassennamen kursiv zu schreiben.

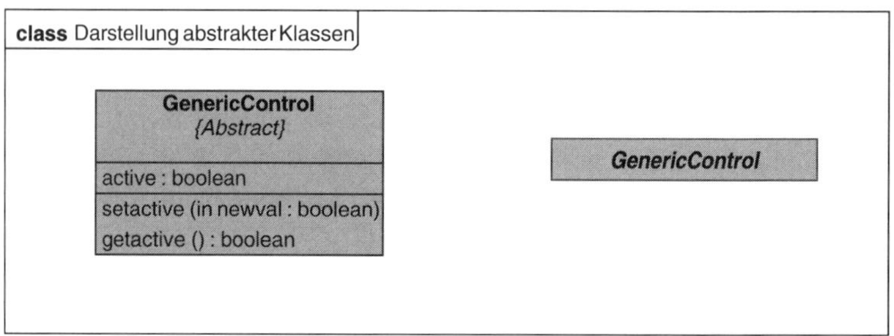

***Abb. 2.67** Darstellung abstrakter Klassen*

Beziehungen von Klassen

Vererbung ist nur eine Möglichkeit, wie Klassen miteinander in Beziehung stehen können. Die UML unterscheidet vom Typus her vier Klassenbeziehungen:

- Vererbung
- Komposition/starke Aggregation
- Assoziation
- Abhängigkeit

Diese werden in der UML durch unterschiedliche Pfeile oder Linien symbolisiert. Das Klassendiagramm in Abbildung 2.68 zeigt diese Beziehungsdarstellungen.

Diese vier Arten der Beziehungen zwischen Klassen haben noch verschiedene Unterarten oder auch weitere Optionen, die wir im Einzelnen beleuchten wollen. Als Erstes betrachten wir die Generalisierung/Spezialisierung, die in der UML Vererbung realisiert. Generalisierungen können optional Namen haben, die die Unterschiede der Unterklassen beschreiben. Dies ist dann sinnvoll, wenn es in der Generalisierungshierarchie mehrere Generalisierungen für einzelne Klassen gibt.

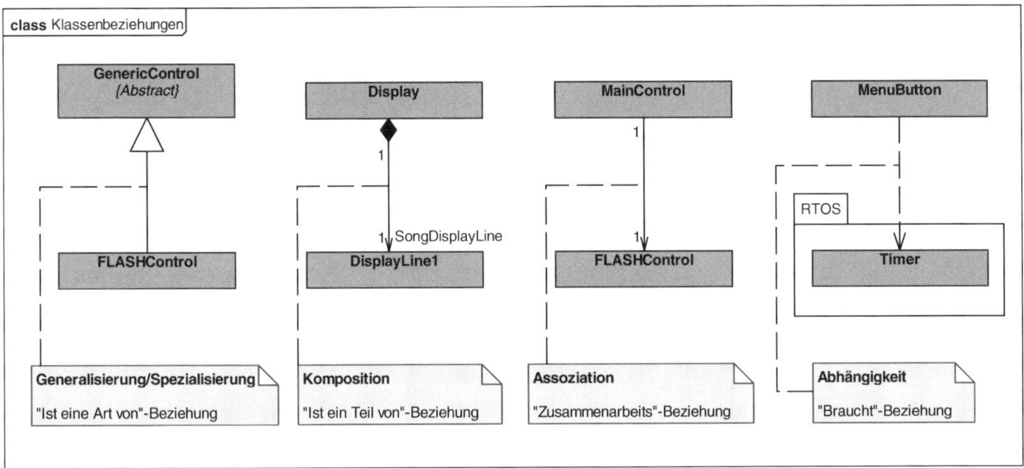

Abb. 2.68 *Klassenbeziehungen*

Arten von Generalisierungen

Generalisierungen haben in der UML 2 auch zwei weitere Eigenschaften, die nützlich sein können[5]:

1. isDisjoint : Boolean = false
2. isCovering : Boolean = false

Diese Attribute werden an der Generalisierung in geschweiften Klammern angezeigt, wenn ihr Wert „true" ist. „isDisjoint" bedeutet, dass es keine Objekte geben darf, die in mehr als einer Unterklasse vorkommen. Im Beispiel in Abbildung 2.69 mit Bedienelementen unterscheiden sich die einzelnen Untertypen durch die Art der Bedienfunktion. Die Untertypen sind so definiert, dass es nie ein Objekt geben kann, das beispielsweise gleichzeitig Schieberegler oder Ein-Aus-Knopf ist. Im Gegensatz dazu bedeutet „isCovering", dass mit den Untertypen alle möglichen Objekte der Oberklasse definiert werden, es also in unserem Beispiel keine Bedienelemente geben kann, die nicht wenigstens vom Typus einer der Unterklassen sind. Leider werden in der UML-Spezifikation die Attribute in den Diagrammen anders dargestellt, als aus ihrer Definition herauszulesen wäre. So sollte an der Generalisierung „complete" stehen, wenn „isCovering" wahr ist, während „disjoint" am Generalisierungspfeil beschreibt, wenn „isDisjoint" wahr ist. Es ist also einfacher, wenn wir uns diese Namen der Eigenschaften „complete" und „disjoint" merken und diese verwenden. Die Definitionen von „isDisjoint" und „isCovering" nehmen wir dann nur zur Kenntnis und reservieren sie für die innere Verdrahtung des Modells.

[5] Die Eigenschaften werden hier in der gleichen Art und Weise angegeben, wie auch Attribute in Klassen definiert werden: <Name> : <Datentyp> [= <Default-Wert>]

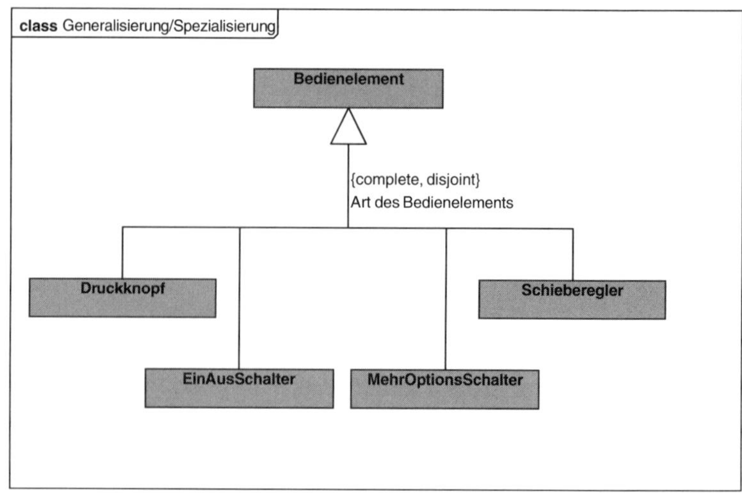

***Abb. 2.69** Beispiel für Generalisierung/Spezialisierung*

Vergleich mit Programmiersprachen

Im Vergleich zu objektorientierten Programmiersprachen hat die UML als Modellierungssprache keinerlei Einschränkung bei der Benutzung der Generalisierung bzw. Spezialisierung. Es kann eine Mehrfachvererbung geben, und auch eine Vererbung auf mehreren Wegen wäre darstellbar, d.h., eine Klasse gibt über verschiedene Vererbungspfade ihre Eigenschaften an eine Unterklasse weiter. Bei einer Erweiterung des Beispiels aus Abbildung 2.69 könnten wir eine zusätzliche Klasse „NochEinSchalter“ einführen, die sowohl von der Klasse „EinAusSchalter“ als auch von der Klasse „MehrOptionsSchalter“ spezialisiert werden würde. Sie erhielte dann die Eigenschaften von der Stammklasse „Bedienelement“ von ihren beiden Generalisierungsklassen. Die Programmiersprachen C++ oder C# hätten hier Schwierigkeiten, weil damit alle Eigenschaften aus der Klasse „Bedienelement“ in dieser Klasse „NochEinSchalter“ dupliziert werden würden. Also ist es wichtig, sich beim Aufbau der Vererbungsstrukturen im UML-Klassenmodell schon Gedanken darüber zu machen, ob eine im Sinne des objektorientierten Designs optimale Vererbungsstruktur in der vorgesehenen Zielsprache auch möglich ist. Hier kann es auch für verschiedene Teile des Designs unterschiedliche Einschränkungen geben, wenn zum Beispiel für hardwarenahe Objekte ANSI-C und für Objekte des Nutzerinterfaces Java verwendet werden soll.

Objektorientiertes Design und ANSI-C?

Die Umsetzung von Vererbung in ANSI-C verursacht immer wieder interessante und heftige Diskussionen zwischen der Ansicht, dass möglichst alle objektorientierten Aspekte in C umgesetzt und verwendbar sein sollen, und der Ansicht, dann könne man auch gleich C++ verwenden. Für eingebettete Systeme ist die Frage, ob C oder C++ verwendet werden soll, meist durch die Projektumstände bestimmt. Dazu gehört die Frage, ob für die betreffende Prozessorarchitektur ein C++-Compiler verfügbar ist und welche Qualität von Kompilat er erzeugt. Die Performanz des Codes und die Codegröße spielen ebenfalls eine Rolle, obwohl gute C++-Compiler hier kaum schlechteren Maschinencode erzeugen als der aus ANSI-C generierte. Wichtiger sind eher Zertifizierungsaspekte für den Code oder das System selbst. Wenn für sicherheitskritische Anwendungen C++ explizit als Sprache oder ihre notwendigen Konstrukte wie Funktionspointer für zur Laufzeit gebundene Methoden zur Implementierung von Polymorphismus generell verboten sind, bleibt einem Projekt nur der Rückgriff auf C. Dann ist es aber auch nicht sinnvoll, genau diese objektorientierten Konstrukte im Design zu verwenden. Stattdessen können zwei alternative Ansätze gewählt werden: Der Codegenerator, der das UML-Klassenmodell in C als Zielsprache umsetzt, könnte eine erlaubte Konvertierung der Generalisierung/Spezialisierung verwenden, in dem ererbte Eigenschaften in die Unterklasse kopiert werden und die Operationen der Überklasse durch ein #include „Überklasse.h" verfügbar gemacht werden. Wenn das nicht möglich oder erwünscht ist, kann der Designer auch im Klassenmodell alternative Konstrukte verwenden. Statt der Vererbung durch Generalisierung/Spezialisierung kann er auch Delegation durch Komposition einsetzen.

Teil-Ganzes-Beziehungen

Nach der „Ist eine Art von"-Beziehung kommen wir jetzt zur systemisch wichtigen Teil-Ganzes-Beziehung. Eine Systemmodellierung ist ohne hierarchische Dekomposition eines Systems in seine Subsysteme kaum vorstellbar. In der Anforderungsanalyse haben wir uns ja deswegen auch schon mit dem Systemkontext und den passenden UML-Sichten wie dem Kompositionsstrukturdiagramm beschäftigt. Dies wurde in die UML 2 eingeführt, weil in der reinen objektorientierten Klassenmodellierung die Hierarchie von Objekten im Gegensatz zum Netzwerk ihrer Beziehungen eine eher geringe Rolle spielt. Trotzdem gab es von Anfang an die Aggregation von Klassen, die durch die Aggregationsbeziehung dargestellt wird. Unterschieden werden im Klassendiagramm die schwache und die starke Aggregation. Letztere wird auch als Komposition bezeichnet. Bei der schwachen Aggregation trifft die Teil-Ganzes-Beziehung keine Aussage über die Lebenslinien des Aggregats und seines Teilobjekts.

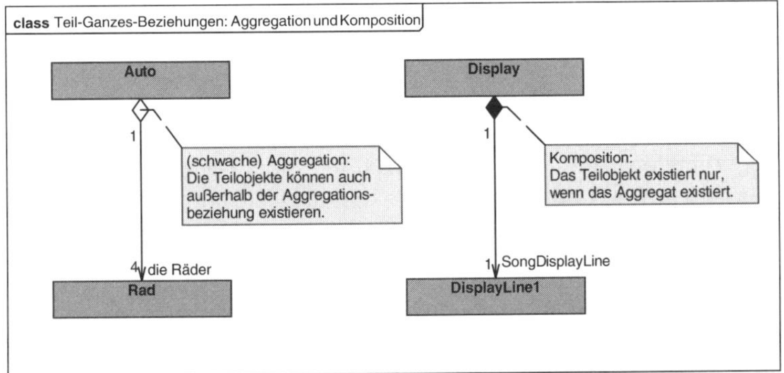

Abb. 2.70 *Teil-Ganzes-Beziehungen: Aggregation und Komposition*

Abbildung 2.70 zeigt die Teil-Ganzes-Beziehung von einem Auto und seinen vier Rädern. Da die Räder aber auch unabhängig von Auto existieren können, wird hier die schwache Aggregation genutzt. Dabei ist die Raute, die am Aggregat die Teil-Ganzes-Beziehung darstellt, nicht ausgefüllt. Beim Displayobjekt des FLASHman ist das anders: Die Zeilen des Displays sollen gleichzeitig mit dem Displayobjekt erzeugt und auch wieder gelöscht werden, da sie nicht ohne das Display existieren sollen. Demzufolge wird hier eine Kompositionsbeziehung genutzt, bei der die Raute am Aggregat ausgefüllt ist. Sämtliche anderen Eigenschaften der Aggregationen wie Multiplizität und Rolle sind genau die gleichen wie bei „normalen“ Assoziationen. Kompositionen können auch sehr gut in den Kompositionsstrukturdiagrammen dargestellt werden, die extra zur Beschreibung von Teil-Ganzes-Hierarchien in die UML 2 eingeführt wurden.

Auf gute Zusammenarbeit!

Assoziationen als gerichtete oder ungerichtete Kanten zwischen Klassen sind der Normalfall für die Konstruktion von Objektbeziehungen. Mit Assoziationen wird dem Modellierer ermöglicht, Zugriffsbeziehungen für die aus den Klassen erzeugten Objekte zu erstellen.

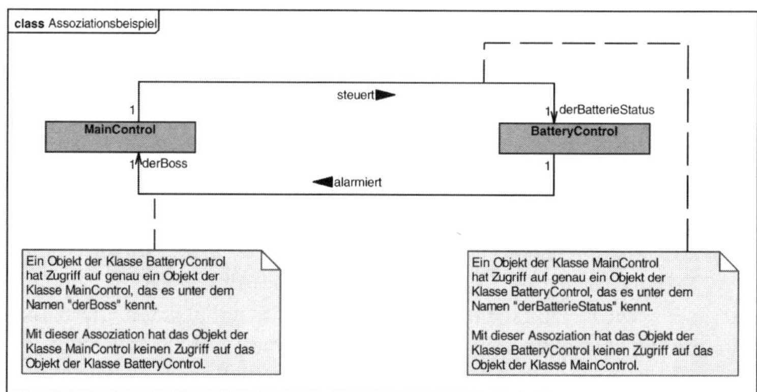

Abb. 2.71 *Assoziationsbeispiel zwischen zwei Kontrollobjekten*

Namensrichtungen

Wenn wir die Assoziation zwischen den Klassen MainControl und BatteryControl in Abbildung 2.71 analysieren, dann fällt auf, dass hier zwei gerichtete Assoziationslinien dargestellt sind. Die Navigierbarkeit ist immer durch die Pfeilrichtung der Assoziation gegeben, wie auch in den Notizen an den Assoziationslinien beschrieben. Bitte nicht mit der Namensrichtung der Assoziation verwechseln, die im Klassendiagramm der Abbildung 2.71 auch mit modelliert wurde. Die optionale Angabe des gerichteten Assoziationsnamens hilft dabei, den Zweck der Assoziation herauszulesen. Die Namensrichtung kann, muss aber nicht der Navigierbarkeit auf der Assoziation entsprechen, wie Abbildung 2.72 zeigt.

Hier bleibt die Navigierbarkeit bei beiden Assoziationen die gleiche, aber die Namensrichtung ändert sich, weil der Assoziationsname passiviert wurde. Wichtiger sind die Multiplizität und der Rollenname an den jeweiligen Assoziationsenden. Diese Information „gehört“ der Klasse

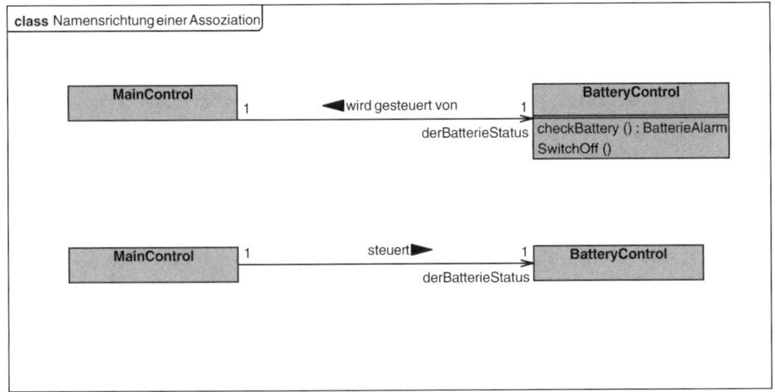

Abb. 2.72 *Namensrichtungen einer Assoziation*

auf der gegenüberliegenden Seite, denn die Rolle bestimmt den Namen, unter dem das Objekt oder die Objekte zugreifbar sind. Im obigen Beispiel kennt das Objekt der Klasse MainControl sein Objekt der Klasse BatteryControl unter dem Namen „derBatterieStatus". Die Multiplizität, also die Zahlenangabe am Assoziationsende definiert, dass hier nur ein Objekt der Klasse BatteryControl angesprochen werden kann. Typische Multiplizitäten zeigt das folgende Klassendiagramm in Abbildung 2.73.

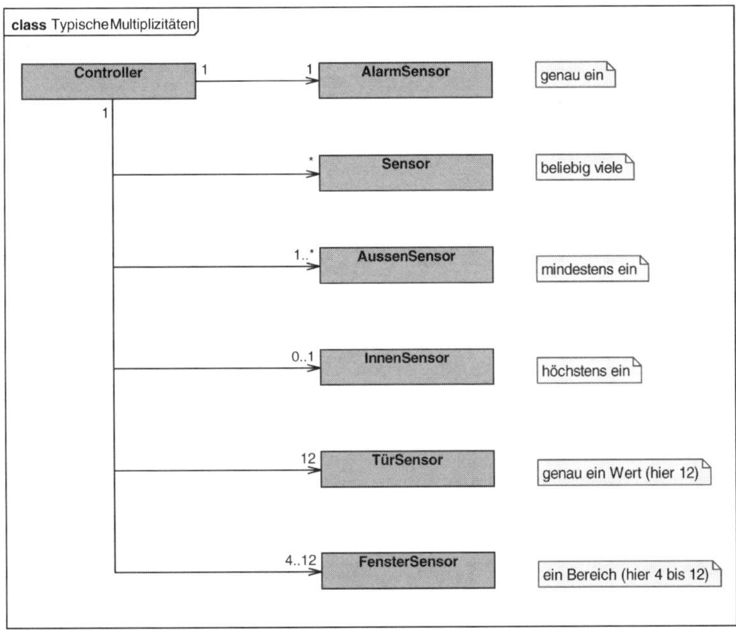

Abb. 2.73 *Typische Multiplizitäten*

Multiplizitäten Bei dem Beispiel wurden die Rollennamen weggelassen. Dies ist möglich, wenn durch den Klassennamen an der Assoziation die Referenz auf das oder die Objekt(e) eindeutig gegeben ist. Zusätzlich können an der Assoziation noch weitere Eigenschaften mit geschweiften Klammern eingetragen werden. Das Klassendiagramm in Abbildung 2.74 zeigt alle in der UML 2 definierten Rolleneigenschaften. Ihre Notation entspricht genau der Darstellung von Eigenschaftswerten, den sogenannten Tag Values, die über Stereotypisierung von Modellelementen die Erweiterung des Sprachumfangs im Modell in Profilen darstellen.

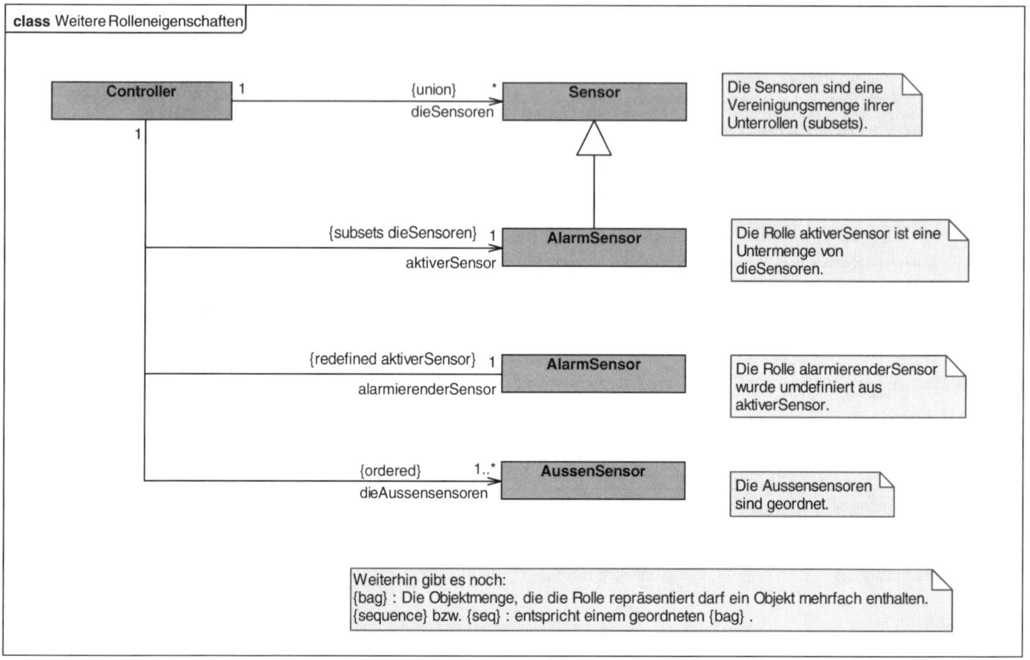

Abb. 2.74 *Weitere Rolleneigenschaften*

Abgeleitete Rollen Assoziationen können übrigens wie auch Attribute abgeleitet sein, d.h., eine separate Speicherung dieser Beziehung zwischen zwei Klassen bedeutet eine Redundanz. Bezeichnet werden die abgeleiteten Assoziationen einfach ebenfalls wie die Attribute durch ein „/" vor dem Namen.

Assoziationsklassen Wenn Assoziationen noch komplexer werden, können sie auch wie normale UML-Klassen beschrieben werden. Diese Darstellung nennt man Assoziationsklasse. Bei der Modellierung eingebetteter Systeme, bei der sich der Modellierer immer vorstellt, wie das Klassenmodell oder Teile der Konstrukte denn in seiner Programmiersprache aussähen, wird er bei Assoziationsklassen etwas ins Grübeln kommen. In seiner Welt entsprechen die Rollen auf den gegenüberliegenden Assoziationsenden nämlich Zeigern auf andere Objekte, Feldern oder verketteten Listen. Jetzt käme mit den Assoziationsklassen wieder etwas ins Spiel, was so gar nicht in dieses Weltbild hineinpasst, denn der Zeiger auf ein wie auch immer geartetes Konstrukt wäre wieder eine Klasse, also ein anderes Konstrukt. Sehen wir uns das folgende Beispiel aus dem FLASHman an: Die Batteriekontrolle will den Kontroll-Master über einen Batteriealarm informieren. Dieser Alarm ist nicht nur ein binäres „Achtung!“, sondern enthält mehr Informationen, siehe Abbildung 2.75. So weit, so gut. Was ist aber, wenn der Softwareentwickler diese sehr abstrakte Klassenbeziehung nicht so einfach in seinem Code implementieren kann? Dann muss ihm der Modellierer ein wenig helfen, indem er die Assoziationsklasse in eine „echte“ Klasse umwandelt.

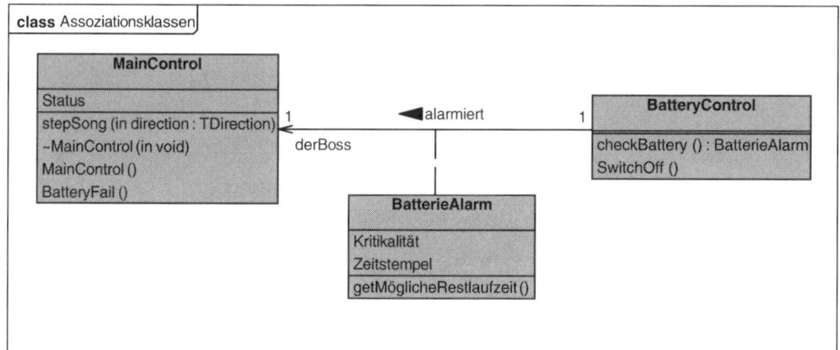

Abb. 2.75 *Beispiel einer Assoziationsklasse*

Die strukturell ähnliche Beziehung unter Vermeidung einer Assoziationsklasse sähe dann so aus, wie in Abbildung 2.76 dargestellt. In dieser Alternative ist die Klasse „BatterieAlarm“ eine normale Klasse mit zusätzlichen Assoziationen zu „MainControl“ und „BatteryControl“.

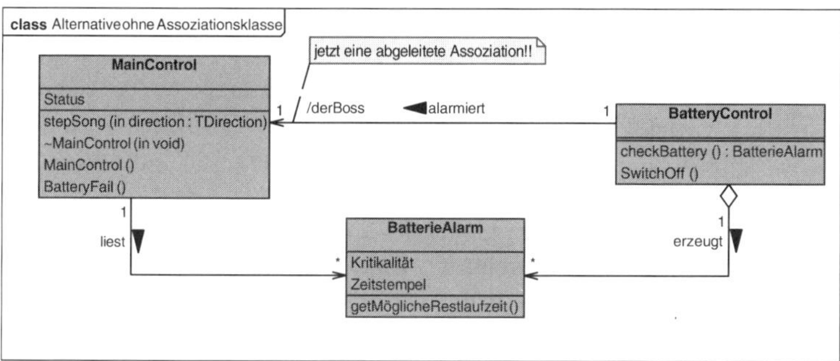

Abb. 2.76 *Alternative ohne Assoziationsklasse*

Ternäre Assoziationen

Es gibt in der UML nicht nur Assoziationen zwischen zwei Klassen, sondern auch zwischen mehr als zwei Klassen, die als ternäre Assoziationen bezeichnet werden. Wenn bei unserem FLASHman-Beispiel die Beziehung der Lieder, Interpreten und CDs, auf denen die Lieder veröffentlicht worden sind, beliebig ist, dann kann das durch die ternäre Assoziation modelliert werden. Ein Lied kann von unterschiedlichen Interpreten aufgenommen worden sein, jeder Interpret sollte natürlich mehr als ein Lied in seinem Repertoire haben, und gleichzeitig können die Lieder auch auf verschiedenen CDs veröffentlicht worden sein. Dieser Art der Struktur wird man am besten mit Datenbankfunktionen Herr, trotzdem sollen die ternären Assoziationen hier nicht unerwähnt bleiben. Wie eine derartige ternäre Assoziation mit der UML in einem Klassendiagramm modelliert wird, zeigt Abbildung 2.77.

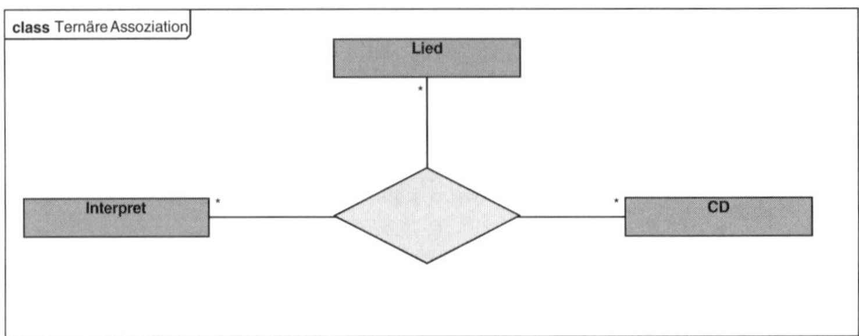

Abb. 2.77 Ternäre Assoziation

Abhängigkeiten

Neben den Assoziationen gibt es in der UML noch weitere Klassenbeziehungen: Wenn Klassen voneinander abhängig sind, kann das in der gleichen Art modelliert werden wie bei Paketabhängigkeiten. Auch hier zeigt eine gestrichelte, gerichtete Linie als Pfeil in Richtung der Abhängigkeit. Wenn eine Klasse A von der Klasse B abhängig ist, dann zeigt der Pfeil auf B. Wozu braucht ein Entwickler nun die Abhängigkeitsmodellierung, wenn er sein Design eigentlich objektorientiert aufbauen soll? Schließlich gibt es dann nur Objekte, deren Kommunikationsbeziehungen ohne Probleme mit Assoziation, Aggregation oder Komposition dargestellt werden können. Der häufigste Anwendungsfall ist die Wiederverwendung von existentem, aber nicht objektorientiertem Code. Auf Codeebene wird ein Programmierer beispielsweise in ANSI-C ein #include auf den Header des wiederzuverwendenden Moduls nutzen, um die Funktionen in dem Modul sichtbar zu machen. In der UML kann er das Gleiche tun, er zeichnet dann eine Abhängigkeit. In unserem FLASHman-Beispiel könnten wir versuchen, dass das Objekt „FLASHHandler:FLASHControl", das für die Abspeicherung von Informationen zuständig ist, die schon vorhandenen Funktionen eines Dateisystems nutzt. Diese Funktionen sind global deklariert, insofern können wir daraus nicht einfach ohne Umbau ein Objekt modellieren. Eine Assoziation können wir also nicht nutzen. In Abbildung 2.78 sehen wir die Abhängigkeitsbeziehung der Klasse FLASHControl zur Klasse TinyFileSystem, die nur Operationen enthält, die auf Klassenebene und nicht auf Objektebene arbeiten. Daher sind sie im Klassendiagramm unterstrichen. Daneben steht der erwünschte (und auch so generierte) Code. Aufgrund der Abhängigkeit erhalten wir das #include „TinyFileSystem.h".

Umsetzung in ANSI-C

Mit Klassendiagramm und Kompositionsstrukturdiagramm sind wir in der UML 2 in der Lage, das Grundgerüst der Software darzustellen. Die Softwareobjekte, die zu einer bestimmten Zeit t existieren, erben ihre Fähigkeiten und Eigenschaften von den Klassen, die als Baumuster für ihre Objekte fungieren. Fähigkeiten definieren die Operationen, Eigenschaften die Attribute und Assoziationen. Wer sich aus der Perspektive der Programmiersprachen der UML annähert, kennt natürlich Funktionen (z.B. bei ANSI-C) oder Methoden (aus C++). Operationen entsprechen der Schnittstelle zum Aufruf der Funktionen/Methoden, weil in

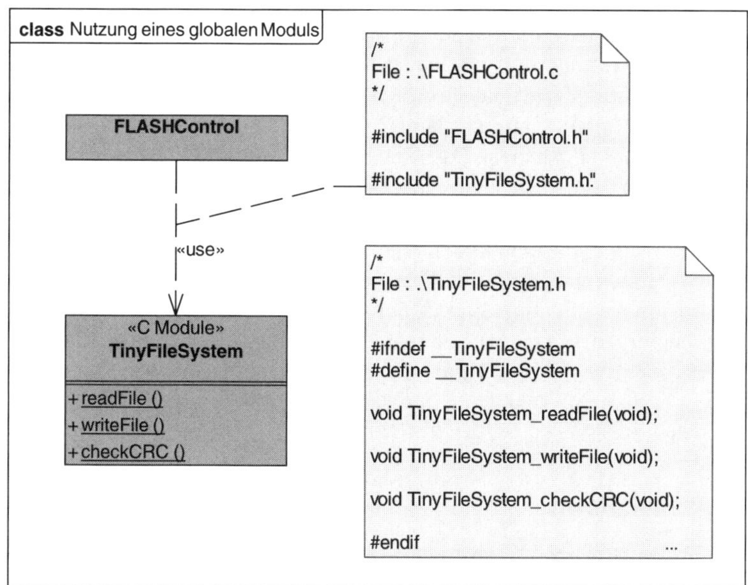

Abb. 2.78 *Nutzung eines globalen Moduls*

der UML eher die Schnittstellenbeschreibung als die tatsächliche Realisierung im Vordergrund steht. Natürlich haben Operationen auch eine Beschreibung ihrer Implementierung, wichtiger sind aber für den Softwarearchitekten die Parametrisierung und der zu erwartende Rückgabewert. Die Eigenschaften eines Objekts sind ja meist von außen nicht zugreifbar, nur das Objekt weiß um seine Fähigkeiten. In der Klassendefinition finden wir dies zum Beispiel durch die Sichtbarkeitsangabe der Attribute. Die Beziehungen der einzelnen Klassen sind ganz ähnlich zu sehen, gerade wenn wir uns die Analogie mit Programmiersprachen verdeutlichen: In ANSI-C wären Attribute Einträge in einem „struct", ebenso wie die Zeiger auf die Objekte, mit denen Objekte dieser Klasse in Verbindung stehen (können). Diese Zeiger entsprechen natürlich den Rollen im UML-Modell. Das Beispiel in Abbildung 2.79 zeigt dies:

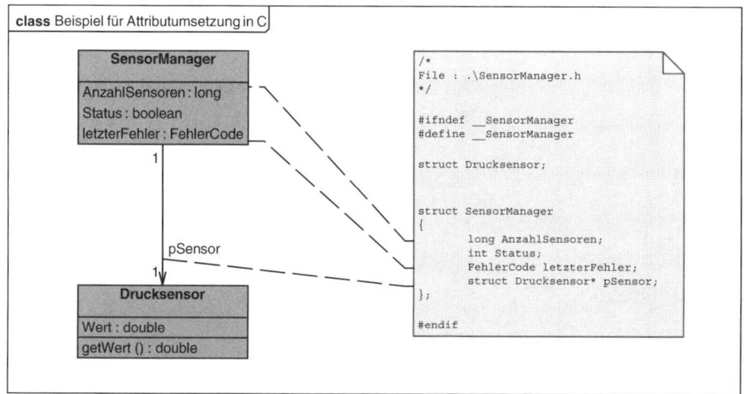

Abb. 2.79 *Beispiel für Attributumsetzung in ANSI-C*

Die Assoziation des Sensormanagers ist ein Zeiger auf die Struktur der Drucksensorklasse und steht, wie alle instanzbasierten Attribute auch, in der Struktur der SensorManager-Klasse. Die Multiplizität 1 der Assoziation bestimmt hier, dass es auch nur einen Zeiger gibt. Somit weiß der SensorManager, mit welchem Objekt der Klasse Drucksensor er zusammenarbeitet. All diese Eigenschaften des statischen Klassenmodells ergeben ein Modell, in dem sich alle Objekte immer gleich verhalten, beispielsweise kann der SensorManager jederzeit die Operation getWert() : double des Drucksensors aufrufen. Was passiert aber, wenn der Drucksensor noch nicht initialisiert ist? Die Rückgabe des Werts würde ein unsinniges Ergebnis liefern, ohne dass der Aufrufer SensorManager dies bemerken könnte. Daher ist es notwendig, die verschiedenen Zustände von dynamischen Klassen parallel zum statischen Klassenmodell zeigen zu können. Dies ist in der UML durch die Zustandsmodellierung formalisiert möglich.

Das Zustandsmodell

Modellierung von Objektverhalten

Die Struktur eines Systems oder seiner Software kann durch das UML-Klassenmodell und die Objektinteraktion vollständig beschrieben werden. Was fehlt, ist die Dynamik des Systems, also die Möglichkeit, verschiedene Verhaltensweisen des Systems oder seiner Teile zu modellieren. Aus der Anforderungsanalyse kennen wir schon die Gesamtsystemzustände, die abstrakt ordnen, wann welche Anwendungsfälle durch das System abgearbeitet werden können. Im Design ist es dann erforderlich, diese Gesamtsystemdynamik durch eine, meist aber mehrere Klassen abzubilden, denn auch hier muss ja jeweils ein Objekt für Teile dieser Dynamik verantwortlich sein. Die Modellierung von hierarchischen Zustandsmaschinen ist daher ein wesentlicher Punkt, um in den Objekten das Verhalten zu spezifizieren, das bereits in der Objektinteraktion sichtbar wurde. Diese Sichtweisen hängen auch stark voneinander ab. Da wir ja schon die Grundzüge der Zustandsmodellierung in der Anforderungsanalyse kennengelernt haben, können wir direkt die Verbindung zwischen Interaktionsmodell und Zustandsmodell an einem Beispiel betrachten, siehe Abbildung 2.80.

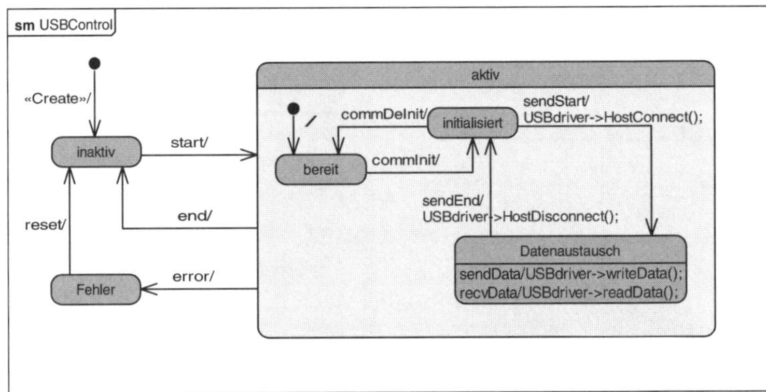

***Abb. 2.80** Zustandsdiagramm der Klasse USBControl*

Hierarchische Zustandsmaschinen im Vergleich zu Protokollzustandsmaschinen

Modellierung von Protokoll oder Verhalten

Protokollzustandsmaschinen wurden in der UML-2-Spezifikation als Ergänzung zu den verhaltensbeschreibenden Zustandsmaschinen eingeführt. Sie beschreiben Protokolle, wie schon ihr Name verrät. Vorsicht ist geboten, diese semantisch völlig unterschiedlichen Sichtweisen in einem Modell zu mischen, denn lediglich ein Hinweis {protocol} im Diagrammrahmen zeigt an, dass es sich um eine Protokollzustandsmaschine handelt. Gerade die Transitionen sind sowohl in ihrer Bedeutung wie auch in ihren Elementen bei Verhaltenszustandsmaschinen und bei Protokollzustandsmaschinen unterschiedlich. Wir erinnern uns: Auf einer Transition eines Verhaltenszustandsdiagramms kann ein sogenannter Event-Action-Block definiert sein. Dieser kombiniert die Möglichkeit, den Zustandsübergang abhängig zu machen von einem Trigger, der für einen Zustandsübergang erfolgen muss, und einer Guard-Bedingung, die für einen durchzuführenden Zustandsübergang den Wahrheitswert „true" ergeben muss. Der Schrägstrich „/" des Event-Action-Blocks trennt die Bedingungen des Zustandsübergangs von der auszuführenden Aktion. Abbildung 2.81 zeigt den Aufbau eines Event-Action-Blocks auf einer Transition.

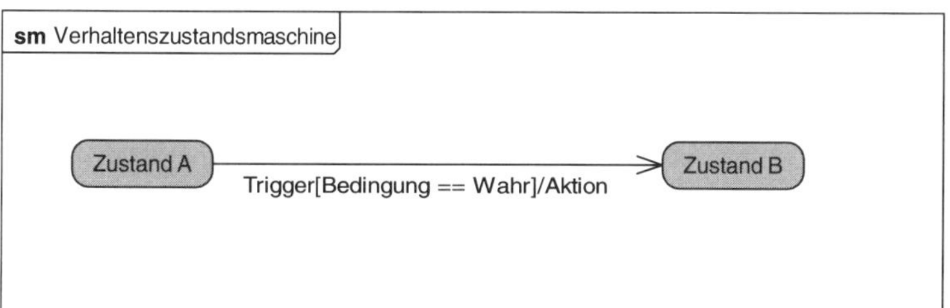

Abb. 2.81 *Verhaltenszustandsdiagramm*

Bei Protokollzustandsmaschinen gibt es keine Aktion, die durchgeführt wird, wenn der Zustandsübergang erfolgt. Stattdessen wird auf eine Operation verwiesen, die allerdings vor dem Schrägstrich steht. Wie bei der Verhaltenszustandsmaschine existiert eine Vorbedingung, die erfüllt sein muss, bevor der Operationsaufruf erfolgreich zum Zustandsübergang führt. Dazu gibt es noch zusätzlich eine Nachbedingung, die, wie alle Bedingungen in der UML, in eckigen Klammern notiert wird und nach dem Schrägstrich auf der Transition aufgetragen wird. Die Syntax der Protokollzustandsmaschinen ist in Abbildung 2.82 dargestellt.

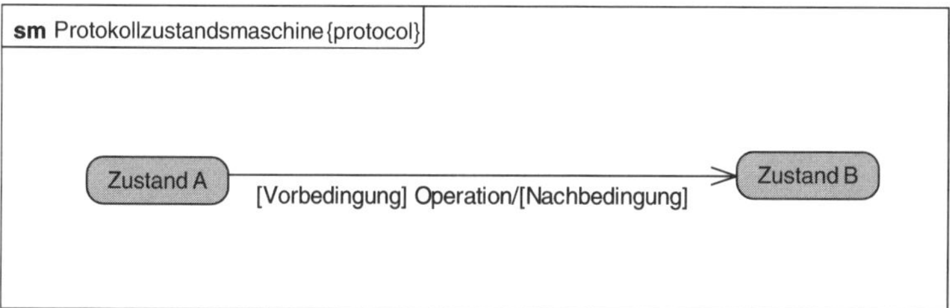

Abb. 2.82 *Protokollzustandsmaschine*

Die Protokollzustandsmaschinen sind nützlich, um zum Beispiel das Protokoll eines Ports einer Komponente in einem Kompositionsstrukturdiagramm festzulegen. Vergleichen wir die beiden Arten von Zustandsmaschinen weiter, so können wir feststellen, dass alle anderen Symbole der Verhaltenszustandsmaschine in der Protokollzustandsmaschine genau gleich spezifiziert sind. Dementsprechend werden wir uns ab jetzt auf die Verhaltensmodellierung konzentrieren.

Weitere Zustandsdiagrammsymbole

Komplexeres Verhalten

Neben den atomaren Zuständen, die zusammen mit den Transitionen schon bei der Systemzustandsmodellierung beschrieben wurden, definiert die UML 2 auch Möglichkeiten der Strukturierung von Zuständen. Wir können hier Ablaufstrukturierung, die in jedem Falle notwendig ist, und Hierarchisierung, die der Übersichtlichkeit dient, unterscheiden. Betrachten wir die Abläufe, die wir mit atomaren Zuständen und einfachen Transitionen beschreiben können, können wir einfache Sequenzen von Nachrichten oder Triggern darstellen. Das Sequenzdiagramm in Abbildung 2.83 zeigt eine Aufeinanderfolge von Operationsaufrufen einer Instanz USB Manager der Klasse USBControl, deren Zustandsdiagramm 2.80 weiter oben beschrieben ist.

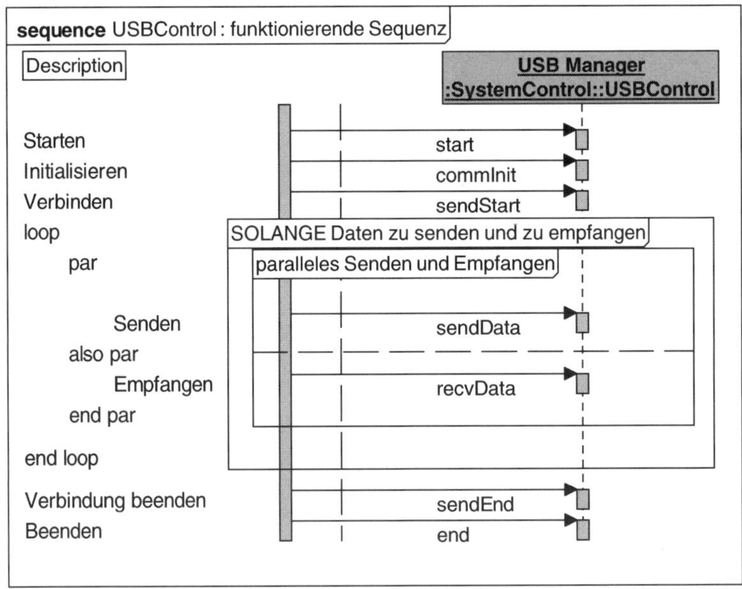

***Abb. 2.83** Eine funktionierende Sequenz von USBControl*

Wenn das Verhalten aber noch komplexer ist, werden wir ohne weitere Ablaufstrukturmöglichkeiten im Zustandsdiagramm nicht auskommen. Die UML 2 sieht hier sogenannte Pseudozustände vor, von denen wir zwei schon kennen: der Startknoten (initialer Pseudozustand) und der Endknoten (finaler Pseudozustand). Pseudozustände heißen so, weil das dynamische Objekt nicht in diesen Zuständen verharren darf, sondern sofort in einen „echten" Zustand wechselt. Das nächste Diagramm in Abbildung 2.84 ist semantisch nicht korrekt, zeigt es doch nur die möglichen Pseudozustände ohne Transitionen, trotzdem liegt die Idee nahe, zur Darstellung von Zuständen auch ein Zustandsdiagramm zu verwenden.

Verzweigungen im Zustandsdiagramm

Die ersten Pseudozustände, die wir für eine vertiefte Modellierung der Objektdynamik brauchen, sind Verbindungspunkt und Entscheidungspunkt. Der Verbindungspunkt als kleiner, ausgefüllter Punkt ist neu in die UML 2 aufgenommen worden, sein semantischer Unterschied im Vergleich zum Entscheidungspunkt ist klein, aber fein und wird weiter unten erklärt. Betrachten wir zunächst den Entscheidungspunkt, der als nicht ausgefüllte Raute das typische Symbol für Wenn-dann-Entscheidungen darstellt.

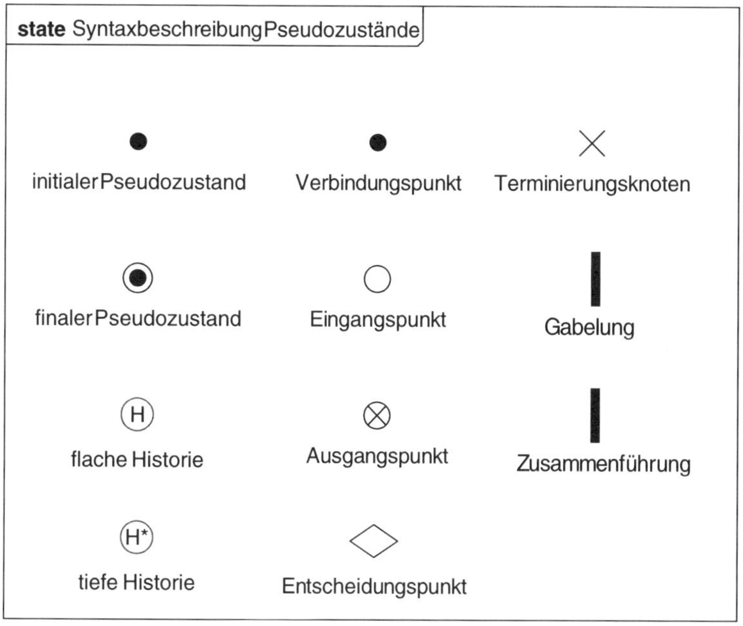

Abb. 2.84 *Pseudozustände der UML 2*

Der Entscheidungspunkt

Wenn wir uns die einzelnen Transitionselemente noch einmal kurz vor Augen führen, dann können wir mit der Guard-Bedingung nur die Ausführung der Transition einschränken. Oft müssen aber verschiedene Guard-Bedingungen mit einer Transition verknüpft, also eine Verteilung auf verschiedene Zustände durchgeführt werden. Ein Beispiel für den FLASHman, das einen Entscheidungspunkt veranschaulicht, zeigt das Zustandsdiagramm in Abbildung 2.85. Der Aufruf „checkBattery()“ triggert den Zustandsübergang aus dem Zustand „Bereit“. Je nach dem Wert der (Rückgabe-)Variable „Status“ muss der Zustandsautomat wieder zurück in „Bereit“ schalten oder zwischen einer Warnung und dem Alarmzustand unterscheiden. Um nun den einen Operationsaufruf von „checkBattery()“ mit den verschiedenen Möglichkeiten der Variable „Status“ zu verknüpfen, ist der Entscheidungspunkt die richtige Modellierungsmöglichkeit. Somit werden der Trigger der Transition und mehrere boolesche Bedingungen sichtbar voneinander getrennt.

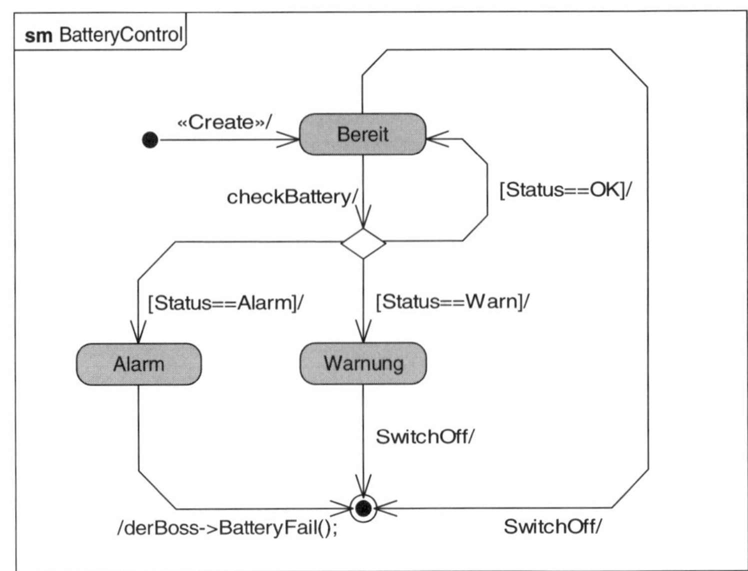

Abb. 2.85 *Nutzung eines Entscheidungspunkts in der Klasse BatteryControl*

Der Entscheidungspunkt dazwischen zeigt uns, warum auch er ein Pseudozustand ist: Die Zustandsmaschine kann nicht im Entscheidungspunkt verbleiben, sondern schaltet ohne Zeitverzug sofort weiter. Dabei gilt es, den kleinen Unterschied zu beachten, der zwischen Entscheidungspunkt und Verbindungspunkt der UML 2 existiert. Stellen wir uns vor, dass der Event-Action-Block der Transition, die aus dem Zustand „Bereit" nicht nur den Trigger „checkBattery()" beinhaltet, sondern auch eine Aktion, die das Attribut „Status" verändert bzw. erst setzt. Dies würde dann so aussehen wie in Abbildung 2.86.

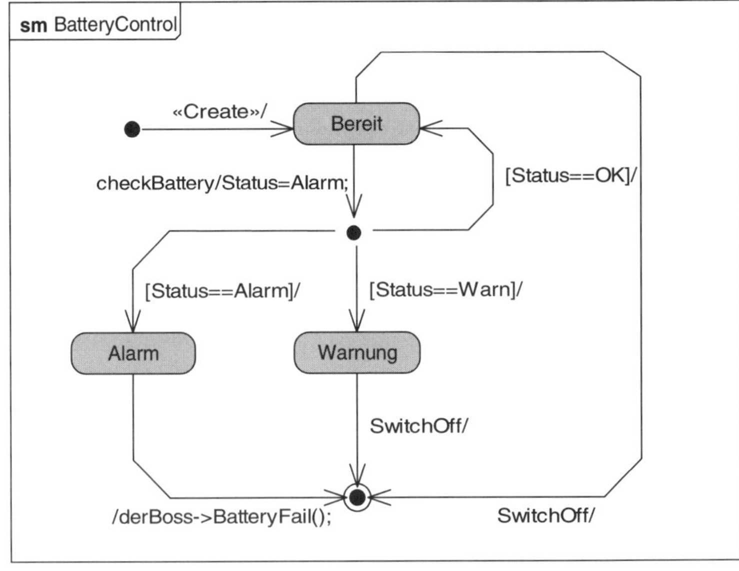

Abb. 2.86 *Zustandsdiagramm von BatteryControl, jetzt mit Verbindungspunkt*

Der Verbindungspunkt im Vergleich

Der Verbindungspunkt sorgt dafür, dass das zusätzliche Setzen der Variable „Status“ auf den Wert „Alarm“ beim Trigger „CheckBattery()“ die sofort erfolgende Auswertung von „Status“ nach dem Verbindungspunkt nicht betrifft. Es wird also bei der Nutzung eines Verbindungspunkts der Zustand vor dem Trigger „CheckBattery()“ betrachtet. Verwenden wir stattdessen einen Entscheidungspunkt, wäre in diesem Beispiel immer der Status auf Alarm, und die Zustandsmaschine von BatteryControl würde immer in den Zustand „Alarm“ wechseln.

Sequenzielle Zustände

Verbindungspunkt und Entscheidungspunkt helfen uns also beim logischen Verzweigen innerhalb der Zustandsmaschine. Was hilft uns, wenn die Beschreibung der Objektdynamik noch komplexer wird? Für den nächsten Schritt brauchen wir die Möglichkeit, Gemeinsamkeiten von Zuständen zu erfassen und so zu modellieren, dass die Übersichtlichkeit möglichst gewahrt bleibt. Betrachten wir noch einmal kurz die Zustandsübergänge unseres Objekts der Klasse BatteryControl: Da gibt es aus den Zuständen „Bereit“ und „Warnung“ zwei Transitionen für das Reagieren auf das Ausschalten, also dem Operationsaufruf „SwitchOff()“, und das konnte im Diagramm noch recht ansehnlich einzeln gezeichnet werden. Was passiert aber, wenn wir viele Zustände haben, von denen aus immer gleich auf einen bestimmten Trigger reagiert werden soll, d.h., deren Verhalten gleich ist und auch gleich beschrieben werden muss? Eine Alternative haben wir oben gesehen in der expliziten Modellierung von Transitionen mit dem gleichen Event-Action-Block (gleicher Trigger, gleiche Guard-Bedingung, gleicher Aktionsblock). Bei zwei Zuständen mag das noch gut gehen, aber bei mehr als zweien wird die Übersichtlichkeit des Zustandsdiagramms stark leiden. Daher gibt es bei den UML-Zustandsdiagrammen die Möglichkeit der Hierarchisierung von Zuständen. Wir können sequenzielle Zustände als Container für Zustände mit teilweise gleichem Verhalten betrachten. Wäre das Verhalten verschiedener Zustände genau gleich, hätten wir einen Fehler gemacht, denn dann bräuchten wir nur einen Zustand, der dieses Verhalten beschreibt.

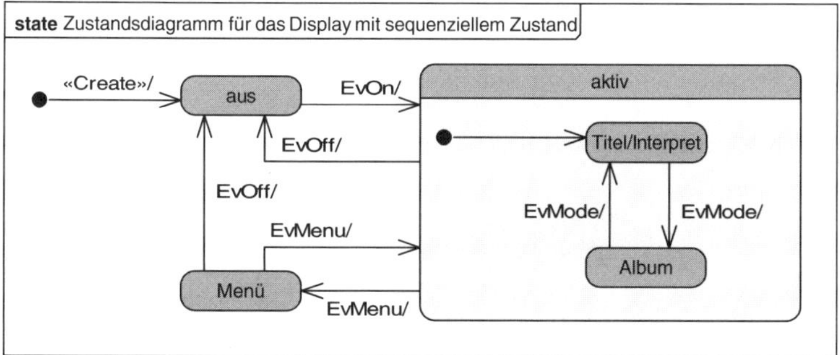

Abb. 2.87 Zustandsdiagramm für das Display mit sequenziellem Zustand

In Abbildung 2.87 ist der sequenzielle Zustand „aktiv“, der die Unterzustände „Titel/Interpret“ und „Album“ enthält, dafür verantwortlich, dass aus beiden Unterzuständen über den Trigger mit dem Ereignis „Ev-

Menu" in den Zustand „Menu" geschaltet wird und mit dem Trigger „EvOff" die Zustandsmaschine wieder in den Zustand „aus" übergeht. Wir können den Zustand „aktiv" auch als eine eigene kleine Zustandsmaschine ansehen. Im obigen Beispiel ist auch ein initialer (Pseudo-) Zustand eingezeichnet, der bestimmt, dass immer zuerst der Zustand „Titel/Interpret" aktiviert wird.

Ein- und Ausgangspunkte in sequenziellen Zuständen

Mit der UML 2 gibt es inzwischen mehrere Möglichkeiten, die Verschaltung eines sequenziellen Zustands mit der übergeordneten Zustandsmaschine zu modellieren. Dazu gehören die Eingangs- und Ausgangspunkte. Nehmen wir an, dass die Albumdarstellung unseres FLASHman über einen mechanischen Einrastschalter von außen festgelegt ist, also wir eine Merkfunktion in unserem System haben, die nicht zu unserer Zustandsmaschine gehört (es gibt eine Historie innerhalb der Zustandsmaschine, aber die wird später beschrieben). Dazu brauchen wir einen definierten, alternativen Eingangpunkt, der als nicht ausgefüllter Kreis an der Grenzlinie von „aktiv" angezeichnet wird (vgl. Abb. 2.88).

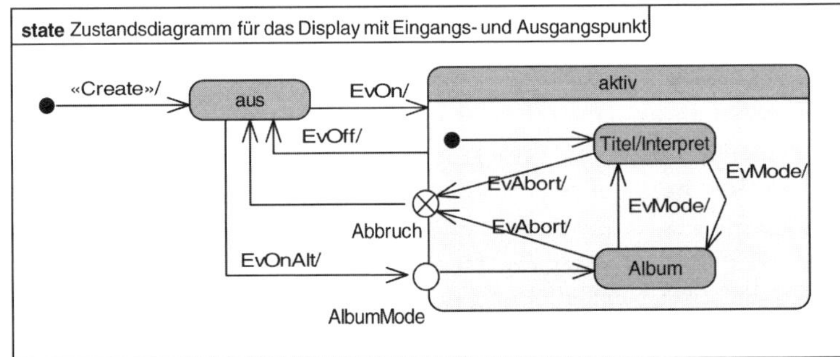

***Abb. 2.88** Zustandsdiagramm für das Display mit Eingangs- und Ausgangspunkt*

Die gleiche Verschaltungsmöglichkeit gibt es für den Ausgangspunkt, einen nicht ausgefüllten Kreis mit einem Kreuz. In unserem Beispiel in Abbildung 2.88 wird ein Verlassen des Zustands „aktiv" über den Ausgangspunkt „Abbruch" geleitet. Interessant sind die Ein- und Ausgangspunkte als Referenzen, wenn wir die Verhaltensbeschreibung über mehrere Diagramme verteilen wollen oder müssen.

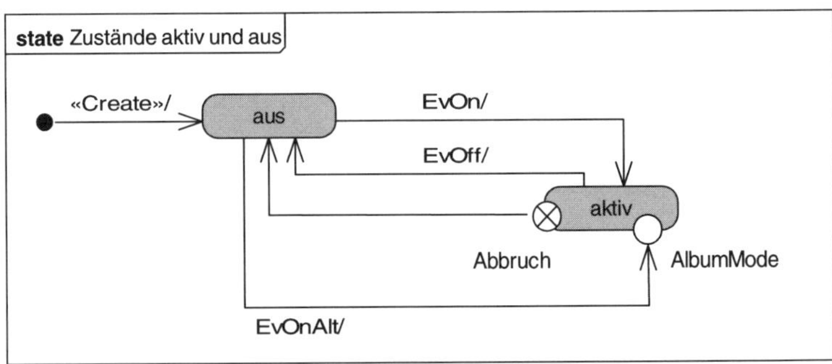

***Abb. 2.89** Zustände aktiv und aus*

Abbildung 2.89 lässt die Unterzustände in „aktiv" einfach weg und zeigt nur die Ein- und Ausgangspunkte[6].

Historie

Betrachten wir als Nächstes die Möglichkeit, uns die Vorgeschichte in unserem zusammengesetzten Zustand „aktiv" merken zu können. Wenn der Nutzer des FLASHman zwischen den Zuständen „Menü" und „aktiv" hin- und herschaltet, wäre es doch wünschenswert, wenn nicht immer der gleiche Anfangsmodus aktiviert wird, sondern immer der zuletzt aktive. Die UML-Zustandsdiagramme ermöglichen dies durch die Nutzung der Historie, einem weiteren Pseudozustand. Dieser wird als kleiner Kreis mit einem „H" in der Mitte dargestellt. Abbildung 2.90 nutzt eine sogenannte flache Historie. Da der Zustand „aktiv" keinen weiteren sequenziellen Zustand enthält, reicht die Unterscheidung auf der Ebene des Zustands „aktiv". Die flache Historie errechnet sich immer auf der Ebene der Zustandsmaschine, in der sie eingezeichnet ist. Wenn der aktive Zustand beispielsweise „Album" wäre und durch den zweimaligen Trigger „EvMenu" in den Zustand „Menü" und wieder zurückgeschaltet wird, wäre der aktive Zustand innerhalb des Zustands „aktiv" wieder „Album".

Da wir aber die Hierarchisierung der Zustandsmaschine auf mehr als zwei Ebenen ausweiten können, ist es notwendig, auch eine tiefe Historie einzuführen.

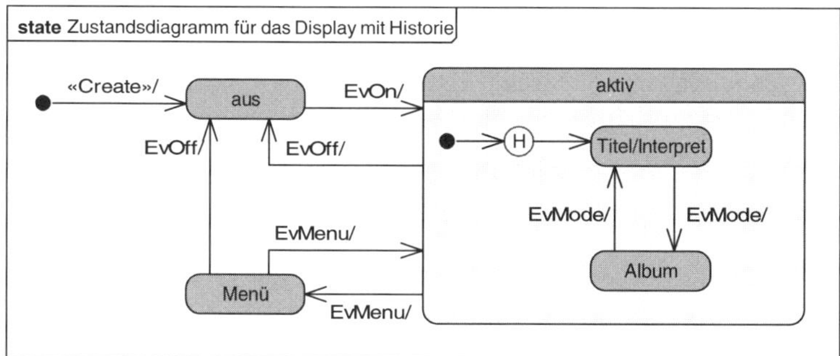

Abb. 2.90 Zustandsdiagramm für das Display mit Historie

Die tiefe Historie wird einfach durch „H*" dargestellt, wir müssen also auch auf dem kleinen Stern in dem Symbol der Historie achten, denn das Verhalten der Zustandsmaschine ändert sich dadurch signifikant.

[6] Im genutzten UML-Werkzeug ARTiSAN Studio™ wird angezeigt, dass ein scheinbar atomarer Zustand eine Unterzustandsmaschine enthält, indem eine Kennzeichnung „STD:<Name der Unterzustandsmaschine>„ im Zustand eingetragen ist. Die UML-Spezifikation scheint das nur durch die Ein- und Ausgangspunkte darstellen zu wollen. Diese sind aber eine Sonderform des Eingangs bzw. Ausgangs in eine untergeordnete Zustandsmaschine. Initiale und finale Pseudozustände innerhalb der untergeordneten Zustandsmaschine sind die „normalen" Ein- und Ausgangspunkte. Damit fällt aber die besondere Kennzeichnung eines atomar dargestellten Zustands mit Unterzustandsmaschine weg. Daher empfehle ich eine Kennzeichnung durch Stereotypisierung.

Wenn wir eine Anforderung unterstellen, bei der wir generell zwischen den Liedinformationen Titel, Interpret und Album und einer weiteren Anzeige, beispielsweise der Uhrzeit, unterscheiden müssen, die über ein anderes Signal aktiviert wird, können wir das leicht in dem Zustand „aktiv“ unterbringen. Abbildung 2.91 zeigt dies.

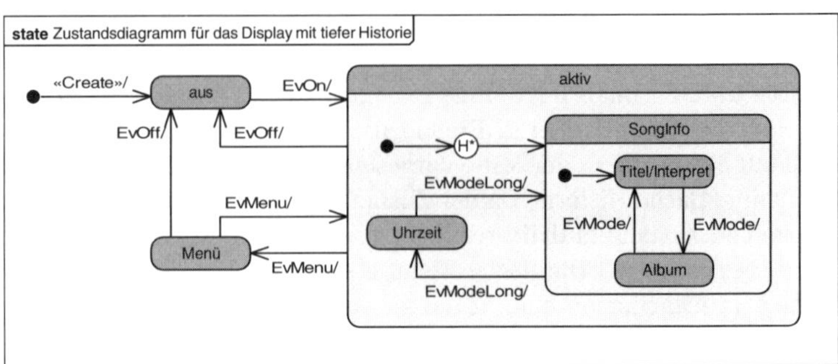

Abb. 2.91 *Zustandsdiagramm für das Display mit tiefer Historie*

Jetzt kann das Menü aktiviert werden, und beim Rückschalten auf „aktiv“ wird zwischen der Uhrzeit, aber auch zwischen „Titel/Interpret“ und Album“ innerhalb von „SongInfo“ unterschieden. Wenn also der letzte aktive Unterzustand im zusammengesetzten Zustand „aktiv“ „Album“ gewesen ist, wird auch wieder korrekt in „Album“ zurückgeschaltet. Fehlte das „*“ in der Historie, würde in „aktiv“ nur zwischen „Uhrzeit“ und „SongInfo“ unterschieden. Daher würde nur „SongInfo“ aktiviert und darin in den normalen Anfangszustand „Titel/Interpret“ geschaltet.

Parallele Unterzustandsmaschinen

Durch die Hierarchisierung mit sequenziellen Zuständen befindet sich unsere Zustandsmaschine gleichzeitig in verschiedenen Zuständen. Ist in unserem Beispiel „Album“ aktiv, ist die Zustandsmaschine auch gleichzeitig im Zustand „SongInfo“ (sonst könnten wir nicht auf den Trigger „EvModeLong“ reagieren) und auch im Zustand „aktiv“ (sonst wäre es nicht möglich, auf „EvMenu“ oder „EvOff“ zu reagieren). Diese Gleichzeitigkeit müssen wir noch zusätzlich erweitern, um verschiedene Aspekte in der Zustandsmaschine unterzubringen. Ein Beispiel dafür: Unser Objekt der Klasse Display soll im Zustand „aktiv“ nicht nur die verschiedenen Displaymodi kontrollieren, sondern auch die Hintergrundbeleuchtung, die sich nach einiger Zeit ausschalten und bei beliebigem Tastendruck wieder aktivieren soll. Dazu müssen wir unseren sequenziellen Zustand „aktiv“ zum nebenläufigen Zustand „ausbauen“. Er enthält dann nicht nur einen Bereich für seine Unterzustände, sondern mehrere, die durch eine oder mehrere gestrichelte Linien begrenzt werden.

Im Zustandsdiagramm der Abbildung 2.92 sehen wir jetzt die beiden Bereiche[7] „Modus“ und „Beleuchtung“. Wir haben also gleichzeitiges

[7] Die Benennung der Bereiche sieht die UML 2 leider nicht vor, ich halte sie aber für sehr wichtig zum Verständnis des modellierten nebenläufigen Zustands. Da Notizen immer und überall möglich sind, können wir die Namen der Bereiche also als Notiz auffassen.

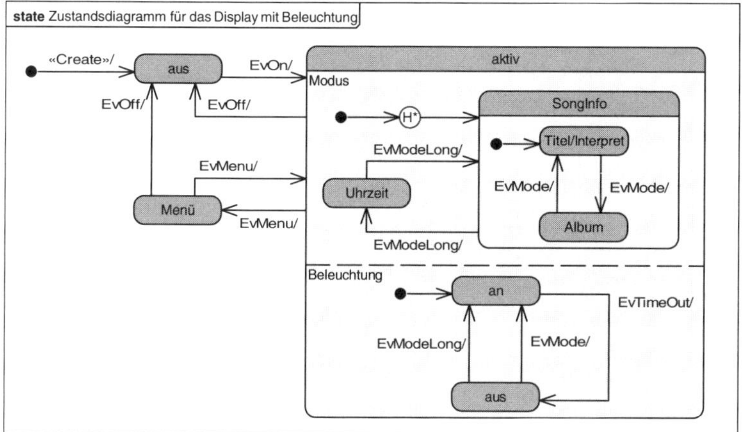

***Abb. 2.92** Zustandsdiagramm für das Display mit Beleuchtung*

und unabhängiges Verhalten innerhalb unseres dynamischen Objektes modelliert. Den Zustand „Menü" habe ich bewusst nicht mit dem gleichen Beleuchtungsverhalten wie in „aktiv" modelliert, denn im Menümodus sollte die Beleuchtung vielleicht immer an sein, schließlich will der Nutzer ja dort Einstellungen vornehmen. Eine weitere Transition könnte als Time-Out nach einiger Zeit ohne Tastendruck von „Menü" wieder in „aktiv" zurückschalten, um die Batterie zu schonen.

Gabelung

Es gibt eine alternative Modellierung des Übergangs in einen nebenläufigen Zustand und aus ihm heraus. In allen obigen Beispielen mit sequenziellen oder nebenläufigen Zuständen haben wir immer mit einem initialen Pseudozustand dargestellt, welcher Anfangszustand im jeweiligen Bereich zuerst aktiviert wird. Bei nebenläufigen Zuständen kann auch eine Gabelung dazu verwendet werden, die Auftrennung in verschiedene, unabhängige Verhaltensweisen anschaulich zu modellieren. Wenn wir in unserem FLASHman-Beispiel eine Funktion annehmen (die vielleicht nicht originär die Aufgabe des Displays ist, aber wir wollen ja auch Raum für Verbesserungen lassen), die bei Aktivierung des Menüs auch Einstellungen über die USB-Schnittstelle abfragt, aber nach einer gewissen Zeit deaktiviert wird, könnte das so aussehen wie in Abbildung 2.93.

Die Gabelung ist eine dicke, hier senkrechte Linie mit einer eingehenden Transition und mindestens zwei ausgehenden Transitionen, die keine Trigger oder Aktionen enthalten dürfen. Wichtig ist, dass die Zielzustände der ausgehenden Transitionen in jeweils unterschiedlichen Bereichen liegen müssen. Eine Zusammenführung funktioniert auf umgekehrte Weise genauso und wird auch so dargestellt wie die Gabelung.

Ende gut, alles gut?

Jetzt fehlen nur noch zwei Zustandsdiagrammsymbole für ein vollständiges Bild der Zustandsmodellierung: der finale Pseudozustand, der die Zustandsmaschine oder einen Bereich beendet, und der Terminierungsknoten. Für eingebettete, sicherheitskritische Systeme sollten beide

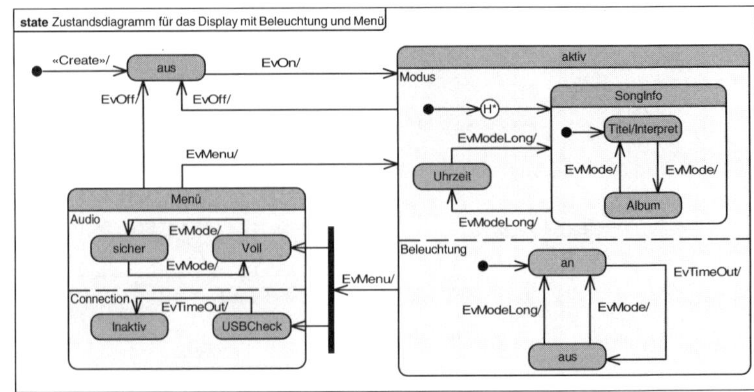

Abb. 2.93 *Zustandsdiagramm für das Display mit Beleuchtung und Menü*

Symbole mit besonderem Bedacht verwendet werden. Der finale Pseudozustand, dargestellt als Kreis mit mittigem Punkt, beendet die Aktivitäten in dem Bereich, in dem er modelliert ist. Auf oberster Ebene des Zustandsdiagramms ist damit das dynamische Verhalten des Objekts beendet, und das Objekt könnte eigentlich gelöscht werden. Das dynamische Anlegen und Löschen von Objekten ist aber bei eingebetteten Systemen wesentlich unüblicher und auch meist nicht erlaubt. Daher fehlt der finale Pseudozustand auch in den obigen Beispielen. Die Erzeugung der Objekte erfolgt einmalig zum Startup, und das Löschen geschieht beim Ausschalten. Wir können natürlich ein Beenden der Zustandsmaschine auch explizit modellieren, wie in Abbildung 2.94 gezeigt. Hier verwenden wir beide Endsymbole. Das Displayobjekt kann im Zustand „aus" gelöscht werden, und aus „aktiv" und im Zustand „Menü" erfolgt durch den Trigger „EvAbort" eine Beendigung der Zustandsmaschine, ohne dass das Displayobjekt in irgendeiner Weise verändert (oder gelöscht) wird.

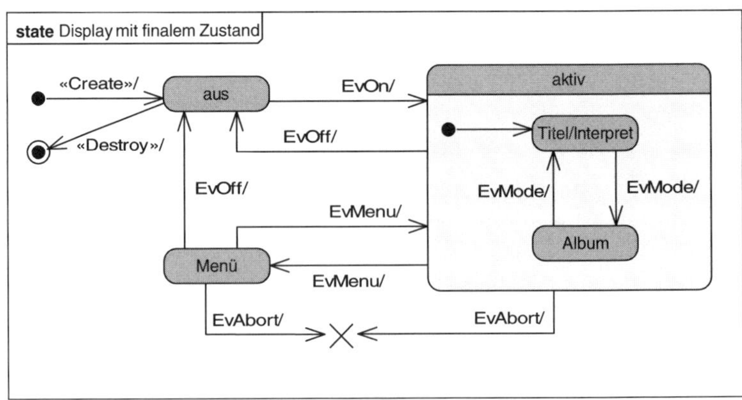

Abb. 2.94 *Display mit finalem Zustand*

Die Systemarchitektur als Beschreibung der physikalischen Gegebenheiten

Modellierung der Hardware

Mit der Objektarchitektur bestimmen wir die Architektur aus konzeptioneller Sicht. Die Aufteilung geschieht dabei ohne Berücksichtigung der Hardware des eingebetteten Systems. Dies kann zu schwerwiegenden Fehlern führen, denn eingebettete Systeme haben meist spezifische Anforderungen an die Verbindung mit der sie umgebenden Umwelt. Sensoren und Aktoren sind nicht überall gleich verfügbar. Weiterhin sind Performanzgrenzen der verwendeten Prozessoren und die Verfügbarkeit von Speicherplatz zu berücksichtigen, wir können also die Softwareobjekte und -Funktionen nicht einfach beliebig auf die Hardwareknoten verteilen. Auch für unser FLASHman-Beispiel müssen wir berücksichtigen, dass es sich bereits um ein verteiltes System handelt: Teile der Funktionalität sind nur über einen angeschlossenen Computer realisierbar, andere stehen nur auf dem FLASHman selbst zur Verfügung. Zwischen den beiden Teilsystemen können Informationen nicht beliebig ausgetauscht werden, sondern müssen der Spezifikation der ausgewählten Datenverbindung folgen.

Mit dem Paketdiagramm aus unserer Domänenkonzeption haben wir schon richtig angefangen. Was fehlt, ist die Beschreibung der Details der physikalischen Ebene. Eine Abhängigkeit zwischen zwei Paketen erklärt, dass Teile der Software auf andere Teile der Software angewiesen sind. Wie der dazu nötige Datenaustausch vonstatten gehen soll, muss anders modelliert werden.

Kompositionsstrukturen als Topologiesicht

Für die Systembeschreibung hatten wir in der Anforderungsanalyse bereits ein in der UML 2 neu eingeführtes Diagramm verwendet, weil es topologischen Beschreibungen sehr gut entspricht: das Kompositionsstrukturdiagramm. Eigentlich ist es vor allem gedacht zur Modellierung von Softwarekomponenten, ihrem Aufbau und ihren Verbindungen. Da wir uns aber bei der Objektarchitektur in den Beispielen auf die Klassenmodellierung, die Instanzen und ihr Verhalten konzentriert haben, verwenden wir die Kompositionsstrukturen jetzt für die physikalische Ebene. Die Modellierungsstrategien sind aber eigentlich für das Klassenmodell gedacht und erweitern dieses auch in der UML-Spezifikation. Für die Hardwarebeschreibung werden wir ebenfalls einige Erweiterungen brauchen, die aber dank der generischen Erweiterbarkeit der UML selbst keine Probleme machen werden und klar gekennzeichnet sind.

Besonders nützlich an Kompositionsstrukturen ist ihre Hierarchisierbarkeit. Wir können auf oberster Ebene anfangen und die zwei Hauptelemente des „FLASHman-Systems“ als miteinander verbundene Unterkomponenten darstellen, wie das Kompositionsstrukturdiagramm in Abbildung 2.95 zeigt. Dabei wird ein Systemkontext als Klassenkomponente erstellt, die alles andere enthält. Der Grund für die Notwendigkeit einer übergeordneten Klasse liegt im Klassenmodell selbst: Wenn wir reale Hardware beschreiben, muss diese auch dem Typ-Instanzen-Schema entsprechen. Der eine PC, den wir für den Systemaufbau verwenden, ist vom Typ „Personal Computer“. Der Name, unter dem wir ihn hier verwenden, ist „PC“, also steht in seinem Part im Systemkontext „PC : Personal Computer“, ganz nach Art der UML. Wir verwenden auch nur einen Personal Computer, also steht in der oberen rechten Ecke eine „1“ für die Multiplizität dieses Parts. Analog modellieren wir den einen Flashman als „theFLASHman : FLASHman“ mit der gleichen Multiplizität.

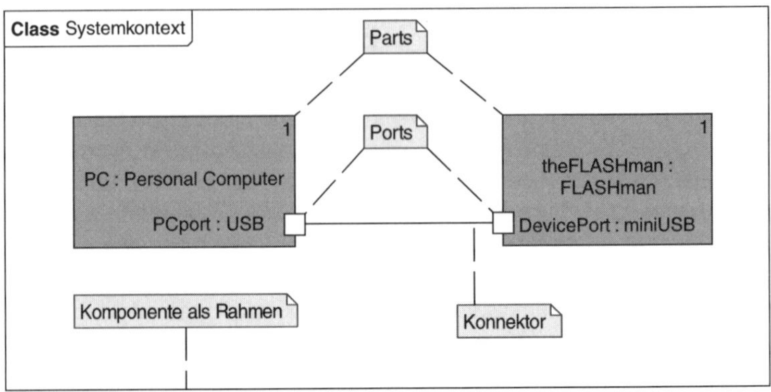

Abb. 2.95 *Komponenten auf oberster Ebene*

Parts wurden ja schon in der Anforderungsanalyse verwendet. Für eine Detailbeschreibung der physikalischen Strukturen brauchen wir jetzt noch Ports und Konnektoren, die die Verschaltung unserer Komponenten erklären. Damit wir den PC und den FLASHman miteinander verbinden können, brauchen wir Ports. Diese sind Interaktionspunkte zwischen einem Classifier und seiner Umgebung (O-Ton UML-2-Spezifikation). Ports werden als kleine Quadrate dargestellt, die auf der äußeren Begrenzungslinie einer Klasse oder eines Parts liegen. Ihre Namensangabe ist optional, aber es empfiehlt sich, den Namen nur immer dann wegzulassen, wenn die Darstellung auch so eindeutig ist. Beim obigen Beispiel können wir erkennen, dass die beiden miteinander verbundenen Ports „PCport“ und „DevicePort“ nicht der gleichen Klasse angehören. Da es unterschiedliche Stecker sind, die hier verwendet werden sollen, ist es so auch richtig. Die Linie dazwischen ist ein ungerichteter Konnektor, der für Informationsaustausch in beide Richtungen sorgt. Wenn wir hier die Art und Weise der Verbindung näher beschreiben wollen, könnten wir den genutzten USB-Bus auch explizit modellieren. Abbildung 2.96 zeigt diese Änderung, zusammen mit den genutzten Stereotypen «System» und «Bus».

Weitere Eigenschaften von Ports

Ports können laut Spezifikation noch zwei Merkmale haben:

- isService : Boolean = true
- isBehavior : Boolean = false

„isService“ beschreibt, ob der Port Teil der nach außen definierten Funktionalität der Klasse ist. Wenn nicht, dann wird der Port zwar gebraucht, um die Klasse zu implementieren, kann aber wie alle anderen inneren Teile geändert oder gelöscht werden. Analog könnten wir auch die USB-

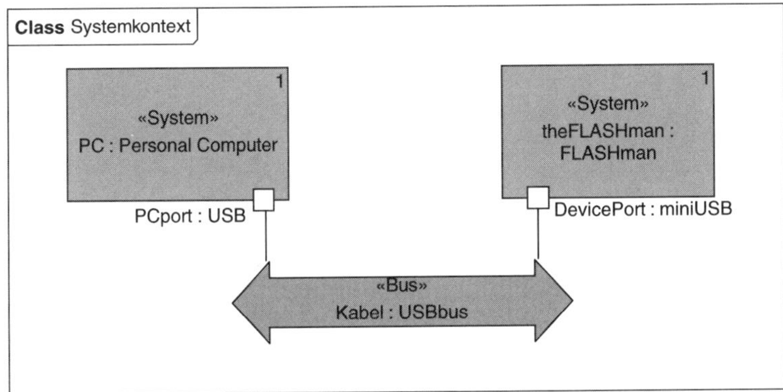

Abb. 2.96 *Systemkomponenten mit Bus*

Schnittstellen beim PC über das Betriebssystem deaktivieren, dann wäre isService = false und unsere Kommunikation zwischen den beiden Systembestandteilen nicht mehr möglich. Daher ist „isService" auch per Default auf „true" gesetzt.

„isBehavior" beschreibt, ob die Informationen, die über diesen Port laufen, direkt vom Verhalten der Instanz der Komponente selbst verarbeitet werden. Wenn „isBehavior" gesetzt ist, bedeutet das, dass die Information nicht an einen inneren Part zur Weiterverarbeitung geschickt, sondern von der Instanz der Komponente selbst verarbeitet wird. In unserem Beispiel ist das nicht der Fall, denn alle Informationen werden nach innen geleitet. Laut Spezifikation kann das Setzen von „isBehavior" auf „true" durch ein Zustandssymbol dargestellt werden, das mit dem Port verbunden ist[8].

Schnittstellen

Direkt mit den Ports hat die UML 2 die Möglichkeit verbunden, über bereitgestellte und benötigte Schnittstellen zu modellieren, welche Art von Daten- bzw. Informationsaustausch über diese Ports laufen soll. Als Beispiel für benötigte und bereitgestellte Schnittstellen kann hier an den USB-Ports unseres FLASHmans gleich die Notwendigkeit der Stromversorgung dienen. Der PC stellt eine spezielle, normierte Stromversorgung über den USB-Bus bereit, die der FLASHman braucht, um seinen Akku wieder aufzuladen.

Wie in Abbildung 2.97 zu sehen, werden die bereitgestellten und die benötigten Schnittstellen mit einer schematisierten Darstellung von Stecker und Buchse verbildlicht, die auch ineinandergefügt gezeichnet werden können.

[8] Ich tue mich allerdings schwer, ein echtes Zustandssymbol auf einem Kompositionsstrukturdiagramm gutzuheißen, denn Zustände gehören in Zustandsdiagramme und nur dorthin. Kompromissvorschlag: Wir nutzen dafür eine Notiz, die wir durch grafische Stereotypisierung so aussehen lassen wie ein Zustandssymbol.

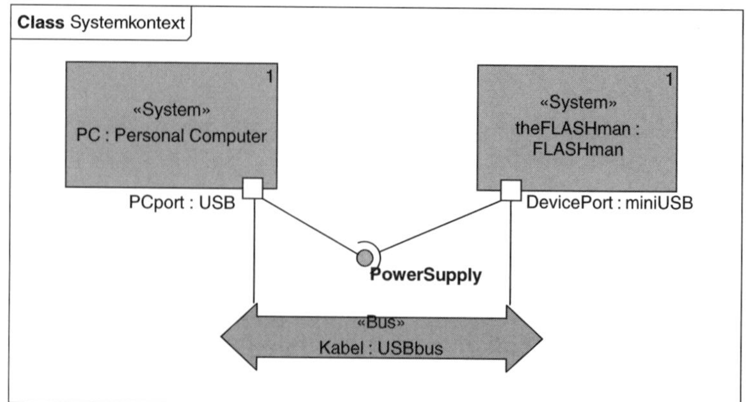

Abb. 2.97 *Stromversorgung über den Bus*

Eigene Erweiterung um physikalische Spezifikation

Jetzt brauchen wir noch die Möglichkeit, die physikalischen Gegebenheiten wie Spannung und maximale Leistung angeben zu können. Dazu erweitern wir die Klasse „PowerSupply" um einen Stereotyp «Elektrische Spezifikation», der die Eigenschaftswerte „Spannung" und „Leistung" trägt. Durch die optionale Darstellung in eigenen Bereichen, sogenannten Compartments, können wir die Werte nun in „PowerSupply" eintragen. Die Verbindung zwischen dem USB-Port am PC und dem hier als Komponente dargestellten PowerSupply können wir in der UML als eine bereitgestellte Schnittstelle oder als sogenannte Schnittstellenrealisierung (engl. Interface Realization) modellieren. Diese entspricht einer Abstraktionsbeziehung mit dem Stereotyp «implement», wie im Kompositionsstrukturdiagramm in Abbildung 2.98 dargestellt.

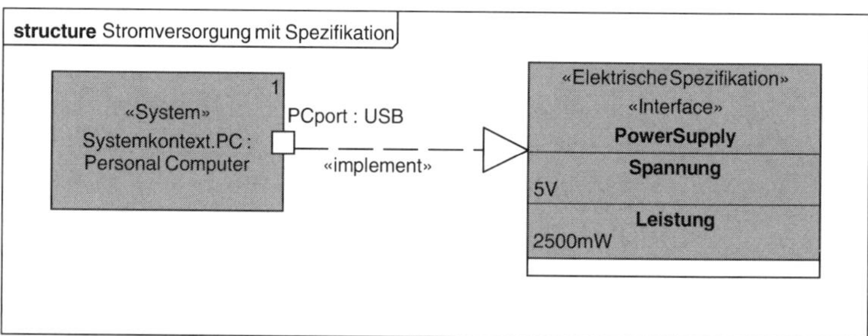

Abb. 2.98 *Stromversorgung mit Spezifikation*

Verbindungen

Kommen wir jetzt zu den verbindbaren Elementen im Kompositionsstrukturdiagramm zurück. Am Beispiel des Diagramms in Abbildung 2.99 sehen wir, welche Elemente mit Konnektoren verbunden werden können. Im Wesentlichen betrifft dies grafisch die Parts und die Ports im Kompositionsstrukturdiagramm. Von der Semantik sind hier ein oder mehrere Instanzen von klassifizierbaren Elementen (engl. Classifier) gemeint, die eine Rolle in dieser Kompositonsstruktur spielen. Dabei ist „Rolle" wörtlich zu nehmen. Aus dem Klassenmodell ist ja der Begriff der Rolle bekannt. Diese im Kompositionsstrukturdiagramm ver-

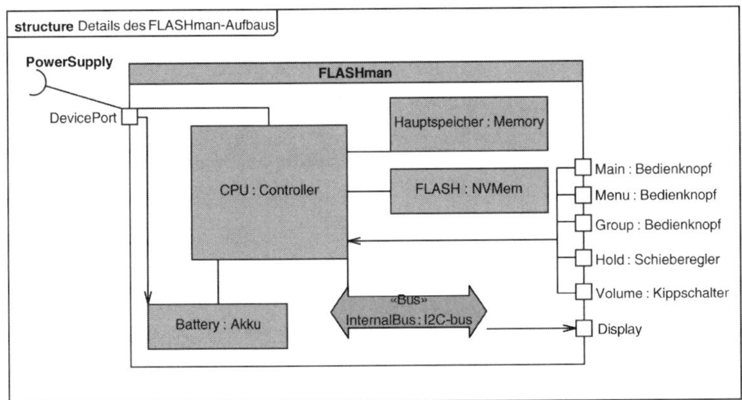

Abb. 2.99 *Details des FLASHman-Aufbaus*

bindbaren Elemente sind offiziell eine Generalisierung des Metaelements Rolle. Dazu passt auch, dass die Konnektoren im Kompositionsstrukturdiagramm, also die Verbindungen von verbindbaren Elementen, am besten als Instanzen von Assoziationen anzusehen sind. Daneben spricht die UML-Spezifikation auch von anderen, assoziationsähnlichen Möglichkeiten, wie Parts und Ports voneinander wissen können, um Nachrichten auszutauschen. Dies können wir bei der Nutzung des Kompositionsstrukturdiagramms gleich auf Hardwareebene anbringen: Nehmen wir als Beispiel die Verbindung des Parts „CPU" der Klasse „Controller" mit dem Part „Hauptspeicher" der Klasse „Memory". Die Realität der Pinverbindung zwischen zwei elektronischen Bauteilen wird abstrahiert durch die Verwendung eines Konnektors. Da wir auch die Multiplizitäten nicht angegeben haben, verbergen sich hinter dem Part „Hauptspeicher" wahrscheinlich auch mehrere Instanzen der Klasse „Memory", was wir durch den UML-Begriff der Rolle sehr gut erklären können, denn unter dem Namen „Hauptspeicher" kennt die Instanz der Klasse „Controller" seine Kommunikationspartner. Uns braucht hier aber nicht zu interessieren, dass diese Objektzusammenarbeit tatsächlich mit Verbindungen auf der Leiterbahn, mit Adressleitungen und Chipselect-Signalen realisiert werden wird.

Konnektoren werden im Kompositionsstrukturdiagramm als gerichtete oder ungerichtete Kante dargestellt. Die Linie ist normalerweise durchgezogen. Nur im Falle der Nutzung des Konnektors zur Darstellung der Rollenbindung wird die Linie, wie bei einer Abhängigkeit, gestrichelt dargestellt. Die Modellierung einer Rollenbindung entspricht eher einer Abhängigkeit, und daher ist die gestrichelte Linie bei Konnektoren auch passend.

Grenzen des Kompositionsstrukturdiagramms

Gerade bei der strukturellen Beschreibung von dinglichen Elementen wie Hardware fällt auf, dass bestimmte Modellierungsschritte nicht im Kompositionsstrukturdiagramm beschrieben sind. Was tun, wenn wir beispielsweise die Teile der CPU im gleichen Strukturdiagramm beschreiben wollen? Für die Kommunikation mit den Hardwareentwicklern könnte es wichtig sein, klar darstellen zu können, dass wir in der CPU auch eine Fließkommaeinheit haben oder dass der I²C-Bus bereits von der CPU direkt unterstützt wird. Leider sind nur Ports auf Parts erlaubt, und eine weitere Detaillierung eines Ports gelingt nur in einem weiteren Diagramm, das die Klasse des Parts als eigene Komposition beschreibt. Darin sehen wir die noch bestehende Softwarezentriertheit der UML 2 auch bei strukturdarstellenden Perspektiven. Erst die SysML klärt dies aus dem Blickwinkel des Systems Engineering, was wir im Kapitel zu SysML auch im Detail sehen werden.

Die Softwarearchitektur verbindet Konzeption mit der Hardware

Wie verbinden wir Objekte mit der Hardware?

Die Softwarelastigkeit der UML per se zeigt sich im Metamodell. Dies ist an sich nichts Schlimmes, denn der Fokus auf rein objektorientierte Verfahren kann uns helfen, die Wiederverwendbarkeit von Lösungsansätzen konsequent im Design als ein wichtiges Ziel zu etablieren. Auf der anderen Seite stehen die systemischen Beschreibungen, die, wie wir im vorherigen Abschnitt gesehen haben, hierarchischen Charakter haben. Softwarekomponenten verbinden die beiden Welten durch die Möglichkeit, hierarchischen Aufbau und Kollaboration miteinander darzustellen. Für ein eingebettetes System müssen wir auch andere Lücken schließen lernen: Das Objektmodell mit den kooperierenden Objekten, die ihre Eigenschaften und Fähigkeiten aus dem statischen Klassenmodell erhalten und bei Bedarf durch die Möglichkeit der Zustandsmodellierung auch eine dynamische Sicht enthalten, stellen die logische, konzeptionelle Seite unseres Designs dar. Bei eingebetteten Systemen kommt notwendigerweise die Beschreibung der darunterliegenden Hardware dazu. Die Frage, auf welchem Hardwareelement welches Objekt letztendlich „lebt" oder „läuft", ließe sich schnell beantworten, wenn das Konzept eines Echtzeitsystems nicht Betrachtung finden müsste.

Echtzeitaspekte modellieren

Die Funktionalität unseres Systems hat zeitliche Grenzen, innerhalb derer ihre Abarbeitung durch die Nutzer akzeptiert wird. Für unseren FLASHman würde niemand eine Antwortzeit von mehreren Sekunden auf einen Knopfdruck hinnehmen. Ich jedenfalls würde daraufhin mehrmals versuchen, den Knopfdruck zu wiederholen, was vom Gerät als weitere Eingabe missgedeutet werden könnte. Die gesamte Kommunikation zwischen Nutzer und Gerät wäre gestört oder gar nicht möglich. Damit ergeben sich also nicht-funktionale Anforderungen hinsichtlich des Zeitverhaltens. Die UML sieht hier leider nur vor, bei Bedarf diese Zeitgrenzen entweder textuell, zum Beispiel bei Anwendungsfällen, oder grafisch, zum Beispiel in Sequenzdiagrammen, als zeitliche Einschränkung anzugeben. Eine Sortierung, Auflistung oder ein konsequentes Nachverfolgen ist nur mit eigenen Erweiterungen oder durch die Nutzung der SysML als standardisierte Erweiterung möglich. Es gibt also Abläufe im System, die innerhalb gewisser zeitlicher Schranken ablaufen müssen. Damit die Systemfunktionen innerhalb der Software zeitlich kontrolliert ablaufen, müssen wir auch hierfür eine Verantwortlichkeit vergeben: Wir brauchen einen Scheduler.

Um die Funktionalität des Schedulers zu beschreiben, können wir aus dem Fundus der UML-Interaktionsdiagramme schöpfen. Sequenzdiagramme eignen sich, vor allem seit der UML 2, hervorragend zur Modellierung eines solchen Ablaufs. Wir wollen hier aber auch die Gelegenheit nutzen, uns ein weiteres Interaktionsdiagramm im Detail anzusehen, das Aktivitätsdiagramm.

Interaktionen beschreiben zeitliche Abläufe

Vor der UML 2 war das Aktivitätsdiagramm semantisch eher unterdimensioniert. Es war als Datenflussdiagramm verwendbar, und im Verständnis der UML-Spezifikation „eine Art Zustandsdiagramm", was sich wohl auf die Notationselemente, nicht aber auf die Modellierung bezogen hat. Mit der UML 2 wurde das Aktivitätsdiagramm endlich komplett entstaubt und mit einer tokenbasierten Semantik versehen, die schon lange bei Petrinetzen Verwendung findet.

Neue Lesart von Aktivitätsdiagrammen

Aktivitätsdiagramme beschreiben Abläufe, was wir ja für unseren Scheduler brauchen. Die Abläufe bestehen aus atomaren Aktionen. Diese können mit jeder Art von Verschaltung miteinander verbunden werden: sequenziell, parallel nebenläufig oder synchronisiert. Eine kurze Anmerkung zur Nomenklatur: In den ersten Versionen der UML waren die einzelnen Schritte Aktivitäten (engl. Activities) genannt worden, nun heißen sie Aktionen (engl. Actions). Eine Aktivität in der UML2 ist dagegen eine Menge an möglichen Abläufen, die unter definierten Bedingungen in der Realität ablaufen. Wir befinden uns mit den Abläufen also wieder in der „realen" Welt, und wie auch beim Modellieren von Interaktionen die Eigenschaften der realen, interagierenden Objekte aus der „Konstruktionsabteilung" des statischen Systems, dem Klassenmodell stammen, ist die Darstellung der Aktionen und Aktivitäten sowie ihrer möglichen Kopplungen im Aktivitätsmodell konstruktiv.

Abläufe und ihre Modellierung begegnen uns auf allen Ebenen der Systemmodellierung. Für unseren FLASHman können wir Aktivitätsdiagramme für Geschäftsprozesse, also beispielsweise die möglichen Vertriebswege in Geschäften oder im Internet, für systemische Abläufe wie die Komprimierung und Dekomprimierung der digitalen Musikdateien oder auch für die Softwarearchitektur verwenden. Dabei werden die nebenläufigen Prozesse, die parallel oder quasiparallel (bei nur einem Prozessor) für die eintreffenden externen Signale oder für sich zeitlich wiederholende Abläufe modelliert werden, als Aktivitäten dargestellt. Zunächst aber betrachten wir die Grundsymbole der Aktivitätsdiagramme, die in Abbildung 2.100 noch zusammenhanglos eingezeichnet sind.

Elemente von Aktivitätsdiagrammen

Die Systematik der grafischen Elemente im Aktivitätsdiagramm ist ganz ähnlich wie bei den Zustandsdiagrammen. Das soll uns aber nicht darüber hinwegtäuschen, dass die Semantik eine ganz andere ist. Es gibt wie im Zustandsdiagramm Strukturelemente wie Start- und Endeknoten, Bedingungen und Gabelungen. Die atomaren Aktionen sehen auch noch ähnlich aus wie atomare Zustände. Andere Elemente des Aktivitätsdiagramms sind völlig eigenständig: Nachrichten können empfangen oder gesendet werden, Objektknoten stellen Systemelemente dar, die in der Aktivität eine Rolle spielen, auch beispielsweise als Parameter. Wenn

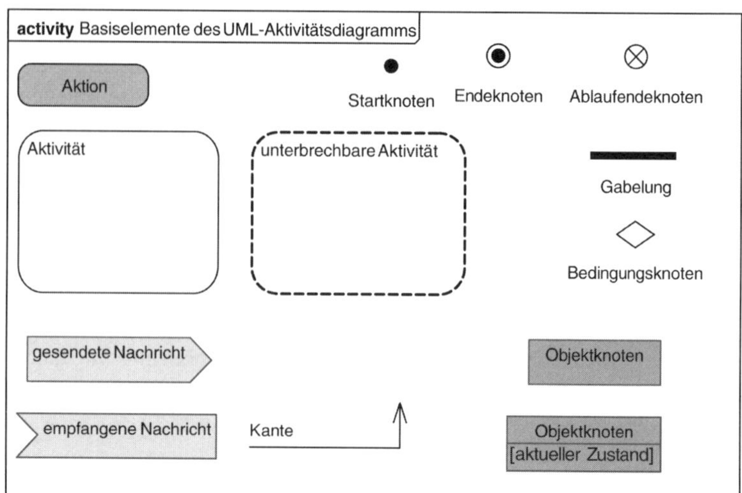

Abb. 2.100 *Basiselemente des UML-Aktivitätsdiagramms*

diese dynamisch sind, kann in einem eigenen Bereich im Symbol der jeweils aktuelle Zustand modelliert werden.

Das Aktivitätsdiagramm kann hierarchisch aufgebaut werden. Darauf dargestellte Aktivitäten können Aktivitäten enthalten, die auch wiederum Aktivitäten enthalten und so weiter. Eine Aktivität kann auch in verschiedenen Diagrammen genutzt werden.

Tokenbasierte Semantik

Für das Lesen und Verstehen der Aktivitätsdiagramme ist wichtig, dass wir das Prinzip der tokenbasierten Semantik verinnerlichen. Ein Token ist eine imaginäre Marke, die nach einfachen Regeln innerhalb des Ablaufs fließt und so, manchmal auch mit anderen Token zusammen, bestimmt, welches die gerade aktive Aktion ist. Bei einem Startknoten wird ein Token erzeugt, und der Ablauf beginnt. Erreicht ein Token einen Endeknoten, ist die Aktivität beendet. Ein Ablaufendeknoten kann Token konsumieren, aber im Unterschied zum Endeknoten läuft die Aktivität dann noch weiter, falls noch andere Knoten „im Spiel" sind. Jede einzelne Aktion verhält sich mit den Token wie ein sehr fairer Spielautomat: Zum Aktivieren müssen wir oben mindestens eine Münze (hier Token) einwerfen, die aber am Ende des Spiels, wenn die Aktion beendet ist, wieder herauskommt und entlang der ausgehenden Kante weitergereicht wird. Sollte eine Aktion mehr als eine Eingangskante besitzen, so müssen an allen Eingängen Token anliegen, damit die Aktion ausgeführt werden kann. Genauso gilt an den Ausgangskanten, dass an allen Ausgängen Token weitergereicht werden.

Token können nur an Startknoten entstehen oder durch Aufspaltung an Gabelungen vermehrt werden. Genauso ist es möglich, Token an einer Gabelung, an der mehrere Eingänge anliegen, wieder zu verschmelzen. Aus diesem Grund empfehle ich, in Aktionen möglichst immer nur einen Eingang und einen Ausgang im Ablauf zu verwenden. Die UML schreibt das nicht vor, allerdings werden die Diagramme nicht gerade lesbarer, wenn viele Ein- und Ausgänge zu betrachten sind.

Vor der UML 2 wurde im Aktivitätsdiagramm explizit zwischen Kontroll- und Objektfluss unterschieden. Letzterer wurde mit gestrichelten Kanten dargestellt, um ihn vom durchgezogenen Kontrollfluss unterscheiden zu können. Jetzt ist diese Unterscheidung nicht mehr notwendig, denn wenn mindestens ein Objektknoten im Teilablauf mit beteiligt ist, ist hier ein Objektfluss modelliert.

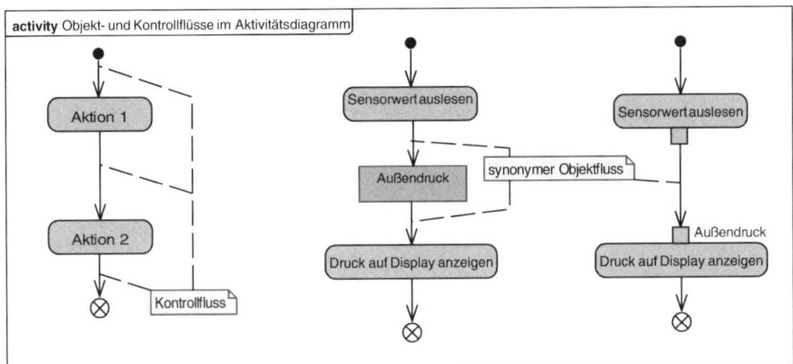

Abb. 2.101 *Objekt- und Kontrollflüsse im Aktivitätsdiagramm*

Flussarten im Aktivitätsdiagramm

Dies zeigt das Aktivitätsdiagramm in Abbildung 2.101: Im linken Ablauf sind nur Aktionen beteiligt, während in den beiden anderen Abläufen jeweils ein Objekt „Außendruck“ von einer Aktion zur nächsten weitergereicht wird. Dabei ist der Objektknoten kein für sich stehendes Element. Wir können also im mittleren Beispiel nicht einfach den Außendruck ablesen. Stattdessen ist der Objektknoten ein Notationselement, um darzustellen, dass auf dieser Kante auch Daten oder Objekte fließen. Noch besser ist dies im rechten Beispiel ersichtlich, dass die Pin-Notation des Aktivitätsdiagramms nutzt. Aus der Aktion „Sensorwert auslesen“ kommt das Objekt „Außendruck“ als Datum heraus, das wie ein Eingangsparameter in die Aktion „Druck auf Display anzeigen“ hineingeht und dort genutzt werden kann.

Ablaufendeknoten

Auf eine Kleinigkeit möchte ich noch hinweisen: Im obigen Aktivitätsdiagramm wurde auf Endeknoten verzichtet, um alle drei Abläufe unabhängig in einem Diagramm gültig modellieren zu können. Wenn einer der drei Abläufe fertig durchlaufen ist, bleibt der jeweilige Token im Ablaufendeknoten stecken, die beiden anderen Abläufe können aber weitergehen, falls sie nicht selbst schon beendet sind. Ein erreichter Endeknoten hätte jede weitere Aktivität gestoppt, egal, wo sich die anderen Token befunden hätten.

Wenn Objektflüsse oder Kontrollflüsse modelliert werden, ist es auch möglich, auf den Flusskanten eine Gewichtung in geschweiften Klammern zu setzen. Das hier genutzte Schlüsselwort ist „weight“, gefolgt von einer Zahlen- oder Wertangabe. Damit können wir ausdrücken, wie viele Token angesammelt werden müssen, damit ein Übergang über diese Kante möglich ist. Bei einer Objektflusskante trägt jeder Token ein Objekt, insofern zählt für die Gewichtung die Anzahl der Objekte.

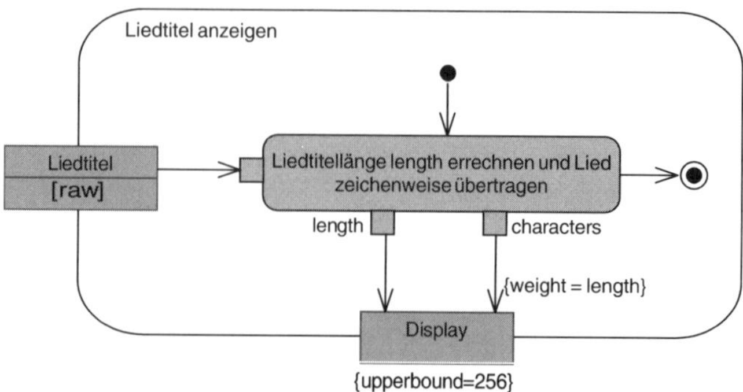

Abb. 2.102 *Aktivitätsdiagramm für Liedtitel anzeigen*

Token und Objekte

Das Tokenkonzept gilt auch für den Objektfluss. Wenn ein Objekt beteiligt ist, verhält sich die Tokenweitergabe so, als wenn der Token das betreffende Objekt mit an den nächsten Knoten weiterträgt. Die Daten werden dann in der nächsten Aktivität oder Aktion genutzt. Werden Datenobjekte weitergereicht, muss das explizit modelliert werden. Der Token wandert weiter, wenn dies möglich ist. Dazu muss die nächste Aktivität bereit sein, das heißt, an allen eingehenden Kanten müssen Token anliegen. Fehlt noch mindestens eins, dann verweilen die anderen Token in ihren Aktionen oder Aktivitäten.

Pins

Es gibt verschiedene Arten von Aktionspins. Unter anderem ist es auch möglich, dass wir eine quasikontinuierliche Verarbeitung von Objekten brauchen, wobei die Bearbeitung eines Objekts nicht auf die fertige Bearbeitung des vorherigen Objekts warten möchte. Genau wie bei manchen Programmiersprachen nennt die UML diese Möglichkeit „stream“, weil die Objekte wie ein Datenstrom aufgefasst werden können.

In Abbildung 2.103 sind bei der Darstellung der Aktivität „Musikverarbeitung“ die Ein- und Ausgabeobjekte und die Pins mit dem Stereotyp

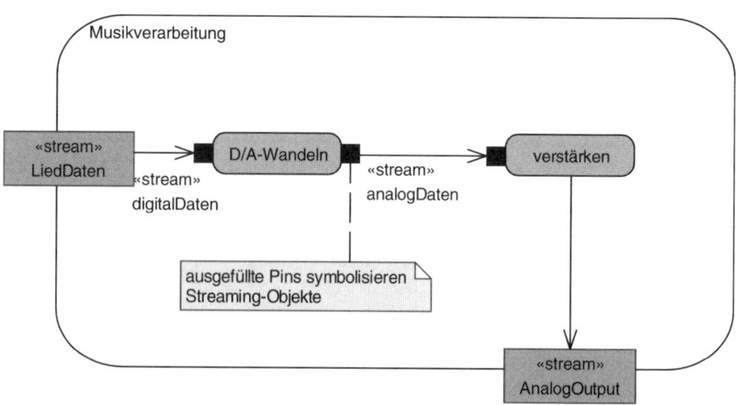

Abb. 2.103 *Streaming-Pins und -Objekte*

«stream» versehen. Dazu sind die Aktionspins ausgefüllt dargestellt, was anzeigt, dass es sich hier um Pins für Streaming-Daten handelt.

Gewichtung von Token

Es ist weiterhin möglich, durch Bedingungen an den Kanten festzulegen, dass mehr als ein Token notwendig ist, um mit dem Ablauf fortzufahren. Ebenso sind Gewichtungen möglich. Diese Art der Steuerung sollten wir aber nur dann einsetzen, wenn andere Modellierungstechniken für Entscheidungen und Verzweigungen nicht greifen. Bedingungsknoten mit ihrer typischen Form als Entscheidungsraute und die Möglichkeit, Bedingungen an den Kontrollflusskanten zu modellieren, ergeben eine Vielzahl von logischen Verzweigungen.

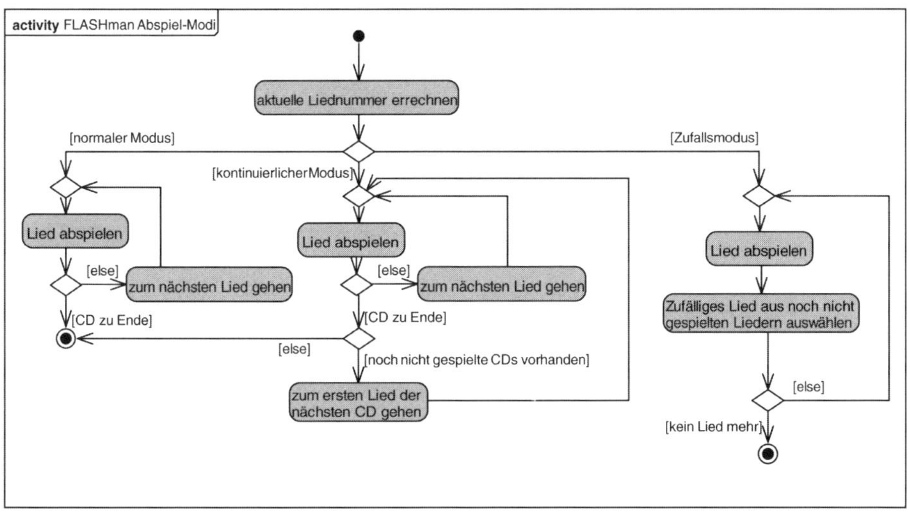

Abb. 2.104 *FLASHman Abspiel-Modi*

Verzweigungen und Verbindungen

Im Aktivitätsdiagramm der Abbildung 2.104 sind verschiedene Beispiele der Nutzung des Bedingungsknotens zum Teil auch kombiniert dargestellt. Nach der Berechnung der aktuellen Liednummer wird, je nach eingestelltem Modus „normal", „kontinuierlich" oder „Zufall", in die unterschiedlichen Abläufe verzweigt. Der eine Token wandert also entweder nach links zum normalen Modus, in die Mitte zum kontinuierlichen Modus oder nach rechts zum Zufallsmodus. Der Verzweigungsknoten hat einen Eingang und drei Ausgänge. Im normalen Modus werden die Lieder einer CD nacheinander abgespielt, und danach wird der Ablauf beendet. Im kontinuierlichen Modus ist der Ablauf ähnlich, allerdings werden alle verfügbaren CDs abgespielt. Hier sehen wir, dass auch zwei Verzweigungsknoten nacheinander geschaltet werden können und dass wir auch einen Verzweigungsknoten als Zusammenführung nutzen können. Dann heißt er Verbindungsknoten (engl. Merge Node). Die ineinanderlaufenden Schleifen der Lieder einer CD und der aller CDs bedingen, dass wir in den ursprünglichen Ablauf zurückspringen müssen. Wenn aber dadurch ein Aktionsknoten mehrere Eingänge bekommen würde, hieße das in der Semantik der Token, dass alle Eingänge Token bereitstellen müssten. In unserem Beispiel ist aber nur ein Token im Umlauf, was ohne die Nutzung der Verbindungsknoten zu einer Verklemmung führen würde. Die Ausgangskanten der Verbindungsknoten, an denen keine Bedingung angetragen ist, werden sofort durchlaufen. Insofern stören sie auch beim erstmaligen Eintreten in die Schleifen nicht.

Es ist in der UML auch möglich, die Funktion eines Verzweigungsknotens mit der eines Verbindungsknoten zu koppeln. Im obigen Beispiel gibt es jedoch keinen Anwendungsfall für diese Doppelnutzung. Auf ein spezielles Schlüsselwort sei hier hingewiesen: Mit „[else]" ist es möglich, sämtliche durch die anderen Bedingungen an anderen Kanten nicht erfassten Möglichkeiten zu modellieren, denn manchmal ist es wie bei der SWITCH-CASE-Anweisung in ANSI-C durch die Option eines „Default" notwendig, ein allgemeines Verhalten mit darzustellen. Bei der Betrachtung von „[else]" fällt auf, dass hier wie auch bei allen anderen Bedingungen an Kanten eckige Klammern verwendet werden. Dies ist die gleiche Notation wie beispielsweise bei den Guard-Bedingungen in den Zustandsdiagrammen und damit konsistent für die Angabe von Bedingungen. Falls notwendig, können wir über einen genormten Kommentar an einen Verzweigungsknoten auch die Bedingung eintragen und die möglichen Ergebnisse der Bedingung an den Kanten antragen.

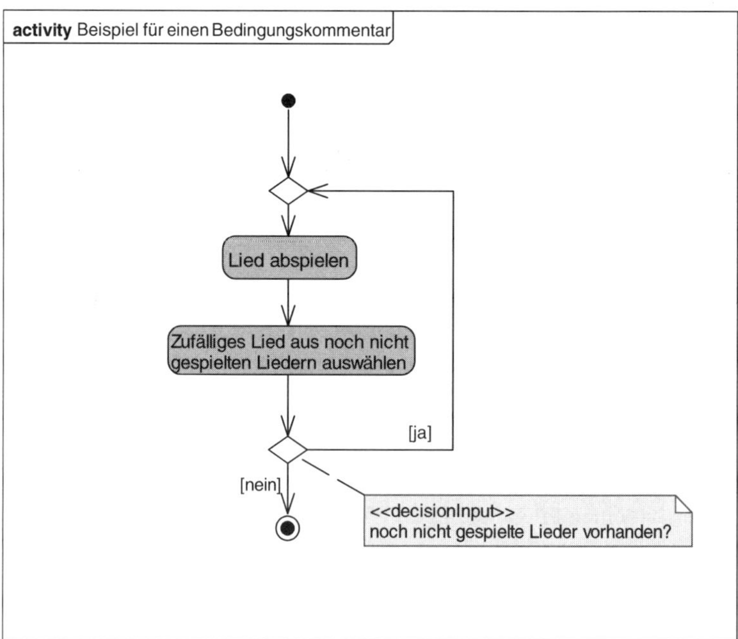

Abb. 2.105 *Beispiel für einen Bedingungskommentar*

Bedingungskommentar

Das Aktivitätsdiagramm in Abbildung 2.105 zeigt diesen Kommentar: Er trägt den Stereotyp «decisionInput» und enthält die Prüfbedingung, deren mögliche Ergebnisse dann an den ausgehenden Kanten stehen. Hier im Beispiel ist nur „wahr" oder „falsch" möglich, die als „ja" oder „nein" angetragen sind. Dabei sehen wir auch hier: Es ist in den UML-Aktivitätsdiagrammen nicht notwendig, eine spezifische Syntax bei Bedingungen einzuhalten, natürlichsprachliche Beschreibungen sind auch gültig. Je näher wir allerdings dem Source Code kommen, umso besser ist es, formale Sprachen einzusetzen, wie die eingesetzte Programmiersprache oder auch OCL, die Object Constraint Language der UML.

Modellierung von Kontrollflüssen mit Aktivitätsdiagrammen

Wenn wir beim Modellieren der Aktivitätsdiagramme lediglich die jetzt eingeführten Elemente Startknoten und Endeknoten, Aktion, Verzweigung und Zusammenführung verwenden würden, könnten wir alle Abläufe wie in einem Struktogramm, d.h. in einem Nassi-Shneiderman-Diagramm oder einem Programmablaufplan konstruieren. Es ist dabei notwendig, dass nur jeweils ein Token durch den Ablauf durchgereicht wird. Daher können wir die Aktivitätsdiagramme auch gut für Programmstrukturen verwenden. Als passende Beispiele sehen wir uns die möglichen Kontrollstrukturen für ANSI-C einmal als Abläufe im Aktivitätsdiagramm genauer an. Die folgenden Aktivititätsdiagramme beinhalten jeweils den entsprechenden C-Code in einer Notiz zusätzlich zur Ablaufmodellierung. Da wir natürlichsprachliche Beschreibungen oder jede Art von formaler Sprache in die Aktionsknoten eintragen können, ist hier immer nur ein Platzhalter für Anweisungen in ANSI-C eingetragen. Der C-Code ist mit den entsprechenden Platzhaltern ebenfalls dargestellt, um die gleichartigen Strukturen zu erfassen. Kompilierbar ist er so natürlich nicht.

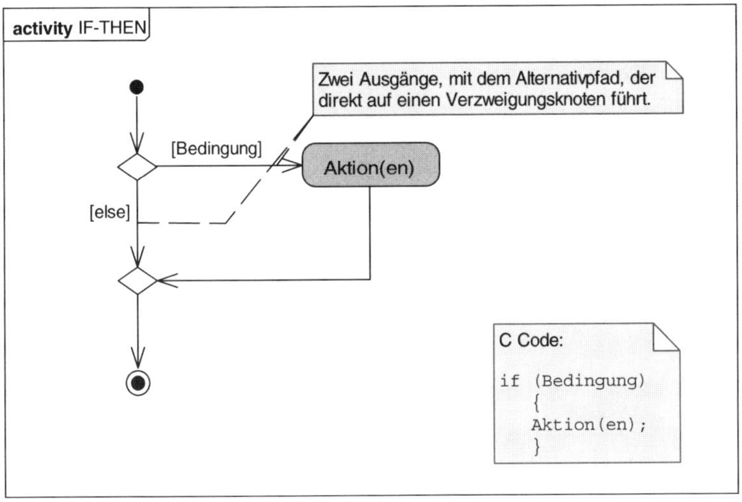

Abb. 2.106 *IF-THEN-Ablauf*

IF-THEN

Als erste, einfachste Form der Ablaufstrukturierung sehen wir uns das „wenn-dann“, in C „IF-THEN“ im Aktivitätsdiagramm der Abbildung 2.106 an. Dazu brauchen wir den bedingten Aktionsknoten, eine Verzweigung und eine Zusammenführung. Auf der Kante zur bedingten Aktion steht die Bedingung, der alternative Weg führt den Token direkt auf die Zusammenführung. Damit der Token nicht immer diesen Alternativweg nimmt, ist es notwendig, auch hier eine Bedingung, nämlich „[else]“, zu annotieren.

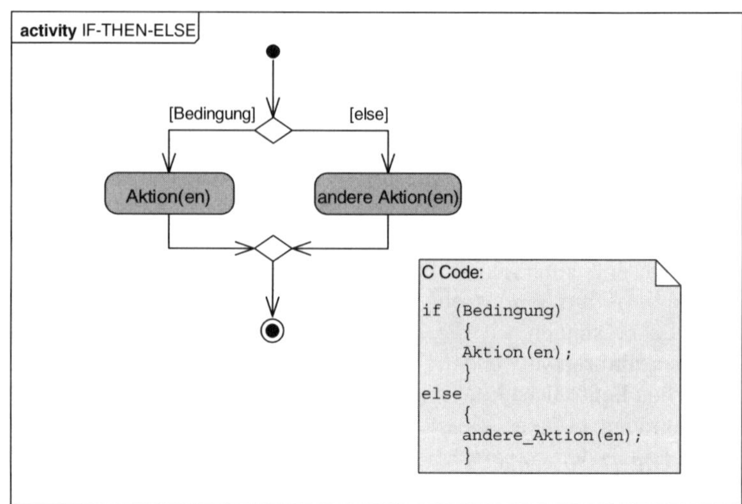

Abb. 2.107 *Ablauf für IF-THEN-ELSE*

ELSE Die Erweiterung des einfachen IF-THEN mit einem ELSE-Zweig ist ganz einfach. Wie in Abbildung 2.107 gezeigt, brauchen wir dazu nur eine oder mehrere andere Aktion(en) in die ELSE-Abzweigung zu setzen. Für mehr als zwei Möglichkeiten sieht die Programmiersprache C eine SWITCH-CASE-Anweisung vor, die sich, wenn wir sie im Aktivitätsdiagramm als Ablauf konstruieren wollen, als Erweiterung des IF-THEN ergibt.

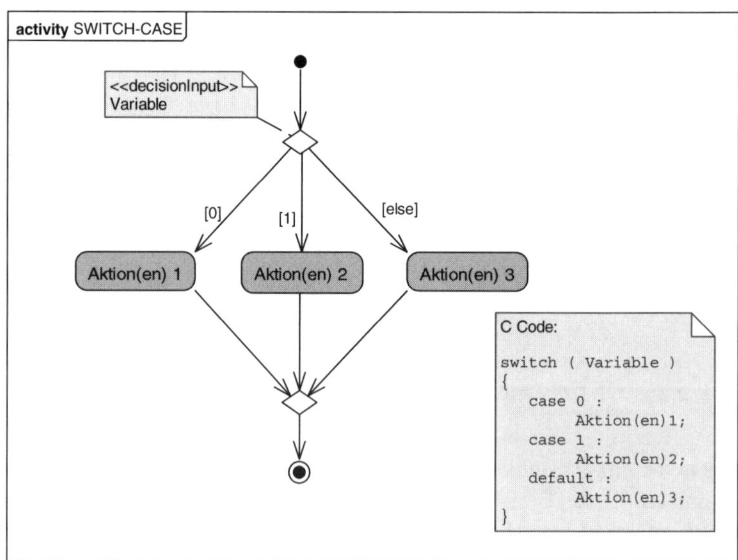

Abb. 2.108 *Ablauf für SWITCH-CASE*

SWITCH-CASE Um die verschiedenen Möglichkeiten der Werte für die auszuwertende Variable ähnlich dem passenden C-Code darzustellen, nutzen wir im Aktivitätsdiagramm der Abbildung 2.108 die oben schon vorgestellte Variante mit der stereotypisierten Notiz. Nach dem Schlüsselwort «decisionInput» folgt der Variablenname, hier „Var". Diese Notiz ist am Verzweigungsknoten angebracht, vom dem aus alle möglichen Wege als Kanten abgehen. An diesen Kanten stehen als Bedingungen, und somit auch wieder in eckigen Klammern, die Werte, die „Var" annehmen kann. Ein Default-Verhalten ist ebenfalls modelliert, das wie immer über die „[else]"-Kante erreicht werden kann.

WHILE

Neben Verzweigungen brauchen wir zur Ablaufmodellierung natürlich auch Schleifen. Die einfachste Schleife im Sinne der Ablaufmodellierung im Aktivitätsdiagramm ist die WHILE-Schleife, wie in Abbildung 2.109 zu sehen.

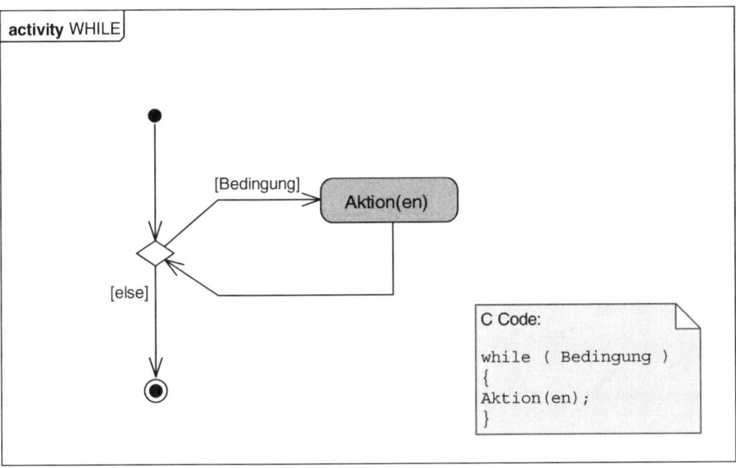

Abb. 2.109 *Ablauf für WHILE*

Hier haben wir sogar noch einen Knoten weniger zu modellieren als für IF-THEN, denn die Verzweigung führt auch wieder zusammen. Solange die Bedingung erfüllt ist, wandert der Token immer wieder in die bedingte Aktion.

DO-WHILE

Direkt verwandt mit der WHILE-Schleife ist die Option, zumindest immer einmal die bedingte Aktion zu durchlaufen. In C wäre das die DO-WHILE-Schleife. Auch diese ist im Aktivitätsdiagramm leicht modelliert, wie in Abbildung 2.110 zu sehen ist.

Hier verzweigen wir unbedingt in den Aktionsknoten und von dort wieder unbedingt auf einen Verzweigungsknoten, der die Schleifenbedingung auf der Rücksprungkante trägt und das „[else]" als alternativen Weg.

FOR-NEXT

Interessanterweise sind die gängigsten Schleifen in Programmiersprachen diejenigen, die in der Ablaufmodellierung am komplexesten erscheinen. Wenn wir eine FOR-NEXT-Schleife mit den uns momentan zur Verfügung stehenden Mitteln modellieren wollen, so brauchen wir ein paar Aktionsknoten mehr.

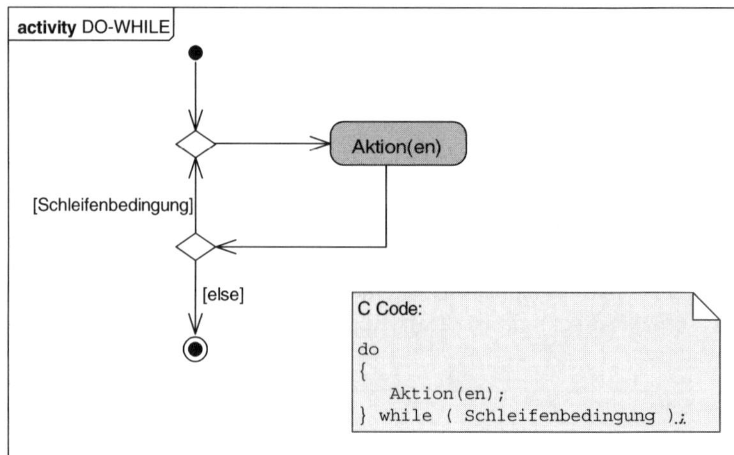

Abb. 2.110 *Ablauf für DO-WHILE*

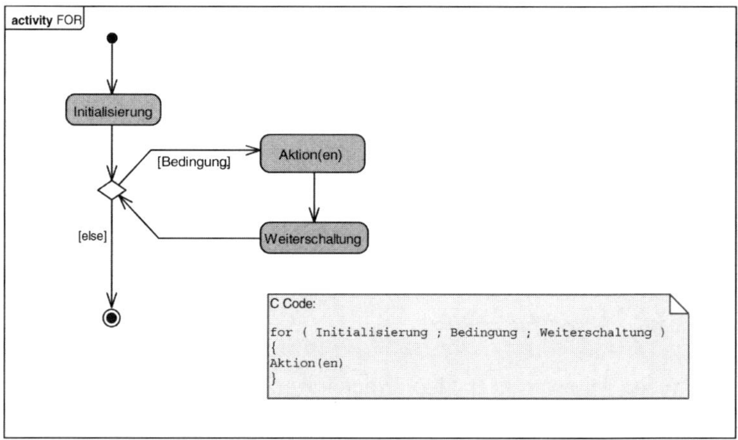

Abb. 2.111 *Ablauf für eine FOR-Schleife*

Betrachten wir die FOR-Anweisung in C etwas genauer: Dort erfolgt in der Klammer hinter dem Schlüsselwort FOR erst einmal die Initialisierung einer Schleifenvariablen wie beispielsweise „i = 0“. Dahinter wird die Schleifenbedingung angegeben und danach die Weiterschaltung der Schleifenvariablen. Dieser Ablauf sieht ähnlich aus wie WHILE, nur brauchen wir die Aktionsknoten zur Initialisierung und zur Weiterschaltung explizit. Das Aktivitätsdiagramm in Abbildung 2.111 zeigt das im Detail. Natürlich wäre es auch möglich, dass wir das in den anderen Aktionsknoten mit erledigen, nur wird es dann schwierig, die FOR-Schleife als solche im Modell zu erkennen.

FOR mit CONTINUE

Noch komplexer wird es, wenn wir auch den Abbruch beziehungsweise die bedingte Weiterschaltung innerhalb der Schleife darstellen wollen. In C gibt es dafür das Schlüsselwort CONTINUE, das wir als weitere Verzweigung modellieren müssen. Im Aktivitätsdiagramm der Abbildung

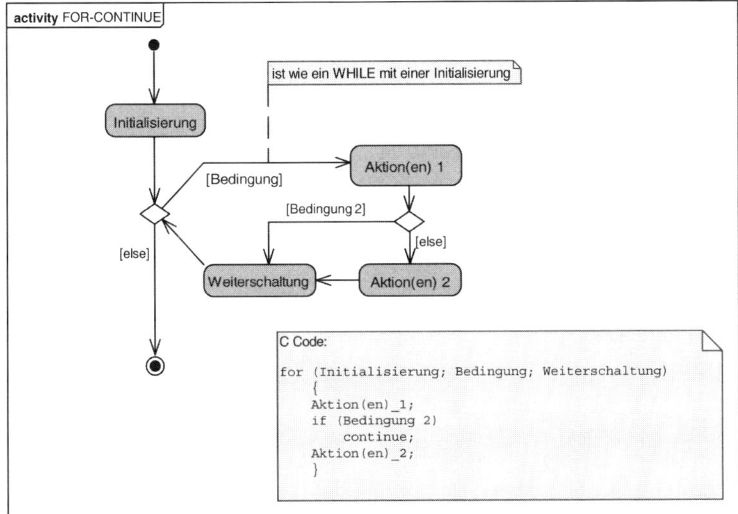

Abb. 2.112 *Ablauf für FOR-CONTINUE*

2.112 ist dies in einer Möglichkeit modelliert. Können Sie sich vorstellen, wie die Schleife konstruiert werden müsste, wenn wir das CONTINUE gleich am Anfang der FOR-Schleife haben müssen?

Aktivitätsknoten

Die bisher gezeigte Nutzung der Aktivitätsdiagramme für strukturierte Abläufe ist sinnvoll, wenn deren Komplexität nicht zu groß wird. Mit der Einführung bislang noch nicht verwendeter Elemente wie Unterbrechungen, Parallelisierungen durch Gabelung oder Signalen kann es aber sein, dass das Verständnis grundsätzlicher Ablaufstrukturen nicht mehr gegeben ist. Daher wurde in die UML 2 das Element der strukturierten Aktivitätsknoten eingeführt, die in der Lage sind, Einzelabläufe zu kapseln. Eine Aktivität selbst ist einfach ein Rahmen mit abgerundeten Ecken, der Teilabläufe zusammenfasst. Eine Aktivität kann ebenso wie eine Aktion Pins als Eingang und/oder Ausgang besitzen. Für die Tokenverarbeitung gilt ebenso wie bei atomaren Aktionen, dass der Ablauf innerhalb der Aktivität erst dann losläuft, wenn an allen Eingangskanten Token bereitstehen.

In Abbildung 2.113 sehen wir, dass wir anstelle einer atomaren Aktion genauso eine Aktivität in einen übergeordneten Ablauf einfügen können. Innerhalb dieser Aktivität können wir genauso modellieren wie in einem separaten Aktivitätsdiagramm. Diese Ineinanderschachtelung ist in der UML bewusst gewollt, denn genauso wie im Sequenzdiagramm, in dem Detailsequenzen in andere Diagramme ausgelagert werden können, ist es im Aktivitätsdiagramm möglich, hinter scheinbar atomaren Aktionen komplexe Aktivitäten zu verbergen. Das objektorientierte Prinzip der Kapselung findet auch hier Verwendung. Allerdings sollte ein Diagramm nicht einem Suchbild entsprechen, in dem der Modellierer hinter jeder atomaren Aktion nachsehen muss, ob sich nicht darunter noch ein weiteres Diagramm befindet. Insofern brauchen wir ein In-

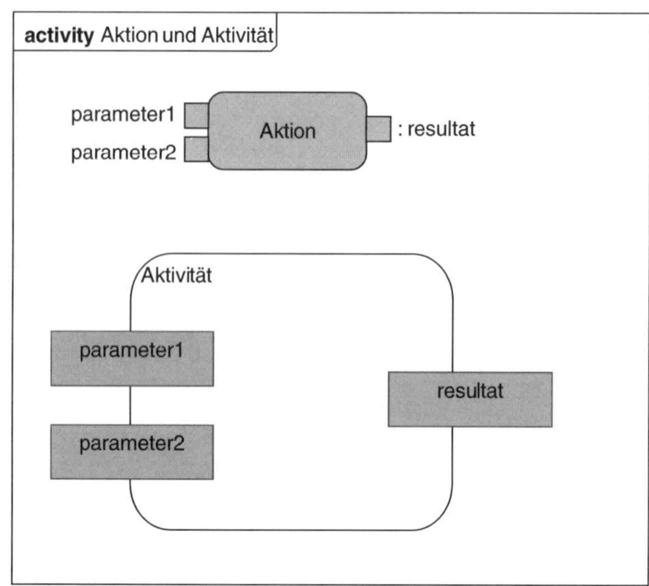

Abb. 2.113 Aktion und Aktivität im Vergleich

diz dafür, dass eine atomare Aktion einen Platzhalter für eine komplexere Aktivität darstellt. Die UML definiert dafür ein Zusatzzeichen im Aktionsknoten, das die durch die Verschachtelung erreichte Hierarchie symbolisiert. Das Aktivitätsdiagramm in Abbildung 2.114 zeigt für alle Aktionsknoten diese Art der Verschachtelungsmöglichkeit.

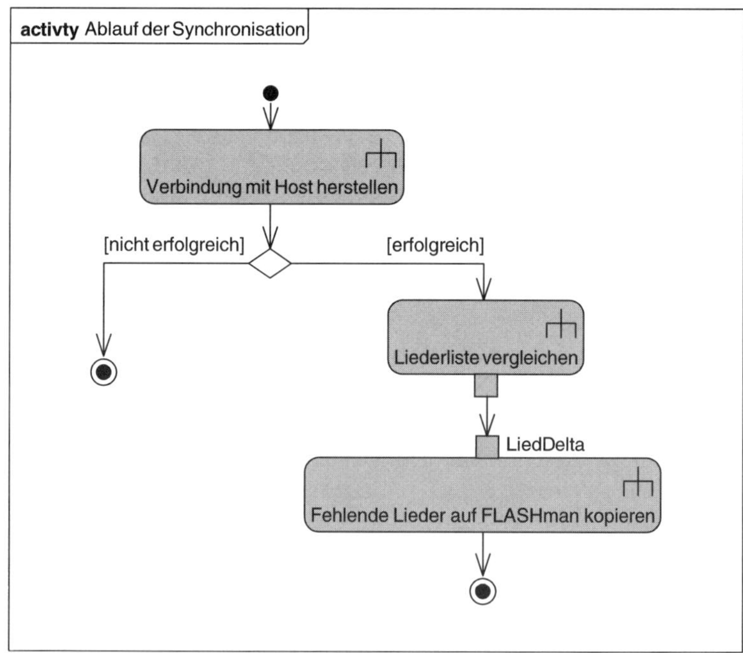

Abb. 2.114 Ablauf der Synchronisation

Hierarchien von Aktivitäten

Mit diesem Hierarchiesymbol versehene Aktionsknoten repräsentieren alle Aktivitäten, die auf anderen Diagrammen modelliert sind. Wenn wir uns dazu einmal die Aktivität „Liederliste vergleichen" im Aktivitätsdiagramm der Abbildung 2.115 ansehen, fallen mehrere Dinge auf: Zum einen wurde der sonst übliche Diagrammrahmen nicht verwendet. Das kommt durch die Tatsache, dass die Aktivität selbst den betreffenden Rahmen darstellt. Wir können den Diagrammrahmen also hier weglassen. Zum anderen muss die Ein- und Ausgabestruktur der detaillierteren Aktivitätsbeschreibung zu ihrer Repräsentanz im übergeordneten Aktivitätsdiagramm passen. Dort war ein Pin als Ausgabeparameter für das „LiedDelta", also eine Liste aller Lieder, die auf dem FLASHman fehlen, dargestellt. Demzufolge müssen wir in der Aktivität einen Objektknoten auf die begrenzende Aktivitätslinie setzen, die diesem Ausgabeparameter entspricht.

Aktivitäten haben optional die Möglichkeit, dass wir Vor- und/oder Nachbedingungen für ihren Ablauf angeben können. Diese werden mit den Stereotyp-Schlüsselworten «precondition» und «postcondition» in der rechten oberen Ecke des Aktivitätsrahmens angegeben. Im Aktivitätsdiagramm der Abbildung 2.115 ist dargestellt, dass zur Ausführung dieser Aktivität der FLASHman mit dem Host-PC verbunden sein muss. Dazu ist eine entsprechende Vorbedingung rechts oben in der Aktivität eingetragen.

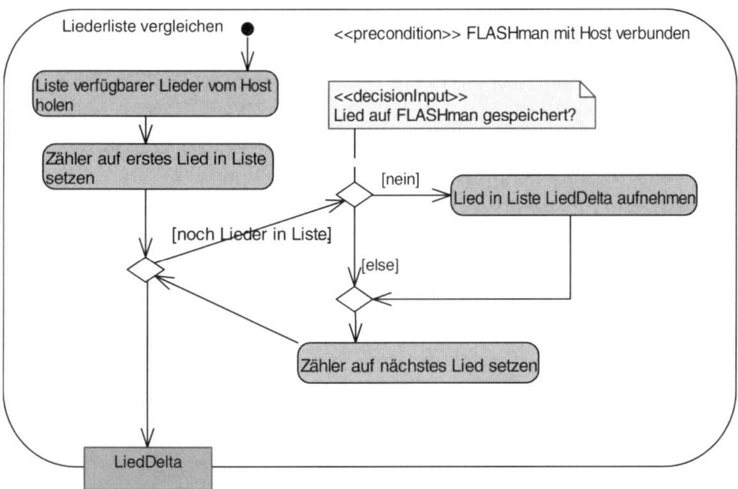

Abb. 2.115 *Aktivitätsdiagramm Liederliste vergleichen*

Ein weiteres Modellierungsdetail im Aktivitätsdiagramm der Abbildung 2.115 sei hier auch noch erwähnt: Die „Modellierungspatterns" für die „IF-THEN"-Struktur und die „FOR-NEXT"-Struktur sind hier enthalten. Diese sind aber ineinandergeschachtelt, was für das Gesamtverständnis des Ablaufs vielleicht nicht so abträglich wäre. Wenn der Modellierer aber explizit auf solche Standardstrukturen verweisen will, kann er seit der UML 2 auch spezielle Strukturknoten verwenden. Strukturknoten sehen aus wie Aktivitäten, ihre Rahmen sind lediglich gestrichelt gezeichnet, und anstelle eines Namens für die Aktivität gibt es Schlüsselworte, die links den Strukturknoten oder Bereiche des Strukturknotens beschreiben: Diese sind für Schleifenknoten „for", „while", „do" und für Entscheidungsknoten „if", „then", „else if", „else".

Strukturknoten haben laut Spezifikation eine boolesche Eigenschaft „mustIsolate", die, wenn sie auf „true" gesetzt ist, bestimmt, dass sämtliche Aktionen und eingebetteten Aktivitäten innerhalb des Strukturknotens isoliert von externen Abläufen durchgeführt werden. Da die tokenbasierte Semantik der Aktivitätsdiagramme grundsätzlich eine parallele Abarbeitung der Aktionen und der Tokenweitergabe bedeutet, könnte ein Modellierer ohne diese Möglichkeit der Isolierung von Abläufen nicht auf mögliche Verklemmungen reagieren.

Strukturierte Aktivitätsknoten

Das Aktivitätsdiagramm der Abbildung 2.116 enthält gleich zwei Strukturknoten, die ineinander verschachtelt sind. Dies ist laut UML-Spezifikation erlaubt, wenn der innen liegende Knoten vollständig im anderen enthalten ist. Ein Schleifenknoten wie der äußere der beiden im Diagramm ist ein Strukturknoten, daher auch die gestrichelte Umrandung, und besteht aus maximal drei Bereichen. Der erste ist mit „for" beschrieben und dient der Initialisierung der Schleife. Wenn nichts zu initialisieren ist, kann dieser Bereich natürlich weggelassen werden. Der innere Strukturknoten ist ein Entscheidungsknoten, der hier einem „IF-THEN" entspricht. Der zweite Bereich des äußeren Schleifenknotens ist mit „while" überschrieben und enthält die Prüfungsaktionen, die, wenn sie mit „ja" oder „wahr" enden, die Aktionen im letzten Bereich durchlaufen lassen. Der Entscheidungsknoten kann optional einen Pin, also einen Objektknoten enthalten, der dem Ergebnis der Aktionsauswertung entspricht. Gekennzeichnet wird der Entscheidungsknoten durch eine Raute, die rechts neben dem Knoten angezeichnet wird. Der letzte der drei Bereiche im Schleifenknoten wird mit dem Schlüsselwort „do" überschrieben und bezeichnet den Ablauf, der bei bestehender Bedingung auch durchgeführt wird. Auch ein Schleifenknoten gehorcht der tokenbasierten Semantik, genauso wie eine Aktivität: Die Aktionen innerhalb werden nur dann durchlaufen, wenn an allen Eingängen Token anliegen. Bei Beendigung der Aktionen im Schleifenknoten liegen dann an allen Ausgängen Token an.

Ein Entscheidungsknoten kann in der UML auch mehr als zwei Bereiche haben. Die allgemeine Form sieht vier Bereichsarten vor:

1. „if" : Bedingung
2. „then" : Aktionen, die beim Erfüllt sein der Bedingung durchlaufen werden.
3. „else if" : tiefer geschachtelte Bedingung, die nur dann ausgewertet wird, wenn die Bedingung unter 1 fehlschlägt.
4. „else" : Dieser Bereich enthält Aktionen, die ausgeführt werden, wenn keine andere Bedingung im Entscheidungsknoten zutrifft.

Die Doublette „IF-THEN" kann mehrfach auftauchen, um die Struktur eines „SWITCH-CASE" ebenfalls zu unterstützen. Der „then"-Bereich hin-

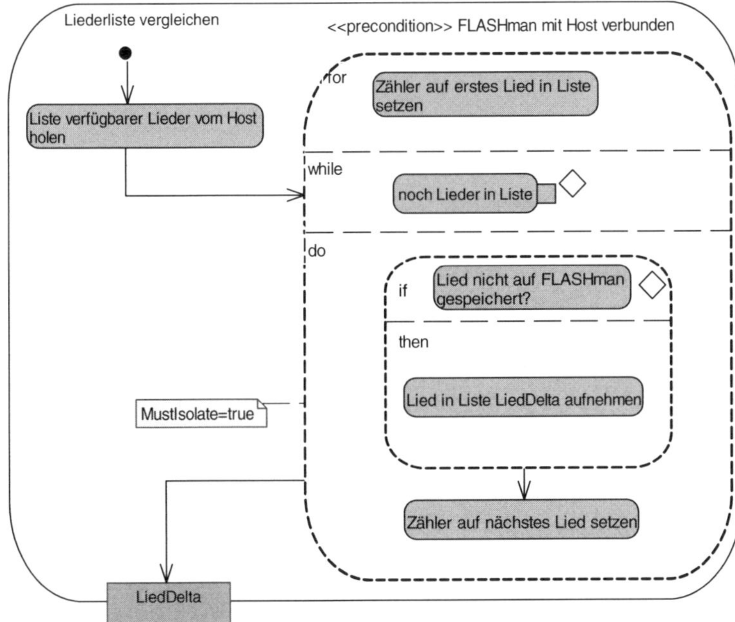

***Abb. 2.116** Liederliste vergleichen mit Strukturknoten*

ter einem „if" ist optional, dies bedeutet, dass einer Bedingung keine Aktionen zugeordnet sein müssen. Der Ablauf des Abprüfens einer Bedingung, um danach aber nichts zu tun und somit auch nichts zu bezwecken, ist jedoch nicht sinnvoll.

Konnektorenpaare

Sprungmarken in Aktivitätsdiagrammen

Ein nützliches Stilelement der Ablaufstruktur soll hier nicht unerwähnt bleiben: Wenn es bei der Ablaufmodellierung aufgrund überkreuzender Aktions- oder Objektkanten zu unübersichtlich wird, gibt es im Aktivitätsdiagramm die Option, Ablaufkanten mit Konnektorenpaaren zu annotieren und so Überkreuzungen zu vermeiden. Diese Konnektoren sollten aber auf keinen Fall mit den Konnektoren der Kompositionsstrukturen verwechselt werden! Konnektorenpaare sind kleine Kreise mit einem eindeutigen Namen und funktionieren wie Sprungmarken in Assembler-Code. Wir können beispielsweise einfache Zahlen nehmen, wie in Abbildung 2.117 dargestellt.

Anstatt mit einer Kante quer über ein Diagramm fahren zu müssen, können wir mit den Konnektorenpaaren sauber den Ablauf auch an anderer Stelle im Diagramm fortsetzen. Ein Tipp: Machen Sie davon nur wenn nötig Gebrauch, denn auch wenn die Namen eindeutig sein sollten, ist mit den Sprungmarken schnell ein „Ablaufsuchbild" erstellt, dessen Bedeutung dem Betrachter dann eher entzogen wird.

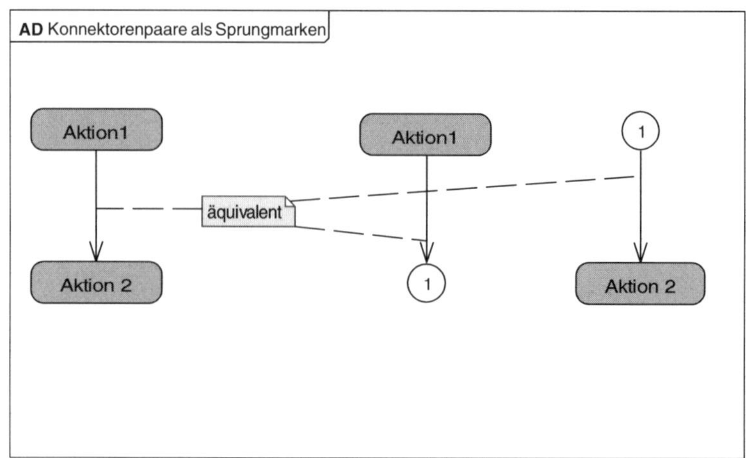

Abb. 2.117 *Konnektorenpaare als Sprungmarken*

Mengenverarbeitung

Bisher haben wir entweder einzelne Objekte oder Objektströme in den Aktivitätsdiagrammen angesehen. Manchmal ist es aber auch sinnvoll, eine Menge von Datenobjekten zusammenzufassen und gemeinsam zu betrachten. Die Verarbeitung sollte dann jedoch je Datenobjekt separat erfolgen. Ein Beispiel dazu für unseren FLASHman: In der Summe werden alle Lieddaten auf dem Host abgespeichert. Soll nun eine Auswahl von Liedern auf das Gerät übertragen werden, so kann das Abspeichern der einzelnen Lieddaten als Mengenverarbeitung modelliert werden, wie das Aktivitätsdiagramm in Abbildung 2.118 zeigt. Die zu übertragenen Lieder werden in ihrer Gesamtheit dem Mengenverarbeitungskno-

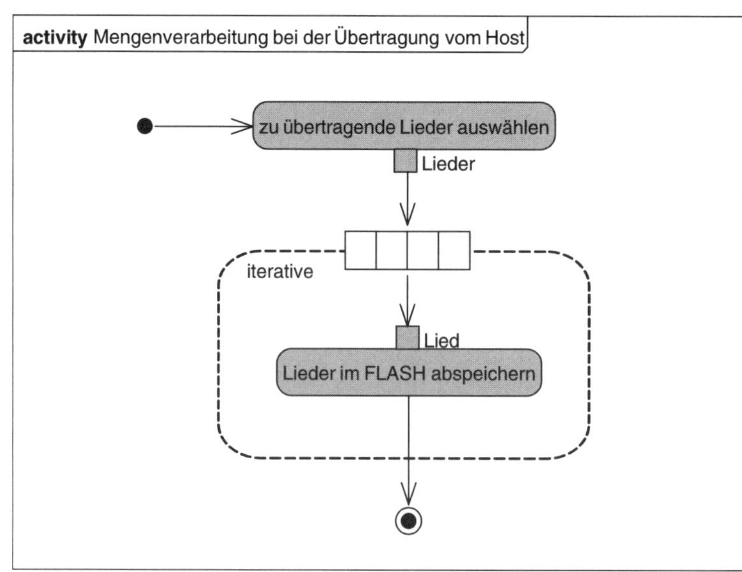

Abb. 2.118 *Mengenverarbeitung bei der Übertragung vom Host*

ten übergeben. Dessen mengenverarbeitender Eingang wird – genauso wie ein entsprechender Ausgang – mit vier nebeneinanderliegenden Pins symbolisiert. Der mengenverarbeitende Knoten kann mit verschiedenen Schlüsselworten entsprechend seiner Verarbeitungsmethodik präzisiert werden: Im Beispiel in Abbildung 2.118 steht „iterative". Das bedeutet, dass die einzelnen Datenobjekte Stück für Stück separat behandelt, hier also abgespeichert werden. Weitere Schlüsselworte sind „parallel" oder „streaming". Parallele Verarbeitung der Datenobjekte bedeutet in diesem Zusammenhang, dass es keine definierte Reihenfolge gibt, aber auch keine zeitgleiche Bearbeitung geben muss. Bei „streaming" wird ein Datenfluss bearbeitet, d.h., die Abarbeitung eines Datenobjekts muss nicht auf das Bearbeitungsende seines Vorgängers warten.

Unterbrechbare Bereiche und Ausnahmen

Unterbrechungen

Ganz schön komplex, die Aktivitätsdiagramme, nicht wahr? Es kommt aber noch mehr. Bevor wir uns in die Welt der parallelen Abläufe begeben, werden wir uns zunächst der Möglichkeit zuwenden, dass Abläufe auch unterbrochen werden können. In technischen Systemen ist dies stets eine einzukalkulierende Option. Wenn meinem Notebook jetzt der Strom ausgehen würde, weil der Akku leer ist, dann müsste ich meine Arbeit an diesem Kapitel unterbrechen. Hoffentlich habe ich in diesem Fall immer die Aktion „Datei auf Festplatte sichern" durchlaufen!

Unterbrechbare Aktivitäten sind genauso wie die anderen Strukturknoten sogenannte Regionen im Aktivitätsdiagramm. Sie heißen in der Spezifikation „InterruptibleActivityRegions" und sind auch als gestrichelter Rahmen mit abgerundeten Ecken dargestellt. Im Rahmen können wir einen Ablauf modellieren, der dann durch den Empfang einer Nachricht oder eines Signals unterbrochen wird. Dabei werden alle Token im Umlauf innerhalb der jetzt unterbrochenen Aktivität gelöscht, wenn ein Token eine Unterbrechungskante durchläuft. Es können auch mehrere Unterbrechungskanten für eine unterbrechbare Aktivität modelliert werden. Zum Beenden aller Token reicht es aber aus, wenn eine Unterbrechungskante durchlaufen wird.

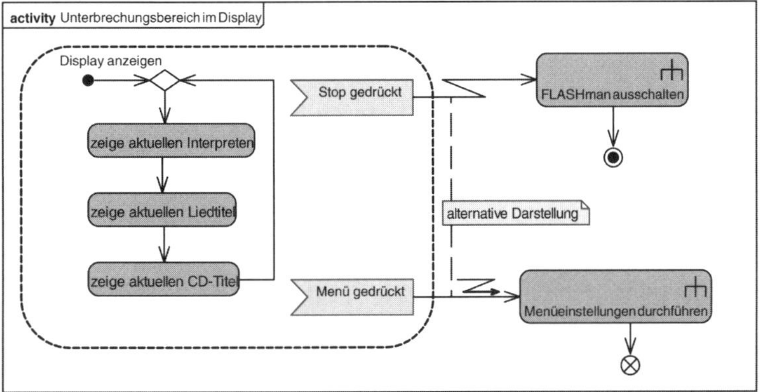

Abb. 2.119 *Unterbrechungsbereich im Display*

Im Aktivitätsdiagramm der Abbildung 2.119 ist ein Beispiel für eine unterbrechbare Aktivität „Display anzeigen" dargestellt. Der Zyklus dieser Aktivität wird entweder durch den Tastendruck auf „Stop" oder auf „Menü" unterbrochen. Für beide Möglichkeiten ist innerhalb der unterbrechbaren Aktivität jeweils ein Nachrichtenempfang modelliert. Die Unterbrechungskanten sind optional in Blitzform oder mit einem zusätzlichen Blitzsymbol dargestellt, um die Unterbrechungscharakteristik hervorzuheben. Im Beispiel wird der umlaufende Token durch den Empfang einer unterbrechenden Nachricht gelöscht.

Behandlung von Ausnahmen

Eine weitere Modellierung mit einer Unterbrechungskante ist die Möglichkeit einer Ausnahmebehandlung (engl. Exception-Handler). Abbildung 2.120 zeigt ein Aktivitätsdiagramm, bei dem ein Tastendruck die Aktivität „Display-Handling" sofort beendet und die Ausnahme „Tastendruck" durch „Tasten-Handling" behandelt wird. Die behandelte Ausnahme wird durch den Eingangspin am Exception-Handler modelliert.

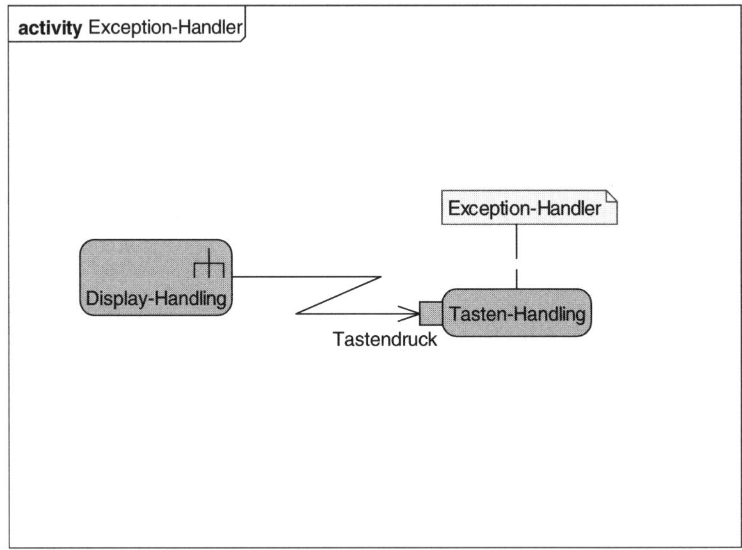

Abb. 2.120 *Beispiel für einen Exception-Handler*

Zeitliche Unterbrechungen und Zeitsignale

Gerade in Echtzeitsystemen ist es notwendig, Überschreitungen von Zeitgrenzen modellieren zu können. Statt nun die Zeitgrenze als empfangenes Signal modellieren zu müssen, können wir ein spezielles Zeitsymbol, das einer Sanduhr entspricht, verwenden. Die Sanduhr kann in Aktivitätsdiagrammen überall da verwendet werden, wo ein zeitliches Ereignis auftritt. Auch eine zeitliche Synchronisation können wir so erreichen.

In Abbildung 2.121 sehen wir sowohl die Modellierung von Zeitlimits als auch die Möglichkeit der zeitlichen Synchronisation. Links ist ein unterbrechbarer Bereich, der durch ein Zeitsignal unterbrochen und damit verlassen wird. Rechts ist ein Ablauf dargestellt, der zwei Aktionen „Aktion 1" und „Aktion 2" beinhaltet. „Aktion 2" darf nur in bestimmten

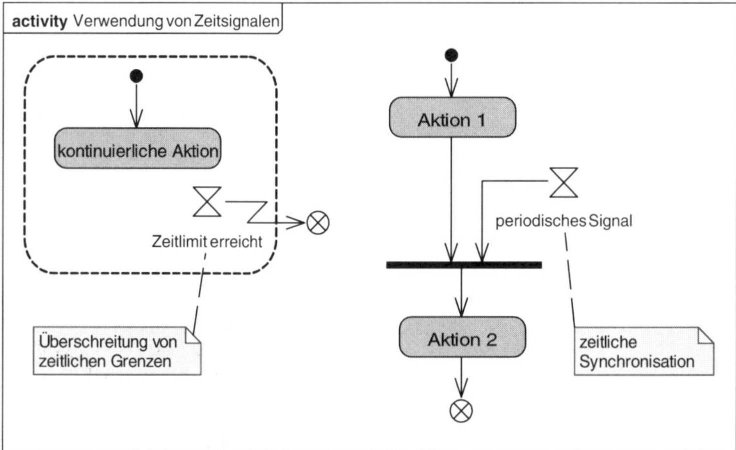

Abb. 2.121 *Verwendung von Zeitsignalen*

zeitlichen Intervallen gestartet werden. Um das zu gewährleisten, verwenden wir einen Zusammenführungsbalken (engl. Synchronisation Bar). Der Token aus der „Aktion 1" wartet, bis der Token aus dem periodischen Signal auch beim Zusammenführungsbalken anliegt, erst dann kann der verbleibende Token über die Kante zur „Aktion 2" wandern.

Gabelung, Zusammenführung und parallele Abläufe

Die meisten eingebetteten Systeme sind gleichzeitig Echtzeitsysteme oder haben zumindest Teile mit Echtzeitanforderungen. Um diese Anforderungen zu erfüllen, reicht es nicht aus, dass wir innerhalb der Abläufe zu beliebigen Zeiten einmal nachsehen, ob auf externe Ereignisse zu reagieren ist. Stattdessen muss es möglich sein, parallele oder bei nur einem Rechnerkern quasiparallele Abläufe zu entwickeln und damit auch zu modellieren. Dies funktioniert auch mit den Abläufen im UML-Aktivitätsdiagramm, denn es ist mit dem Symbol der Gabelung realisierbar, Token zu splitten und auch wieder zusammenzuführen. Resultat sind zwei unabhängige Teilabläufe dazwischen.

Parallele Abläufe durch Gabelungen

Nehmen wir als Beispiel das gleichzeitige Bedienen von Bild und Ton bei unserem FLASHman. Drückt der Nutzer auf den Play-Knopf, erwartet er, dass gleichzeitig das aktuelle Lied gespielt wird und auch das Display Interpreten und Titel anzeigt. Da aber unser Display für die Anzeige aller Informationen zu klein sein wird, muss die Information als eine Art Laufband kontinuierlich durchgeschoben werden. Daneben muss der FLASHman natürlich auch die digitalen Lieddaten erfassen, in analoge Tonsignale umwandeln, verstärken und spielen.

Eine Gabelung ist ein senkrechter oder waagerechter Balken, der eine Eingangskante und beliebig viele Ausgangskanten hat, wie Abbildung 2.122 zeigt. Semantisch wird hier ein einkommender Token in genau so viele Token aufgeteilt, wie Ausgänge von der Gabelung abgehen. Sollte

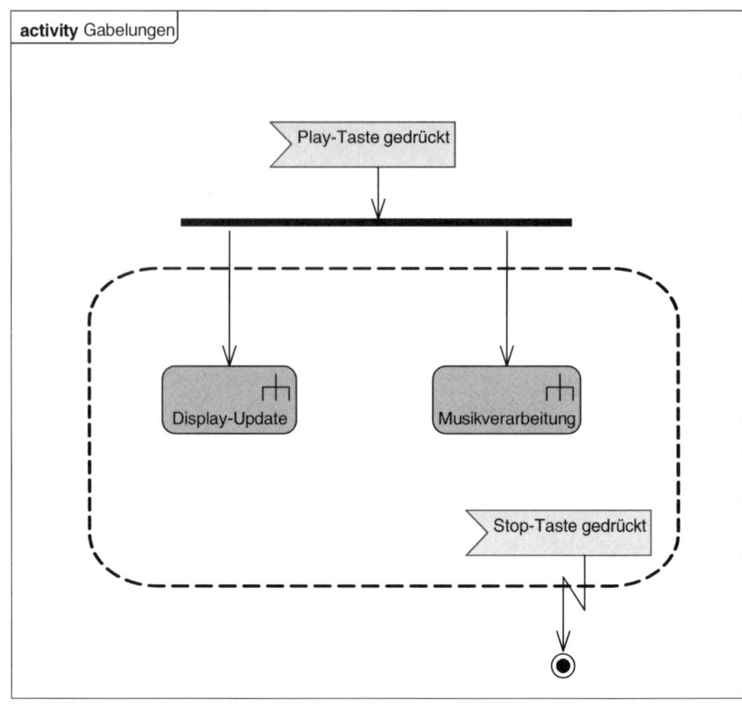

Abb. 2.122 *Gabelung*

einer oder mehrere dieser Ablaufpfade nicht bereit sein, ihren Token zu verarbeiten, bleibt dieser Token an der Gabelung stehen. Die parallelen Teilabläufe sind von diesem Problem nicht betroffen, sie laufen wirklich parallel an, wenn sie selbst bereit dazu sind. Eine Zusammenführung verschiedener Abläufe ist mit dem gleichen Symbol wie dem der Gabelung modellierbar. Das Symbol heißt demnach Zusammenführung (engl. Synchronisation Bar) und ist beispielsweise in Abbildung 2.121 genutzt. Hier gilt, dass die eine ausgehende Kante nur dann aktiv wird, wenn alle eingehenden Kanten mit Token durchlaufen werden. Die Token werden also ebenso zusammengeführt und aus verschiedenen parallelen Abläufen wird wieder einer.

Schwimmbahnen zur Verteilung und Allokation von Aktivität

Schwimmbahnen beschreiben Verantwortlichkeiten

Ein weiteres, wichtiges Modellierungskonstrukt in Aktivitätsdiagrammen besteht in der Verteilung von Ablaufverantwortlichkeit. Jede Aktion oder Aktivität kann eigentlich an jeder freien Stelle im Aktivitätsdiagramm stehen. Wenn wir jetzt Bereiche des Diagramms mit an der Interaktion beteiligten Entitäten verbinden können, wäre es möglich, genau ausdrücken zu können, wer welche Aktion durchführt. Gerade zur Modellierung von Nutzerinteraktion, bei der ein Ablauf sowohl von der richtigen Eingabe des Systemnutzers, aber auch von internen Bedingungen abhängt, können wir diese Aktionsverteilung sehr gut gebrauchen.

Diese Bereiche heißen Schwimmbahnen (engl. Swim Lanes) und funktionieren genauso, wie ihr Name impliziert: Das Diagramm entspricht dem Schwimmbecken, und jeder Schwimmer bekommt seine Bahn zugewiesen. Diese Zuweisung geschieht durch die Nennung des „Schwimmers“ als Überschrift über die Schwimmbahn. Schwimmbahnen können laut UML sowohl vertikal wie auch horizontal im Diagramm verlaufen. Wenn wir aber keine Matrizen-Verteilung der Elemente im Diagramm darstellen wollen, sollten wir uns auf eine der beiden Möglichkeiten in einem Diagramm festlegen. Schwimmbahnen können auch ineinanderverschachtelt sein. Das ist dann sinnvoll, wenn wir beispielsweise mit einem Aktivitätsdiagramm einen Workflow beschreiben wollen, bei dem die unterschiedlichen Arbeitsteams und gleichzeitig auch die einzelnen Mitarbeiter oder Mitarbeiterrollen in der Aufgabenverteilung vorkommen.

Wenn eine Aktion oder Aktivität in einer der Schwimmbahnen platziert wird, ist damit eindeutig beschrieben, wer dafür verantwortlich ist oder wer diese Aktion oder Aktivität ausführt. Im Aktivitätsdiagramm der Abbildung 2.123 sehen wir ein Beispiel für die Trennung der Nutzerschnittstelle in Input und Output, was durch die verschachtelte Schwimmbahn für „User Interface“ ersichtlich wird. Durch die Platzierung jeder Aktion in der Schwimmbahn desjenigen Akteurs oder Objekts, der oder das die Aktion durchführt, wird genau zugewiesen, wer was macht.

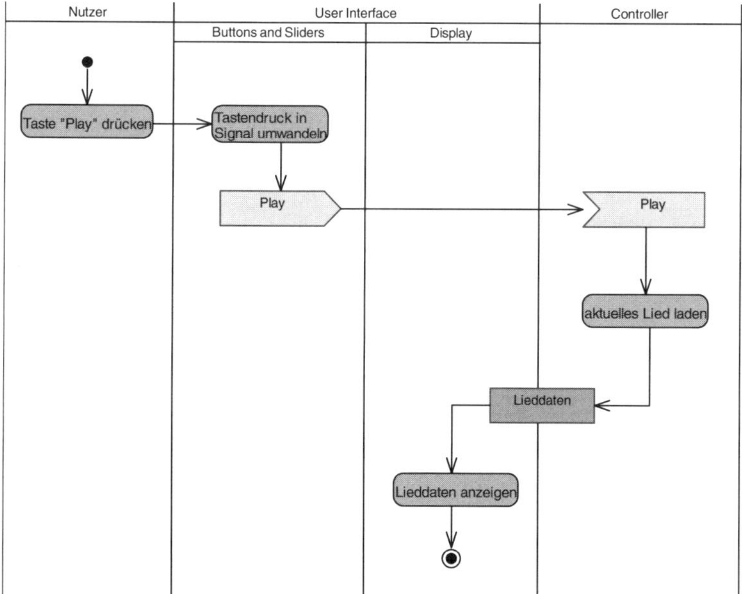

Abb. 2.123 *Verschachtelte Schwimmbahnen*

Objektknoten, die als Datenobjekte ausgetauscht werden, können wir auf die jeweilige Schwimmbahngrenze setzen, wie mit „Lieddaten“ zu sehen ist.

Taskdesign und Objekte

Modellierung von Tasks

Die Softwarearchitektur, die wir auch mit den gerade vorgestellten Aktivitätsdiagrammen beschreiben wollen, verbindet die generische Objektarchitektur, in der wir die Objekte unabhängig von irgendwelchen physikalischen Gegebenheiten definieren können, mit der realen Hardware, die auch die Allokation der Objekte letztendlich bestimmt. Diese drei Ebenen der Lösungsarchitektur eines eingebetteten Systems werden in Abbildung 2.124 in einem Klassendiagramm dargestellt. Wenn wir ein Objekt in der obersten Ebene modellieren, beispielsweise ein Controllerobjekt, dann muss dieses Objekt auch in einer Task vorkommen. Es muss instanziiert werden und mit anderen Objekten interagieren. Dies geschieht synchron oder asynchron. Synchrone Kommunikation geschieht innerhalb einer Task durch den Aufruf einer Operation des Nachrichtenempfängerobjekts. Wenn wir über Taskgrenzen hinweg kommunizieren wollen, brauchen wir Intertaskkommunikationelemente wie Message Queues oder Semaphore. All diese Dinge können wir im Taskdesign vorsehen.

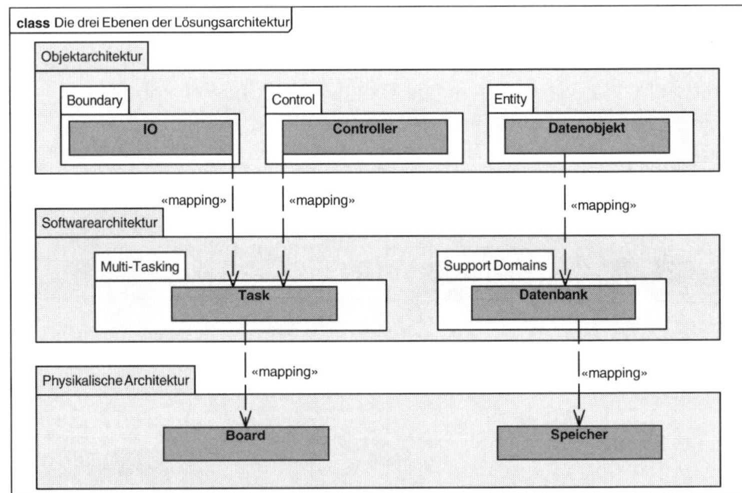

***Abb. 2.124** Die drei Ebenen der Lösungsarchitektur*

Ein anderer Aspekt der Softwarearchitektur ist die Notwendigkeit, Daten(-objekte) persistent speichern zu müssen. Relationale Datenbanken sind dafür ein probates Mittel, sie müssen aber auch entsprechend konfiguriert werden. Diese Datenbankarchitektur ist auch in der Softwarearchitektur angesiedelt.

Darunter haben wir die realen, physikalischen Elemente der Systemhardware. Boards, Prozessoren, Speicher, Busse, diskrete Leitungen oder nicht flüchtige Massenspeicher haben wir bereits mit Mitteln der Kompositionsstrukturen modelliert.

Jetzt konzentrieren wir uns auf die Softwarearchitektur und dort auf den Aspekt des Multitaskings. Um die Echtzeitanforderungen eines eingebetteten Systems zu erfüllen, müssen die miteinander kooperierenden Objekte aus der Objektarchitektur so organisiert werden, dass daraus ebenfalls kooperierende Tasks entstehen, die wir (falls vorhanden) auf die verschiedenen Prozessoren aufteilen können. Dazu brauchen wir zusätzliche Objekte und deren Klassen, die die passenden Nebenläufigkeitskonstrukte wie zum Beispiel Taskinteraktion bereitstellen.

Tasks in UML

Die UML stellt für die Modellierung von Tasks nicht sehr viel zur Verfügung. Eine Klasse hat eine Eigenschaft „isActive", die als Standard auf „false" gesetzt ist. Wenn für eine Klasse „isActive" auf „true" steht, bedeutet dies für die Objekte dieser Klasse, dass sie ihren eigenen Thread of Control haben. In anderen Worten: Das Verhalten dieser Objekte läuft so lange ab, bis es vollständig abgearbeitet ist oder aber die Objekte von extern gelöscht werden. Das klingt schon mal sehr nach Tasks. Die aktiven Objekte bestimmen selbst die Kommunikation mit anderen Objekten, im Gegensatz zu den (passiven) Objekten, die lediglich ihre öffentlichen Operationen zur Verfügung stellen, damit sie von außen aufgerufen werden können

Aktive Klassen werden in der UML mit zwei weiteren vertikalen Linien links und rechts dargestellt, wie im Klassendiagramm der Abbildung 2.125 zu sehen ist.

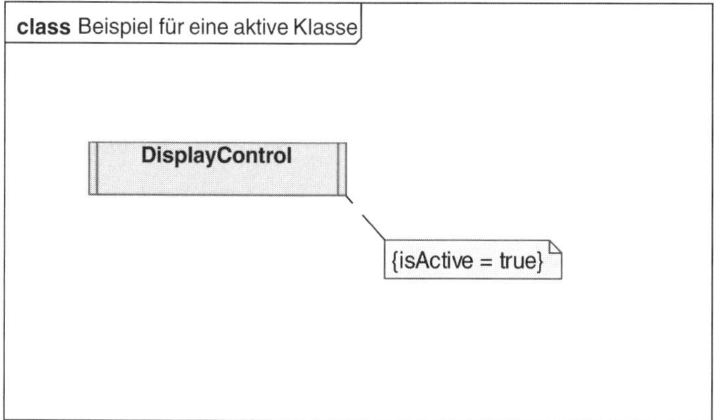

Abb. 2.125 *Beispiel für eine aktive Klasse*

Für das eigentliche Taskdesign, also die konzeptionelle Modellierung der nebenläufigen Tasks und der Kommunikation zwischen ihnen stellt die UML nichts Spezielles zur Verfügung. Aus dem Fundus der verschiedenen Modellierungssichten können wir aber eine Werkzeugpalette zusammenstellen, die für die Softwarearchitektur geeignet ist.

Ein Seitenblick auf die Programmierung

Betrachten wir zunächst einmal, was wir zur Modellierung von Tasks und ihrer Kommunikation benötigen: Aus Sicht eines C/C++-Programms funktioniert eine Task wie ein eigenes Programm und braucht eine Operation „main()". In der Task sind alle Objekte instanziiert, die funktional zur Task beitragen. Wenn wir diese Aussagen in die UML übertragen, ist das im Klassenmodell einfach beschrieben.

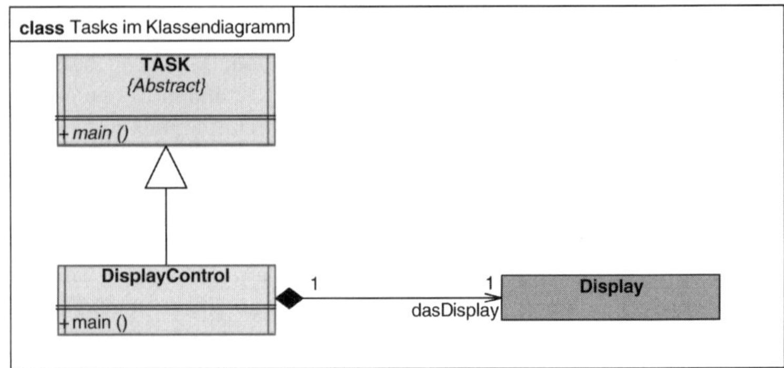

Abb. 2.126 *Tasks im Klassendiagramm*

Das Klassendiagramm in Abbildung 2.126 drückt aus, dass jede Task eine Operation „main()" enthalten und implementieren muss. Dazu modellieren wir eine abstrakte, aktive Klasse „TASK" mit dieser Taskeigenschaft. Die Klasse „DisplayControl", die auch aktiv ist, ist eine Spezialisierung der Klasse „TASK". Sie enthält eine nicht abstrakte Operation „main()" und eine Kompositionsbeziehung zu einer exemplarischen Klasse „Display". Durch die Komposition wird das Displayobjekt bei Erzeugung der Task „DisplayControl" automatisch mit instanziiert, denn die Lebenslinien der Task und ihrer Bestandteile sind identisch. Die in der Task enthaltenen Objekte können wir auch im Kompositionsstrukturdiagramm sehr plastisch modellieren, wie in Abbildung 2.127 zu sehen ist.

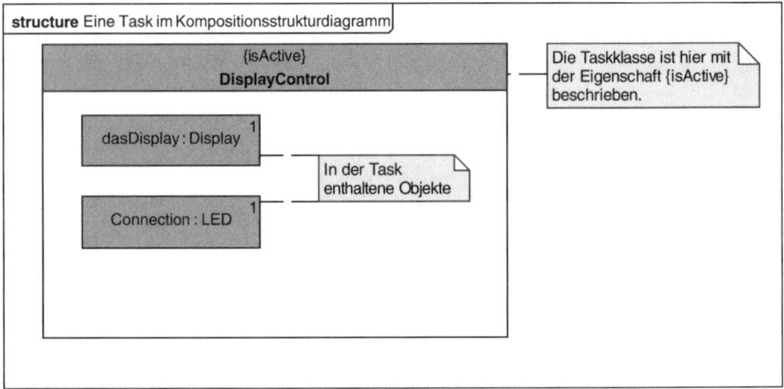

Abb. 2.127 *Eine Task im Kompositionsstrukturdiagramm*

Der Kommentar zu den enthaltenen Objekten ist nicht ganz präsize: Eigentlich handelt es sich hierbei um Parts und nicht um Objekte. Der jeweilige Partname entspricht der Rolle, mit dem die Task das betreffende Objekt kennt, und nicht dem dem Objekt selbst. Bei Rollen der Multiplizität „1" können wir das aber zumindest für die Aufbausicht der Tasks im Klassenmodell gleichsetzen. Objekte sind im Klassen- und im Kompositionsstrukturdiagramm aber nicht darzustellen, sondern nur in den

Objektdiagrammen oder Interaktionsdiagrammen. Trotzdem ist der Taskaufbau mit der Einführung der Kompositionsstrukturdiagramme eine griffige Art der Modellierung.

Taskfindung

Wie kommen wir in unserem Systemmodell zum richtigen Satz unserer Tasks?

Am einfachsten verfahren wir hier ähnlich wie bei der Objektfindung: Taskkandidaten suchen und bei Bedarf verändern, zusammenführen oder auseinanderziehen. Die Tasks werden aus den Objekten, die wir in unserem System definiert haben und der Art ihrer Zusammenarbeit gebildet. Objekte können beispielsweise im Objektdiagramm dargestellt und dort nach der Art ihrer Kopplung gruppiert werden.

Tasks erledigen externe Aufgaben

Eine weitere Möglichkeit, Tasks zu finden, ist die über externe Signale, auf die das System reagieren muss. Wenn wir jedem externen Signal einen Taskkandidaten zuordnen, bekommen wir eine ganze Menge Taskkandidaten, die wir dann aber durch geeignete Maßnahmen reduzieren sollten. Zu viele Tasks in einem realen System bedeuten ein Mehr an Kontextwechseln, also ein Missverhältnis von Systemfunktionalität und Verwaltungsoverhead. Es gibt aber Verfahren und Entwurfsmuster, um die Anzahl der Tasks zu reduzieren. Dazu können diejenigen Tasks miteinander verbunden werden, die beispielsweise zeitlich ähnliche Abläufe haben oder deren Objekte in enger Zusammenarbeit stehen.

Beispiele dafür, wie wir um Modell Taskkandidaten zur Reduktion der Taskanzahl finden, wären:

- Start mit den Sequenzdiagrammen aus dem Objektdesign: Überall, wo direkte Operationsaufrufe verwendet werden, arbeiten die Objekte direkt zusammen.
- Verwendung von Objektdiagrammen zur Gruppierung der Objekte. Wir können dann Rahmen verwenden, um die Tasks zu symbolisieren. Dabei bleiben meist Objekte zurück, die nicht nur einer Task eindeutig zugeordnet werden können. Diese sind sehr häufig Entitäten, die Daten bereithalten, die für mehr als nur eine Task wichtig sind. Damit wir später Datenkonsistenz auch im Multitasking-Betrieb sicherstellen können, brauchen diese Objekte Verriegelungsmechanismen wie Semaphore zur Serialisierung des Zugriffs.

Einbindung eines RTOS

Für all die notwendigen Mechanismen unseres Echtzeitsystems wie Taskstruktur, prioritätsgesteuerte Einplanung von Tasks, Kontextwechsel, Intertaskkommunikation und kontrollierter Zugriff auf Ressourcen gibt es Echtzeitbetriebssysteme (engl. Real-time Operating System – RTOS). Es gibt grundsätzlich zwei Möglichkeiten, Echtzeitbetriebssysteme in unser Modell zu integrieren: Die erste ist das direkte Reversen[9] des RTOS-Codes, so dass wir alle applikationsrelevanten Klassenstrukturen

[9] Code Reversing bedeutet eine Übernahme der im Source Code vorhandenen Informationen in das UML-Modell. Üblich ist die automatische Übernahme der statischen Codestruktur sowie der Implementierung in den Operationen.

im Modell zur Verfügung haben. Unser Applikationscode braucht ja die Möglichkeit, auf die RTOS-Codedateien verweisen zu können, so dass im Fall von C oder C++ die richtigen #include-Anweisungen bei der Codegenerierung erzeugt werden. Zum anderen ist es wichtig, auch die Funktionalitäten des RTOS im Modell verwenden zu können. Beispielweise, wenn wir den konkurrierenden Zugriff auf eine Ressource von zwei unterschiedlichen Tasks modellieren wollen, sind auch die Mechanismen des RTOS für die exklusive Nutzung dieser Ressource darzustellen, um ein komplettes Bild zeigen zu können. Ein solcher Mechanismus wäre eine Semaphore, die wir später noch im Detail erläutern werden.

Die zweite Möglichkeit ist das Modellieren eines RTOS als Modellierungsdomäne. Hier können wir konzeptionell die Klassen definieren, die wir für alle RTOS-Funktionen brauchen. Danach ist es notwendig, hinter den Operationen der RTOS-Domäne die tatsächlichen Aufrufe unseres verwendeten RTOS zu hinterlegen. Diese Alternative hat Vorteile, aber auch Nachteile: Vorteilhaft ist die Unabhängigkeit der Applikation vom verwendeten Betriebssystem, denn in der Applikation existieren nur Aufrufe des generischen RTOS. Damit ist die Applikation potenziell einfacher portierbar. Diese Indirektion des Aufrufs ist auch gleichzeitig von Nachteil, denn die Ausführungszeiten werden durch die zusätzlichen Kontextwechsel verlängert.

Genauso wie das Reversen eines RTOS-Codes in das Modell besteht auch ein generisches RTOS aus einem RTOS-Paket, das die Task-Domäne mit den darin enthaltenen Klassen darstellt.

Gutes Objektdesign bedeutet, dass die definierten Objekte zusammengehörende Operationen haben. Gutes Taskdesign stellt sich durch wohldefinierte funktionale Grenzen dar.

Vergleich von Tasks und Objekten

Insofern ist es nützlich, sich die beiden Sichten zu Objekten und Tasks genauer anzusehen. Abbildung 2.128 stellt zwei Tasks und die in ihnen existierenden Objekte dar. Die Operationen innerhalb der Objekte sind als Teile der Taskabläufe anzusehen, also übernimmt jedes dieser Objekte eine oder mehrere Teilaufgaben in der Task. Daneben gibt es Objekte, die Operationen für mehr als eine Task zur Verfügung stellen. Diese sind meist zur Intertaskkommunikation als Entitäten modelliert. Dabei schreibt eine Task deren Daten, während eine andere die Daten wieder liest. Oft brauchen wir daher Mechanismen zum geregelten Zugriff auf diese Datenobjekte, wie beispielsweise Semaphoren. Im Kapitel zur Intertaskkommunikation werden wir uns dies noch genauer ansehen.

Objekte haben grundsätzlich zwei wichtige Eigenschaften: Sie haben eine Identität, und sie bieten in ihrer öffentlichen Schnittstelle Funktionen als „Dienstleistungen“ an, die andere Objekte nutzen können. Diese rufen die Funktionen des Objekts auf, wenn sie eine solche Dienstleistung abrufen wollen. Die Identität eines Objekt bedeutet, dass wenn es zwei Objekte zur Laufzeit gibt, diese unterschiedliche Zustände haben können, auch wenn sie von der gleichen Klasse abstammen. Wie wir

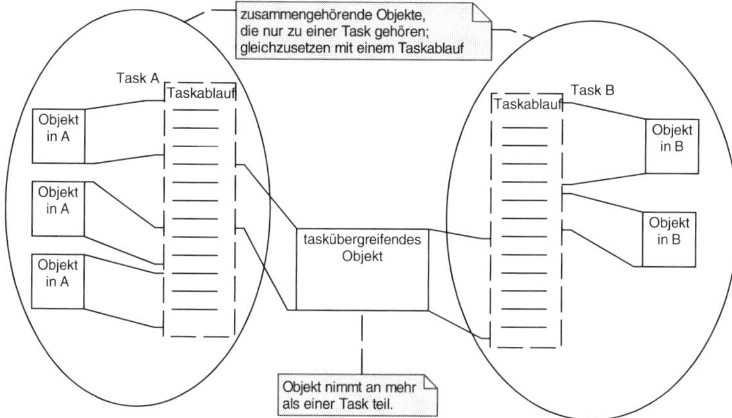

***Abb. 2.128** Tasks und Objekte*

schon bei der Klassenmodellierung gesehen haben, definieren die Klassen die Objekteigenschaften, also auch die Objektschnittstellen für alle ihre Objekte. Dazu kommen in den allermeisten Fällen noch Operationen, die auf Klassenattributen arbeiten, und Operationen zum Erzeugen und Löschen von Objekten.

Objekte und Nebenläufigkeit

Objektorientiertes Design trifft keine Aussagen über Nebenläufigkeitsaspekte. Beim Design definieren wir Objekte, die gegenseitig über Nachrichten kommunizieren. Im Endeffekt werden diese Nachrichten dann in Operationsaufrufe umgewandelt. Dies wird durch das Laufzeitsystem geleistet. Da der Entwickler meist die Implementierungssprache beim Objektdesign schon im Kopf hat, wird dann nicht zwischen Nachrichtenversendung und Operations- bzw. Funktions- oder Methodenaufruf unterschieden. Die UML macht hier schon einen Unterschied, wie später in Abbildung 2.143 zu sehen sein wird.

Um zeitlich nebenläufige Abläufe, sogenannte Threads, auf einem Prozessor quasiparallel zu implementieren, müssen wir uns den Ablauf der Operationen anders vorstellen. Auf oberster Abstraktionsebene beschäftigen wir uns gar nicht mit Synchronisationsproblemen. Alle Nachrichten funktionieren erst einmal zeitlich unabhängig voneinander, weil wir die kommunizierenden, aktiven Objekte als parallel arbeitend ansehen. Ein Echtzeitbetriebssystem hilft uns dabei, diese Sicht für die Applikationsebene so weit wie möglich aufrechtzuerhalten.

Aufgaben eines RTOS

Die verschiedenen Tasks brauchen zur Abarbeitung ihrer Aufgaben Rechnerressourcen wie Speicherplatz, Prozessorzeit und Zugang zur Peripherie, um mit der Außenwelt kommunizieren zu können. Das RTOS koordiniert als Echtzeitbetriebssystem den Zugang auf diese Ressourcen, wie das Objektdiagramm in Abbildung 2.129 zeigt. Die Aufgaben des RTOS sind im Einzelnen:

- Einplanung der Tasks auf dem Prozessor,
- Schutz von gemeinsam genutzten Ressourcen vor falschem Zugriff,

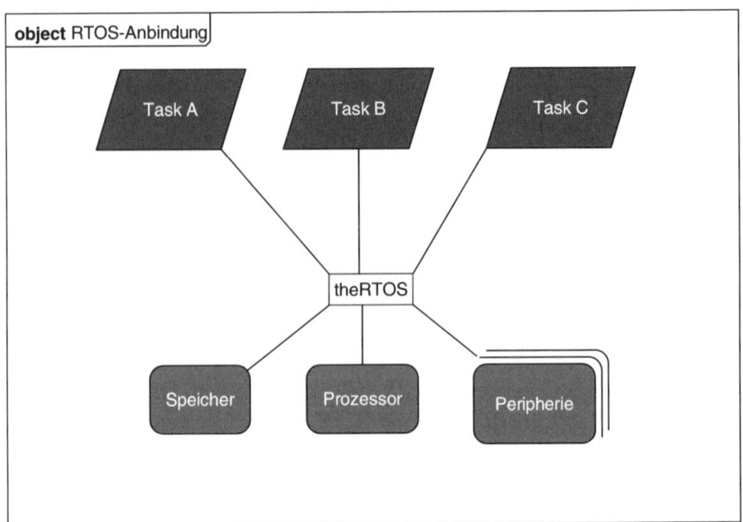

Abb. 2.129 *RTOS-Anbindung*

- Synchronisation von Tasks,
- Taskkommunikation,
- Speichermanagement,
- Bereitstellung einer Systemzeit (als gemeinsame Zeitbasis) und Timer.

In einem objektorientierten Systemdesign können wir ein RTOS als eine Komponente begreifen, die als Paket modelliert Klassen enthält, die für die oben angeführten Aufgaben passende Operationen bereithalten. Allerdings ist es auch sehr häufig so, dass ein RTOS nicht objektorientiert aufgebaut ist, sondern wie eine Funktionsbibliothek. Aber auch hier ist es möglich, durch die Einführung von RTOS-Wrapperklassen Ordnung zu schaffen.

Der direkte Zugriff auf RTOS-Funktionen kann zu Problemen führen, wenn sich in einer neuen Version des RTOS die Aufrufschnittstelle ändern sollte. Durch die Einführung der Wrapperklassen können wir den Änderungsaufwand drastisch verkleinern, denn die neue Aufrufsyntax muss nur in den Wrappern implementiert werden. Die komplette Applikation kann so bleiben, wie sie ist.

Generische Elemente eines RTOS

Das Klassendiagramm in Abbildung 2.130 zeigt ein Beispiel für die verschiedenen Wrapperklassen eines RTOS. Die Klasse „Task" stellt die Operationen und Attribute für die Tasks in unserer Applikation zur Verfügung. Jede Task hat eine Priorität, die auch gesetzt und gelesen werden kann. Die Klasse „Timer" dient dazu, dass wir in der Applikation Timer generieren, starten, stoppen und auch einen Bezug zu dem Objekt herstellen können, das den Timer gerade nutzt. Semaphoren werden gerne verwendet, um Ressourcen wie gemeinsame Speicherbereiche zu schützen oder die Zusammenarbeit von zwei Tasks zu synchronisieren.

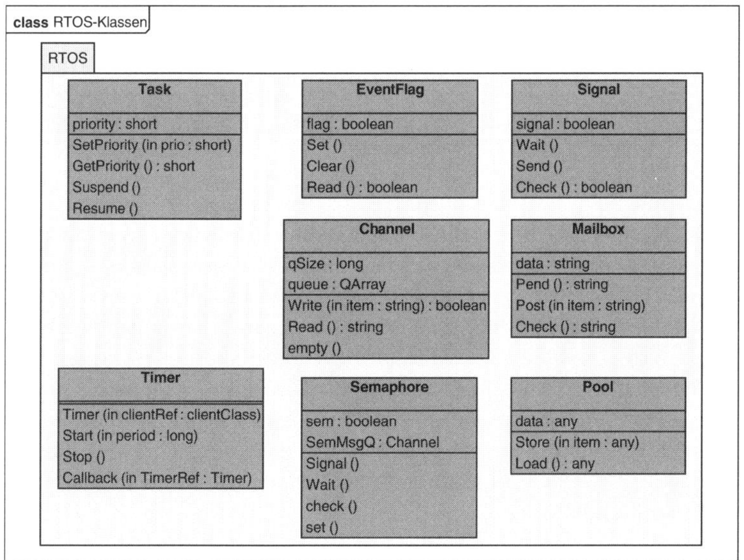

Abb. 2.130 *RTOS-Klassen*

Die oben dargestellte Klasse „Semaphore“ ist eine nicht zählende Mutex-Semaphore.

Kommunikation zwischen Tasks

Tasks müssen miteinander kommunizieren, damit die Gesamtsystemfunktionalitäten realisiert werden. Wir können hierbei generell zwischen synchroner und asynchroner Kommunikation unterscheiden sowie zwischen Kommunikation mit und ohne Daten. Bei der Intertaskkommunikation haben wir somit vier unterschiedliche Kommunikationsarten, die bei der Modellierung unterschieden werden können. In der UML geschieht dies wie immer durch Klassifizierung, wie das rudimentäre Kommunikationsdiagramm in Abbildung 2.131 zeigt. Es gibt ein Paket „theRTOS“, das alle Klassen des Echtzeitbetriebssystems ent-

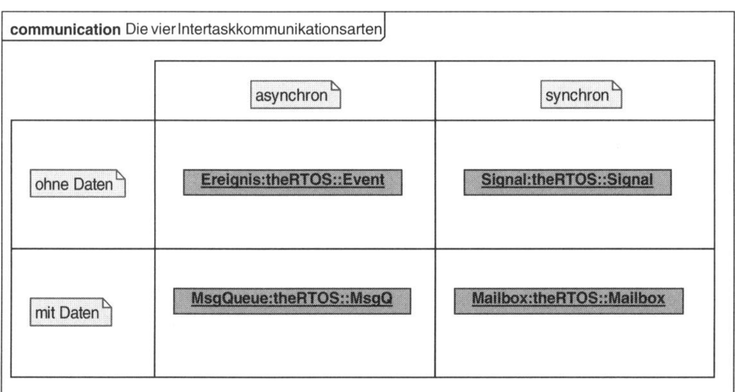

Abb. 2.131 *Die vier Intertaskkommunikationsarten*

hält. Dazu gehören natürlich auch die Events, Signale, Message Queues und Mailboxen als Klassen, mit denen Objekte zur Intertaskkommunikation instanziiert werden können. Das Paket „theRTOS" ist hier nur exemplarisch zu verstehen, denn wenn wir ein ganz spezielles, reales Echtzeitbetriebssystem verwenden, würden wir natürlich stattdessen dieses im Klassenmodell vorfinden.

Nutzung von Wrappern

Es ist möglich, dass dieses reale Betriebssystem auch die jeweiligen Klassen zur Verfügung stellt, die wir dann mittels Code-Reversing ins statische Klassenmodell übernehmen können. Wenn nicht, gibt es immer noch die Möglichkeit, selbst die Klassen des Betriebssystems zu modellieren, die dann als sogenannte Wrapperklassen dienen. „Wrapping", also „Umhüllen", beschreibt die Vorgehensweise recht gut, und wir haben oben bereits die generellen Prinzipien von Wrappern kennengelernt. Ein Nachteil der Wrapperklassen ist die zusätzliche Indirektion. Wenn wir beispielsweise eine Nachricht in eine Message Queue einstellen wollen, so sieht der Aufruf im Sequenzdiagramm so aus, wie die Abbildung 2.132 zeigt.

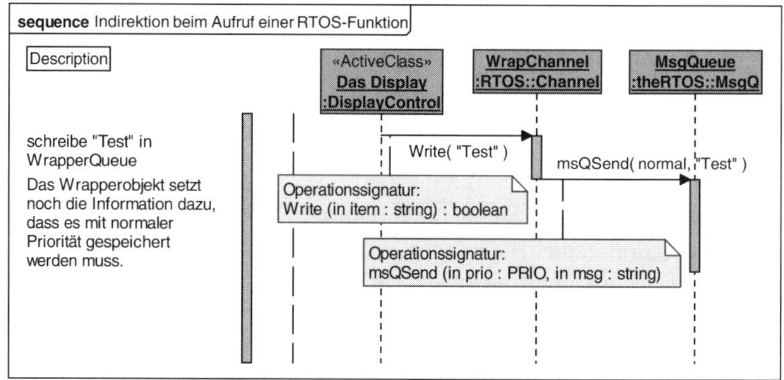

Abb. 2.132 Indirektion beim Aufruf einer RTOS-Funktion

Ein Vorteil dieser Vorgehensweise mit Wrapperklassen ist aus dem Beispiel oben ebenfalls zu erkennen, denn das Objekt der Klasse „Channel" ist in der Lage, RTOS-spezifische Informationen in die Aufrufparameter der eigentlichen Message Queue mit hineinzusetzen, auch wenn diese in den Parametern der Operation Write(„Test") nicht vorkommen sollten. In unserem Beispiel bietet das RTOS die Möglichkeit, die Nachrichten mit verschiedenen Prioritäten in die Message Queue einzutragen. Die Applikation braucht diese Variabilität aber nicht und verwendet sie auch nicht. Es werden daher alle Nachrichten mit der Priorität „normal" versandt, was die Applikation durch die Verwendung der Wrapperklasse nicht selbst erledigen muss. Beim Wechsel des verwendeten RTOS oder deren Version brauchen wir nur die Wrapperschicht anzupassen, die Applikationsebenen können unangetastet bleiben.

Verschiedene Abstraktionsstufen im Taskdesign

Entspechend den Ideen der modellgetriebenen Architektur (MDA), die wir am Schluss des Buches noch näher beleuchten wollen, können wir im Taskdesign ebenfalls erst einmal die grundsätzlichen Kommunikationsmechanismen definieren, ohne auf das später einzusetzende Betriebssystem eingehen zu müssen. Dies sollte geschehen, ohne über Wrapperklassen die eigentliche statische Klassenstruktur komplexer gestalten zu müssen. Die MDA spricht von einem plattformunabhängigen Modell (PIM), das durch Transformation in ein plattformspezifisches Modell (PSM) umgewandelt wird. Die immer noch gängigste Transformation ist die manuelle Übertragung von einer Abstraktionsebene in die nächste. Daneben gibt es Verfahren zur automatisierten Transformation, die allgemeine Designentscheidungen im PIM in die jeweiligen PSM-Konstrukte umwandeln können. Durch diese Methodik können wir uns im Design des PIM auf allgemeine Verfahren konzentrieren, die wir uns jetzt kurz einmal ansehen werden.

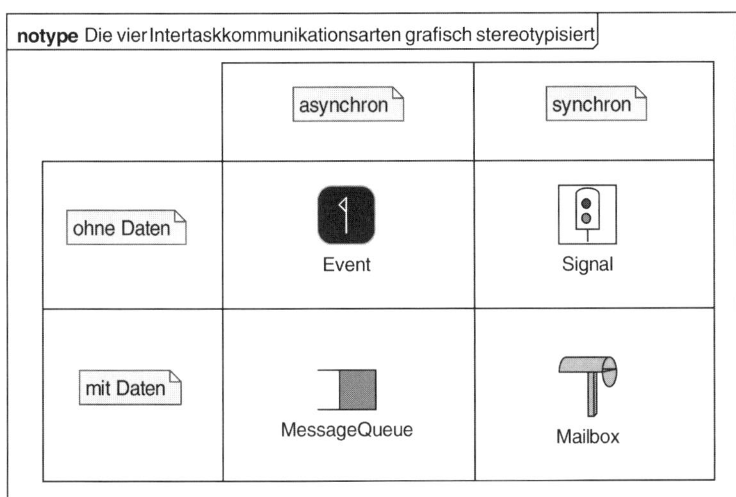

Abb. 2.133 *Die vier Intertaskkommunikationsarten grafisch stereotypisiert*

Abbildung 2.133 zeigt die gleichen grundsätzlichen Intertaskkommunikationsarten, die wir schon in Abbildung 2.131 gesehen haben. Wie dort unterscheiden wir hier die Möglichkeiten, Informationen asynchron oder synchron zu senden und ob Daten mitgesendet werden oder nicht. Die hier verwendeten Symbole sollen mit ihrer grafischen Stereotypisierung ihren unterstützten Nachrichtenmechanismus verdeutlichen.

Ereignismodellierung

Die einfachste Kommunikationsart ist das Ereignis (engl. Event oder Event Flag). Das hier genutzte Symbol zeigt einen Wimpel, der recht gut das „Event Flag" verbildlicht. In unserem FLASHman-Beispiel können wir ein solches Event Flag verwenden, wenn eine Task wie die Display-Task über Aktivität an den Bedienknöpfen informiert werden muss, um die Beleuchtung zu aktivieren (siehe Abb. 2.134). Die MainController-Task braucht dazu keine Rückmeldung und muss auch nicht mit der Display-Task synchronisiert werden. Sie setzt einfach ein Flag und macht in ihrem Kontext weiter. Der Nachteil dieses Verfahrens, dass die Weiterleitung der Information nicht quittiert wird und dass es vom Verhalten der Display-Task abhängt, wann die Ereignisnachricht verarbeitet wird, muss unter Umständen gar nicht auffallen. Wenn die Display-Task zyklisch aktiviert wird und dann nachsieht, ob neue Informationen zu verarbeiten sind, entspicht die maximale Antwortzeit quasi der Zykluszeit der Display-Task. Im schlimmsten Fall setzt die MainController-Task das Event Flag minimal kurz nachdem die Display-Task das Flag abgefragt hat.

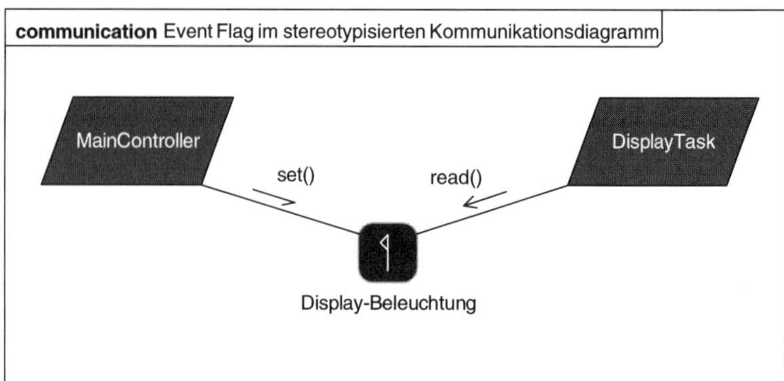

Abb. 2.134 *Event Flag im stereotypisierten Kommunikationsdiagramm*

Die Nachrichten set() und read() sind in Abbildung 2.134 hier ebenfalls grafisch stereotypisiert, entsprechend unserer Notationsanpassung für asynchrone Nachrichten. Später werden wir uns diese in ihrer Gesamtheit noch genauer ansehen. Ein halber Pfeil soll uns auf eine asynchrone Nachricht hinweisen. Die MainController-Task setzt das Flag und macht dann normal weiter. Genauso liest die Display-Task den Wert des Flags aus. Unabhängig vom Ergebnis fährt die Task mit ihrem Prozessablauf fort.

Asynchrone Übermittlung von Daten mit einer Message Queue

Das Setzen eines Flags kann schon Information genug sein, genauso wie das Verbinden eines Modellelements mit einem Stereotyp nicht unbedingt immer weiterer Eigenschaftswerte bedarf. Möchten wir aber Daten übertragen und benötigen dabei genauso wie beim Event Flag keine Tasksynchronisation, so können wir uns einer Nachrichtenwarteschlage (engl. Message Queue) bedienen (siehe Abb. 2.135). Message Queues sind in Betriebssystemen äußerst beliebt. Die Asynchronität entspricht der des Event Flags, denn auch hier setzt der Sender die Nachricht in die Message Queue, unabhängig davon, ob und wann der Empfänger der Nachricht diese abholt.

Echtzeitbetriebssysteme haben meist einige Konfigurationsmöglichkeiten für die Message Queues. So könnten wir die Größe der Queue und das Zugriffsverfahren wie First-In-First-Out (FIFO) festlegen, und neben der Schreib- und der Leseoperation gibt es noch Managementfunktionen wie ein „flush()“, die alle noch in der Queue befindlichen Nachrichten löscht. Hier wollen wir uns aber nicht auf die Implementierungsdetails dieser ganz spezifischen Warteschlangen festlegen, sondern nur zum Ausdruck bringen, dass in unserem Taskdesign die Message Queue generell eingesetzt werden soll.

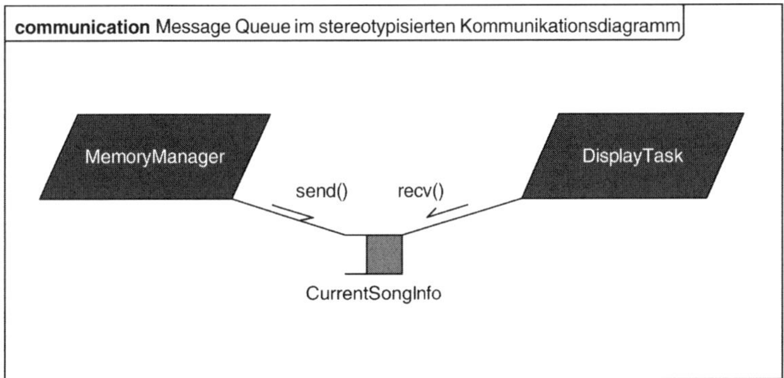

Abb. 2.135 Message Queue im stereotypisierten Kommunikationsdiagramm

Gemeinsame Nutzung eines Datenpools

Alternativ zur Message Queue können wir auch einen Datenpool zwischen MemoryManager und DisplayTask setzen, um die anzuzeigenden Songinformationen zu übergeben (siehe Abb. 2.136). Der Vorteil dieser Lösung besteht in der Entkopplung der Verarbeitungszeiten der beiden Tasks, ohne dass eine Message Queue überlaufen oder auch unterlaufen könnte.

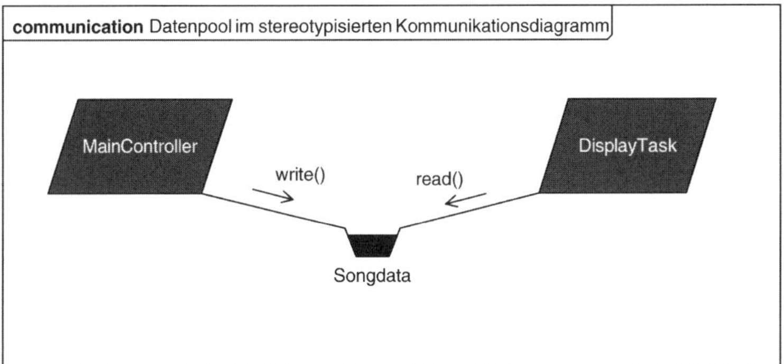

Abb. 2.136 Datenpool im stereotypisierten Kommunikationsdiagramm

Semaphore schützen bei konkurrierendem Zugriff

Der Datenpool kann als ein Objekt angesehen werden, der im Kontext beider Tasks verwendet wird. Jede Task greift auf die Operationen des Datenpools zu, ohne Rücksicht auf andere Tasks zu nehmen. Findet ein Kontextwechsel zwischen den Tasks während eines Schreib- oder Lesevorgangs statt und sind unsere Songdaten nicht atomar, ist es leicht möglich, dass wir inkonsistente Daten erhalten. Um das zu verhindern, können wir eine Semaphore oder besser ein Semaphorobjekt einsetzen. Auch dies können wir in einem Kommunikationsdiagramm wie in Abbildung 2.137 verdeutlichen. Die Semaphore hängt am Datenpoolobjekt und nicht an den Taskobjekten. Jeder Schreib- und Lesevorgang beginnt mit dem Nehmen der Semaphore und endet mit dem Geben der Semaphore. Ist das Nehmen der Semaphore nicht möglich, so gibt die betroffene Task ihren Rechnerkern ab und wartet. Das Geben einer Semaphore hat im Gegenzug auch einen Kontextwechsel zur Folge, denn durch die Freigabe der Semaphore könnte ja die höchstpriore Task zur

Abarbeitung bereit sein. Bildlich können wir uns die Semaphore wie einen Kasten mit einem Stein darin vorstellen. Greift eine Task in die Box, so nimmt sie den Stein. Ist kein Stein vorhanden, wartet sie. Im Gegenzug legt eine Task, wenn sie im exklusiv zu nutzenden Bereich fertig ist, den Stein wieder in den Kasten zurück.

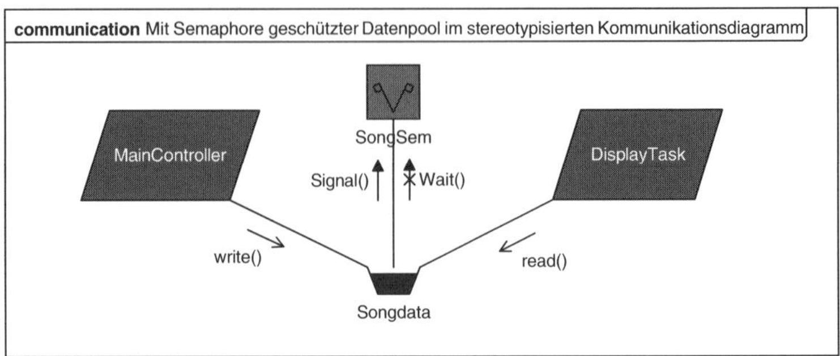

***Abb. 2.137** Mit Semaphore geschützter Datenpool im stereotypisierten Kommunikationsdiagramm*

Die hier benutzten Operationsnamen des Semaphorobjekts, „Signal()" und „Wait()", sind gängige Begriffe für die Semaphorfunktionen. Ihr Erfinder, der Niederländer Ensger Wybe Dijkstra, hatte sie niederländisch P() („prolaag") für Wait() und V(), („verhoog") für Signal() genannt. P() und V() sind leider für Nicht-Niederländer keine sprechenden Namen, daher verwenden wir hier die für uns griffigeren, englischen Bezeichnungen.

Wichtiger noch als diese Namensgebung ist die Funktionsweise der beiden Semaphoroperationen. Wenn wir das Bild der Semaphore mit Kasten und Stein weiterverfolgen, so können wir mithilfe von Sequenzdiagrammen wie in Abbildung 2.138 das Nehmen und Geben der Semaphore erklären. Die Operation write() des Objekts „Songdata" ruft als erste Unteroperation das Wait() der Semaphore „SongSem" auf. Diese prüft, ob der „Stein" noch da ist, also die Semaphore verfügbar ist. Im Diagramm 2.139 ist dies mit dem reflexiven Aufruf Check() symbolisiert. Sollte die Semaphore nicht verfügbar sein, so wird die Task MainController blockiert, d.h., diese gibt den Rechnerkern ab. Ansonsten wird die Methode der Operation write() weiter abgearbeitet.

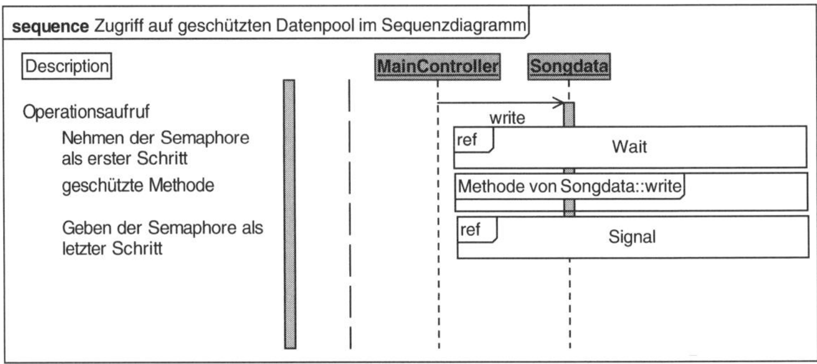

***Abb. 2.138** Zugriff auf geschützten Datenpool im Sequenzdiagramm*

Dank der Strukturierbarkeit von Sequenzdiagrammen in Teilsequenzen mit der Möglichkeit der Referenzierung in andere Diagramme betont das Diagramm in Abbildung 2.138 die Kapselung der eigentlichen Operation write() durch die Semaphorzugriffe. Diese können dann in separaten Diagrammen weiter verfeinert werden.

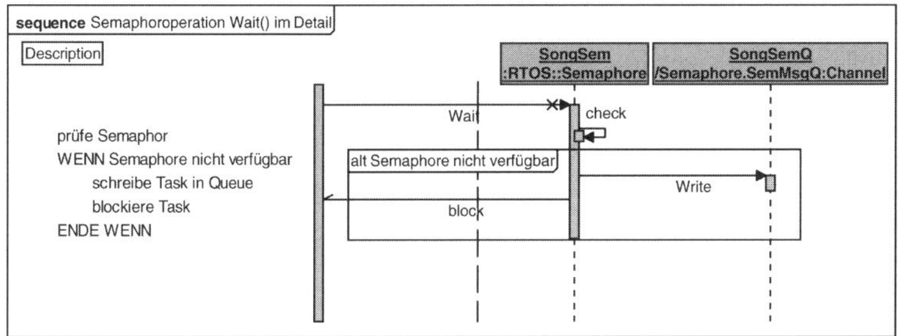

Abb. 2.139 *Semaphoroperation Wait() im Detail*

Taskblockieren durch die Semaphore

Wenn die Semaphore nicht verfügbar ist, dann wird die Task, die die Semaphore benötigt, geblockt. Dabei wird sie in eine Warteschlange eingetragen, damit sie wieder freigegeben werden kann. Die Warteschlange ist Bestandteil der Semaphore, genauso wie die interne Semaphorenvariable, deren Verfügbarkeit geprüft wird. Das Blockieren der Task erfolgt entsprechend der Mechanismen des verwendeten Betriebssystems. Hier sei dafür nur ein Aufruf „block()" als Platzhalter eingetragen.

Taskfreigabe durch die Semaphore

Das Zurückgeben der Semaphore erfolgt entsprechend. Abbildung 2.140 zeigt die Interaktion der Signal()-Operation. Als Erstes wird die Semaphore selbst wieder verfügbar gesetzt, dann wird aus der Message Queue gelesen, ob es eine Task gibt, die wieder auf nicht blockiert gesetzt werden muss.

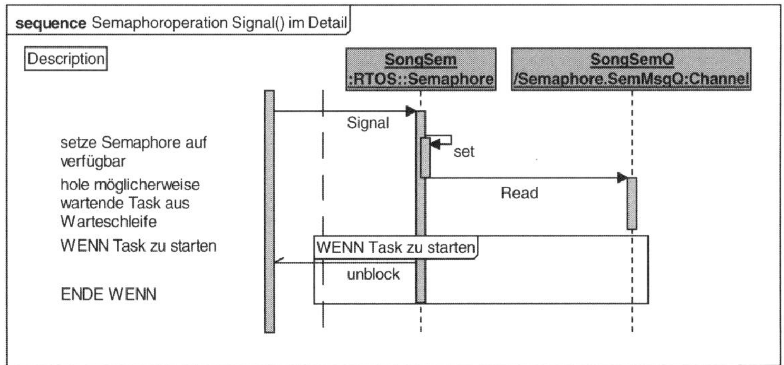

Abb. 2.140 *Semaphoroperation Signal() im Detail*

Für beide Operationen Signal() und Wait() gilt, dass sie selbst atomar sein müssen. Sie dürfen also nicht unterbrochen werden. Wenn das interne Attribut, das den Status der Semaphore beschreibt, anstelle eines booleschen Werts mehrere Werte annehmen kann, sprechen wir von einem zählenden Semaphor. Wait() dekrementiert dabei den Wert der Semaphore, während Singal() ihn inkrementiert.

Tasksynchronisation

Sehr oft ist es im Taskdesign nötig, dass zwei eigentlich unabhängig voneinander agierende Prozesse oder Tasks miteinander synchronisiert werden müssen. Beispiel dafür wäre die Sicherstellung während des Systemstarts, dass für alle Tasks und somit für alle Systemkontexte ein stabiler Zustand erreicht ist. Erst danach können die „normalen" Systemfunktionen beginnen. Ein weiteres, oft vorhandenes Problem ist die Notwendigkeit, dass zwei Tasks voneinander wissen müssen, dass bestimmte Operationen fertig durchgeführt worden sind. Das Konzept, das wir hierfür verwenden können, heißt Signal. Im Gegensatz zum Event Flag hat das Setzen eines Signals aber Auswirkung auf die Ausführung beider an der Kommunikation beteiligten Tasks.

Synchronisation ohne Daten

Wenn wir die Funktion eines solchen Signals grafisch verdeutlichen wollen, so kann dies beispielsweise mit einer Art Ampel geschehen (siehe Abb. 2.141). Das Signal wird hier von der MemoryManager-Task gesetzt und von der MainController-Task wartend gelesen. Sie wartet durch Abgeben des Rechnerkerns so lange, bis die sendende Task das Signal gegeben hat. Auf der anderen Seite wartet auch die MemoryManager-Task, bis das Signal abgeholt wird. Damit sind die beiden Tasks durch den Signalaustausch miteinander synchronisiert.

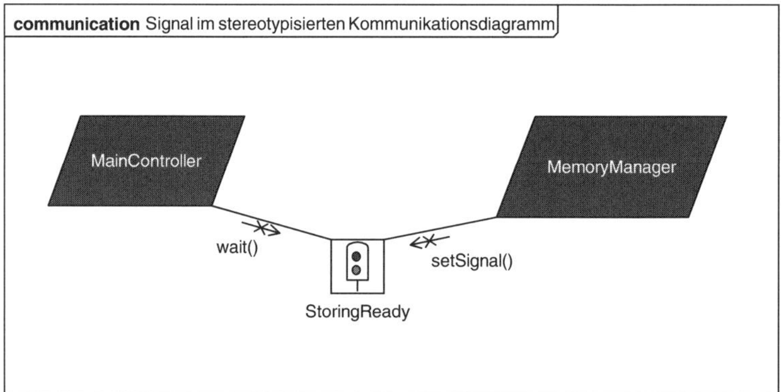

Abb. 2.141 Signal im stereotypisierten Kommunikationsdiagramm

Mailboxen verbinden Tasksynchronisation mit Datenaustausch

Es gibt auch Fälle, wo wir zwei Tasks genauso synchronisieren müssen, dabei aber auch ein Datenaustausch stattfinden soll. Dies könnten wir durch die Kombination eines Signals mit einem Datenpool erreichen. In manchen Echtzeitbetriebssystemen gibt es für diese Aufgabe sogar ein eigenes Element der Intertaskkommunikation, die Mailbox. Das Bild eines Briefkastens soll hier aber nicht auf die falsche Fährte führen: Am Briefkasten wartet der Briefträger ja nicht, bis wir den Brief abholen. Insofern können wir die Nachrichten, die mit unserer Art von Mailbox übertragen werden, am besten als Einschreiben betrachten.

Im Kommunikationsdiagramm der Beispielabbildung 2.142 verbindet diesmal eine Mailbox „FLASHdata" die beiden Tasks MainController

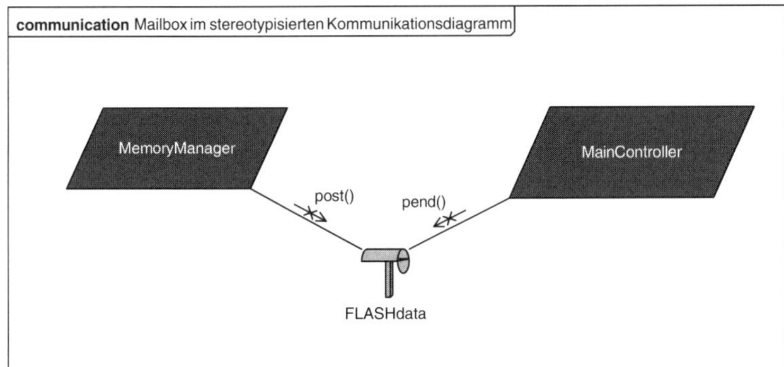

Abb. 2.142 *Mailbox im stereotypisierten Kommunikationsdiagramm*

und MemoryManager. Hier wartet der MainController an der Mailbox, indem er den Aufruf pend() sendet. Wenn der MemoryManager mit post() die Nachricht mit Daten in die Mailbox setzt, können beide Tasks synchronisiert weiterlaufen.

Zusätzliche Kommunikationsarten ergänzen die Objektinteraktion

Die Art der Kommunikation von Objekten hat direkten Einfluss darauf, welche Kommunikationsmittel wir im Taskdesign einsetzen. Grundsätzlich ist objektorientierter Datenaustausch asynchron, der Sender einer Nachricht macht also mit seinen Aktionen und Aktivitäten weiter, während der Empfänger einer Nachricht dazu parallel die Nachricht verarbeitet. In den allermeisten Programmiersprachen gehen wir dagegen aber automatisch von synchroner Kommunikation aus: Ein Objekt sendet einem anderen Objekt eine Nachricht, indem es eine Methode des Empfängerobjekts aufruft. Dadurch geht der Kontrollfluss auf das Empfängerobjekt über, und das Senderobjekt wartet so lange, bis durch einen Rücksprung der Kontrollfluss wieder zurückkommt. Die UML selbst unterscheidet eine Anzahl von Kommunikationsarten in der Definition der Nachrichten in Sequenzdiagrammen. Die Form der Linie und die Art des Pfeils zeigen die Art der Kommunikation:

- Synchrone Nachrichten repräsentieren typischerweise Operationsaufrufe und werden mit einer ausgefüllten Pfeilspitze gezeichnet.
- Die Rückantwort einer Methode wird gestrichelt dargestellt.
- Die Nachricht zur Erzeugung eines Objekts wird mit einer gestrichelten Linie und offener Pfeilspitze modelliert.
- Verloren gegangene Nachrichten enden mit einem kleinen, schwarzen Kreis am Pfeilende.
- (Wieder-)gefundene Nachrichten beginnen dagegen am Start der Nachricht mit einem kleinen, schwarzen Kreis.

Abbildung 2.143 zeigt die wichtigsten Formen in einem Sequenzdiagramm, zusammen mit einer asynchronen Standardnachricht. Betrach-

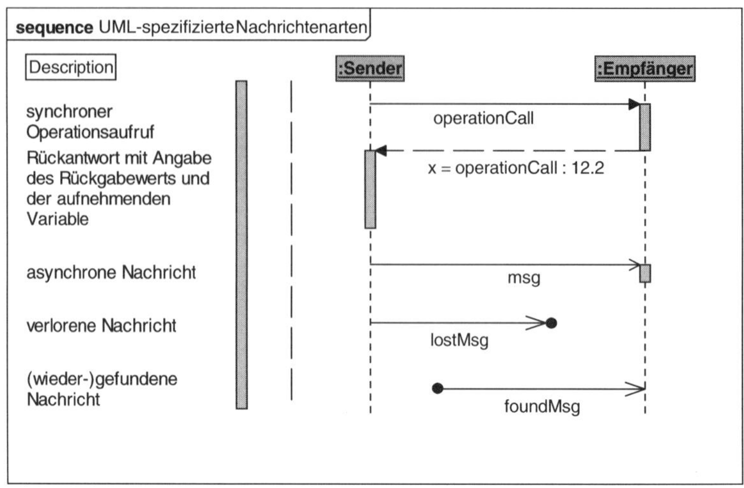

Abb. 2.143 *UML-spezifizierte Nachrichtenarten*

ten wir stattdessen auch die Möglichkeiten der Kommunikation für die Softwarearchitektur, so benötigen wir zur Intertaskkommunikation noch andere Alternativen:

Möglichkeit 1: Dies ist der Standardfall für asynchrone Kommunikation. Hier kommunizieren zwei Objekte aus verschiedenen Tasks miteinander. Der Kontrollfluss kann beim Nachrichtenaufruf nicht auf den Empfänger übergehen, weil der Sender in seiner eigenen Task lebt und es somit zwei Kontrollflüsse gibt. Die Nachricht wird an den Empfänger gesendet, und der Sender macht danach mit seinen Aktivitäten weiter. Dies könnten wir natürlich auch mit einer einfachen Nachricht durch einen geöffneten Pfeil symbolisieren, aber wenn in einem System explizit zwischen generischen Nachrichten, die nichts mit dem Klassenmodell und den darin enthaltenen Operationen zu tun haben müssen, und Operationsaufrufen unterschieden werden soll, brauchen wir einen zusätzlichen grafischen Stereotyp. Bei einem eingebetteten System haben wir es mit einer Vielzahl unterschiedlicher Nachrichtentypen zu tun. Da gibt es den Knopfdruck durch den Nutzer, elektrische Signale, visuelle Nachrichten auf dem Display und auch Operationsaufrufe, die innerhalb einer Task synchron oder auch konzeptionell asynchron erfolgen können. Bei manchen Echtzeitbetriebssystemen ist ein asynchroner Operationsaufruf auch direkt implementiert.

Durch die Möglichkeit, die UML auch grafisch zu stereotypisieren, können wir für asynchrone Operationsaufrufe einen eigenen Pfeiltypus einführen. Das Sequenzdiagramm in Abbildung 2.144 zeigt einen halben, ausgefüllten Pfeil für diese Art der Kommunikation. Da die Eigenschaft der Asynchronität der Operation und nicht nur dem Operationsaufruf im Diagramm gehört, können wir, falls wir feststellen, dass ein synchroner Aufruf nicht möglich ist, die Operation als asynchron markieren und dann im Klassenmodell den statischen Umbau, beispielsweise durch die

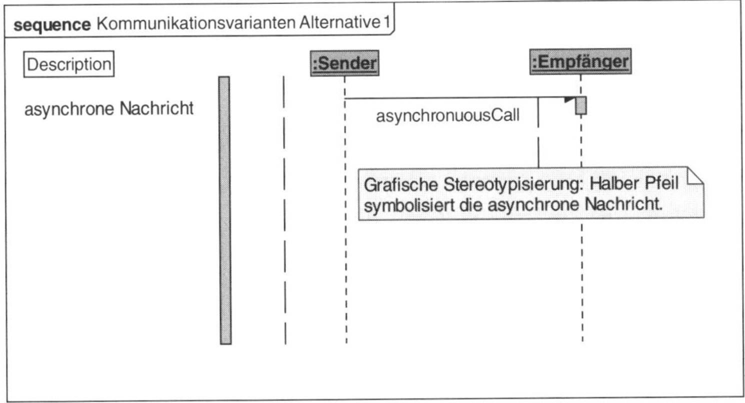

Abb. 2.144 *Alternative 1: asynchroner Operationsaufruf*

Nutzung einer Nachrichtenwarteschlange (engl. Message Queue) vornehmen.

Möglichkeit 2: In Echtzeitsystemen kommt es natürlich vor, dass Nachrichten nach einer gewissen Zeit ihren Wert verlieren, also „altern". Diese zeitliche Begrenztheit des Nachrichtennutzens ist eine zentrale Eigenschaft eines solchen Systems, denn mit den Nachrichten werden Aufgaben verteilt oder weitergegeben. Die endgültige Abarbeitungszeit eines externen Signals hängt folglich auch von der internen Kommunikation der Objekte ab.

Wenn wir explizit eine Nachricht modellieren wollen, die eine zeitliche „Halbwertszeit" besitzt, können wir diese auch wieder grafisch stereotypisieren. In Abbildung 2.145 ist ein Vorschlag für die Darstellung einer solchen Nachricht verwendet.

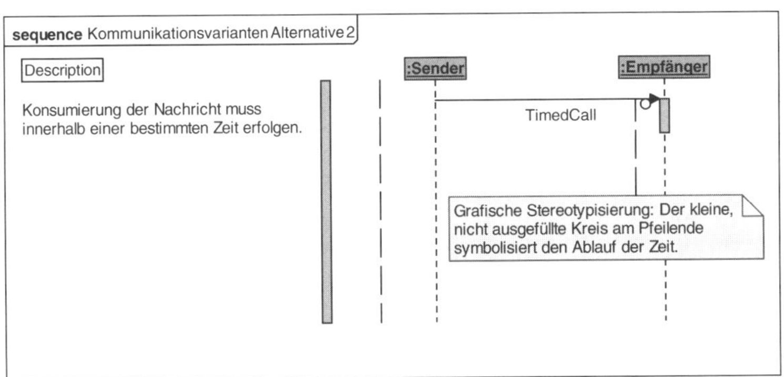

Abb. 2.145 *Alternative 2: Zeitlicher Verfall der Nachricht*

Wie das System auf die Tatsache einer Verletzung dieser zeitlichen Anforderung reagiert, können wir im Interaktionsdiagramm ebenfalls modellieren. Hier gibt es keinen Automatismus, sondern diese Festlegungen sind Teil unseres Softwaredesigns.

Möglichkeit 3: Der nächste Fall von Nachrichtenübermittlung ist ebenfalls scheinbar ganz einfach: Eine Nachricht wird vom Sender abgeschickt, und dieser wartet, bis der Empfänger die Nachricht konsumiert, also verarbeitet hat. Dies scheint auf den ersten Blick ganz einfach mit einem synchronen Operationsaufruf dargestellt werden zu können. Scheint, denn der synchrone Operationsaufruf deckt nur einen Teil der Möglichkeiten ab. Synchrone Operationsaufrufe können wir nur innerhalb einer Task durchführen, die beiden Objekte für Sender und Empfänger der Nachricht müssen zur gleichen Task gehören. Ist dies nicht der Fall, brauchen wir zur Synchronisierung wieder Intertaskkommunikationsmechanismen, wie beispielsweise eine Mailbox. Der Sender setzt die Nachricht ab und wartet, bis der Empfänger den Nachrichtenempfang quittiert. Dann kann der Sender weitermachen. Wenn stattdessen der Empfänger zuerst an der Synchronisierungsstelle ankommt, wird dieser warten, bis die Nachricht, auf die er wartet, verfügbar ist. Diese nimmt er an, quittiert sie und arbeitet weiter.

So kann aus einer unscheinbaren, synchronen Nachrichtenübertragung ein recht komplexer Vorgang werden. Wenn wir von Beginn an mit einem einfachen Operationsaufruf gearbeitet hätten, wäre auf dem Weg bis zum Codedesign dieses Problem gar nicht in Erscheinung getreten. Ganz schlimm wäre es auch, wenn der Fehler auf Codeebene die Tatsache der Nichtkompilierbarkeit aufgrund der unterschiedlichen Tasks von Empfänger und Sender mit der Diagnose „da fehlt ein #include" in ein Laufzeitproblem verwandeln würde. Durch die klare Modellierung mit expliziter Betrachtung dieses Falls kommen wir diesem potenziellen Fehler schon beim UML-Design auf die Schliche.

Ein Vorschlag zur grafischen Stereotypisierung dieser Art von Nachrichtenübermittlung ist im Sequenzdiagramm der Abbildung 2.146 zu sehen.

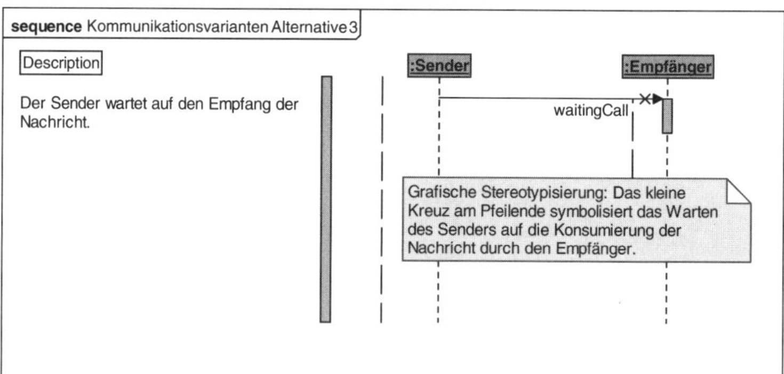

Abb. 2.146 *Alternative 3: Warten des Senders auf Nachrichtenkonsumierung*

Möglichkeit 4: Die letzte Kommunikationssituation, die wir betrachten wollen, betrifft die Abfrage der Empfangsbereitschaft durch den Sender. Dabei wird vor der Sendung der Nachricht geprüft, ob der Empfänger den Nachrichtenempfang blockiert. Ist dies der Fall, so geht der Kontrollfluss wieder auf den Sender über. Auch diese Altermative muss später durch die verfügbaren Kommunikationsmechanismen codenah realisiert werden. Eine Möglichkeit dazu wäre ein Flag, mit dem der Empfänger seine Empfangsbereitschaft signalisiert. Der Sender testet das Flag dann vor der eigentlichen Sendung der Nachricht und kann so auf den Fall reagieren, dass er seine Nachricht nicht „loswird".

Auch hier können wir dieses Kommunikationskonstrukt durch grafische Stereotypisierung darstellen, wie in Abbildung 2.147 zu sehen ist.

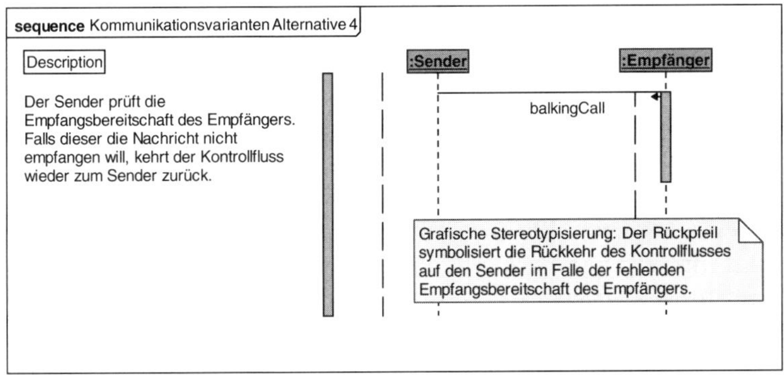

Abb. 2.147 *Alternative 4: Test der Empfangsbereitschaft vor dem Senden der Nachricht*

All diese verschiedenen Situationen in der einfachen Kommunikation zweier Objekte zeigen, dass wir uns im Taskdesign andere, detailliertere Gedanken machen müssen, als nur pauschal zwischen synchronem Operationsaufruf und asynchronem, fast beliebigem Nachrichtenaustausch zu unterscheiden. Das Taskdesign in der Softwarearchitektur ist eine eigene Sichtweise auf unser System und nicht ein Anhängsel an die Objektarchitektur. Wenn wir wie in Abbildung 2.148 versuchen, die Objekte und die Tasks miteinander in Beziehung zu bringen, so existieren im Ablauf der Software verschiedene Taskabläufe, die sich wiederum aus Code der einzelnen Objekte zusammensetzen, die in der jeweiligen Task „leben". Daneben gibt es noch Objekte, die an mehr als einer Task beteiligt sind und somit eigenständig existieren.

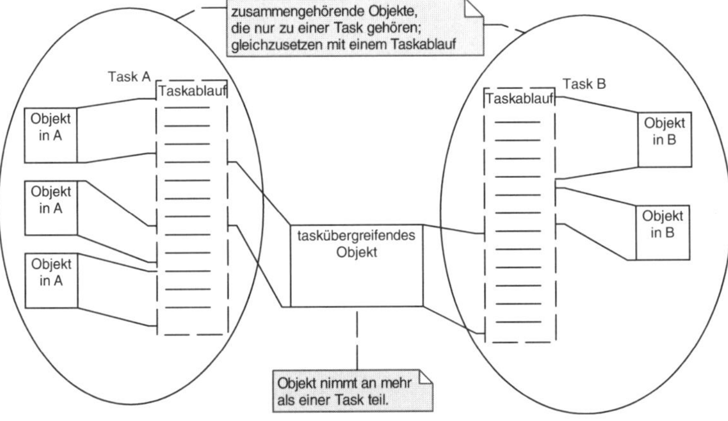

Abb. 2.148 *Tasks und Objekte*

Eine Task ist ein sequenzieller, eigenständiger Kontrollablauf innerhalb des Systems. Gibt es mehrere Tasks auf einem Prozessor, spricht man von einem nebenläufigen System. Jede Task agiert dabei wie ein eigenständiges Programm, wobei es natürlich auch Systemressourcen gibt, die sich die Tasks teilen müssen – der Rechnerkern ist eine davon, aber auch der Speicher oder Geräte werden den Tasks zugeteilt. Die Tasks haben meist auch eine (manchmal wechselnde) Priorität, die bestimmt, wie die Ressourcen unter den konkurrierenden Tasks zu verteilen sind. Tasks können entweder als wiederkehrende, periodische Aufrufe aufgebaut sein oder episodisch.

Nebenläufige Tasks zu nutzen hat Vorteile: Zum einen spiegeln wir in der Software eines Systems die zu steuernde Umgebung wider, und in der realen Welt laufen die Dinge meist parallel ab. Zum anderen wird die Gesamtlaufzeit reduziert, wenn nicht alles hintereinander durchgeführt wird, sondern einzelne Aktionen dann ablaufen, wenn sie benötigt werden. Dies schließt ein, dass wir flexibel durch Priorisierung entscheiden können, was gerade am wichtigsten ist.

Es gibt natürlich auch Gefahren zu beachten, denn es ist nicht immer einfach, einzelne Tasks zu identifizieren und sie so einzuplanen, dass die Laufzeitziele optimal erreicht werden. Natürlich braucht es Rechenzeit, wenn ein Taskwechsel stattfindet, und diese steht für die Applikation so nicht mehr zur Verfügung. Zudem wird ein System mit sehr vielen Tasks komplexer und unübersichtlicher. Fehler aus so einem hochkomplexen, nebenläufigen System zu identifizieren und zu eliminieren, kann schwer werden, denn beim Debugging können wir beispielsweise nicht einfach einen Rechenprozess anhalten und die aktuellen Variablenwerte überprüfen. Durch die Zusammenarbeit der verschiedenen Tasks bestimmt auch das Timing der Tasks untereinander die Korrektheit der Verarbeitung.

Für das FLASHman-Beispiel können wir erst einmal die möglichen Tasks anhand der externen Signale und der zeitlich immer wiederkehrenden Funktionalitäten definieren. Sämtliche Nutzerinputs erzeugen jeweils eine Art von Signal, das die FLASHman-Software und Hardware verarbeiten muss. In einem parallelverarbeitenden System (wie beispielsweise dem menschlichen Gehirn) hätten wir beliebig viele „Prozessoren" zur Verfügung, für jedes Ereignis einen. Mit dieser Architektur könnten wir diese Art von Taskdesign einfach verwenden. Zwar sind „Multi-Core"-Architekturen, also Prozessoren, die mehrere Rechnerkerne haben, mittlerweile auch für eingebettete Systeme im Gespräch, aber hier bei unserem Beispiel gibt es für die Softwarefunktionen lediglich einen Prozessor. Auf diesem liefe jetzt diese große Anzahl von Tasks, was eine Reihe von Nachteilen bringt:

- Mit der Taskanzahl wächst die Speichernutzung, denn spezifische Informationen wie Taskkontrollblöcke verbrauchen auch wertvollen Speicherplatz, mit dem wir vielleicht sparsam umgehen müssen.
- Noch gravierender sind die Auswirkungen auf die Rechenzeit: Je mehr Tasks auf einem Betriebssystem laufen, umso mehr Kontext-

wechsel gibt es. Die Zeit, die der Prozessor braucht, um den jeweiligen Taskkontrollblock, der momentan nicht mehr aktiv sein soll, zu speichern und den nächsten aktiven zu laden, steht für Applikationsaufgaben nicht zur Verfügung.

Reduktion der Taskanzahl

Daher ist es sinnvoll, im Taskdesign Kompromisse einzugehen und anstelle der hohen Taskanzahl, die sich aus den externen Signalen ergibt, die Tasks, die zusammenpassen, auch zu bündeln. Die Modellierung kann dabei eine Hilfe sein. Gängige Vorgehensweisen wären:

- Periodisch wiederkehrende Tasks mit gleicher Periode zusammenfassen. Wenn in unserem System zwei Tasks jeweils alle 20 Millisekunden laufen sollen, weil ihre externen Trigger alle 20 Millisekunden auftreten, können diese Tasks zusammengefasst werden.
- Periodisch wiederkehrende Tasks mit Perioden, deren Frequenz jeweils ein Vielfaches von der anderen ist, zusammenfassen. Wenn unser System eine 25-Hz und eine 50-Hz-Task enthält, können diese ebenfalls zu einer 50-Hz-Task zusammengefasst werden. Die Aktionen der 25-Hz-Task werden nur jedes zweite Mal ausgeführt.
- Ein Event-Handler bündelt das Aufkommen externer Signale, wertet diese aus und benachrichtigt Applikationstasks, die die Signale dann verarbeiten. Wir können uns also auf die Applikationsebene konzentrieren, und ein neues externes Signal bedeutet nicht die Einführung einer neuen Task.

Jeder dieser Designschritte hat nicht nur Vorteile, sondern auch Nachteile. So müssen wir bei der Bündelung von Tasks in Kauf nehmen, dass die Antwortzeit auf den Tasktrigger nicht mehr ganz optimal ist. Wir werden also die Balance finden zwischen Antwortzeit, Systemperformanz, Speicherplatz und Wartbarkeit.

Verbindung mit der physikalischen Architektur

Wie verbinden wir nun die Taskdesignsichten mit den anderen Sichten unseres eingebetteten Systems? Für die Kopplung in das Objektdesign haben wir gesehen, dass die Taskklassen die Objekte unseres Systems enthalten können und sie somit instanziieren. Für die nicht direkt in Tasks enthaltenen Objekte können wir auch zur Erzeugung Verantwortlichkeiten definieren. Sehr oft werden die einzelnen Objekte in eingebetteten Systemen nicht dynamisch erzeugt, sondern nur einmal zum Systemstart. Also können dann auch alle Taskobjekte und alle weiteren, zum Beispiel die Datenobjekte und die Intertaskkommunikationsobjekte, entweder direkt in der main()-Funktion oder in einer globalen start()-Funktion erzeugt werden.

Für die Einbindung in die physikalische Welt können wir in der UML eigene Abhängigkeiten entwerfen. Wie wir später in der SysML sehen werden, gibt es dort standardisierte Abbildungsmodellelemente, die mit Abhängigkeiten mit dem Stereotyp «allocate» realisiert sind. Steht uns der Sprachschatz der SysML aber nicht zur Verfügung, können wir trotzdem ein wenig „abschauen" und mit der UML-Abhängigkeit arbeiten.

Natürlich ist das Mapping der Tasks unseres FLASHman-Beispiel jetzt nicht so komplex, denn wir haben nur das eigentliche Gerät als eingebettetes System und dazu einen Host-PC. Trotzdem kann es im Einzel-

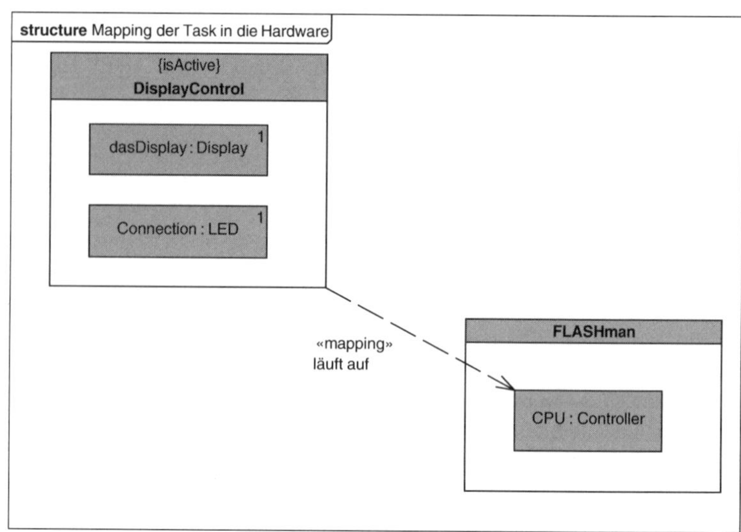

***Abb. 2.149** Mapping einer Task in die Hardware*

nen sinnvoll sein, Tasks explizit auf das Gerät oder den Host zu allozieren. Nehmen wir beispielsweise System-Supportaufgaben wie die Synchronisierung der Speicherinhalte zwischen einem personalisierten Setup und dem FLASHman, so müssen wir diese auf den ersten Blick profane Aufgabe mit einfachem Ergebnis, „natürlich macht das der Host", spätestens dann überdenken, wenn wir mehrere Nutzer und mehrere Host-PCs in Betracht ziehen. Mein in Realität verfügbarer MP3-Spieler kapituliert jedenfalls bei der Aufgabe, sich mit meiner auf zwei Rechnern aufgeteilten Liedbibliothek zu synchronisieren. Multi-Master-Architekturen sind nie einfach.

Im Kompositionsstrukturdiagramm der Abbildung 2.149 verwenden wir eine Abhängigkeitsbeziehung zwischen einer Komponente „DisplayControl", die eine Task darstellt, und einem Part „CPU", der den aktiven Rechnerkern in der eingebetteten Hardware symbolisiert. Die Beziehung ist mit «mapping» stereotypisiert, um ihren Zweck klarzumachen. Das Schöne an diesen Abhängigkeiten ist die Möglichkeit der Nachverfolgbarkeit in beide Richtungen. Jede mit «Task» gekennzeichnete Klasse kann im Modell daraufhin untersucht werden, ob für sie genau eine solche Abhängigkeit gesetzt ist. Im Gegenzug können für jede CPU im System die auf sie gemappten Tasks errechnet werden. Dadurch ist es möglich, beispielsweise unter Einbeziehung von standardisierten Profilen wie dem SPT-Profil (genauer: UML Profile for Schedulability, Performance and Time) oder dem Nachfolgeprofil, genannt MARTE (Modelling and Analysis of Real-Time Embedded systems), Einplanbarkeitsanalysen durchzuführen. Die dazu notwendigen Informationen über vorhandenen Ressourcen, deren Struktur und Nutzungsprinzipien sowie der Ressourcenverbrauch der einzelnen Tasks werden in die Eigenschaftswerte der durch die oben angesprochenen Profile erweiterten Elemente im Modell eingetragen.

3 | Lücken der UML 2 hinsichtlich der Modellierung von Systemen

Die UML ist allgemein und generisch, trotzdem oder auch deswegen müssen wir auf die Grenzen und Lücken der UML als Systemmodellierungssprache eingehen. Dies geschieht, indem wir uns zuerst die bereits vorhandenen Erweiterungen der UML in Form verschiedener UML-Profile wie dem SPT-Profil oder dem UML Profile for Testing ansehen. Danach betrachten wir die Interdependenz der Modellierung mit proprietären Werkzeugen, die die Vorgehensweise bei der Entwicklung eingebetteter Systeme prägend beeinflusst haben. Anforderungsmanagementwerkzeuge und funktionale Modellierungswerkzeuge werden dabei näher beleuchtet und mit Elementen und Sichten eines UML-Modells in Beziehung gesetzt.

Übersicht

Betrachten wir den kompletten Entwicklungszyklus oder auch den kompletten Lebenszyklus eines Systems, so gibt es Bereiche, in denen die UML hervorragend geeignet ist, durch Modellierung das Entwicklungsteam zu unterstützen. In der Konzeption und im Design des Systems und der darin befindlichen Software hilft die UML immens, das richtige Produkt zu entwerfen. In anderen Phasen gibt es vielleicht besser geeignete oder üblichere Ausdrucksmittel. Einem Kunden kann meist nicht vorgeschrieben werden, alle seine Anforderungen mit der UML zu beschreiben, und ein Programmierer wird auf die Nutzung seiner gewohnten Programmiersprache nicht verzichten wollen.

Wechselwirkung von Notationen und Werkzeugen

Mit den unterschiedlichen Ausdrucksmitteln ist die Nutzung von unterschiedlichen Werkzeugen verbunden, beispielsweise eine integrierte Codeentwicklungsumgebung (IDE) oder auch ein Textverarbeitungsprogramm. Eine alleinige „One-size-fits-all"-Lösung anzustreben, in der es nur ein Entwicklungswerkzeug für alle Aspekte der Systementwicklung gibt, ist aufgrund der in Jahren erfolgten Spezialisierung der Einzellösungen vermutlich nicht sinnvoll. Selbst wenn die Versuchung reizvoll ist, alles zum Beispiel in eine Eclipse-Umgebung zu integrieren, wird diese Lösung letzten Endes nicht jeden Aspekt jedes möglichen Entwicklungsprojekts vollständig und optimal unterstützen können. Stattdessen sollten wir versuchen, die für ihren jeweiligen Zweck optimierten Werkzeuge miteinander zu koppeln. Dabei müssen die in einem Medium oder auf einer bestimmten Abstraktionsebene gespeicherten Informationen in andere übertragbar sein. Aus der Aufgabe, von einem Werkzeug in das nächste Informationen zu übertragen, wird eine Transformation von einer in die darüber- oder darunterliegende Abstraktionsebene durchgeführt. Codegeneratoren sind dafür ein gutes Beispiel. Sie nehmen die statischen und dynamischen Modellelemente und übertragen diese in die jeweils genutzten Programmiersprachen. Dafür ist es notwendig, die Transformationsregeln festzulegen und ausführen zu können. Als absolute Basis müssen wir dabei wissen, wie die unterschiedlich abstrakten Informationen abgelegt und bearbeitet werden. Wenn wir lediglich als Ausschnitt den linken Teil des V-Modells der Entwicklung nur von Software betrachten und die verschiedenen Beschreibungsmittel als resultierende Aktionsergebnisse in den verschiedenen Abstraktionsebenen auftragen, so kommen wir auf ein Aktivitätsdiagramm, wie in Abbildung 3.1 dargestellt.

Modellanalysen

Die Modellanteile können angereichert werden, um die jeweiligen Entwicklungsschritte besser zu unterstützen. Ein komplexes System braucht vor der eigentlichen Realisierung wahrscheinlich Analysen des im Modell befindlichen Designs, um die Güte des aktuellen Modells bestimmen zu können. Diese Analysen sind domänenspezifisch und nicht allgemeingültig. Wenn ein Projektteam wissen will, ob es voraussichtlich pünktlich fertig werden wird, könnten wir Projektmanagementdaten, Daten zur Komplexität, zum aktuellen Bearbeitungsstand, zur Assignierung auf Teammitglieder oder Risikofaktoren allesamt gut gebrauchen.

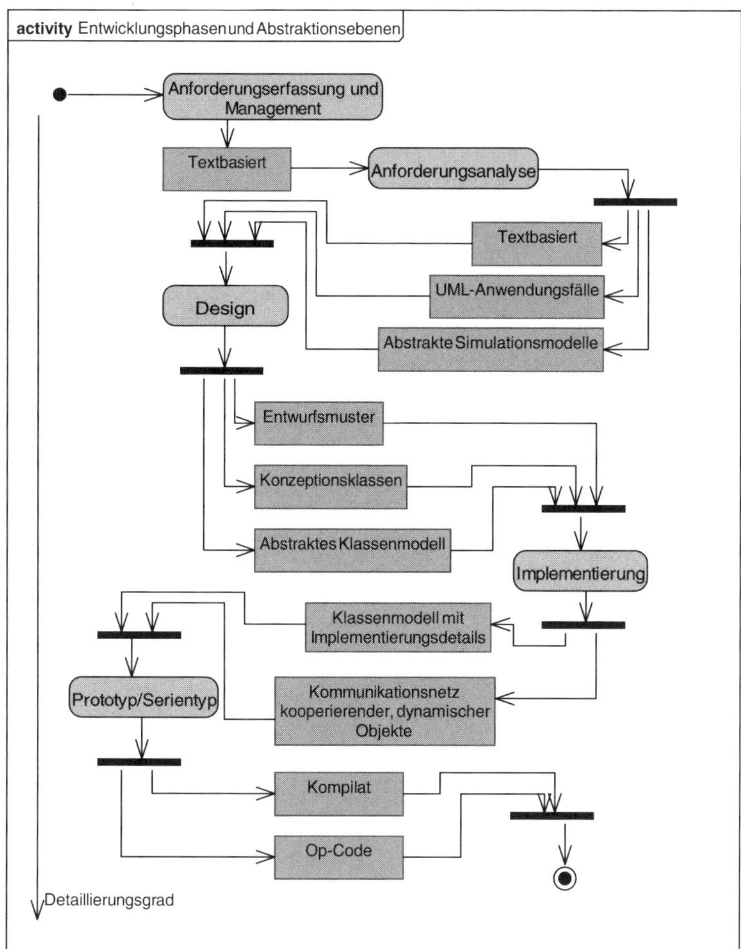

Abb. 3.1 *Entwicklungsphasen und Abstraktionsebenen*

Mehr wissen durch Erweiterungen des Modells

Die Modellierung kann dafür im Entwicklungsprozess individuell erweitert werden. Die UML unterstützt uns hier mit der Möglichkeit, domänenspezifische Erweiterungen zu integrieren. Nicht nur der Erweiterungsmechanismus ist durch die OMG standardisiert, sondern auch die Metamodellerweiterungen für einige Domänen selbst. Im nächsten Kapitel werden wir die wichtigsten, standardisierten Erweiterungen eingehender betrachten.

3.1 Spezifikationskonforme, standardisierte Erweiterungen der UML

Die UML ist eine generische Sprache, die in allen Domänen eingesetzt werden kann und soll. Per se dient sie der Beschreibung von „softwarelastigen Systemen", und die seit der UML 2 – im Vergleich zur UML

1.x – durchgeführten Änderungen und Neuerungen haben sie schon ein weites Stück mehr in Richtung vollständiger Systemmodellierung geführt. Trotzdem bleiben Lücken, wenn wir uns die Anforderungen zur Modellierung von eingebetteten Echtzeitsystemen ansehen. Teilweise wurden diese Lücken durch Standarderweiterungen geschlossen. Die OMG bietet in ihrem Fundus von Spezifikationen eine Vielzahl von Erweiterungen der UML, die alle Systemaspekte unterstützen sollen, in denen Modellierung eine wichtige Rolle spielen kann. Diese Erweiterungen nennen wir Profile.

UML-Profile

Ein Profil ist ein kohärenter Satz von Stereotypen und Eigenschaftswerten, der einem bestimmten Modellierungszweck dient. Es gibt Profile der OMG für Business Rules, für bestimmte Technologien wie Software Radio, CORBA (COmmon Object Request Broker Architecture), System-on-Chip und noch viele andere. Für eingebettete Systeme sind einige davon recht interessant, gerade wenn Echtzeitanforderungen ins Spiel kommen. Die Unterstützung der Modellierung durch die Möglichkeit, alle Daten im Modell bereitzuhalten und so weit vor Fertigstellung des realen Systems Aussagen über die Einhaltung von Zeitgrenzen und die Performanz des Systems machen zu können, klingt sehr nützlich. Dabei müssen wir aber beachten: Die Verfahren zur Ermittlung der Aussagen sind nicht standardisiert. Es ist wie bei einem Textverarbeitungsprogramm: Alles zur Erstellung und Formatierung von Textdokumenten steht zur Verfügung, das Buch müssen wir aber selber schreiben.

3.1.1 Echtzeitmodellierung mit dem SPT-Profil (Schedulability, Performance and Time)

Zeitanalysen erst am fertigen System?

Wenn bei einem eingebetteten System die absolute Einhaltung harter Echtzeitbedingungen unumgänglich ist, so wäre bei strikter Einhaltung des V-Modells die Verifikation der Einhaltung zeitlicher Anforderungen erst dann möglich, wenn das System vollständig implementiert ist. Bei großen und dementsprechend teuren Systemen ist dies aber nicht machbar, denn Designentscheidungen können zur Fertigstellung nicht umgestoßen werden. Ein Redesign ist pekuniär nicht denkbar. Eine Analogie ist der Bauherr eines Hauses, der erst bei Einzug unter realen Bedingungen prüft, ob denn seine Möbel in die neuen Räume passen. Ohne die Verfügbarkeit eines Modells (hier analog eines Grundrissplans) wären nur grobe Abschätzungen möglich.

Natürlich gibt es verschiedene Einplanungsverfahren für Echtzeitsysteme. Einplanung deshalb, weil die verschiedenen Funktionen (wir können diese auch Tasks nennen) innerhalb des Systems so einzuplanen sind, dass alle Tasks ihre zeitlichen Zielvorgaben einhalten. Wir unterscheiden zur Einplanung verschiedene Verfahrensarten, die das Klassendiagramm in Abbildung 3.2 zeigt.

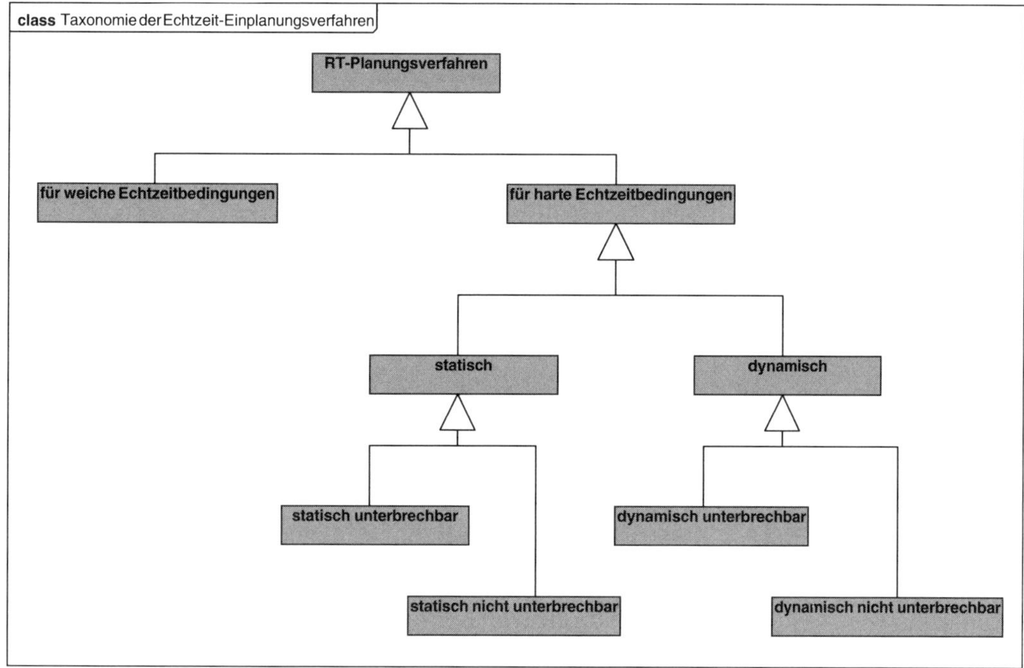

Abb. 3.2 *Taxononie der Echtzeit-Einplanungsverfahren*

Analysen brauchen Standards

Alle diese Vorgehensweisen zur Einplanbarkeitsanalyse benötigen den Zugriff auf die für sie notwendigen Informationen im Modell. Da es viele sind, muss das Modell in der Lage sein, die Informationen allgemeingültig zu speichern. Dies gelingt aber nur, wenn wir dazu eine standardisierte Sprache für alle Anwendungen und Analysen benutzen.

Die Entstehung des SPT-Profils

Wir brauchen also eine Erweiterung unserer Modellierungssprache, die die zur Einplanbarkeit notwendigen Meta-Attribute enthält und die sich mit der eigentlichen Modellierungsprache UML verträgt. Die UML lässt sich ja generisch durch Profile erweitern. Was braucht ein Profil zur Einplanbarkeitsanalyse? Diese Frage hat sich die Real-time Analysis and Design Group (RTAD) innerhalb der OMG auch vor einiger Zeit gestellt. Heraus kam das „UML Profile for Schedulability, Performance and Time“, kurz SPT-Profil. Es ist in Unterprofilen organisiert und unterstützt die Modellierung von Echtzeitsystemen durch ein Zeitmodell, durch ein Nebenläufigkeitsmodell und ein Ressourcenmodell. Daneben sind alle Erweiterungen vorhanden, um Vorhersagbarkeit zu modellieren und ins Modell gegebenenfalls nach einer externen Berechnung zurückschreiben zu können. Das hat nichts mit Bergkristallkugeln zu tun, sondern umfasst Einplanbarkeitsanalysen wie zum Beispiel die Ratemonotonic Analysis und Performanzanalysen wie die Queueing Theory.

Die Struktur des SPT-Profils ist in Abbildung 3.3 in einem UML-Paketdiagramm beschrieben.

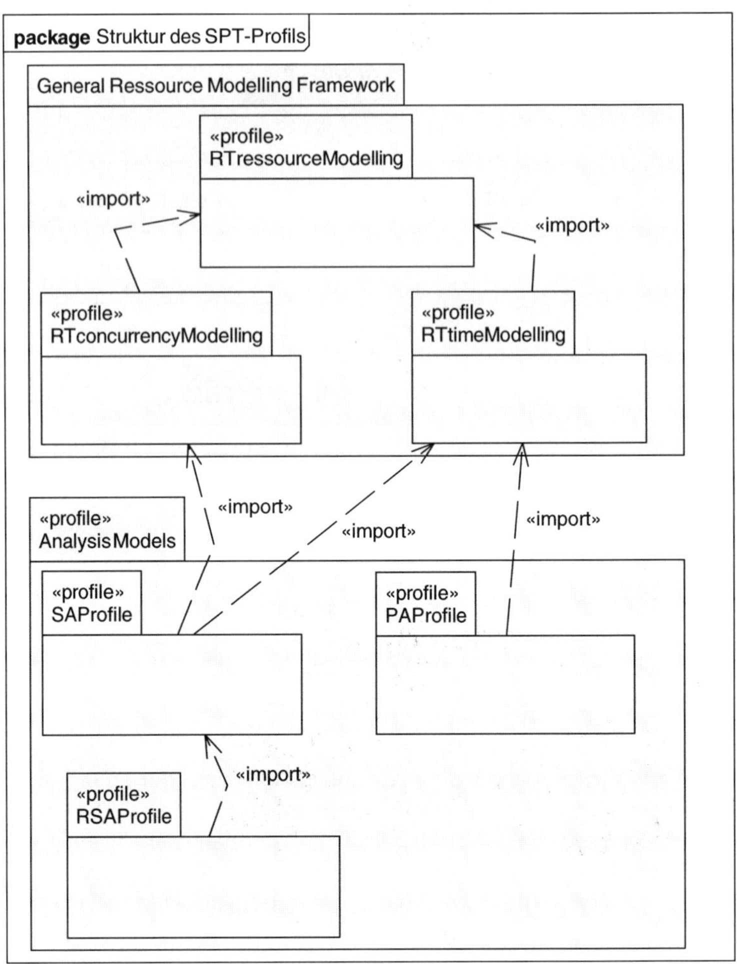

Abb. 3.3 *Struktur des SPT-Profils*

Aufbau des SPT-Profils

Grundsätzlich ist das Profil zweigeteilt. Die generellen Grundlagen zur Modellierung von Ressourcen, von Nebenläufigkeit und der Zeitmodellierung im ersten Teil werden durch die drei Analysemodelle im zweiten Teil genutzt. Die Nutzung können wir im Paketdiagramm durch eine Abhängigkeit mit dem Stereotyp «import» verdeutlichen. Als Analysemodelle stehen alle nötigen Stereotypen und Eigenschaftswerte für Einplanbarkeitsanalyse (engl. Schedulability Analysis) im Unterprofil „SA-Profile“ und für Performanzanalyse (engl. Performance Analysis) im Unterprofil „PAProfile“ bereit.

Es gibt in der Profilbeschreibung auch ein Anwendungsbeispiel im Unterprofil „RSAProfile“, dass sich mit der Echtzeitvariante von CORBA befasst, dem sogenannten RT-CORBA. CORBA ist eine Middleware zum Design und der Implementierung verteilter Systeme und steht für Common Object Request Broker Architecture. CORBA ist ebenso wie die UML ein

Standard der OMG. Die Variante RT-CORBA besteht aus einem Satz von Erweiterungen auf dem Standard-CORBA, um ein Rahmenwerk für voraussagbare Abarbeitungzeiten von CORBA-basierten Applikationen aufzubauen. Dies soll nicht nur in verteilten Systemen, sondern auch beim Einsatz heterogener Applikationen mit unterschiedlichen Echtzeitbetriebssystemen funktionieren. „RSAProfile" ist eine Abkürzung für „RT-CORBA Schedulability Analysis".

Zusammenhang SPT und MARTE

Zum Stand des SPT-Profils ist allerdings noch Folgendes zu sagen: Es wurde vor Einführung der UML 2, also vor der zweiten Generation der UML definiert. Seine Erweiterungen passen also in erster Linie in das Metamodell der UML 1.x. Da viele der für Einplanbarkeits- und Performanzanalysen notwendigen Sichten in der UML 2 auf denen der UML 1.x aufbauen, kann das SPT-Profil trotzdem immer noch verwendet werden. In Zukunft wird das SPT Profil durch das MARTE-Profil ersetzt werden. MARTE steht für Modelling and Analysis of Real-Time and Embedded Systems und hat den Anspruch, genauso umfassend zu sein, wie der Name vermuten lässt. Da MARTE aber noch nicht offiziell verabschiedet ist[1], werden wir uns die Struktur des verfügbaren SPT-Profils ansehen, weil die generellen Prinzipien einer Erweiterung für Echtzeitmodellierung auch am etablierten Profil gut zu erklären sind.

Verwendung des Profils

Den Einsatz des Profils können wir auch gleich mit der UML erklären. Das Anwendungsfalldiagramm in Abbildung 3.4 zeigt die Anwendungsfälle des SPT-Profils.

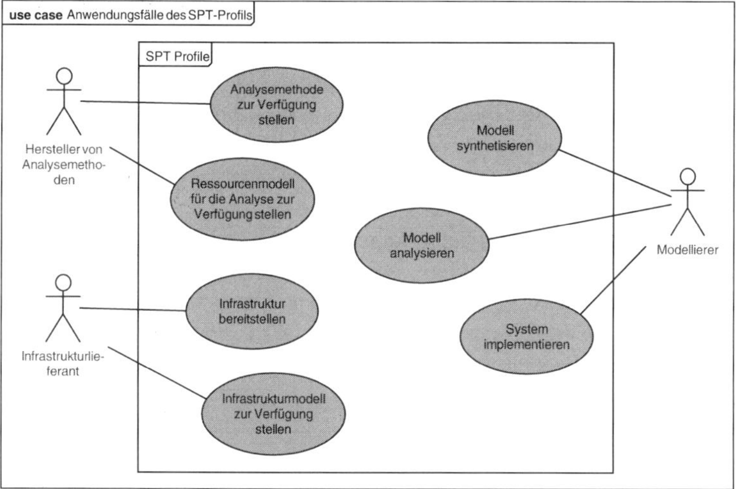

Abb. 3.4 *Anwendungsfälle des SPT-Profils*

Der Modellierer als Akteur und Nutzer des Profils möchte ein Modell erstellen, das unter anderem die Daten des Zeitverhaltens beinhaltet. Dann folgt die Analyse der zeitbezogenen Daten, um mögliche Probleme

[1] MARTE ist in der OMG momentan „Adopted Technology", also im Prinzip akzeptiert und kurz vor der Veröffentlichung (Stand Q1/2008).

zu finden und im Modell zu berichtigen. Zum Schluss möchte der Nutzer des SPT-Profils natürlich sein System so implementieren, wie es im Modell dargestellt ist.

Derjenige, der eine Analysemethode zur Verfügung stellen will, sollte nicht nur die Methode selbst, sondern auch die Erweiterungen der UML spezifizieren, die für die Nutzung der Analysemethode im Kontext des Modells benötigt werden. Genauso sollte der Infrastrukturlieferant auch Modelle seiner Infrastruktur bereitstellen. Diese können auch aufzeigen, wie die Infrastruktur funktioniert, beispielsweise durch Verhaltenssichten in Zustandsdiagrammen wie auch ihrer Schnittstellen zur Applikationsebene. Zusätzlich kann die Infrastruktur durch Angabe von Messwerten ihrer Performanz, also tatsächlicher Quality-of-Service-Zahlen, mögliche Analysen präziser gestalten.

Nun aber wenden wir uns der Realisierung des SPT-Profils zu. Das Profil besteht, wie schon gesehen, aus mehreren Unterprofilen, um Ordnung in die vielen unterschiedlichen Begrifflichkeiten zu bringen. Wir gehen jetzt durch die verschiedenen Unterprofile, um einen generellen Überblick über die Möglichkeiten der dort vorgestellten Modellierungskonzepte zu erhalten. Eine umfassende Sichtung aller Stereotypen und Eigenschaftswerte ist hier aber aufgrund des Profilumfangs nicht durchführbar.

Das allgemeine Ressourcenkonzept

Das allgemeine Ressourcenmodell im SPT-Profil ist als Basis für jede quantitative Analyse von UML-Modellen gedacht. Damit dies auch bei grundlegenden Änderungen des Metamodells prinzipiell noch möglich ist, sind die Konzepte im allgemeinen Ressourcenmodell relativ unabhängig vom UML-Modell gestaltet. Die Domäne der Ressourcen im SPT-Profil ist geprägt von Echtzeitaspekten und von der Darstellung des Quality-of-Service (QoS).

Wie können nun die Einplanbarkeits-, Ressourcen- oder Zeitinformationen in die UML-Modellierungssprache eingepflegt werden? Dazu brauchen wir eine Abbildung zwischen den domänenspezifischen Konzepten und dem Erweiterungsmechanismus der UML. Wesentlich dabei ist, dass wir diese Abbildungsmöglichkeit selbst in UML darstellen können. Abbildung 3.5 zeigt dieses Vorgehen.

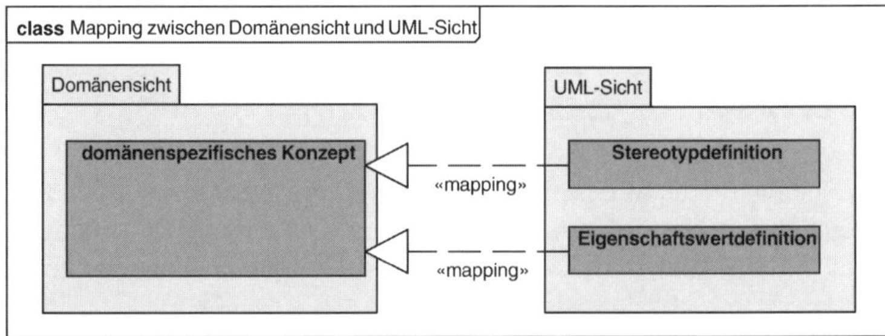

***Abb. 3.5** Mapping zwischen Domänensicht und UML-Sicht*

Ursache und Wirkung mit UML

Wenn wir ein Element unserer Domäne darstellen wollen, so können wir es natürlich textuell beschreiben. Das nützt nur nichts, wenn wir unser Domänenwissen standardisiert in UML ausdrücken wollen. Dann ist es notwendig, die generellen Verfahrensweisen zu abstrahieren und diese Abstraktion mit dem UML-Metamodell zu verbinden. Als Beispiel soll uns ein ganz abstraktes Modell dienen. Wenn wir beschreiben wollen, wie Ursache und Wirkung allgemein als vielleicht immerwährende Schleife gesehen und mit Basiselementen der UML verbunden werden können, sehen wir uns am besten gleich mal die Abbildung 3.6 an. In diesem Klassendiagramm wurden die originalen Klassennamen aus der SPT-Profilspezifikation übernommen, sie sollen aber hier auch auf Deutsch erklärt werden. Dabei sind im Diagramm Notizen mit Buchstaben vermerkt, die als Referenzen in der nachfolgenden Erklärung dienen sollen. Die Instanz aus dem Metamodell der UML soll hier als Ankerelement dienen, genauso wie das Auftreffen eines Ereignisses. Hier interessieren uns nur Ereignisarten (Generalisierung A) als Erzeugung oder Empfang von Stimuli. Das Ereignis der Erzeugung eines Stimulus ist die Ursache mindestens eines Stimulus (Assoziation B). Dieser ist wieder optional Ursache eines Stimulusempfangs (Assoziation C). Dieser Stimulus kann „verpuffen", denn die Rollenmultiplizität der Wirkung an der Klasse des Stimulusempfangs ist 0 oder 1.

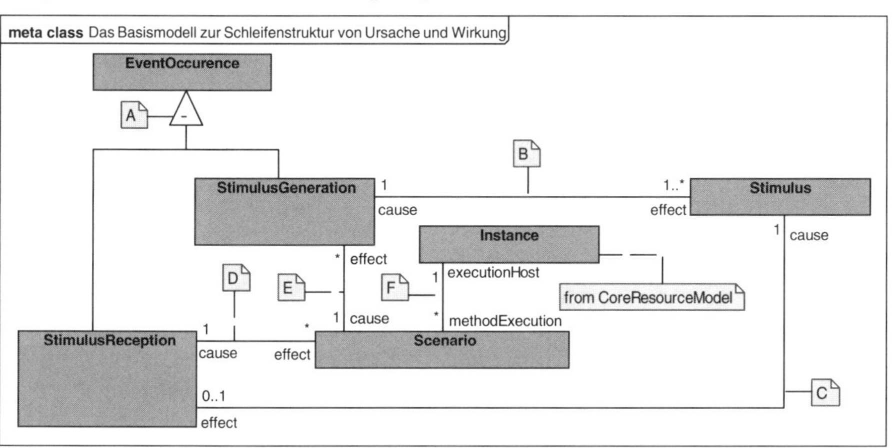

***Abb. 3.6** Das Basismodell zur Schleifenstruktur von Ursache und Wirkung*

Der Empfang eines Stimulus ist wiederum Ursache beliebig vieler (also auch keines) Szenarien (Assoziation D). Dieses Szenario kann (siehe die Multiplizität „*" für den Effekt) Ursache für die Erzeugung weiterer Stimuli sein (Assoziation E), und die Schleife schließt sich. Bleibt noch die Assoziation F: Eine Instanz kann als Ausführungshost beliebig vieler Szenarien angesehen werden. Diese Szenarien wiederum sind aus der Sicht der Instanz die Ausführungen von Methoden.

Um dabei jetzt den Faktor der Zeit ins Spiel zu bringen, brauchen wir noch zwei weitere Ereignisse: den Beginn und das Ende eines Szenarios. Um diese zu definieren, verbinden wir die uns jetzt schon bekannten Metaklassen mit den neuen, wie in Abbildung 3.7 zu sehen. Auch hier verwenden wir zur Abgrenzung von normalen Klassendiagrammen einen Diagrammrahmen mit der Typisierung „meta class“, weil es sich um Metaklassen handelt, die im Diagramm dargestellt sind. Natürlich wäre es auch möglich und präzise, alle vorkommenden Klassen mit «meta class» zu stereotypisieren, aber hier wurde der Leitsatz „Unwichtiges und Offensichtliches lassen wir weg“ berücksichtigt.

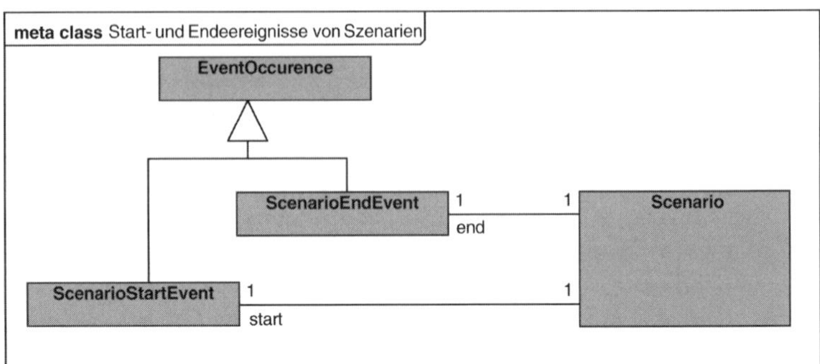

Abb. 3.7 *Start- und Endeereignisse von Szenarien*

Das Echtzeitkonzept

Alle Elemente dieses Unterprofils sind im Profilpaket „RTtimeModelling“ definiert und mit dem Präfix „RT“ für Realtime im Namen präzidiert.

Modellierung von Zeit

Der Begriff „Zeit“ hat viele Facetten. Es gibt die physikalische Sicht der Zeit und darüber hinaus die verschiedenen Verfahren, Zeit zu messen. Das SPT-Profil unterstützt zur Modellierung von Zeitaspekten nur Konzepte der Zeitmessung und deren Messergebnisse, die Physik bleibt außen vor. Das hat auch seinen Grund: In Prozessoren und Rechnern kann die Zeit auf die Taktung und die Genauigkeit der eingesetzten Hard- und Software abstrahiert werden. Die Physik dahinter braucht uns zu Analysen von Einplanbarkeit nicht zu interessieren, denn die zeitliche Auflösung aller Zeitdauern und Zeitdaten hängt nur von der Abarbeitungsmechanik ab.

Insofern sind die interessanten Zeitelemente auch diejenigen auf der rechten Seite des Klassendiagramms der Abbildung 3.8, denn die physikalischen Klassen der Zeit sind abstrakt. Die Eigenschaft {ordered} für „geordnet“ auf der Rolle der beliebig vielen physikalischen Zeitmomente bedeutet, dass in unserem Modell für je zwei Zeitmomente p und q genau bestimmt werden kann, ob p vor q liegt oder q vor p. Zeitwerte können entweder diskret oder dicht sein. Auch für dicht gibt es eine Erklärung in der Spezifikation: Dicht bedeutet, dass für zwei beliebige Zeitwertinstanzen es mindestens eine weitere Instanz gibt, die dazwischen liegt.

Modellierung von Zeitpunkten und Uhren

Wir können hier nicht alle Stereotypen und Eigenschaftswerte im Detail beschreiben, daher werden wir uns einige Echtzeitelemente exemplarisch ansehen. Die Einbettung der Zeitkonzepte in die UML ist jedoch

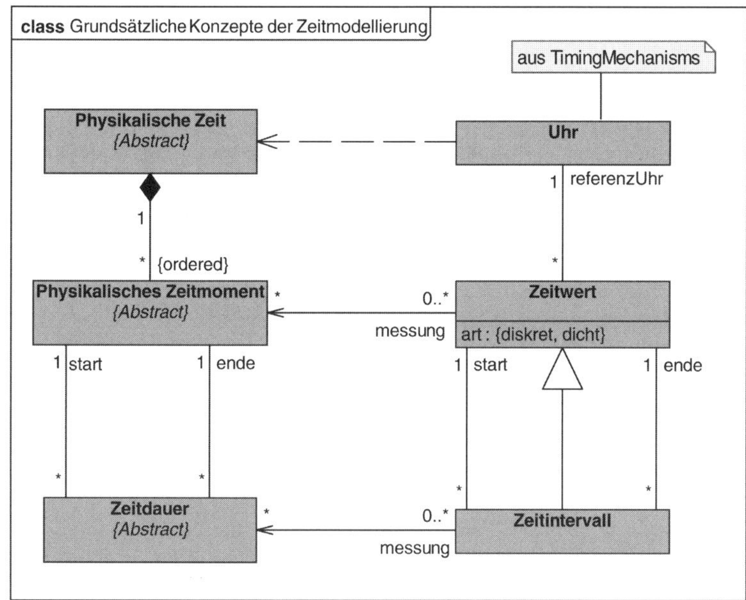

Abb. 3.8 *Grundsätzliche Konzepte der Zeitmodellierung*

sehr einfach: Ereignisse und Aktionen erhalten Zeiteigenschaften, die auf ihren generischen Eigenschaften aufbauen. Ein Ereignis braucht einen Zeitwert, der den Moment repräsentiert, an dem das Ereignis eintritt, während eine Aktion eine Zeitdauer als Zeiteigenschaft benötigt sowie auch Zeitwerte für Start und Stop tragen kann. Dazu benötigen wir eine Zeitbasis für die Zeitmessungen und auch ein Modell der Uhren, mit denen wir die Zeitmessungen durchführen.

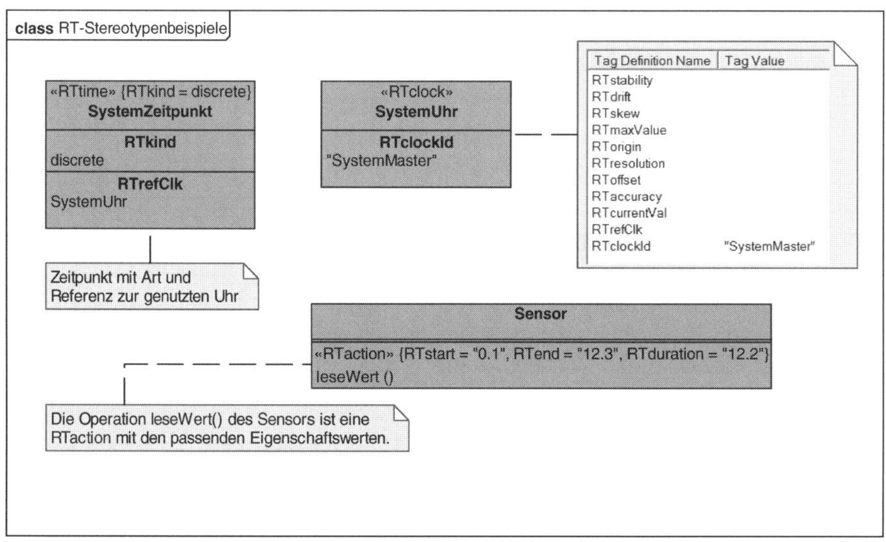

Abb. 3.9 *RT-Stereotypenbeispiele*

In Abbildung 3.9 sind drei Klassen dargestellt, die Elemente aus dem RT-Unterprofil verwenden. Der SystemZeitpunkt als Klasse trägt den Stereotyp «RTtime», was die Möglichkeit der Nutzung der Eigenschaftswerte RTkind und RTrefClk bedeutet. Die SystemUhr nutzt den Stereotyp «RTclock». Die in «RTclock» enthaltenen Eigenschaftswerte sind in der mit der Klasse verbundenen Notiz dargestellt und beinhalten Dinge wie Stabilität, Genauigkeit, zeitliche Drift oder Zeitversatz (engl. Skew).

Das Nebenläufigkeitskonzept

Die Modellierung von Nebenläufigkeitselementen wird durch die Stereotypen und Eigenschaftswerte im Unterprofil „CRprofile" unterstützt. Auch hier haben alle Teile des Unterprofils ein Präfix, nämlich „CR" für „ConcuRrency". Mit «CRconcurrent» können Tasks mit der Angabe der main()-Funktion als Referenz auf eine in der jeweiligen Klasse enthaltenen Operation modelliert werden. Abbildung 3.10 enthält zwei Beispiele dafür. Der Eigenschaftswert für „CRmain" kann in einem eigenen Bereich wie in der Klasse „UI" oder aber in geschweiften Klammern bei der Angabe des Stereotyps wie in der Klasse „Controller" stehen. Die Operation „reset" in der Klasse „Controller" ist als «CRaction» modelliert. Dadurch können wir auch den booleschen Eigenschaftswert „CRatomic" setzen. Steht dieser auf „wahr", dann darf die so markierte Operation mit unterbrochen werden.

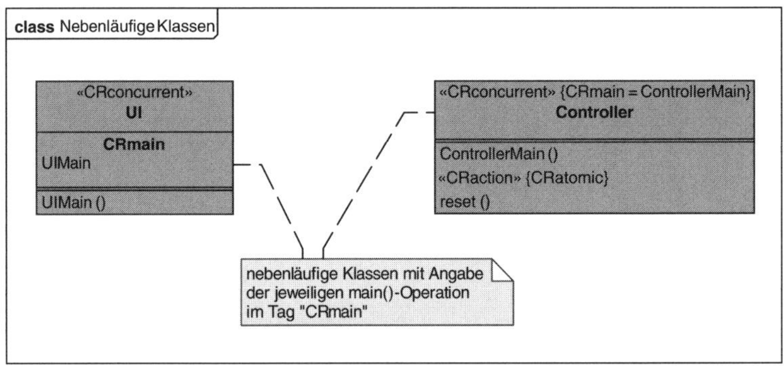

Abb. 3.10 *Nebenläufige Klassen*

Als «CRaction» können viele UML-Elemente annotiert werden, beispielsweise Aktionen, Nachrichten, Operationsaufrufe, Stimuli, Zustände oder Zustandsübergänge. Der Aufruf von Operationen oder Aktionen kann mit «CRasynch» als asynchron bezeichnet werden. Die oben verwendete Bezeichnung «CRconcurrent» ist nicht nur für Klassen, sondern auch für Aktionsknoten, Komponenten oder Instanzen modellierbar.

Trennung von Aufruf und Abarbeitung

Ein weiteres wichtiges Konzept bei Nebenläufigkeit ist «CRdeferred». Wir können diesen Stereotyp auch auf Operationen, Operationsaufrufen, Nachrichten oder sonstigen Stimuli verwenden. Wenn wir eine Operation als „deferred", also als verzögert modellieren, heißt das, dass die eigentliche Abarbeitung zeitlich unabhängig vom Aufruf erfolgen soll.

Aus dem einfachen Zusammenhang zwischen Sender und Empfänger einer Nachricht, wie in Abbildung 3.11 dargestellt, müssen wir entweder manuell oder auch automatisch durch plattformspezifische Transformation bei der Codegenerierung zusätzliche Klassen erzeugen, die die verzögerte Abarbeitung auf Source-Code-Ebene ermöglichen. Sprachen wie C++ oder ANSI-C unterstützen von sich aus asynchronen Nachrichtenverkehr nicht.

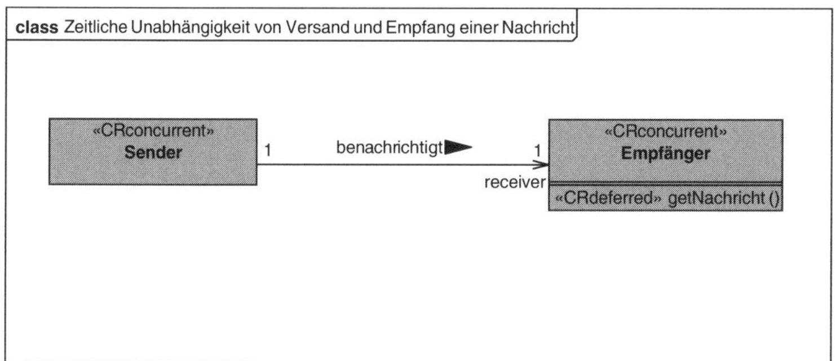

Abb. 3.11 *Zeitliche Unabhängigkeit von Versand und Empfang einer Nachricht*

Sender- und Empfängerklasse sind als nebenläufig gekennzeichnet, die Operation getNachricht() des Empfängers als «CRdeferred». Den Aufruf zwischen zwei Objekten dieser Klassen zeigt das Sequenzdiagramm in Abbildung 3.12.

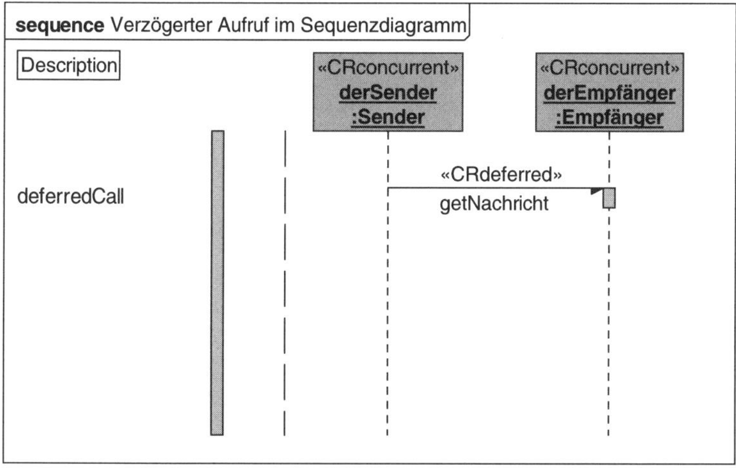

Abb. 3.12 *Verzögerter Aufruf im Sequenzdiagramm*

Um das in C++ zu realisieren, können wir eine zusätzliche Proxyklasse für den Empfänger gebrauchen, der im Kontext des Senders steht und den Aufruf von getNachricht() entgegennehmen kann. Anstatt diesen Aufruf direkt weiterzugeben, was eine Indirektion, aber keine zeitliche Unabhängigkeit von Aufruf und Abarbeitung bedeuten würde, wird eine Nachricht erzeugt und diese in eine (natürlich vorher zu erzeugende) Nachrichtenwarteschlange des genutzten Betriebssystems gesetzt.

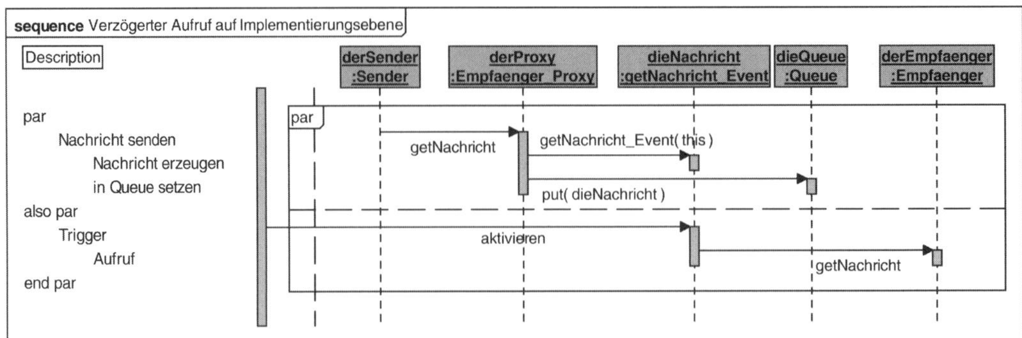

***Abb. 3.13** Verzögerter Aufruf auf Implementierungsebene*

Aus dem abstrakten Aufruf wird dann ein komplexerer Ablauf, wie im Sequenzdiagramm der Abbildung 3.13 dargestellt. Der Sender ruft die Operation getNachricht() des Proxyobjekts auf. Das Proxyobjekt erzeugt ein Nachrichtenobjekt und setzt dieses in die Warteschlange. Damit ist dieser Teilablauf abgeschlossen. Der davon zeitlich unabhängige Abruf startet durch die Aktivierung der Nachricht, die dann die tatsächliche Operation des Empfängerobjekts aufruft. Im Sequenzdiagramm nutzen wir zur Darstellung der zeitlichen Unabhängigkeit einen Interaktionsrahmen mit dem Schlüsselwort „par" für „parallel". Ganz unabhängig sind die beiden Teilsequenzen natürlich nicht. Mit dem Warteschlangenkonzept eines Echtzeitbetriebssystems ist es einfach realisierbar, dass der Empfänger auf die Nachricht wartet.

Das Einplanbarkeitsunterprofil

Als wichtigstes Analysekonzept des SPT-Profils gilt die Einplanbarkeit (engl. Schedulability). Die bereits vorgestellten Unterprofile dienen der Modellierung von Basiskonstrukten, die Analysen wie die der Einplanbarkeit erst möglich machen. Was bedeutet Einplanbarkeitsanalyse in einem Echtzeitsystem? Wir gehen hier von außen nach innen in unserem System vor. Am Anfang stehen die zeitlichen Anforderungen als nicht-funktionale Anforderungen. Unser System muss auf externe Trigger innerhalb bestimmter Zeitgrenzen reagieren. Um dies zu gewährleisten, werden wir den Zugriff und die Benutzung von Systemressourcen, die von verschiedenen parallelen Abläufen gemeinsam genutzt werden, so einplanen, dass möglichst alle Zeitbedingungen eingehalten werden. Ist dies möglich, sprechen wir von einem „einplanbaren" System. Wenn nicht, ist unser nächstes Ziel, alle wichtigen Zeitgrenzen zu erfüllen. Dadurch können wir unser System „stabil" nennen, denn wir wissen nun, welche Zeitbedingungen eingehalten werden können und welche nicht.

Techniken zur Einplanbarkeitsanalyse wie beispielsweise Rate Monotonic Analysis (RMA) werden verwendet, um für eine gegebene Prozesslast eines Systems genau voraussagen zu können, ob wir ein einplanbares oder zumindest ein stabiles System zur Verfügung haben werden.

Im Weiteren werden wir exemplarisch RMA als Analysetechnik genauer beleuchten. Es gibt zwar weitere Einplanungsverfahren wie Earliest Deadline First (EDF), aber RMA ist am weitesten verbreitet.

Was ist RMA?

Die Rate Monotonic Analysis ist ein Analyserahmenwerk, um Einplanbarkeit und Stabilität eines Systems zu ermitteln. Hier werden alle einplanbaren Entitäten, die wir auch als Tasks oder Threads bezeichnen können, mit festen Prioritäten definiert, die sich gegenseitig verdrängen können. Die Priorität einer Task ändert sich hier über die Laufzeit nicht. Der Verdrängungsmechanismus, der angenommen wird, bedeutet, dass eine höherpriore Task eine momentan ausgeführte Task mit niedrigerer Priorität verdrängt, wobei diese suspendiert wird und die höherpriore stattdessen abläuft. Als RMA-Analyseergebnis erhalten wir die Zuweisung von Prioritäten für alle einplanbaren Entitäten. Wir sollten dabei auch beachten, dass RMA die jeweils maximalen Antwortzeiten verwendet, das Einplanbarkeitsergebnis also auf einem pessimistischen Szenario beruht. Wenn wir davon ausgehen, dass ein garantiert einplanbares oder zumindest stabiles System für die meisten Echtzeitsysteme höher bewertet wird als die Performanzmaximierung, dann ist RMA die richtige Wahl.

Terminologie

Eine Task ist hier ein Codefragment, das periodisch immer wieder ausgeführt wird. Die Periode der Task bestimmt, wie of dies geschieht. Ihre Deadline sagt aus, wann die Task ihre Aufgabe(n) erfüllt haben muss. Diese ist kleiner oder gleich der Periode der Task.

Ein weiterer Begriff ist der des Zeitpuffers (engl. Slack Time). Dieser kann zu jeder Zeit vor der Deadline der Task ausgerechnet werden und beschreibt die Zeit bis zur Deadline minus der Arbeit W, die die Task noch verrichten muss.

Einige Begriffe und ihre Zusammenhänge lassen sich grafisch besser darstellen und sind in Abbildung 3.14 zusammengefasst.

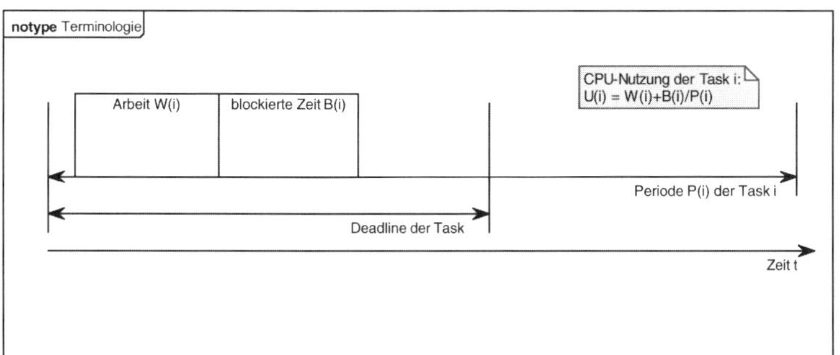

Abb. 3.14 *Terminologie für RMA*

Untersuchen wir die Struktur von Echtzeitsystemen, so finden wir als einen Hauptgrund für die Nichteinhaltung zeitlicher Deadlines, dass mehrere Tasks auf eine gemeinsame Ressource exklusiv zugreifen wollen. Die Task, die diese Ressource dann nicht nutzen kann, wird blockiert. Die Regionen im Code, die diese gemeinsamen Ressourcen benötigen, heißen daher kritische Regionen. Das Blockieren von Tasks und die daraus resultierenden Effekte wie die Invertierung von Prioritäten sind mehr noch als zu geringe Prozessorleistung für zeitliche Probleme bei Systemen verantwortlich.

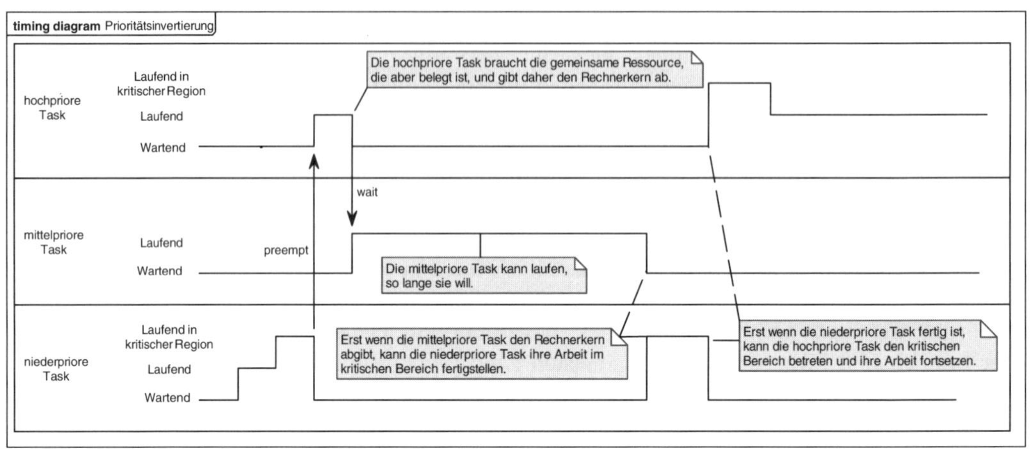

Abb. 3.15 *Timing-Diagramm zur Prioritätsinvertierung*

Eine ganz unglückliche Situation zeigt das UML-Timingdiagramm der Abbildung 3.15. Hier wird die vom Nutzer hoffentlich bewusst definierte Priorität der verschiedenen Tasks invertiert durch die gemeinsame Nutzung einer Ressource zwischen einer hochprioren Task und einer niederprioren Task. Die niederpriore Task ist zuerst am Zug und läuft. Dabei betritt sie ihre kritische Region und reserviert eine mit der hochprioren Task gemeinsam genutzte Ressource. Diese möchte wieder laufen und verdrängt die niederpriore Task. Nachdem die hochpriore Task die gemeinsame Ressource nicht nutzen kann, weil sie noch von der niederprioren Task reserviert ist, gibt sie freiwillig den Rechnerkern wieder ab. Die mittelpriore Task kann nun beliebig lange laufen, ohne von der hochprioren Task gestört zu werden. Diese wartet auf die Verfügbarkeit der gemeinsamen Ressource, die aber von der niederprioren nicht wieder freigegeben werden kann, weil sie den Rechnerkern nicht zugeteilt bekommt, bis die im Vergleich höherpriore, mittelpriore Task fertig ist. Somit ergibt sich eine Prioritätsinvertierung, denn die hochpriore Task kann nicht laufen, solange eine im Vergleich niedriger priorisierte Task nicht fertig ist. Diese Situation ist auch nicht zeitlich limitiert, denn die Auflösung dieses „Knotens“ liegt nur an der mittelprioren Task.

Priority Enheritance

Eine Lösung dieses Problems heißt Vererbung der Priorität (engl. Priority Inheritance). Abbildung 3.16 veranschaulicht in einem Timing-Diagramm, wie die gleiche Situation wie eben durch Vererbung der Priorität an die niederpriore Task entschärft werden kann.

Der Trick besteht darin, dass die hochpriore Task ihre Priorität an die niederpriore Task, die die benötigte Ressource blockiert, weitergibt, so dass diese nicht mehr von der mittleren verdrängt werden kann. Da-

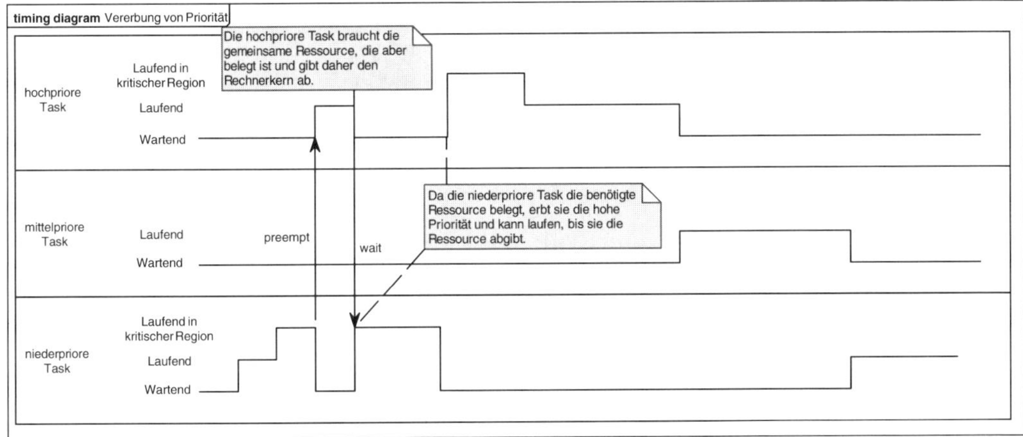

Abb. 3.16 *Timing-Diagramm mit Vererbung von Priorität*

durch kann sie weiterarbeiten, bis sie die Ressource freigibt. Sie wird danach von der hochprioren richtigerweise wieder verdrängt, denn diese kann nun weiterlaufen. Erst wenn die hochpriore Task fertig ist, kommt die mittelpriore zum Zug, und danach wieder die niederpriore.

Basis für die Einplanbarkeitanalyse

Zusammenfassend haben wir jetzt alle Voraussetzungen geschaffen, um die zeitlichen Analysen durchzuführen: Wir verwenden fixe Prioritäten für die Tasks, die sich verdrängen dürfen, die Verfahren zur Einplanbarkeitsanalyse wie RMA können ausgewählt werden, und die Invertierung der Taskpriorität verhindern wir durch Vererbung von Prioritäten. Durch Letzteres werden die einzelnen Antwortzeiten zeitlich begrenzt.

Jetzt können wir die Abläufe im System Schritt für Schritt analysieren: Eine einplanbare Entität besteht aus einem Trigger, der entweder zeitlich wiederkehrend oder statistisch verteilt einmalig vorkommen, und einer Sequenz von Aktionen als Antwort auf den Trigger. Die Aktionen wiederum beinhalten ihre Abarbeitung durch den Rechnerkern und die Ressourcen, die für die jeweilige Aktion benötigt werden. Der Rechnerkern ist eine spezielle Art der Ressource, für die es zum einen darauf ankommt, wie die einzuplanenden Entitäten oder Tasks tatsächlich eingeplant werden, zum anderen benötigen wir noch Informationen zum Overhead wie beispielsweise die Zeit, die zum Kontextwechsel benötigt wird oder die Antwortzeiten für Interrupts. Jede weitere Ressource wird bestimmt durch ihre Arbitrierung, also wie ihre Zuteilung erfolgt, ob Verdrängung möglich ist oder nicht und die zeitlichen Overheads für die Initialisierung und den Zugriff.

Ein Beispiel

Wenn wir in einem Sequenzdiagramm die Ergänzungen des Profils für Einplanbarkeitsanalyse (SAprofile) verwenden wollen, so können wir wie in Abbildung 3.17 vorgehen. Hier wird ein Ablauf durch die SystemUhr angestoßen. Der Aufruf „tick“ wird mit dem Eigenschaftswert „RTat“ als periodisch alle 100 Millisekunden definiert. Gleichzeitig trägt die Operation „tick“ den Stereotyp «SAresponse», der die absolute Dead-

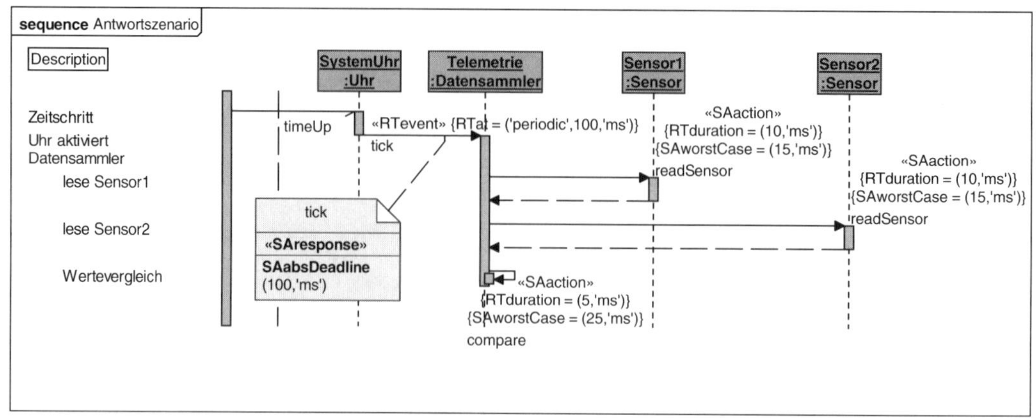

***Abb. 3.17** Sequenzdiagramm Antwortszenario*

line für die Antwort auf den Aufruf mit 100 ms enthält. Dies steht in der Notiz, die dem Aufruf der Operation beigefügt ist. Als Aktionskette können wir aus dem Diagramm entnehmen, dass nacheinander zwei Sensorwerte ausgelesen und die Werte danach verglichen werden. Jede dieser genutzten Operationen trägt den Stereotyp «SAaction», der die Nutzung verschiedener Eigenschaftswerte möglich macht. Darunter zählen „RTduration" für die normale Ablaufdauer und „SAworstCase" für die längstmögliche Dauer. Zählen wir die pessimistischen Zahlen zusammen, so sollte alles funktionieren, denn wir haben 100 ms Zeit und brauchen nur 55 ms.

Interaktionen verdeutlichen die Analyseergebnisse

Genauso wie wir die verschiedenen Abläufe mit UML-Interaktionsdiagrammen wie Sequenzdiagrammen, Kommunikationsdiagrammen oder Aktivitätsdiagrammen darstellen können, ist auch die gemeinsame Nutzung von Ressourcen als Interaktion modellierbar, die mit Elementen des SAProfiles angereichert wird.

In unserem Beispiel greifen drei parallele Teilabläufe auf eine gemeinsame Ressource zu, wie im Sequenzdiagramm der Abbildung 3.18 zu sehen ist. Das UML-Sequenzdiagramm bietet uns eine übersichtliche Art und Weise der Modellierung paralleler Sequenzen an. Diese können durch die Erweiterungen des SPT-Profils auch zeitlich gegenübergestellt werden.

Die gemeinsame Ressource ist das Objekt „Data" der Klasse „CommonMemory". Hier nutzen wir die Eigenschaftswerte des Stereotyps «SAresource», um zu beschreiben, dass das Objekt in der Kapazität „1", also nur einmal zur Verfügung steht. Weiterhin ist über das Setzen des Eigenschaftswerts „SAaccessControl" auf „PriorityInheritance" festgelegt, dass wir für das Objekt „Data" die Vererbung von Priorität verwenden wollen.

Jeder einzelne Ablauf hat einen Trigger und eine Antwort auf diesen Trigger. Wenn wir uns exemplarisch den ersten Ablauf für die Sensorik einmal ansehen, dann wird zunächst von außen – hier symbolisiert eine

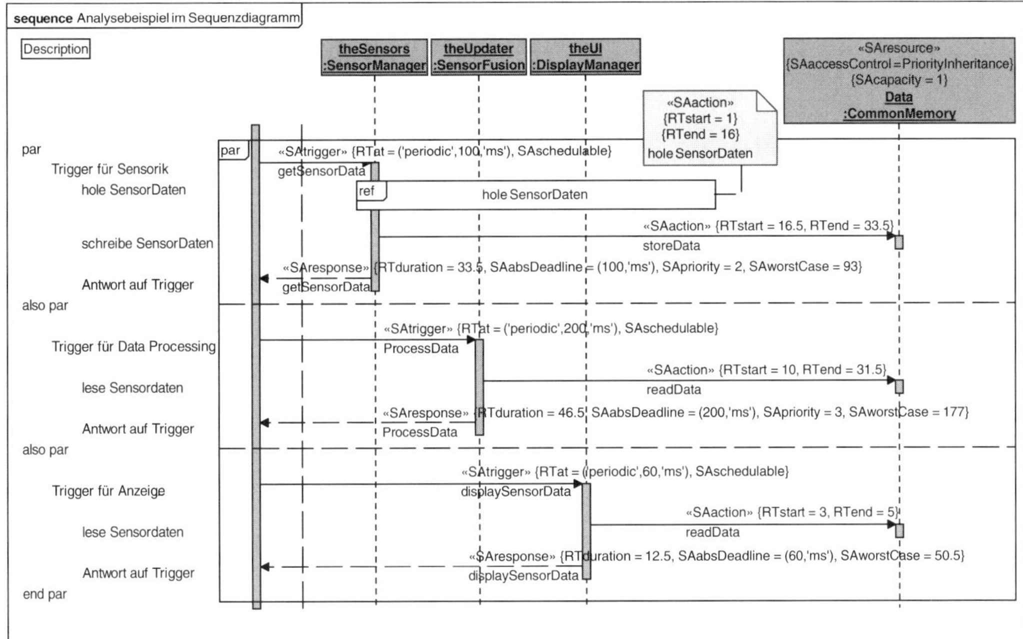

***Abb. 3.18** Analysebeispiel im Sequenzdiagramm*

dicke senkrechte Linie als grafisch stereotypisierte Erweiterung im Sequenzdiagramm die Systemgrenze – mit dem Aufruf der Operation „getSensorData()“ an den SensorManager der Stein ins Rollen gebracht. Der Stereotyp «SAtrigger» enthält einige Eigenschaftswerte, von denen wir mit „RTat“ modellieren können, dass dieser Trigger periodisch alle 100 ms erfolgt. Die Darstellung des Triggers als „SAschedulable“ zeigt das Ergebnis der Analyse: Wenn der boolesche Eigenschaftswert gezeigt wird, steht dieser auf „true“, und somit können wir herauslesen, dass der Teilablauf, der mit diesem Trigger gestartet wird, einplanbar ist.

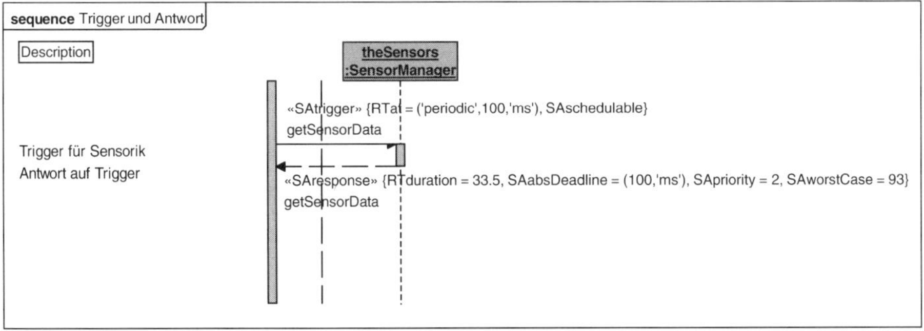

***Abb. 3.19** Trigger und Antwort*

Abbildung 3.19 zeigt diesen Zusammenhang zwischen der Triggernachricht und der dazugehörigen Antwort noch deutlicher, denn hier sind die anderen Schritte weggelassen. Bei der Antwortnachricht, die im Sequenzdiagramm mit einer gestrichelten Linie gezeichnet wird, können wir mit dem Stereotyp «SAresponse» die errechnete Dauer unter dem Eigenschaftswert „RTduration" vermerken sowie die Deadline. Hier nutzen wir die absolute Deadline durch den Eigenschaftswert „SAabsDeadline", die mit 100 ms angegeben ist. Eine relative Deadline ist ebenfalls möglich, denn das SA-Unterprofil sieht dafür auch einen Eigenschaftswert vor. In unserem Beispiel ist die Priorität dieser Teilsequenz mit dem Zahlenwert 2 in der Eigenschaft „SApriority" angegeben. An sich sagt dieser Wert nichts aus, wir müssen ihn erst in Relation mit den anderen Teilabläufen setzen. Aufgrund dieser Priorität wird durch die RMA-Analyse eine schlechtestmögliche Antwortzeit von 93 ms errechnet, die unter der absoluten Deadline liegt, und daher ist dieser Teilablauf auch korrekterweise mit «SAschedulable» stereotypisiert.

Wenn alle Teilsequenzen den Stereotyp «SAschedulable» tragen, wissen wir, dass dieser Ablauf einplanbar ist. Falls es Teilabläufe gibt, die ihre Deadline mit ihrem Wert für „SAworstCase" überschreiten, gilt das System immerhin noch als stabil, weil nun bekannt ist, welche Teilabläufe eventuell nicht rechtzeitig beendet werden können.

3.1.2 Ein Ausblick auf das MARTE-Profil

In der OMG wird momentan an einer Neufassung der Unterstützung der Modellierung von eingebetteten Echtzeitsystemen gearbeitet. Das Ergebnis wird wieder ein Profil sein, das kompatibel zu UML-2-Konstrukten und dem weiter anwendbaren QoS-Profil sein wird. QoS steht für „Quality of Service", und das sogenannte Profil bietet dem Modellierer die Möglichkeit, mittels der auch in der UML definierten Object Constraint Language (OCL) seine Anforderungen zur Güte der einzelnen Dienste innerhalb des Systems zu beschreiben. Offiziell heißt das Profil „UML-Profile for Modeling Quality of Service and Fault Tolerance Characteristics and Mechanisms", abgekürzt „UML Profile for QoS & FT".

Das QoS-Profil hat natürlich auch viele Stereotypen und Eigenschaftswerte. Das Basiskonzept der QoS-Erweiterungen ist in Abbildung 3.20 dargestellt.

Das Konzept der Servicequalität (QoS) beschreibt meist quantitativ, wie eine bestimmte funktionale Fähigkeit eines Systems nach außen zur Verfügung gestellt wird. Das passt sehr gut zum objektorientierten Ansatz, der erst einmal die funktionalen Eigenschaften in Form von Anwendungsfällen definiert, die dann später in Abläufen und Interaktionen genauer beschrieben werden. Diese Interaktionen brauchen zumeist quantitative Zusatzinformationen wie Durchsatz, Speicherplatz, Kapazität, Antwortzeiten oder auch definierte Deadlines. Durch die standardisierte Erweiterung mit einem UML-Profil für QoS können diese Modellinformationen erfasst, ausgewertet und danach wieder zur Anreicherung des Modells mit den Analyseergebnissen verwendet werden. Im Gegensatz zum SPT-Profil verwendet das UML-Profil für QoS die

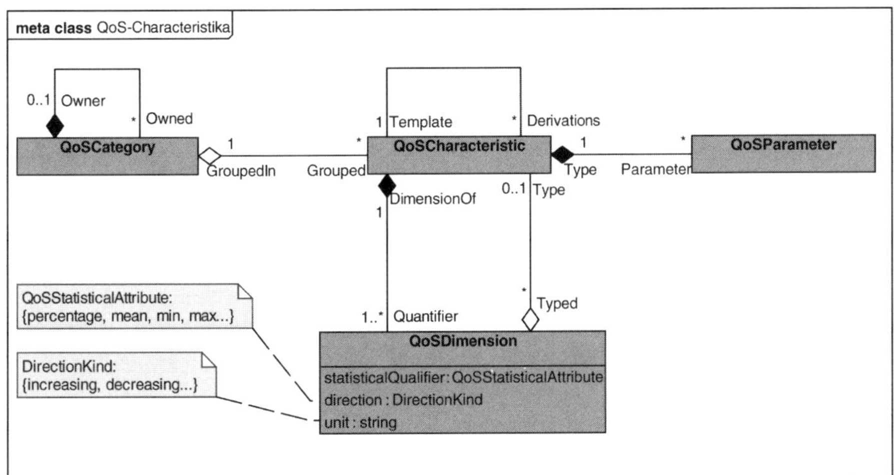

Abb. 3.20 *QoS-Charakteristika*

Object Constraint Language (OCL). Diese Erweiterung der UML ist an die Programmiersprache Smalltalk angelehnt und beschreibt Einschränkungen zu den Modellelementen.

Kurzer Exkurs zur OCL

Ohne jetzt vollständig auf die Object Constraint Language (OCL) eingehen zu wollen, ist hier eine gute Gelegenheit, die generellen Strukturen der OCL zu beschreiben. Die OCL definiert verschiedene Formen für Einschränkungen:

- Eine Invariante beschreibt eine Eigenschaft, die für das Element, das sie trägt, immer gelten muss sowie für alle Instanzen, die aus diesem Element erzeugt werden. Der in OCL beschriebene Ausdruck muss den Wahrheitswert „true" ergeben.
- Eine Vorbedingung ist eine Beschreibung einer Bedingung, die genau vor der Ausführung einer Operation gelten muss. In OCL können wir also Vorbedingungen nur im Zusammenhang zu Operationsausführungen nutzen.
- Eine Nachbedingung existiert nur im Kontext einer Operation und beschreibt eine Einschränkung, die im Moment der Beendigung einer Operation gelten muss.
- Eine Guard-Bedingung auf Transitionen muss gelten, wenn die Transition feuert, also wenn ein Zustandsübergang von einem aktiven Zustand in den nächsten erfolgt.

Wenn wir das gleiche Beispiel eines Aufrufs der Operation „getSensorData()" des Objekts „theSensors" der Klasse „SensorManager" mit QoS-Mechanismen verwenden wollten, sähe es aus wie im Sequenzdiagramm der Abbildung 3.21 dargestellt. Der Operationsaufruf bekommt den Stereotyp «QoSContract», was bedeutet, dass hier ein „Vertrag" bezüglich der QoS-Eigenschaften vorliegen soll. Die Eigenschaften, die wir mit Elementen des SPT-Profils beschrieben haben, sind hier mit der Object Constraint Language beschrieben: Mit „context QoS4SADemand

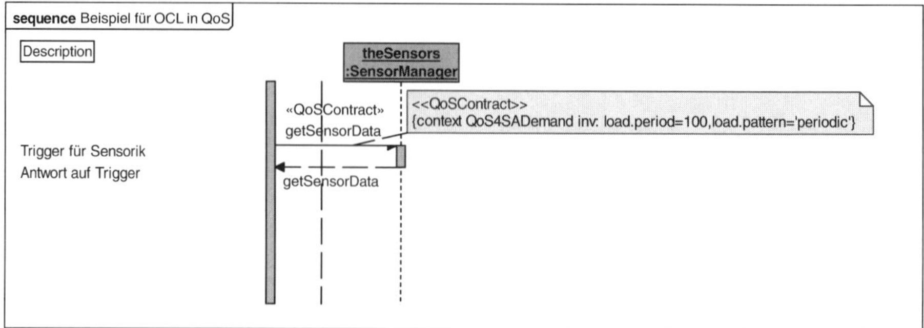

Abb. 3.21 *Beispiel für OCL in QoS*

inv“ stellen wir mit einer Invariante (das bedeutet das „inv“ in OCL) den Kontext (dafür gibt es das Schlüsselwort „context“ in der OCL) zur einer Anforderung der Einplanbarkeitsanalyse her. Die Abkürzung bedeutet „Quality of Service for Schedulability Analysis Demand“. Durch die Ergänzung mit dem Stereotyp und der Verbindung mit dem Kontext der Einplanbarkeitsanalyse haben wir jetzt auch die Eigenschaft „load“ zur Verfügung. Diese hat Attribute, die in unserem Beispiel gesetzt werden, zum einen „period“ auf 100 und für die Aufrufart mit „pattern“ auf „periodic“.

Generelle Struktur von MARTE

Durch die Nutzung des QoS-Profils ist es möglich, dass das eigentliche Modell von den Elementen der Einplanbarkeitsanalyse getrennt gehalten wird. Was fehlt, sind die Analysemöglichkeiten, die aber mit dem kommenden MARTE-Profil definiert werden sollen. Das Paketdiagramm in Abbildung 3.22 zeigt den generellen Aufbau des MARTE-Rahmenwerks. Dieses ist ähnlich zum SPT-Profil aufgebaut: Die Basismodellierung für Zeit und Nebenläufigkeit (TCR) wird von den Echtzeitstrukturen (RTEM) und den Analyseelementen (SPA) separiert definiert.

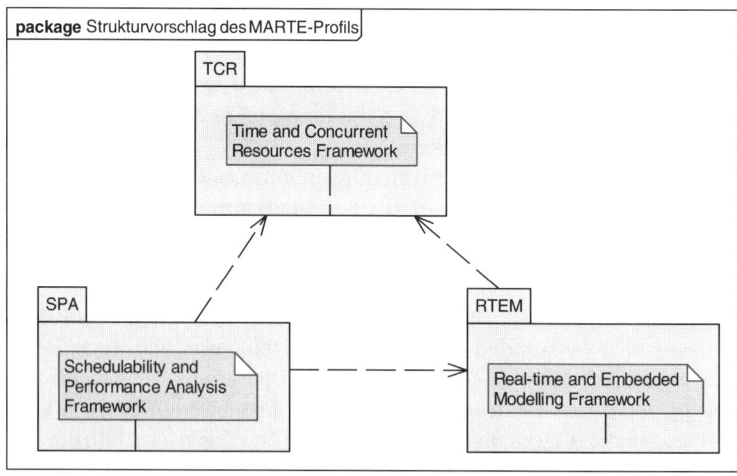

Abb. 3.22 *Strukturvorschlag des MARTE-Profils*

Zum Schluss noch eine Anmerkung zu Einschränkungen in OCL: Was passiert, wenn wir in einem Modell feststellen, dass eine Einschränkung nicht zutrifft, die Bedingung also nicht eingehalten wird? Dann wissen wir, dass hier im Modell ein Fehler vorliegt. Ob dieser Fehler allerdings katastrophal ist oder vielleicht so unbedeutend ist, dass wir mit diesem Fehler im Modell leben können, bleibt die Entscheidung des Modellierers. Im Bereich der Einplanbarkeitsanalyse hatten wir ja auch schon ein System als stabil bezeichnet, wenn wir wissen, welche Zeitschranken nicht eingehalten werden können. Die Tatsache, dass wir diese Zeitschranken nun in OCL ausdrücken können, ändert nichts an der Interpretation.

3.1.3 Das UML-2-Testprofil

UML im rechten Ast des V-Modells

Wenn wir mit der UML unser System in der Anforderungsanalyse spezifizieren, definieren wir schon viel über das zukünftige, zu erwartende Verhalten des Systems. Die an der Systemgrenze modellierten Interaktionen legen bereits in einer sehr frühen Entwicklungsphase fest, wie das System oder die darin enthaltene Software auf externe Nachrichten reagieren soll. Diese beispielsweise in Sequenzdiagrammen für die definierten Anwendungsfälle modellierten Interaktionen entsprechen Systemtestfällen, denn in den Anwendungsfällen modellieren wir die funktionalen Anforderungen. Damit ist die UML nicht nur für den linken Ast des V-Modells, also für die reine Entwicklungsarbeit hilfreich, sondern auch für die Definition von Tests. Was fehlt, ist die Möglichkeit der Darstellung von Tests für die Software selbst und für Modultests. Des Weiteren brauchen wir die Verbindung zur Testautomatisierung, denn der iterative Ansatz der Softwareimplementierung wird durch automatische Regressionstests sehr unterstützt.

TTCN-3 als gesetzter Standard zur Testdefinition

Natürlich gab es schon vor der UML andere Ansätze zur Definition von Tests mit den gleichen oder ähnlichen Vorgaben. Das Europäische Institut für Telekommunikationsnormen (abgekürzt ETSI für den englischen Namen „European Telecommunications Standards Institute“) hat zusammen mit der Internationalen Fernmeldeunion (abgekürzt ITU für englisch „International Telecommunication Union“) den Standard TTCN-3 entwickelt. TTCN-3 steht für die dritte Generation der „Testing and Test Control Notation“, die im Jahre 2000 erstmalig vorgestellt wurde und seitdem standardisierten Änderungen unterliegt. Mitte 2005 wurde die Version 3.1.1 von TTCN-3 von der ETSI verabschiedet.

Zusammenwirken von UML und TTCN-3

Im Gegensatz zu TTCN-2 ist TTCN-3 nicht mehr grafisch, sondern eine rein textuelle Sprache. Dies ergibt sich aus dem größeren Fokus auf die Testimplementierung, wobei es auch Compiler für TTCN-3 gibt. Damit ergibt sich ein ähnliches Verhältnis zur UML wie bei Programmiersprachen, denn die Testkonzeption und die Testarchitektur sollten wir mit UML modellieren, die Kodierung und Implementierung kann dann in TTCN-3 erfolgen. Um nun alle TTCN-3-Konstrukte auch im Modell zu unterstützen, bedarf es, wie üblich in der UML, einer Erweiterung durch ein Profil. Dieses ist seit Mitte 2005 durch die OMG standardisiert und heißt offiziell UML 2 Testing Profile.

Die Elemente des UML-2-Testprofils

Aufbau des Profils

Wie jedes UML-Profil hat auch das UML-2-Testprofil viele Stereotypen und Eigenschaftswerte, die in der Profilspezifikation von den existenten Elementen des UML-Metamodells abgeleitet werden. Da aber das UML-2-Testprofil eine Abbildung in die Testimplementierungssprache TTCN-3 darstellt, brauchen wir zusätzlich zu den Stereotypen reale Elemente aus einer Bibliothek, um alle Konzepte von TTCN-3 in UML darstellen zu können.

Die Testbibliothek

Grundsätzliche Elemente von Tests

Um einen Test per Modell definieren zu können, brauchen wir die Elemente einer Bibliothek, die in Abbildung 3.23 zu sehen sind. Da wäre beispielsweise die Definition der möglichen Urteile (engl. Verdict) über das Testergebnis. Ein Test kann erfolgreich oder nicht erfolgreich durchgeführt werden, aber auch die Möglichkeit eines Fehlers im Test wie auch Fälle, in denen keine Aussage gemacht werden kann, müssen bedacht werden. Eine Instanz „Arbiter“ (dt. Schiedsrichter) ist dazu da, das Testurteil zu setzen und zur Verfügung zu stellen. Tests müssen eingeplant und mit der Fähigkeit versehen werden, Timer zu nutzen. Außerdem stellt die Bibliothek die grundsätzlichen Strukturierungsmöglichkeiten von Testinteraktionen zur Verfügung.

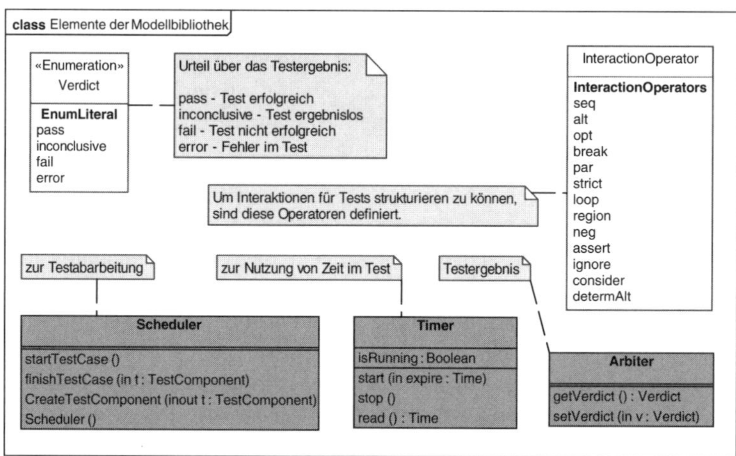

Abb. 3.23 *Elemente der Modellbibliothek*

Die Elemente der Testbibliothek werden im Metamodell der Tests verwendet. Wie in Abbildung 3.24, erweitern die Stereotypen des Testprofils die Metaklassen der UML. Unter dem Begriff „StructuredClassifier“ können wir uns vereinfacht Klassen vorstellen, deren Typ sich durch die Stereotypen «TestComponent» und «TestContext» spezialisieren lassen. Der Vererbungspfeil zwischen einer Metaklasse und einem Stereotyp ist eine Metaspezialisierung und wird korrekterweise auch grafisch von der normalen Spezialisierung unterschieden, die nicht ausgefüllt dargestellt wird.

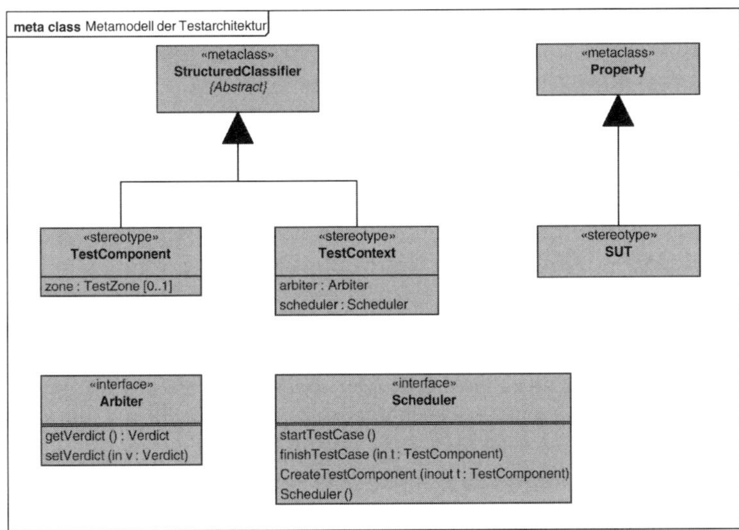

Abb. 3.24 *Metamodell der Testarchitektur*

Ein Testkontext braucht immer einen Scheduler und einen Arbiter, daher sind im Stereotyp diese als Attribute der Metaklasse enthalten. Verlassen wir die Metamodellierung, bedeuten diese Attribute, dass mit dem Stereotyp «TestContext» je ein Eigenschaftswert „arbiter“ und „scheduler“ verfügbar ist, die auf die jeweiligen spezialisierten Klassen zeigen, die diese Rolle im Testkontext annehmen.

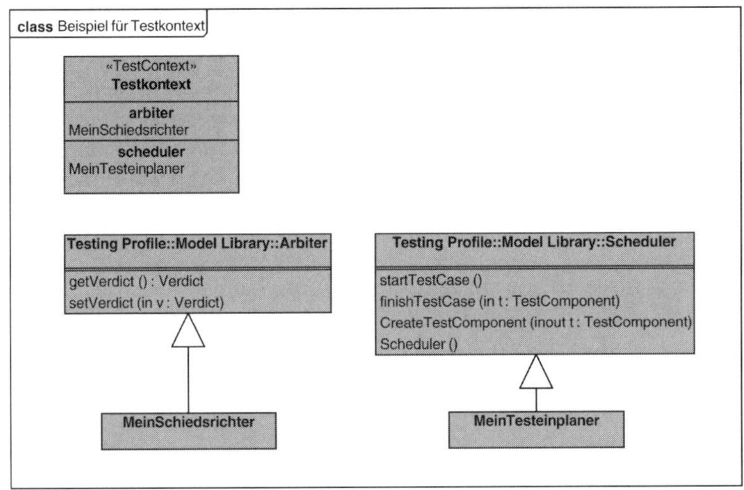

Abb. 3.25 *Beispiel für Testkontext*

Nutzung der Bibliotheksklassen

Wollen wir einen Testkontext mit dem Testing Profil erstellen, so können wir wie im Klassendiagramm entsprechend der Abbildung 3.25 vorgehen. Die Klasse Testkontext erhält den Stereotyp «TestContext». Damit sind die Eigenschaftswerte „arbiter“ und „scheduler“ nutzbar, die wir mit Referenzen auf unsere Arbiter- und Scheduler-Klassen „Mein-

Schiedsrichter“ und „MeinTesteinplaner“ belegen. Diese Klassen wiederum erhalten wir durch Spezialisierung aus den Klassen der Modellbibliothek des Testing Profile. Im Klassendiagramm selbst können wir die Fähigkeit der UML-Klassen ausnutzen, dass Klasseneigenschaften optional in ihren eigenen Bereichen angezeigt werden.

3.2 Vorhandene Werkzeuge definieren die Lösungsansätze

Die Entwicklung von Systemen wird immer dort automatisiert, wo es sich lohnt. Als erster Bereich war die Hardwareentwicklung mit Electronic Design Automation (EDA) im Visier der Werkzeughersteller, da für das Chipdesign oder das Leiterplattenlayout die Möglichkeiten der manuellen Bearbeitung schnell erreicht waren. Die Hardwaredesigner haben schon lange mit Computer Aided Design (CAD) gearbeitet, während die Softwareentwickler ganz normale Texteditoren verwendeten und die Systemingenieure alles in Prosa in ein Textverarbeitungssystem schrieben. Danach kamen integrierte Entwicklungsumgebungen (engl. Integrated Development Environments, IDEs) für die Softwareentwickler, um Kodierung, Kompilierung und den Linkvorgang mit Debuggingmöglichkeiten zusammenzufassen und besser nutzbar zu machen. Die Vielzahl von Dateien, Code, Zeichnungen und anderen Artefakten ließ die Idee des Konfigurationsmanagements aufkommen, damit die Entwicklungsteams zusammengehörende Arbeitsergebnisse auch wiederauffindbar organisieren können. Die Investitionen in Automatisierungsmaßnahmen verhielten und verhalten sich wie karitative Spenden ohne kreative Idee: „Für wo am nötigsten“ ist meist die Formel, die verwendet wird. Das Ergebnis ist, dass die Tool-Landschaft einem Flickenteppich gleicht, vor allem, weil die einzelnen Werkzeuge nicht oder nicht genug auf die Notwendigkeit der Integration mit anderen Werkzeugen hin optimiert werden. Jedes Tool wird für seine spezifische Aufgabe entwickelt. Die vorhandenen Schnittstellen sind meist zu schwach ausgeprägt, um optimale Toolkooperation im Entwicklungsprozess zu ermöglichen.

Integration im Modell?

Als Resultat stehen sich ein generischer Entwicklungsprozess als Vision eines „so sollte man arbeiten“ und die Summe der verschiedenen Werkzeuge gegenüber, die alle „ihre“ Art des Arbeitens implementieren. Da es nicht möglich und auch nicht sinnvoll ist, alles auf einen Schlag zu ändern, können wir versuchen, mit einem Modell als „Klebstoff“ zwischen den unterschiedlichen Sichten und Werkzeugen zu vermitteln. Dies geschieht dadurch, dass wir uns überlegen, ob diese Informationen als domänenspezifische Sichten nicht auch in unser UML-basiertes Modell passen könnten. Einmal im Modell, könnten wir die Domäneninformationen leicht mit den UML-Sichten aus unserem Entwicklungsprozess verbinden. Diesen Weg beschreitet auch die SysML, wie wir später sehen werden.

3.2.1 Anforderungsmodellierung

Anforderungsbasierte Entwicklung bedeutet, dass die Anforderungen an das System oder die Software katalogisiert und miteinander in Beziehung gesetzt werden. Das wichtigste Werkzeug für Anforderungserfassung ist immer noch ein Textverarbeitungsprogramm, in dem die Systemexperten oder Kunden (im Allgemeinen heißen diese „Stakeholder“) ihre Anforderungen an das System beschreiben. Wenn sie dies in Prosa quasi wie in einem Roman tun, hat der Entwickler ein Problem, denn er kann daraus nicht die Antworten auf seine Fragen ersehen:

- Was ist eine Anforderung?
- Was ist nur informativer Begleittext?
- Wie wird die Anforderung priorisiert?
- Wie hängen die Anforderungen miteinander zusammen?
- Wie beziehe ich mich auf eine Anforderung?
- Was mache ich, wenn sich Anforderungen widersprechen?
- Wie weise ich nach, dass eine Anforderung erfüllt würde?

Ohne Antwort auf diese und andere Fragen zur Qualität der Anforderungen steht es schlecht um die Kommunikation zwischen Auftraggebern und Auftragnehmern. Selbst wenn es dem Entwicklerteam gelingen sollte, ein gutes und fehlerfreies System fertigzustellen, wäre es doch nicht das, was sich der Auftraggeber gedacht hatte.

Die Qualität der Anforderungen bestimmt die Qualität des Systems

Wir können also von einem Optimum der Kundenzufriedenheit ausgehen, wenn wir als Entwickler genau das liefern, was der oder die Auftraggeber mit seinen oder ihren Anforderungen beauftragt haben. Was passiert aber, wenn die Anforderungen selbst ein Qualitätsproblem haben? Das Entwicklerteam hat sich exakt an die Vorgaben gehalten, das Ergebnis ist dann aber trotzdem schlecht. Textuelle Anforderungen haben meist einen Interpretationsspielraum, und somit haben wir in diesem Fall auch wieder die schlechteren Karten, denn wir können uns sicher sein, dass wir nicht lange auf Aussagen wie „so habe ich das aber nicht gemeint ...“ oder „Sie hätten doch wissen müssen, dass ...“ warten müssen. Also müssen wir uns zuerst um die Qualität der Anforderungen kümmern, um die Qualität des Systems zu gewährleisten. Da dies ein extrem wichtiger Aspekt ist, hat sich eine ganze Sparte von Beratern und Toolherstellern mit diesen Fragen befasst, und wir können uns hier auf die wichtigsten Grundkonzepte konzentrieren, die sich auch in den Eigenschaften von Anforderungsmanagementwerkzeugen widerspiegeln.

Was sind Anforderungen?

Wie bei der System- und Softwareentwicklung können wir genauso Anforderungen auch objektorientiert beschreiben. Interessant ist dabei ein Vergleich mit der Anforderungsdefinition der SysML, die wie uns später auch ansehen werden.

Abbildung 3.26 enthält als UML-Klassendiagramm einen Vorschlag für die Eigenschaften von Anforderungen. Weiterhin zeigen die beiden Notizen die Literale der Enumerationen für den Anforderungsstatus und die Priorität der Anforderung.

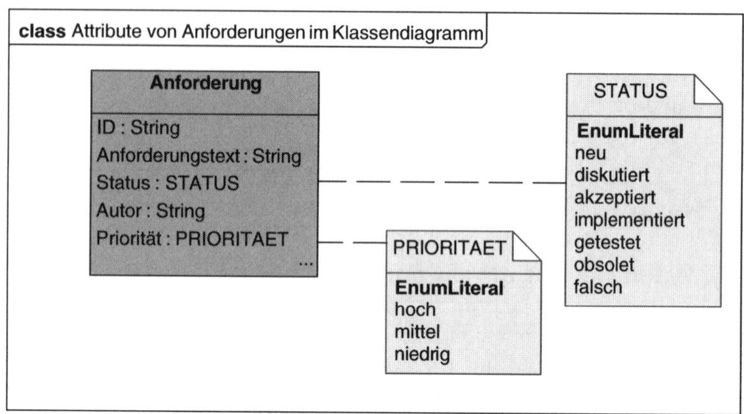

Abb. 3.26 *Attribute von Anforderungen im Klassendiagramm*

Anforderungen brauchen zumindest zwei Attribute: einen Anforderungstext und eine eindeutige Identifikationsmöglichkeit. Zum einen werden wir eine Vielzahl von Stakeholdern nicht überzeugen können, ausschließlich eindeutigere Notationen wie die UML zu verwenden. Ihre Ideen sind vielleicht auch noch nicht so eindeutig beschreibbar, und da kommt ihnen bei der Aufnahme von Anforderungen die Unschärfe der natürlichen Sprache sehr gelegen. Der Anforderungstext ist also wie ein String zu behandeln. Zum anderen erfordert die Nachverfolgbarkeit von Anforderungen die Notwendigkeit der eindeutigen Identifikation. Dafür gibt es das Attribut „ID", das ebenfalls als String definiert ist. Andere Attribute dienen der Speicherung des Verfassers der Anforderung, denn wir sollten ja wissen, an wen wir uns wenden sollten, wenn etwas unklar ist. Die Priorität der Anforderung soll es ermöglichen, eine Implementationsreihenfolge zu erstellen. Wenn wir inkrementell und iterativ vorgehen, brauchen wir einen Hinweis von den Stakeholdern, was sie für sehr wichtig, wichtig oder weniger wichtig halten. Somit können wir in der ersten Iteration uns hauptsächlich auf die sehr wichtigen Anforderungen konzentrieren.

In rein textuell erfassten Anforderungen kann aus der Formulierung ersehen werden, welche Priorität einzelne Anforderungen haben. Dies gilt natürlich nur, solange der Autor einer Anforderung sich an vereinbarte Formulierungen hält: Beispielsweise kann eine Abstufung von „MUSS", „SOLL" und „KANN" drei verschiedene, definierte Prioritätsstufen bedeuten. Wenn wir in einem Anforderungsmanagementsystem die Anforderung explizit mit einer Priorität versehen können, ist dies einfacher und auch automatisiert analysierbar.

Wer darf Anforderungen stellen?

Bevor die Anforderungen für ein Projekt aufgenommen werden, sollte eine Liste aufgestellt werden, wer denn einen Anspruch darauf oder auch ein Interesse daran hat, an der Definition der Systemanforderungen beteiligt zu werden. Für diesen Personenkreis gibt es den englischen Begriff „Stakeholder“, der nur umständlich ins Deutsche übersetzt werden kann, etwa mit „Anspruchsberechtigter“, als Person oder Gruppierung, die ihre berechtigten Interessen wahrnimmt.

Wortursprung von „Stakeholder“

Zum Ursprung des Worts „Stakeholder“ gibt es mehrere Erklärungsvarianten, wobei nur eine den Sinn des Worts in der Systementwicklung trifft: Die Beschreibung aus den Bereichen Jura oder Glücksspiel (!) spricht von einer Person, die unbeteiligt so lange Geld oder Werte („Stakes“) verwaltet, bis der wahre Besitzer ermittelt ist. Allein das Wort „unbeteiligt“ zeigt, dass der andere Erklärungsversuch vielleicht eher zutrifft. Hier geht es um jemanden, der Pflöcke („Stakes“) besitzt, um seinen „Claim“ als Goldgräber abstecken zu können. Im übertragenen Sinn ist der Claim als „Anspruch“ der Bereich der berechtigten Interessen für diese Person, egal ob Projekt oder Goldader. Es gibt für den Begriff „Stakeholder“ auch eine gute Übereinstimmung mit den „Projektbeteiligten“ aus der DIN 69905.

Suche nach Stakeholdern

Das Schöne an der Stakeholdersuche ist, dass wir immer alle „Anspruchsbeteiligten“ finden. Nur leider ist es dann manchmal zu spät. Wenn wir beispielsweise ein sicherheitskritisches System entwickeln und schlicht vergessen, die Experten für die einzuhaltenden Normen mit ins Boot zu holen, werden wir diese spätestens dann kennenlernen, wenn wir keine Freigabe oder Zertifizierung für das System erhalten. Öfter als die Gesetzeslage wird allerdings versäumt, die Kundensicht angemessen einzuholen und dann am Entwicklungsprojekt zu beteiligen.

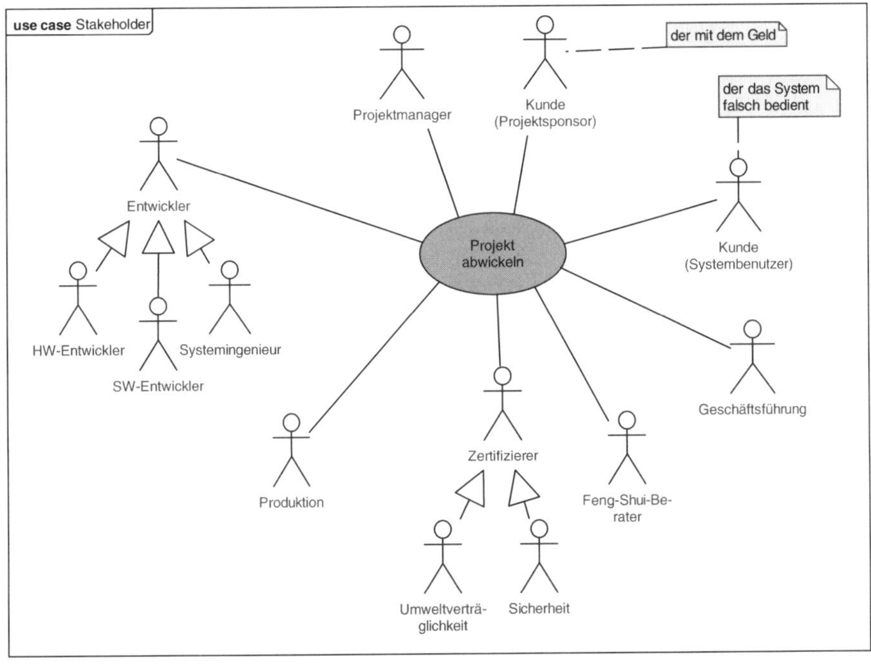

Abb. 3.27 Stakeholder

Unterscheidung von Anforderungen nach Stakeholdergesichtspunkten

Eine Liste aller möglichen Stakeholder aufzustellen, die für alle Projekte hinreichend vollständig wäre, ist schwierig bis unmöglich. Das Anwendungsfalldiagramm in Abbildung 3.27 soll daher nur ein Startpunkt für die eigene Kreativität im Projekt sein und enthält auch Stakeholder, die nicht immer zu Rate zu ziehen sind. Zur Erfassung von Anforderungen für ein Projekt ist die Erstellung einer Liste möglicher Stakeholder ein guter Start. Die sich hieraus ergebene Einteilung der Anforderungen können wir bei den Anforderungen beibehalten und so eine Klassifikation erhalten. Das Klassendiagramm in Abbildung 3.28 zeigt die ergänzten Eigenschaften unserer Anforderungen.

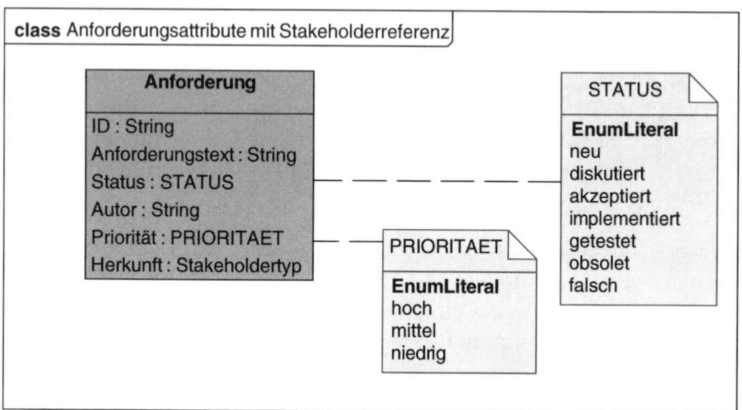

***Abb. 3.28** Anforderungsattribute mit Stakeholderreferenz*

Anforderungstypen

Wenn wir die passenden Stakeholder gefunden haben, stellt sich die nächste Frage: Wie kriegen wir aus denen die Anforderungen heraus? Dazu müssen wir uns aber auch von der Vorstellung verabschieden, dass Anforderungen neben ihrer Kritikalität (entsprechend MUSS, SOLL, KANN) keine weitere Typen besitzen. Leider gibt es die folgenden Typen von Anforderungen:

- selbstverständliche Anforderungen
- implizite Anforderungen
- explizite Anforderungen
- unbewusste Anforderungen

Bis auf die expliziten Anforderungen, die dem jeweiligen Stakeholder völlig bewusst und klar sind, und die er auch klar beschreiben kann, hat jeder andere Typus so seine Tücken:

Selbstverständliche Anforderungen

Die Welt eines Stakeholders ist geprägt und durchdrungen von seinem Domänenwissen. Wenn wir wieder einmal unseren FLASHman als Beispiel nehmen und uns in die Rolle des Zertifizierer versetzen, so ist für ihn ganz klar, dass unser Unternehmen den FLASHman nur dann in Europa verkaufen kann, wenn auf dem Netzteil ein CE-Zeichen ist und dementsprechend auch die notwendigen Prüfungen erfolgreich durchgeführt wurden. Genauso gibt es für den amerikanischen Markt das „UL"-Zeichen, das wir auch brauchen. Vielleicht ist es ihm so klar, dass er in den Teambesprechungen kein Wort dazu verliert. Der Projektmanager, der sich darauf verlässt, dass alle Stakeholder nicht mit ihrem Wissen geizen, könnte so eine fehlerhafte Projektplanung definieren, denn diese Prüfungen können langwierig und teuer werden.

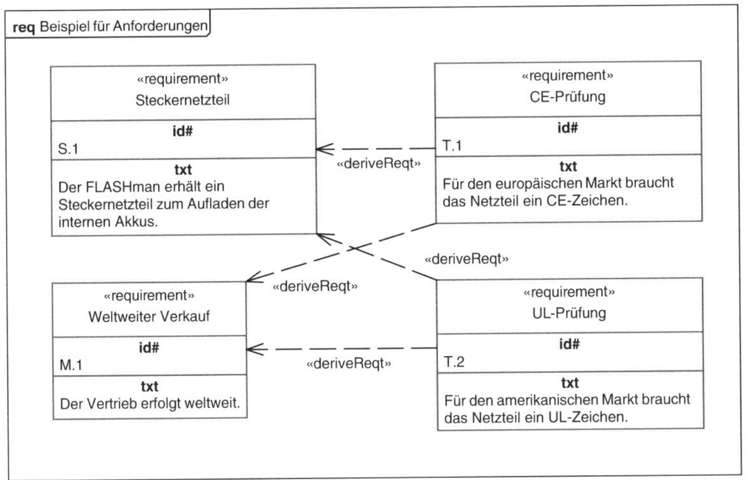

Abb. 3.29 *Beispiel für Anforderungen*

Mit Abbildung 3.29 greifen wir den Anforderungsdiagrammen der SysML ein wenig vor, aber sie passen sehr gut hierher. Es sind vier Anforderungen zu sehen, jede mit dem Stereotyp «requirement» versehen. Damit haben die Anforderungen durch die Definitionen der SysML Eigenschaftswerte wie „id#" für die schon oben erwähnte eindeutige ID und „txt" für den Anforderungstext. Daneben können wir Abhängigkeiten zwischen den Anforderungen modellieren; «deriveReqt» ist ein Beispiel dafür. Eine so stereotypisierte Abhängigkeit beschreibt eine Anforderungsableitung, entsprechend „Aus A folgt B". Durch die Anforderungen S.1 und M.1 folgen die beiden Anforderungen T.1 und T.2. Wenn wir das so modellieren, können wir die Gefahr selbstverständlicher Anforderungen vermeiden. Besonders hinweisen möchte ich hier auch auf die unscheinbare «copy»-Abhängigkeit in der SysML, denn sie ermöglicht es, bestehende Normen und Regeln in ein Projekt mit aufzunehmen.

Implizite Anforderungen

Das Verwendung des Worts „implizit" entspricht dem „Impliziten Wissen", das auch bei der Erhebung von Anforderungen Probleme bereiten kann. Anforderungen, die nicht explizit formuliert sind oder werden können, sind für das Entwicklungsteam schwer zu greifen, aber dennoch vorhanden und zu berücksichtigen. Tun wir das nicht, müssen wir uns auf die Position zurückziehen, dass beispielsweise der Nutzer oder Kunde diese Anforderung nicht explizit formuliert hat. Dann haben wir zwar Recht, aber keinen Erfolg mit unserem Produkt. Also müssen wir versuchen, diese impliziten Anforderungen durch gängige Ermittlungstechniken zu erheben.

Ermittlungstechniken für Anforderungen

Nicht jedes Projekt startet mit einem wohldurchdachten Anforderungsdokument, das vom Kunden erstellt oder zumindest autorisiert ist und das wir einfach zu implementieren brauchen. Fragt man Entwickler und Projektmanager in der Praxis nach Anforderungsdokumentation, so ist eine häufige Antwort: „Die schreiben wir selbst." Dabei gibt es Anforderungen bei den jeweiligen Stakeholdern, wir müssen sie lediglich „explizitisieren". Dazu dienen Anforderungsermittlungstechniken, die in unterschiedlichste Richtungen gehen können: Es gibt Techniken, die sich an der Vergangenheit orientieren. Wenn ein Kunde wünscht, ein System soll bezüglich einiger Aspekte genauso funktionieren wie das existente, wäre ein Reuse, also die Wiederverwendung von Komponenten, ein plausibles Vorgehen. Liegt zu viel Zeit zwischen der aktiven Entwicklung eines mittlerweile alten bzw. veralteten Systems und der Entwicklung eines Nachfolgers, kann es nötig sein, Systemarchäologie zu betreiben, sich also wie ein Altertumsforscher an das alte System anzunähern und die alten Anforderungen „auszugraben". Im Bereich der militärischen Avionik kann so ein Vorgehen sinnvoll sein, denn die Nutzungs- und damit Wartungsphase überlebt mit bis zu fünfzig Jahren mehrere Entwicklergenerationen. Auch dieses tradierte Wissen bedarf der akkuraten Pflege.

Viel häufiger kommen Ermittlungstechniken zur Anwendung, die die Stakeholder direkt befragen. Wir können die betreffenden Teammitglieder auffordern, selbst ihre Anforderungen zu notieren, wir können einen Fragebogen entwickeln, der dies unterstützt, oder wir können in Interviews im Dialog Anforderungen ermitteln. Diese Dialoge können die Kreativität des Teams besser nutzen als trockene Fragebögen, aber weitere Kreativitätstechniken gehen weit über Interviews hinaus. Eine Brainstorming-Sitzung mit dem Team, in dem jeder auch scheinbar verrückte Ideen äußern kann oder auch bewusst versucht wird, die Perspektive eines anderen Projektbeteiligten einzunehmen, kann Schwung in die Anforderungsfindung bringen. Es kann sehr aufschlussreich sein, wenn der für das finanzielle Budget Verantwortliche einmal mit dem Marketing die Rolle tauscht und seine Fantasie über „Nice-to-have-Features" des Systems voll ausleben kann. Unterstützend bei solchen Diskussionen ist die Möglichkeit, das zukünftige System simulieren zu können, um direktes Feedback durch prototypische Implementierung in einer Systemsimulation zu erhalten.

Unterstützung durch UML oder SysML

Hierfür bietet die UML mit der entsprechenden Toolunterstützung durch die Modellierung von Verhalten und der Verhaltenssimulation eine große Hilfe. Durch die Nutzung einer formal präziseren Variante einer ausführbaren UML, der Executable UML (xUML), sind Simulationen sehr schnell auf Systemebene erstellbar. Wir werden uns am Ende des Buchs ausführlich der Struktur und der Besonderheiten der xUML widmen. Auch mit anderen Sichten kann die UML zur Ermittlung von Anforderungen unterstützend beitragen, denn über die Beschreibung von Anwendungsfällen ist die Formulierung funktionaler Anforderungen wie mit einem Muster möglich. Mit den Anwendungsfällen beschreiben wir die Abläufe an der Systemgrenze, ohne die innere Struktur des Systems zu kennen oder kennen zu müssen. Interaktionssichten wie die Sequenzdiagramme oder auch Aktivitätsdiagramme ordnen die Vorgänge

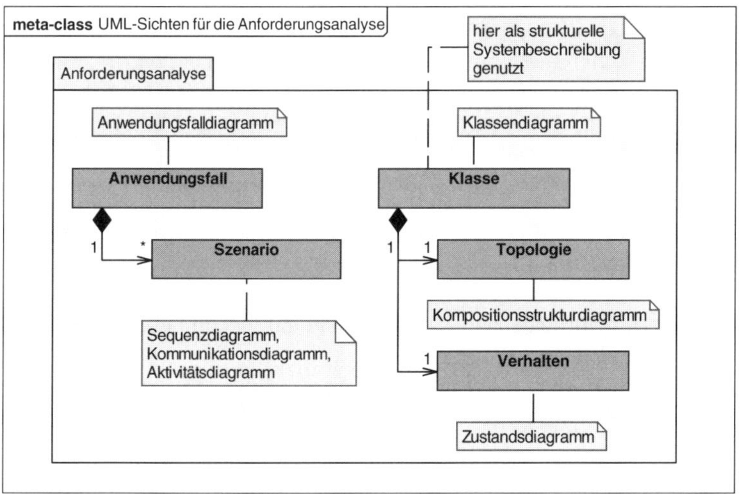

Abb. 3.30 *UML-Sichten für die Anforderungsanalyse*

im System oder an der Systemgrenze. Dadurch wissen wir mehr über die notwendigen Systemschnittstellen zur Umwelt, können also auch die topologischen Sichten auf das System ergänzend modellieren, beispielsweise im UML-Kompositionsstrukturdiagramm oder auch in den Blockdiagrammen der SysML. Abbildung 3.30 zeigt als Metaklassendiagramm diese verschiedenen Möglichkeiten der UML-Modellierung für die Anforderungsanalyse, die natürlich auch Teil der Anforderungsermittlung ist.

Anforderungsmanagement durch datenbankbasierte Werkzeuge

Wir können für das Anforderungsmanagement drei verschiedene Stufen der Toolunterstützung erkennen, die sich im Laufe der Zeit ergeben haben. Zuerst haben sich die dokumentenbasierten Verfahren des Anforderungsmanagements etabliert. Da diese sehr aufwendig sind, konnten sich diese Art der anforderungsgetriebenen Entwicklung nur Projekte leisten, die dafür Budget und Zeit zur Verfügung gestellt bekommen haben. Dies geschah (und geschieht) immer nur dann, wenn zum Beispiel aus Gründen der Produktabnahme oder der Zertifizierung keine andere Möglichkeit bestand, das Projekt erfolgreich abzuschließen. Häufig sind diese Vorgaben im Bereich der Domänen Aerospace, Defense, Transportation oder Medical gegeben. Aus diesen projektgegebenen Notwendigkeiten ergab sich auch, dass in diesen Domänen das modellgetriebene Design als Erstes Einzug hielt.

Dokumentengetriebenes Anforderungsmanagement

Wenn wir Anforderungen nur in Dokumenten erstellen und verwalten, brauchen wir ein Textverarbeitungsprogramm, ein Programm zur Verwaltung von Referenzen – was auch wieder ein Textverarbeitungsprogramm oder ein Tabellenkalkulationsprogramm sein kann – und viel Zeit. Die einzelnen Stakeholder oder die Anforderungsmanager schreiben ihre Anforderungen einfach textuell auf und vergeben auch hier eindeutige Identifikationsnummern für die einzelnen Anforderungen, um sie in anderen Dokumenten referenzieren zu können. Dokumente können zwischen den einzelnen Projektbeteiligten sehr einfach ausgetauscht werden. Referenzen zwischen den Anforderungen schreiben die Teammitglieder einfach mit in ihre Dokumente oder aber in separate Matrizen. Wann immer sich eine Anforderung auf eine andere bezieht, schreibt der Autor das über standardisierte Floskeln auf:

Anforderung T.1
CE-Kennzeichnung
Für den europäischen Markt braucht das Netzteil ein CE-Zeichen.
Ergibt sich aus: S.1, M.1
Test über: Manuelle Prüfung

Vor- und Nachteile des dokumentenbasierten Anforderungsmanagements

So weit sehen wir nur die Vorteile: Anforderungen einfach handhabbar, kein großer Bedarf an Werkzeugen und Schulung für das Projektteam. In der realen Welt werden die möglichen Probleme offensichtlich, denn bei großen Projekten ist dieses Netz von Dokumenten extrem unübersichtlich, und Fehler können nur sehr schwer erkannt und beseitigt werden. Fehlt beispielsweise eine Referenz auf eine Anforderung, kann das nur der einzelne Autor des jeweiligen Dokuments entdecken. Richtig schwierig wird es aber, wenn die „normale" Projektdynamik mit ins Spiel kommt. Anforderungen ändern sich, neue kommen hinzu, und andere werden gelöscht. Wenn eine Anforderung sich aus einer gelöschten ergibt, muss diese auch hinterfragt werden, denn jede Änderung im Netz der Anforderungen muss weiter propagiert werden. Wir müssen dabei die Kaskade der verschiedenen Anforderungsdokumente bei jeder Änderung durchgehen. Zwar trifft diese „Impaktanalyse" genannte Projektaktivität für alle Arten des Anforderungsmanagements zu, aber hier gestaltet sie sich besonders schwierig. Es gibt keine Links, denen wir einfach folgen können, sondern wir müssen die kompletten Dokumente immer wieder analysieren. Dies ist zeitaufwendig und komplex, was bedeutet, dass Änderungen von Anforderungen wenn möglich nicht ständig vorkommen dürfen. Unser Projekt wird automatisch träge, denn Anforderungsänderungen können nicht einfach analysiert werden und in den Entwicklungsprozess einfließen. Es ergibt sich fast automatisch ein Wasserfallprozess, der die Aufnahme einer neuen Projektphase erst dann vorsieht, wenn die Dokumente der vorherigen vollständig fertig und abgenommen sind.

Anbindung an Modelle?

Wenn wir Modelle des Systems oder der Software mit in dieses Spiel verschiedener Dokumente einbringen wollen, ergibt sich die Notwendigkeit, das Modell oder die Modelle als Dokumente zu sehen und auch so zu verwenden. Wir können also aus den verschiedenen Sichten eines Modells Dokumente erstellen wie beispielsweise eine modellbasierte Anforderungsarchitektur, die aus der funktionalen Anforderungssicht mit Anwendungsfällen, der Systemtopologie, dem Systemverhalten und der Modellrepräsentation nicht-funktionaler Anforderungen besteht. In dieses Dokument müssen die Referenzen auf die übergeordneten Anforderungen eingetragen werden, was wir bereits im Modell über Elementeigenschaften, Notizen oder wie in der SysML definiert über eigene Modellelemente für Anforderungen realisieren können. Die andere, nicht so optimale Möglichkeit besteht darin, in den aus dem Modell generierten Dokumenten manuell die Referenzen auf die übergeordneten Anforderungen einzutragen. Es bleibt in beiden Wegen die Schwierigkeit, die Anforderungen mit Modellelementen zu verbinden und dies konsequent nachverfolgen zu können.

Dedizierte Anforderungsmanagementwerkzeuge

Die umständliche Handhabung von Anforderungen nur in Dokumenten ergibt sich hauptsächlich aus der nicht automatisierbaren Verwaltung der Anforderungsverknüpfung. Dieses Problem können wir lösen, wenn wir ein Verfahren einführen, das die Links zwischen den Anforderungen verwalten kann. Dazu benötigen wir ein datenbankbasiertes Werkzeug, das sämtliche Anforderungsdokumente einlesen kann. Hierbei werden Anforderungen und ihre Eigenschaften erkannt und automatisch mit eindeutigen IDs versehen. Artefakte aus dem Entwicklungsprojekt werden ebenfalls eingelesen, um auch die Elemente im Anforderungsmanagementwerkzeug zur Verfügung zu haben, die Anforderungen erfüllen oder ihre Erfüllung testen.

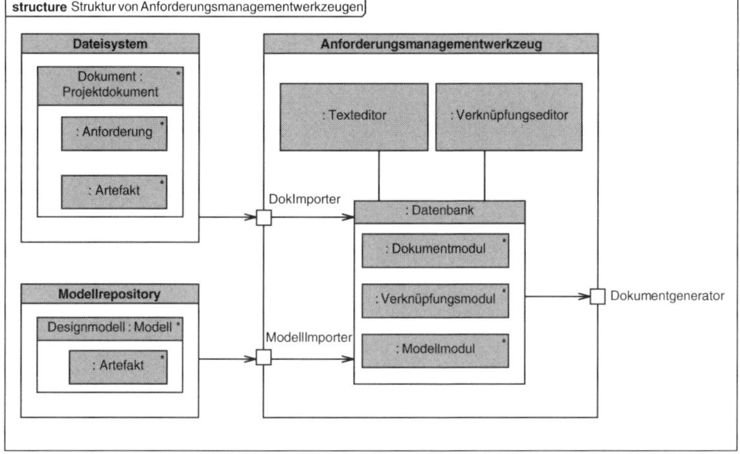

***Abb. 3.31** Struktur von Anforderungsmanagementwerkzeugen*

Repräsentanz von Modellen im Anforderungsmanagementwerkzeug

Wie im Kompositionsstrukturdiagramm in Abbildung 3.31 zu ersehen, können Anforderungsmanagementwerkzeuge auch Schnittstellen zu Modellrepositories enthalten, um auf Modelle zugreifen zu können. Die Modelle werden dabei in eine Datenbank importiert, die dann alle Modellelemente und die zwischen den Modellelementen erstellten Verknüpfungen enthalten kann. Diese Datenbankinformation nennt man auch häufig „Modellsurrogat". Ein Surrogat ist ein Datenbankmodul, das ein externes Quelldokument in der Datenbank repräsentiert. Wie mit den Anforderungsdokumenten arbeiten wir bei der Vernetzung der Anforderungen und der Projektartefakte immer auf Kopien innerhalb der Datenbank, weil wir nur innerhalb der Datenbank Verknüpfungen setzen können. Durch die Links können wir jetzt in den Projektartefaktrepräsentanzen die Aktivitäten durchführen, die vorher sehr schwierig oder unmöglich waren: Jede Anforderung ist „nach unten" vernetzt mit weiteren Anforderungen, die sich aus ihr ergeben, oder mit Elementen, die sie erfüllen oder testen. „Nach oben" können Anforderungen und Artefakte daraufhin untersucht werden, aus welchen Anforderungen heraus diese Anforderung oder Designentscheidung getroffen wurde. Es ergibt sich so eine Nachverfolgbarkeit von Anforderungen im Projekt, die jederzeit im Werkzeug ausführbar ist. Die entsprechende Projektdokumentation ist automatisiert erstellbar. Die in der Datenbank enthaltenen Module können bei einer neuen Version des Originaldokuments aktualisiert werden, und wenn die sich ergebenden Änderungen im Werkzeug hervorgehoben werden, ist es einfach möglich, dass ausgehend von den Änderungen über die Verknüpfungen die Auswirkung der Anforderungsänderung im Projekt nachverfolgt wird. Es ist auch möglich, die Anforderungsdokumente gleich im Anforderungsmanagementwerkzeug zu erstellen, wenn ein interner Editor vorgesehen ist.

Auswirkungen auf das Projekt

Hier beginnen auch die „suboptimalen" Punkte in dieser Werkzeugkonfiguration: Jeder im Team, der mit Anforderungen zu tun hat, muss zusätzlich zu seiner Entwicklungsumgebung das dedizierte Anforderungsmanagementwerkzeug gekonnt nutzen, denn die Information ist eigentlich immer getrennt: Es gibt die Originaldokumente bzw. -artefakte, und es gibt die Verknüpfungen, die ausschließlich im Anforderungsmanagementwerkzeug existieren. Da jeder in seiner Domäne natürlich nur die Vernetzungsinformation zu den Anforderungen erstellen und verwalten kann, können wir die Verantwortung für das Anforderungsmanagement nicht an eine bestimmte Person oder ein Subteam vergeben. Für Modelle haben wir ein zusätzliches Problem, denn eigentlich möchten wir ja gern die sich aus dem Modell ergebenden Links für die Nachverfolgbarkeit mitnutzen.

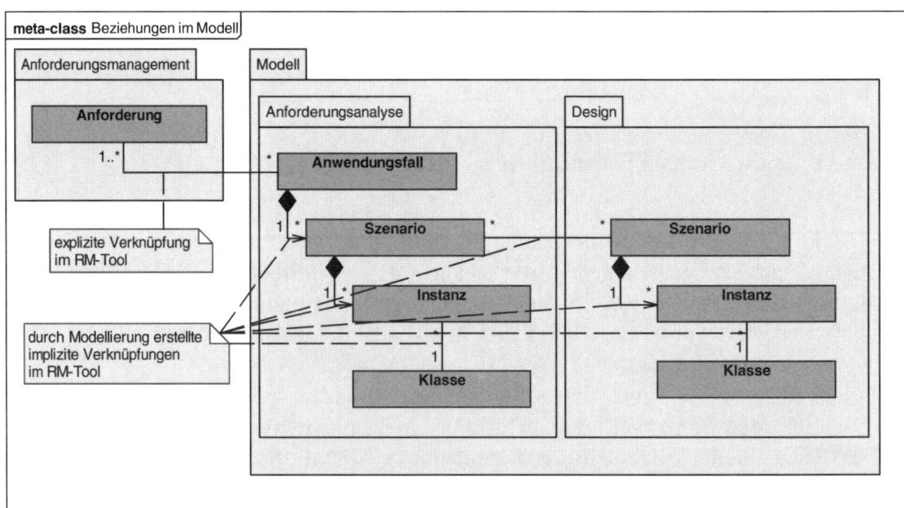

Abb. 3.32 Beziehungen im Modell

Implizite und explizite Verknüpfungen

Wenn wir in unserem Entwicklungsprozess die Verbindungen zwischen Anforderungen und verschiedenen Modellelementtypen herauslesen und dies in einem (Meta-)Klassendiagramm einmal veranschaulichen, so könnten wir zu einer Übersicht wie in Abbildung 3.32 kommen. Im Modell unterscheiden wir zwischen der Anforderungsanalyse und dem Design. Für funktionale Anforderungen können wir in der Anforderungsanalyse Anwendungsfälle erstellen und diese als einzige explizite Verknüpfung von der Anforderung ins Modell im Anforderungsmanagementwerkzeug setzen. Von da an verwenden wir implizite Links, die sich automatisch durch die Modellierung ergeben. Den Anwendungsfall beschreiben wir nicht nur textuell, sondern wir formalisieren ihn auch in Szenarien, beispielsweise in Sequenzdiagrammen. Diese enthalten Instanzen von Klassen, deren Interaktion den Ablauf im Anwendungsfall beschreibt. Diese Klassen können, müssen aber nicht im späteren Systemdesign vorkommen. Ein formalisierter Anwendungsfall beschreibt das System im Anforderungsraum und nicht im Lösungsraum des Systemdesigns. Die darin genutzten Instanzen und deren Klassen sind ebenfalls Teil des Anforderungsraums. Sie könnten später eine Entsprechung im Lösungsraum haben, allerdings ist das nicht zwingend. Stattdessen könnte die Verknüpfung vom Anwendungsfall als formalisierte Beschreibung einer funktionalen Anforderung ins Softwaredesign über die Szenarien laufen, denn ein Ablauf auf Systemebene muss auch auf der Ebene der Software seine Entsprechung haben. In Abbildung 3.32 ist dies durch die n:m-Assoziation zwischen den Szenario-Klassen modelliert.

Ein Anforderungsmanagementwerkzeug muss daher in der Lage sein, nicht nur den expliziten Links, die innerhalb des Werkzeugs gesetzt worden sind, zu folgen, sondern auch den durch die Modellierung erzeugten. Dabei ist zu beachten, dass die Beschreibung der modellspezifischen Links wie in Abbildung 3.32 lediglich ein Beispiel darstellt und nicht zwangsläufig so aussehen muss. Wenn wir eine Anforderung im Werkzeug weiterverfolgen, um beispielsweise eine Impaktanalyse durchzuführen, müssen wir den Links von der Anforderung über den Anwendungsfall, über die Szenarien (denn hier gibt es meist mehrere, sowohl im Anforderungsraum wie im Lösungsraum) bis zu den Klassen und ihren Bestandteilen wie Operationen und Attribute, aber auch zum (generierten) Source Code folgen können. In den Modellsurrogaten sind die Modellelemente meist nur textuell abgelegt, denn Anforderungen beschreiben wir meistens ja als Text. Damit wird die Impaktanalyse zur Herausforderung, denn wir müssen – hoffentlich werkzeugunterstützt – sehr oft zwischen dem Anforderungsmanagementwerkzeug und unserem Modellierungstool hin und her springen. Hier hängt der Projekterfolg sehr von der Güte des ausgewählten Werkzeugs oder der Werkzeugschnittstellen ab.

Anforderungsanalyse generiert auch Anforderungen

Wenn wir modell- und anforderungsbasiert entwickeln wollen, ergibt sich zudem ein Henne-Ei-Problem. Wir starten inkrementell und iterativ mit einem Satz textueller Anforderungen, die in einem Anforderungsmanagementwerkzeug gepflegt werden. Dazu entwickeln wir ein UML-

Modell mit den schon beschriebenen Sichten im Anforderungsraum. Die Analyse ergibt fast immer neue Anforderungen, die wir im Anforderungsmanagementwerkzeug einpflegen müssen. Im UML-Modell können wir keine Anforderungen per se erzeugen, denn erst die SysML enthält ein Metamodellelement „Anforderung“ (mit dem Stereotyp «Requirement» annotierte Klasse). Theoretisch müssen wir bei jeder in der modellbasierten Anforderungsanalyse entdeckten Anforderung oder zumindest einem zusammengehörenden Satz von ihnen die Anforderungen im Anforderungsmanagementwerkzeug versionieren und danach mit denen aus dem Modell ergänzen. Dies ist schwer durchzuhalten, da es ein ständiges Hin und Her zwischen Modell und Anforderungen bedeutet und eine kontinuierliche Arbeitsweise stört.

Neue Möglichkeiten des Anforderungsmanagements durch die SysML

Ein „normales“ Anforderungsmanagementsystem baut auf die rein textuelle Struktur von Anforderungen und vermag Beziehungen zwischen textuellen Anforderungen, genauer gesagt ihrer Repräsentation in einer Datenbank, zu ziehen und zu organisieren. Eine modellbasierte Analyse der Anforderungen wird dabei nicht konsequent unterstützt, denn dazu bedarf es einer entscheidenden Neuerung: Erst wenn wir Anforderungen und ihre Verbindungen in ein Systemmodell ebenfalls modellieren können, ist es möglich, ein echtes Single-Source-Prinzip in der Systementwicklung einzuhalten. Die OMG SysML™ schließt diese Lücke in den Sichten der UML, und wir werden später auf alle Konzepte der Anforderungsmodellierung im Detail eingehen. Was toolgestützt hier noch fehlt, ist das „Brokern“ von Anforderungen von den textuellen Sichten in das Modell. Kaum ein Projekt startet damit, dass wir alle Anforderungen originär im Modell erzeugen. Stattdessen können wir davon ausgehen, dass wir vor der modellbasierten Anforderungsanalyse eine Menge textueller Anforderungen von unseren Stakeholdern bekommen, die wahrscheinlich unvollständig oder auch widersprüchlich sind. Diese Anforderungen können, falls dies der Entwicklungsprozess vorsieht, auch textuell vorverarbeitet werden. Ein Anforderungsbroker nimmt diese Anforderungen auf und kann ihre Eigenschaften und Beziehungen analysieren. Der entscheidende Schritt ist dann das Hineinkopieren der Anforderungen in das Modell, wobei immer die Herkunft der Anforderung aus den verschiedenen Anforderungsdokumenten ersichtlich sein muss. Werkzeuge wie Reqtify der Firma Geensys ermöglichen dies durch die Erzeugung von eigenen Stereotypen und Eigenschaftswerten im Modell, die die Herkunft der jeweiligen Anforderung beschreiben lassen.

Das Aktivitätsdiagramm in Abbildung 3.33 skizziert ein solches Vorgehen: Eine Anforderung wird im Kontext eines Anforderungsmanagementwerkzeugs erzeugt und beschrieben. Dieses Werkzeug könnte auch ein Textverarbeitungsprogramm wie Microsoft Word™ sein, das mit dem Requirement-Broker zusammenarbeiten kann. Die Anforderung wird analysiert und die darin enthaltenen Informationen wie ID, Anforderungstext, projektspezifische Attribute wie z. B. Kritikalität oder Verantwortlichkeit aufgenommen. Diese Informationen können dann in das Modell als Anforderung übergeben werden und stehen dort für die Anforderungsanalyse zur Verfügung. Aus dieser folgen entweder De-

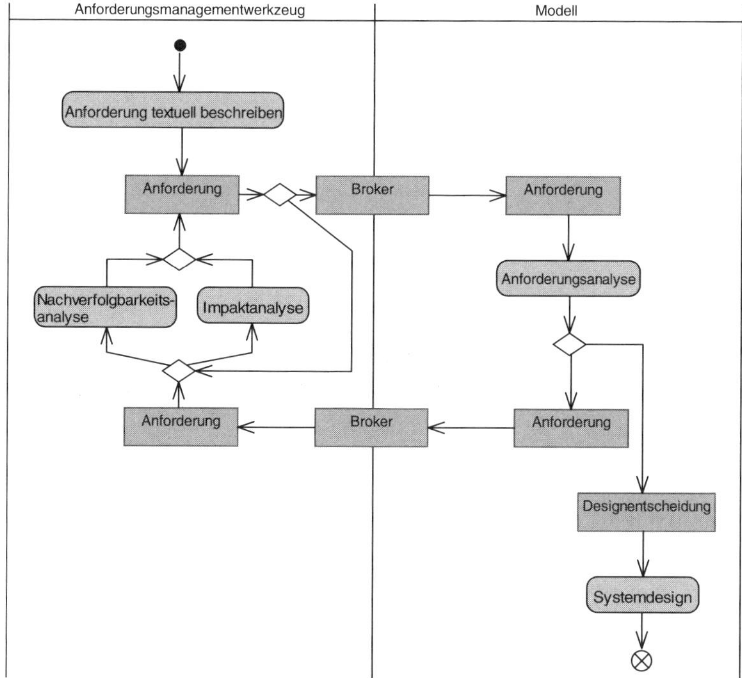

Abb. 3.33 *Workflow mit Requirement-Broker*

signentscheidungen oder neue Anforderungen, die jetzt originär im Modell stehen. Der Broker kann diese neue Anforderung dann wieder dem Anforderungsmanagementsystem als Kopie übergeben, die dann einer dortigen Impaktanalyse oder für eine Nachverfolgbarkeitsanalyse zur Verfügung steht. Da die im Modell entstandene Anforderung ebenfalls mit anderen Anforderungen, Designelementen oder Testfällen verbunden sein kann, werden diese modellierten Abhängigkeiten wenn vorhanden auch an das Anforderungsmanagementsystem übertragen. Sie stehen somit auch für die anforderungsbezogenen Analysen zur Verfügung.

Zusammenfassung

Durch die Anwendung eines Requirement-Brokers in Zusammenarbeit mit der Anforderungsmodellierung mit der SysML können wir die modellbasierte Anforderungsanalyse mit konventioneller Analyse im Anforderungsmanagementsystem koppeln. Es ist damit möglich, auch die Elemente eines Designmodells für Systeme oder Software direkt mit den Anforderungen zu verbinden, aufgrund derer sie entstanden sind. Damit schlagen wir die Brücken zwischen den verschiedenen toolspezifischen Sichten, die auch automatisierte Auswertungen ermöglichen.

3.2.2 Steuerungs- und Regelungssysteme

Modellbasiert mal ganz anders

Trifft man auf den Begriff „modellbasierte Entwicklung", so gibt es neben der objektorientierten Modellierung mit der UML noch eine grundsätzlich andere grafische Modellierung. Diese ist nicht objektorientiert, sondern funktionsorientiert und kommt aus dem Bereich des Steuerungs- und Regelungsdesigns. Sie basiert auf hierarchischen Blockdiagrammen. Der Aufbau eines solchen Modells ist grundsätzlich völlig anders als mit der UML, trotzdem ist es sinnvoll, diese Art der Modellierung kurz zu beleuchten, denn sie entspricht in einigen Aspekten der typischen Denkweise eines Ingenieurs und deckt, vor allem vor der Einführung der SysML, Bereiche ab, bei denen sich die UML noch schwertut. Ein Vergleich soll aber nicht in ein Entweder-oder, sondern in eine pragmatische, gemeinsame und integrative Nutzung beider Sichtweisen münden.

Modellierung von Steuerungen und Regelungen durch blockdiagrammorientierte Werkzeuge

Typische Vertreter dieser Entwicklungswerkzeuge sind ASCET von ETAS, Matlab/SimuLINK von The Mathworks oder auch Scilab vom französischen Institut National de Recherche en Informatique et en Automatique (INRIA). Sie sind so mächtig, dass eine erschöpfende Vorstellung der Modellierungsmöglichkeiten den Rahmen dieses Kapitels völlig sprengen würde. Wir beschränken uns auf eine Gegenüberstellung der Vorgehen und Sichtweise und werden versuchen, wie wir funktionsorientierte Modelle in Systemmodelle integrieren können.

Gemeinsamkeiten und Unterschiede aus Projektsicht

Betrachten wir erst einmal, was funktionsorientierte Modellierung und die UML-Modellierung gemeinsam haben. Beide dienen dazu, Systeme und/oder Software zu abstrahieren, und aus beiden Modellen können wir Source Code generieren. Beide sind grafische Modelle, die durch verschiedene Diagramme zusammengesetzt werden. In beiden kann es Zustandsdiagramme zur Beschreibung von verhaltenorientierten Eigenschaften geben – wobei zumindest die Semantik der Zustandsmaschinen unterschiedlich ist. Damit kommen wir schon zu den Unterschieden, die noch deutlichere Bereiche umfassen. Während die UML und auch die SysML auf Standards beruhen, sind funktionsorientierte Modelle proprietär, basieren also auf den Lösungen und Ideen der jeweiligen Werkzeughersteller. Zwar könnten wir argumentieren, dass auch bei UML-Tools viel vom jeweiligen Werkzeug abhängt, aber zumindest die Grundstrukturen und die wichtigsten Sichten wie das Klassenmodell sind doch meist so implementiert, dass ein Modellierer, der beispielsweise UML an der Uni gelernt hat, sein Wissen sehr schnell nutzen kann. Wichtiger noch als vorhandene Standards ist der grundsätzliche Aufbau der Modelle. UML-Modelle sind objektorientiert. Wir können hier durch unterschiedliche Sichten das Gesamtsystem oder beliebige Teile und Komponenten beschreiben. Mit der UML 2 erfuhren hierarchische Strukturen zwar wieder eine gewisse Renaissance, aber sie wurden so in das objektorientierte Gesamtkonzept des UML-Metamodells integriert, dass sie das Grundgerüst des Systemaufbaus nicht bedingen. Genau dies ist aber bei funktionaler Modellierung der Fall.

Hierarchische Dekomposition als Grundkonzept

Die Modellelemente in einem UML-Modell bilden ein Netzwerk miteinander kommunizierender und kooperierender Objekte. Im Softwaredesign bedeutet dies eine hohe Wiederverwendbarkeit. In einem blockorientierten Funktionsmodell gibt es auch Modellelemente, die Blöcke, die miteinander verbunden werden. In Abbildung 3.34 ist ein Beispiel für ein extrem einfaches Modell in Matlab/SimuLINK dargestellt. Wie an der Beschriftung in der Titelleiste zu sehen, ist dieses Teilmodell in einem Subsystem als übergeordneter Block eingebettet.

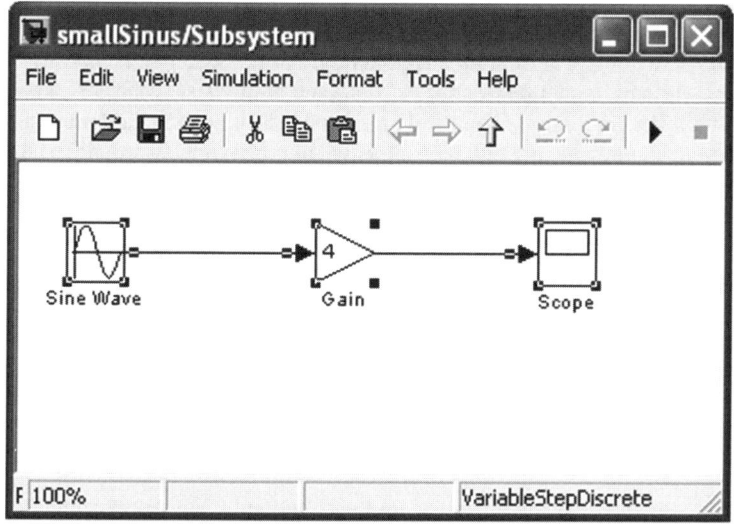

Abb. 3.34 *Sehr einfaches funktionsorientiertes Modell*

Dieser Block besteht aus drei Teilen: einem Sinusgenerator, der kontinuierlich ein Sinussignal erzeugt, einem Verstärker und einem Anzeigeblock, der wie ein Oszilloskop funktioniert. Verbunden werden diese Elemente durch gerichtete Pfeile, die die Signale kontinuierlich weiterleiten. Alle drei Modellteile sind aus verschiedenen Basisbibliotheken entnommen, in denen eine Vielzahl von einfachen, aber auch sehr komplexen Blöcken vorhanden ist und die auch erweitert werden können.

Vergleich mit objektorientierten Elementen

Die Verbindungen der Blöcke sehen aus wie Operationsaufrufe in Sequenzdiagrammen oder aber Assoziationen in Klassendiagrammen. Aber anstelle von Funktionsaufrufen oder Kooperationsbeziehungen werden hier die Ausgabewerte kontinuierlich an den nächsten Block weitergegeben. Es wird also keine Momentaufnahme einer Objektzusammenarbeit dargestellt, sondern wie bei der Planung einer Fabrikanlage festgelegt, wie die Ausgänge einer Station bzw. Blocks mit der oder dem nächsten verbunden wird. Im Vergleich zu Objekten wird auch hier die Abarbeitung der Daten der Eingänge zu den Werten der Ausgänge gekapselt und versteckt, nur lebt diese Modellierungsform von der Möglichkeit der Simulation mit einer unterlegten, kontinuierlichen Abarbeitungsmaschine. Damit sind Steuerungen und Regelungen sehr einfach und konsequent modellierbar. Erst die SysML bietet mit ihren parametrischen Diagrammen eine ähnlich angelegte Modellierungsdarstellung von kontinuierlichen, physikalischen Gegebenheiten. Was in der SysML fehlt, und was sie in erster Linie auch gar nicht leisten will, ist die elaborierte Möglichkeit der Simulation dieser Modellierungssicht.

Kein Entweder-oder sondern ein Sowohl-als-auch

Modellierungswerkzeuge für funktionale Modellierung haben sich für den Aufbau komplexer Regelungen und Steuerungen einen großen Markt erobert. Sie bieten neben der Simulation dieser Regelungen und Steuerungen auch die Möglichkeit der Generierung von Source Code für Targetsysteme wie beispielsweise für Automobilsteuergeräte. Ihre grundsätzlich hierarchisch aufgebaute Systemstruktur bedeutet allerdings auch die Übernahme aller Nachteile funktionaler Dekomposition. Der Aufbau wiederverwendbarer Komponenten ist schwieriger (damit sind nicht die Bibliotheken von Funktionsblöcken gemeint, auf unterster Ebene können genügend Bausteine wiederverwendet werden). Änderungen auf oberster Ebene haben viele Änderungen auf den unteren Ebenen zur Folge, und auch die Sichten der UML zur Anforderungsanalyse stehen nicht zur Verfügung. Insofern ist es sinnvoll, in Projekten für die System- und Softwarearchitektur die UML einzusetzen und für die Modellierung von Steuerungen bzw. Regelungen auf die Möglichkeit der Nutzung funktionaler Modellierung nicht zu verzichten. Genauso wie bei Softwareentwicklungsprojekten, die UML verwenden, meist die Implementierung auf der Ebene der Zielsprache meist nicht vollständig durch Generierung aus dem Modell ersetzt wird, können wir bei Regelungssichten diese in unser UML-basiertes Gesamtmodell integrieren.

Möglichkeiten der Integration

Verwenden wir beide Modellsichten parallel und unabhängig voneinander, so ist es notwendig, spätestens auf Codeebene die beiden Sichten zu integrieren. Die Schnittstellen, die sich auf Basis der Sourcecodegenerierung des Funktionsmodells im Code ergeben, müssen von den Operationen des UML-Klassenmodells zugreifbar sein.

Späte Integration im Code

Eine Möglichkeit der Integration ergibt sich also, indem wir unabhängig auf der Modellebene entwickeln, aus den jeweiligen Modellen dann Code generieren und diesen dann integrieren. Die Zusammenführung der Modellanteile findet auf Codeebene statt, wie es das Paketdiagramm in Abbildung 3.35 zeigt. Manche UML-Werkzeuge sind auch in der Lage, vorhandenen, aber nicht aus einem UML-Modell stammenden Code zu parsen und daraus UML-relevante Informationen auszulesen. So können wir über den Umweg der Codegenerierung etwas über die Schnittstellen unseres funktionalen Modells in das UML-Modell hineinpflegen. Dies hat aber grundsätzliche Nachteile:

- Der aus funktionalen Modellen generierte Code ist oft nicht objektorientiert. Es ergeben sich Strukturen wie Macros, statische Module und Operationen, die auf UML-Modellebene nicht optimal verwendet werden können.

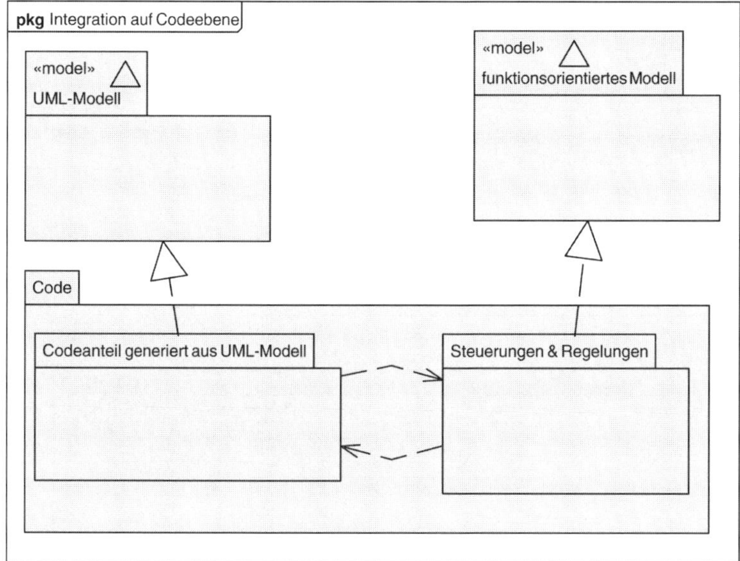

Abb. 3.35 *Integration auf Codeebene*

- Der Umweg über den Code an sich ist langwierig und entspricht nicht einem effizienten Workflow.

Modellintegration

Daher sollten wir uns andere, modellbezogene Mechanismen der Integration überlegen. Was wir brauchen, ist die allgemeingültige Überführung von funktionalen Modellinformationen in UML-Modelle, denn die UML ist das Mittel der Wahl für Systemarchitekturmodelle. Die Integration der funktionalen Modelle als Steuerungs- bzw. Regelungsanteile im Gesamtmodell bedarf ihrer Darstellung als spezielle Sichtweise im UML-Modell. Daher zeigt das Paketdiagramm in Abbildung 3.36 ihre Repräsentanz als «View». Dieser Stereotyp beschreibt eine bestimmte Sichtweise auf Modellanteile. In der UML interessieren uns eigentlich nur die Schnittstellen der Steuerungs- bzw. Regelungsanteile, damit wir diese im Gesamtmodell nutzen können. Die Abhängigkeiten zwischen dem UML-Anteil der Systemarchitektur und dieser Repräsentanz des funktionsorientierten Modells können wir ebenfalls in der UML modellieren.

Zur Modellintegration fehlen die Sichten der SysML

Wenn wir die integrationsbedürftigen Sichten auf die des Klassenmodells beschränken, so ist es damit getan, dass wir jede Steuerung oder Regelung als Objekt begreifen, die eine definierte Schnittstelle nach außen hat. Über den Satz an Operationen, der die Schnittstelle zur Außenwelt darstellt, können wir modellieren, wie von Seiten der anderen UML-Klassen in der Softwarearchitektur auf die Regelung oder Steuerung Einfluss nehmen können. Erst die SysML ermöglicht es dem Modellierer, die Welt der Steuerungen und Regelungen viel tiefer in ein Systemmodell zu integrieren. In der SysML gibt es eine eigene Diagrammart, die parametrischen Diagramme, die es uns erlauben, in der funk-

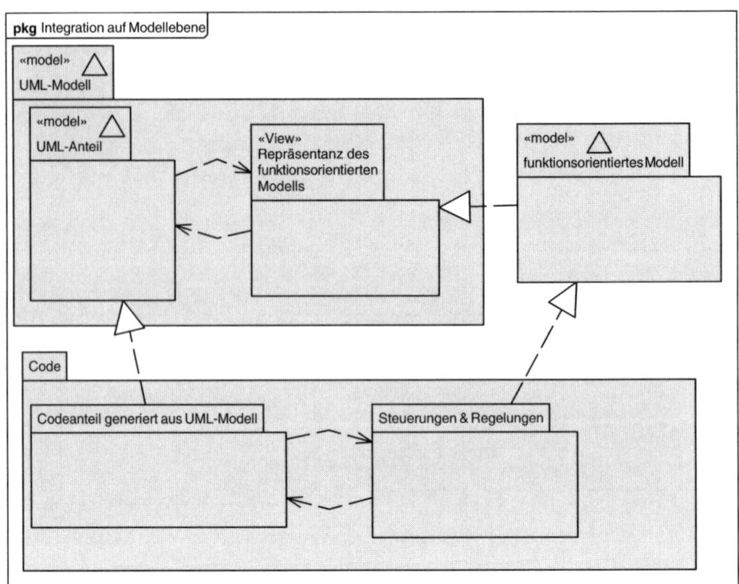

Abb. 3.36 *Integration auf Modellebene*

tionsorientierten Denkweise zu modellieren. Die proprietären, funktionsorientierten Modellierungsansätze werden aber dadurch nicht ersetzt. Ihre spezifische Möglichkeit, die funktionalen Modelle per Simulation ablaufen zu lassen, kennt die SysML nicht, denn sie will nur die Möglichkeit der Modellierung herstellen und bestimmt keine Ablaufsemantik. Trotzdem sind die Erweiterungen der SysML auch in dieser Sicht sehr nützlich, denn ihre Integration mit anderen System des Systemmodells sind wohl durchdacht und gehen weit über die oben gezeichneten, abstrakten Abhängigkeiten hinaus. Eine konsequente Umsetzung der Überführung von Funktionsmodellen in parametrische SysML-Sichten wäre für die Integration dieser Modellwelten ideal.

4 | Die SysML als Adaption der UML zur Systembeschreibung

Wenn wir eingebettete Systeme modellieren wollen, so steht uns seit Neuestem mit der OMG SysML™ ein eigener Standard für spezifische Systemsichten zur Verfügung. Dieser erweitert die UML um die Sichten des Systems Engineering. In diesem Kapitel wird die SysML detailliert beschrieben, zuerst im Überblick und unter dem Blickwinkel des Systemingenieurs. Danach betrachten wir die neuen Diagramme im Detail und gehen auf Systemanforderungen, Systemstruktur, Systemverhalten und parametrische Diagramme ein. Die SysML definiert weiterhin sogenannte „Cross-Cutting-Concepts", die die unterschiedlichen Perspektiven im Metamodell auch grafisch verbinden. Allokationen sind ein Beispiel dafür. Auch diese Konzepte werden genauso erklärt wie die Modellbibliothek der SysML, die für die Verbindung eines Systemmodells in die physikalischen Gesetzmäßigkeiten, die für das System gelten, definiert worden ist.

Übersicht

UML für Systeme?

Für Systemingenieure hat die UML aufgrund ihrer Erweiterbarkeit schon sehr lange das Zeug zu einer Standardsprache. Dies hat auch das International Council On Systems Engineering (INCOSE) so gesehen und vertritt seit 2001 die Idee, eine adaptierte UML zur Standardmodellierungssprache für Systemingenieure zu machen. Allerdings war ihre Softwarelastigkeit und die Fokussierung auf rein objektorientierte Strukturen gerade in den Sprachversionen vor der UML 2 ein Problem. Hierarchische Teil-Ganzes-Strukturen, nicht-funktionale Anforderungen oder zeitkontinuierliche Aktivitäten sind beispielsweise nur über UML-Erweiterungen zu realisieren. Wenn das jeder Systemingenieur für sich tut, verliert man die Vorteile einer Standardmodellierungssprache. Insofern ist es für das Systems Engineering und insbesondere für das Modellieren von Systemen ein Glücksfall, dass mit der OMG SysML tatsächlich ein Standard entstanden ist. Dieser Standard wird sowohl vom Industriekonsortium OMG wie auch vom International Council on Systems Engineering (INCOSE) unterstützt und hat damit alle Voraussetzungen zum Erfolg.

Abb. 4.1 *Das offizielle Logo der OMG SysML*

4.1 Wandel im Systems Engineering

Was brauchen wir zur Systembeschreibung?

Das Systems Engineering wird vom International Council on Systems Engineering[1] pauschal beschrieben als Zusammenfassung von Methoden, um erfolgreich Systeme zu entwickeln. Dabei ist hauptsächlich gemeint, die an das System gestellten Anforderungen in frühen Entwicklungsphasen zu definieren und zu dokumentieren, ein Systemdesign zu erstellen und dann zu überprüfen, ob das System die an es gestellten Anforderungen hinsichtlich Betrieb, Zeit, Erstellung, Test, Kosten, Planung, Training und Unterstützungsleistungen sowie der Entsorgung nach der Nutzungsphase erfüllt. Ein System wird dabei als Sammlung von Bausteinen gesehen, mit dem ein Ziel erreicht werden kann, das durch die Einzelelemente nicht unterstützt wird. Diese Bausteine können sein: Software, Hardware, Personen, Daten oder natürlich auch andere Systeme.

[1] INCOSE wurde 1990 gegründet als Organisation zur Unterstützung und Verbreitung des Systems Engineering. Zuerst als NCOSE national in den USA aufgestellt, zählt die 1995 internationalisierte Vereinigung von Systemingenieuren mittlerweile über 6200 Mitglieder weltweit.

Aufgaben im Systems Engineering

Die verschiedenen Aufgabenbereiche des Systems Engineering können wir natürlich auch mit der UML in einem Paketdiagramm ausdrücken, wie die folgende Abbildung 4.2 als Paketdiagramm zeigt.

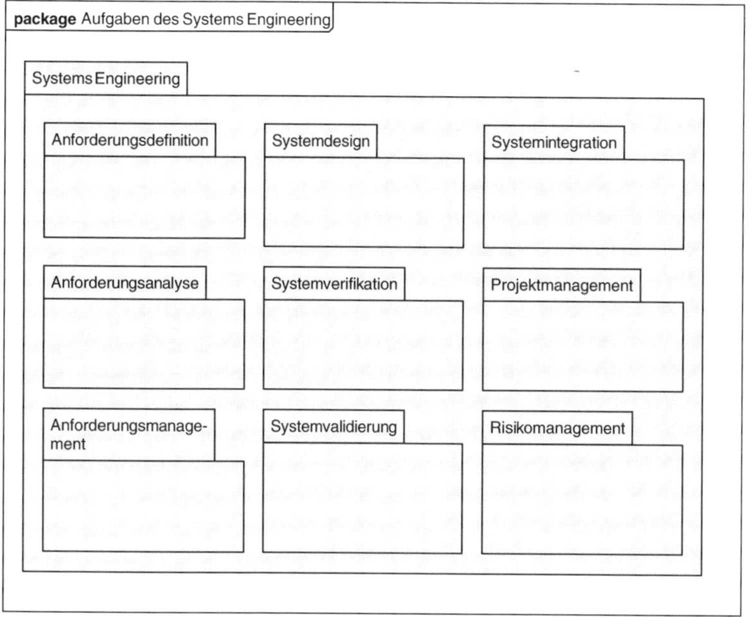

Abb. 4.2 *Aufgaben des Systems Engineering*

Modellbasiert statt dokumentenbasiert

Im Systems Engineering „alter Schule" haben es die Beteiligten immer mit Dokumenten zu tun. Es gibt textbasierte Spezifikationen, Schnittstellenanforderungen, ein Systemdesign, Analysen und Vergleiche von Lösungsalternativen oder auch Testpläne. Sämtliche Informationen darin sind miteinander vernetzt und müssen gegeneinander abgeglichen werden. Dies ist aufwendig und stellt hohe Ansprüche an die Exaktheit der Arbeit im Systems Engineering. Es gibt gerade im Bereich von Anforderungserstellung und -management toolbasierte Unterstützung, die aber immer dann Probleme aufwirft, wenn ein Systemdesign nicht nur in Prosa beschrieben ist, sondern grafische Elemente enthält. Daher ist es sinnvoller, den Blickwinkel zu verändern und sämtliche Perspektiven auf ein System in grafischen Modellen zu beschreiben. Verwendet man dafür formale oder semiformale Sprachen, entfallen viele Abstimmungsprobleme, denn die Sichten sind eindeutig beschrieben. Auf der Suche nach einer Modellierungssprache für Systeme fiel das Interesse des INCOSE auch auf die Unified Modeling Language (UML), die sich im Bereich der softwarelastigen Modellierung als Standard durchgesetzt hatte. Auch bei der Softwareentwicklung hat sich gezeigt, dass die notwendige Abstimmung im Entwicklungsteam durch den modellbasierten Ansatz wesentlich besser und fehlerfreier funktioniert als durch rein textuelle Beschreibungen.

4.2 Spezifikation der SysML durch die OMG

Kurze Geschichte der SysML

Die Idee einer Adaption der UML für das Systems Engineering bestand schon recht früh. Entsprechend ihren Regeln für Standardisierung startete die Object Management Group (OMG) bereits 2002 mit einem Request for Information (RfI) innerhalb ihrer ungefähr 800 Mitglieder. Dies war eine Art Umfrage, welche Basisanforderungen eine „UML for Systems Engineering" denn für die angefragten Firmen erfüllen sollte. Auf dieser Grundlage stellte die OMG im März 2003 ein Request for Proposal (RfP) an ihre Mitglieder, eine grafische Systemmodellierungssprache zu entwickeln und vorzuschlagen. Es bildete sich zunächst ein Konsortium, die SysML Partners aus zirka 30 OMG-Mitgliedern, die einen Vorschlag für eine Systems Modeling Language auf Basis der UML 2.0 erarbeiteten. Nach kurzzeitiger Trennung in zwei Teams im Jahre 2005 präsentierte das wiedervereinigte SysML Merge Team Anfang 2006 seinen konsolidierten Spezifikationsvorschlag zur SysML, der im Juli 2006 von der OMG akzeptiert wurde. Nach den Richtlinien der OMG bedeutet das, dass die SysML-Spezifikation im Status „Adopted Technology" jetzt ungefähr ein Jahr Zeit hat, um beispielsweise von Toolherstellern implementiert zu werden und zu reifen. Größere Änderungen sind aber nicht mehr zu erwarten.

Die OMG SysML™, wie die Sprache nun heißt, ist keine direkte Instanz der Meta Object Facility (MOF) wie die UML, sondern eine Adaption der UML.

4.2.1 Verhältnis der SysML zur UML

Aufgaben der SysML

Die SysML ist definiert als grafische Modellierungssprache zur Spezifikation, Analyse, Design, Verifikation und Validierung von Systemen, die Hardware, Software, Daten, Personal, Verfahren und Anlagen enthalten. Sie ist konzeptionell aufgebaut auf der UML 2.0, übernimmt diese in Teilen und erweitert sie, indem sie das Metamodell anpasst.

Metamodellverhältnis SysML zu UML

Abbildung 4.3 zeigt dies als Paketdiagramm der UML bzw. SysML. Da die UML bereits 13 Diagramme als Modellsichten enthält, wäre es keine gute Idee, einfach zusätzlich weitere Diagramme für das Systems Engineering neu zu definieren.

Stattdessen lässt die SysML die softwarezentrischen Diagramme aus ihrer Definition heraus und konzentriert sich auf die systemrelevanten. Die UML wird also aufgeteilt in den Anteil, der für die Systemmodellierungssprache sinnvoll ist (UML4SysML) und den Rest (UML - UML4SysML). Abbildung 4.4 zeigt dieses Verhältnis zwischen den beiden Modellierungssprachen.

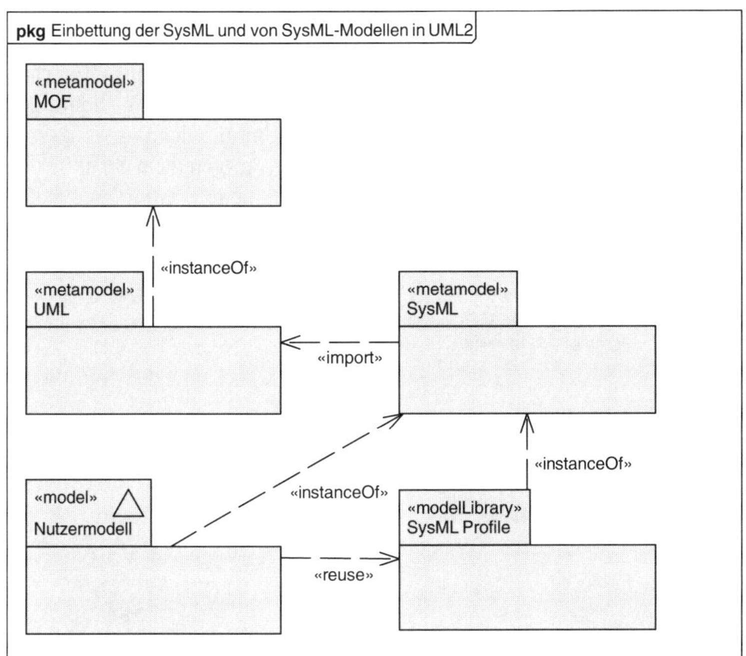

Abb. 4.3 *Einbettung der OMG SysML und von SysML-Modellen in die Sprachdefinition der UML 2.0*

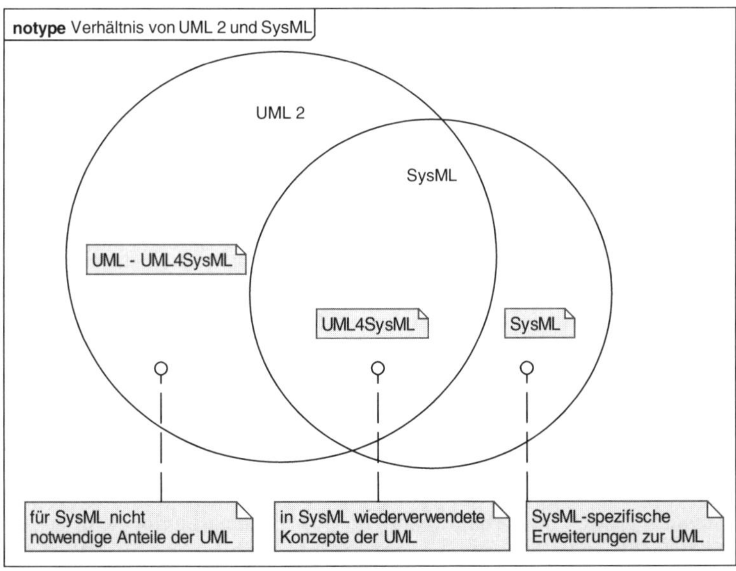

Abb. 4.4 *Verhältnis der SysML zur UML*

4.3 Die Sichten der SysML

Die Diagrammarten der SysML

Wie bei der UML betrachten wir zunächst erst mal die Diagrammarten, die in einem Klassendiagramm stereotypisiert mit ihren Beziehungen dargestellt werden können. Der sprachliche Umfang der SysML lässt ja die softwarebezogenen Sichten der UML weg. Aufgeteilt in Strukturdiagramme, Verhaltensdiagramme und mit den neuen Anforderungsdiagrammen enthält die SysML insgesamt neun verschiedene Diagrammtypen, wie das Klassendiagramm in Abbildung 4.5 darstellt.

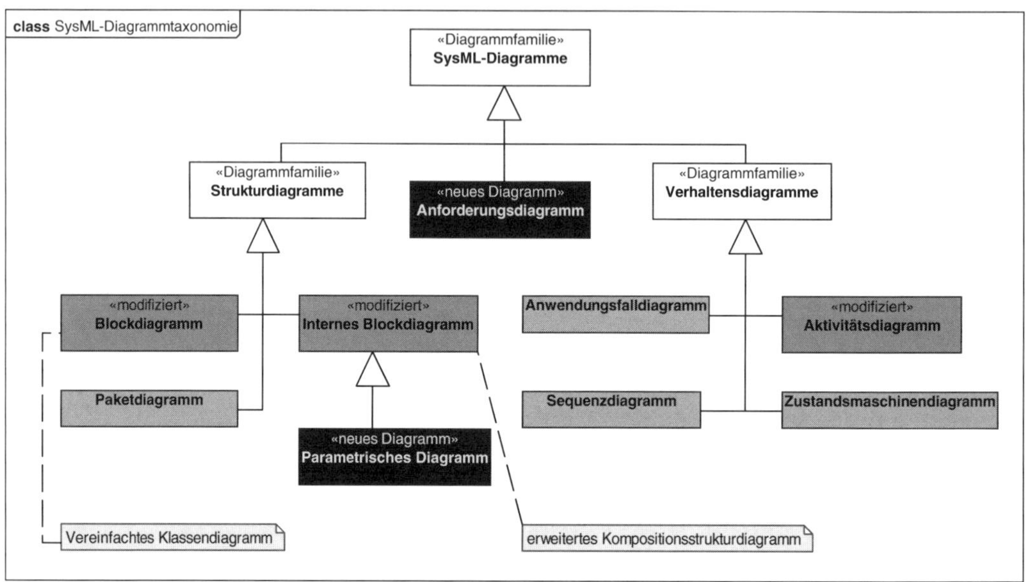

Abb. 4.5 *SysML-Diagrammtaxonomie*

Von den SysML-Diagrammarten sind vier direkt aus der UML übernommen worden: Das Anwendungsfalldiagramm, das es ermöglicht, das System funktional aus Nutzersicht zu beschreiben, ist ebenso dabei wie das Paketdiagramm, das eine Strukturierung des Projekts und des Systems mit Abhängigkeitsbeziehungen dazwischen beschreibt. Das Sequenzdiagramm formalisiert die Abläufe beispielsweise der Anwendungsfälle oder beschreibt die Interaktion zwischen Systembestandteilen und ist somit für das Systems Engineering ebenso hilfreich wie das Zustandsmaschinendiagramm, das das dynamische Verhalten des Systems oder seiner Bestandteile modellierbar macht.

Block als Basisstrukturelement

Daneben gibt es UML-Diagramme, die für Systems Engineering grundsätzlich nützlich sind, aber angepasst werden mussten. Das fängt bei den Klassendiagrammen an, die gerade durch ihre generische Erweiterbarkeit die ideale Grundlage zur Beschreibung systemischer Entitäten bilden. Die Definition der SysML vermeidet hier jede Fokussierung auf Softwarenomenklatur. So wurde sogar der Begriff der „Klasse", der wohl zu sehr in Richtung objektorientiertem Softwareentwurf geht, durch den Begriff eines „Blocks“ ersetzt. Zwar existiert dieser Name beispielsweise im Bereich der funktionalen Modellierung bereits, anscheinend ist diese Überlappung für die Spezifikation der SysML aber in Ordnung. Ebenso wurden im Blockdefinitionsdiagramm, das ein vereinfachtes Klassendiagramm ist, alle softwarespezifischen Modellierungselemente gestrichen; es gibt also keine offensichtlichen Operationen und Attribute mehr. Stattdessen kann eine Teil-Ganzes-Sicht auf die Blöcke des Systems dargestellt werden. Blöcke sind das Basisstrukturelement für Systeme und völlig generisch. Sie stehen für Hardware, Software, Daten, Verfahren, Anlagen oder Personen.

Als Beispiel für ein in SysML modelliertes System nehmen wir uns einfach einen Destillationsapparat vor. Dieser wurde bei der Spezifikation der SysML in der Arbeitsgruppe als Beispiel genutzt, ist aber im Gegensatz zum ebenfalls definierten Beispiel eines Hybriden Sports Utility Vehicles (HSUV) einfacher gehalten.

Wenn wir zunächst den Aufbau unseres Systems darstellen wollen, ist das Blockdefinitionsdiagramm die erste Wahl. Es ist ein vereinfachtes Klassendiagramm – wobei wir jetzt den Begriff „Klasse“ vermeiden sollten – und zeigt den Aufbau eines Blocks mit seinen Bestandteilen. Das Blockdefinitionsdiagramm (abgekürzt bdd) in Abbildung 4.6 veranschaulicht die Teile des Apparats.

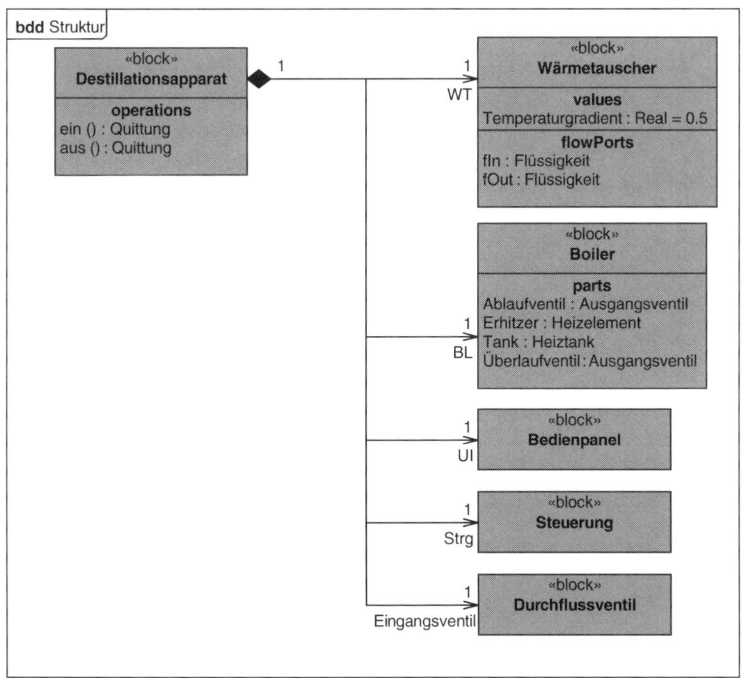

Abb. 4.6 *Blockdefinitionsdiagramm eines Destillationsapparats*

Hierarchischer Systemaufbau

Strukturelle Bestandteile, sogenannte Parts, werden über die Kompositionsbeziehung wie in der UML gezeigt. Dabei wird die Aggregationslinie mit einer gefüllten Raute am Kompositum gezeichnet. Alternativ können Parts in der SysML in einem eigenen Parts-Bereich innerhalb eines Blocksymbols, wie beispielsweise hier beim Block Boiler, dargestellt werden. Weitere Bereiche zeigen zusätzliche Eigenschaften des Blocks, wie die Werte, hier im Bereich „values" im Wärmetauscher exemplarisch modelliert. Die sogenannten FlowPorts können in einem weiteren Bereich dargestellt werden und beschreiben spezifische Ports, wo Elemente hinein- und/oder hinausfließen können. Diese Systemschnittstellen des Blocks werden in internen Blockdiagrammen detailliert. Die Parts des Boilers haben wir dafür in einem separaten Blockdefinitionsdiagramm beschrieben, das Abbildung 4.7 zeigt.

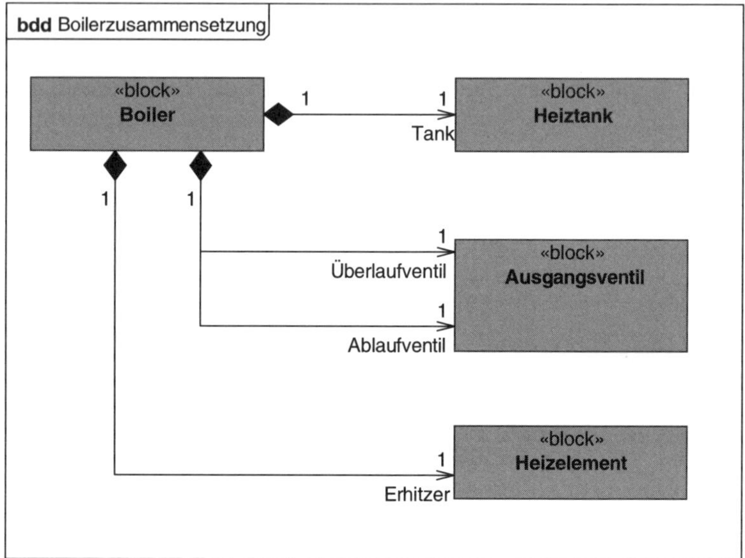

Abb. 4.7 Zusammensetzung des Boilers

Verschaltung im internen Blockdiagramm

Als weiteres Diagramm, das aus der UML 2 mit Modifikationen übernommen wurde, dient das interne Blockdiagramm der Darstellung eines Blocks in White-Box-Sicht. Wie auch beim UML-Ursprungsdiagramm, dem Kompositionsstrukturdiagramm, wird beim internen Blockdiagramm der hierarchische Aufbau einer Komponente oder besser hier eines Blocks verdeutlicht. Im Systems Engineering sind dabei aber die Konnektoren und Ports weitaus generischer zu nutzen, denn neben Nachrichten müssen auch kontinuierliche Flüsse berücksichtigt werden. Daher definiert die SysML hier über grafische Stereotypisierung, um welche Art von Port es sich handelt. Das interne Blockdiagramm, abgekürzt ibd, in Abbildung 4.8 zeigt die verschiedenen Formen der Ports als Interaktionspunkte der Blöcke beziehungsweise der enthaltenen Parts. Es gibt nach wie vor die „normalen" Ports der UML, die hier zum Steuern der beiden Ventile zusammen mit ihren bereitgestellten Schnittstellen modelliert sind. Daneben gibt es in der SysML die sogenannten FlowPorts, die physikalische und/oder kontinuierliche Durchflüsse ermöglichen. Wasser und Energie werden von den Außenports des Boilers nach innen zu den relevanten Teilen geleitet. Dabei spielt die Richtung eine wesentliche Rolle und wird im FlowPort durch einen kleinen Richtungspfeil symbolisiert. Es gibt Eingangsports, Ausgangsports und welche mit beiden Richtungen. Daneben ermöglicht es die SysML, auch sogenannte konjugierte Ports zu modellieren (boolesche Porteigenschaft „is conjugated" auf „true"). Damit können über diese Ports zusammengesetzte Typen oder auch mehr als ein Typus fließen. Wenn ein FlowPort konjugiert ist, wird er farblich invertiert dargestellt.

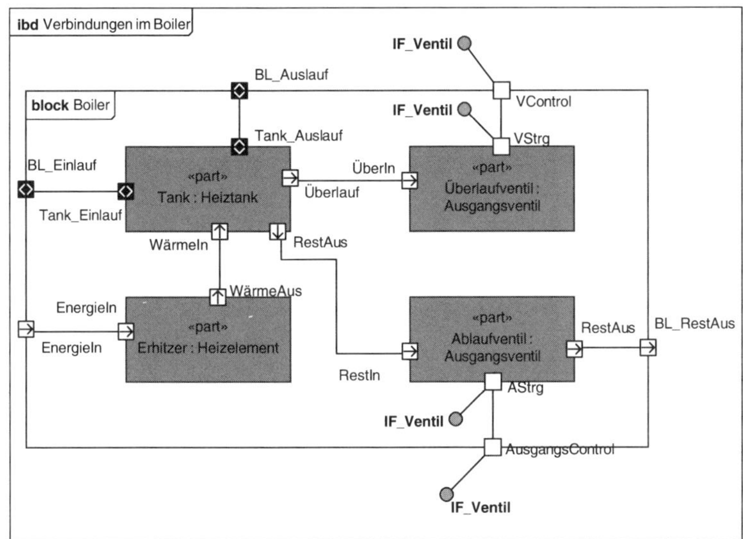

Abb. 4.8 *Internes Blockdiagramm zeigt die Verbindungen im Boiler*

Eine weitere, wichtige Erweiterung des internen Blockdiagramms ermöglicht es, Elementflüsse direkt im internen Blockdiagramm zu beschreiben und nicht erst ein Interaktionsdiagramm dafür modellieren zu müssen. Da hier die Typen der Objektflüsse und nicht der tatsächliche Austausch zu einem bestimmten Zeitpunkt im Vordergrund stehen, ist diese Erweiterung sinnvoll und konsistent.

Systemaktivitäten

Das letzte Diagramm aus der UML 2, das für die SysML modifiziert übernommen wurde, ist das Aktivitätsdiagramm. Schon in der UML 2 hatte sich diese Diagrammform, die vorher semantisch schwach formuliert war, von den Zustandsdiagrammen emanzipiert. Durch ihre tokenbasierte Semantik können jetzt Daten- und Objektflüsse sowie Aktivitäten formal eindeutig beschrieben werden. In der SysML kommen die zeitkontinuierlichen Aktivitäten und Objektflüsse hinzu, außerdem die Möglichkeit, die verschiedenen Ebenen des Systems wie Funktion, Hardware, logische und physikalische Sichten aufeinander zu projizieren. Dieses Mapping nennt sich Allokation und kann in den erweiterten Aktivitätsdiagrammen durch die althergebrachten Schwimmbahnen ausgedrückt werden. Das Diagramm in Abbildung 4.9 zeigt die Aktivitäten beim Destillieren von Wasser und wie sie auf Teile des Destillationsapparats, den Wäremetauscher „hx“ und den Boiler „bl“, aufgeteilt sind. Der Typus eines Aktivitätsdiagramms wird in der SysML mit „act“ im Diagrammrahmen angezeigt.

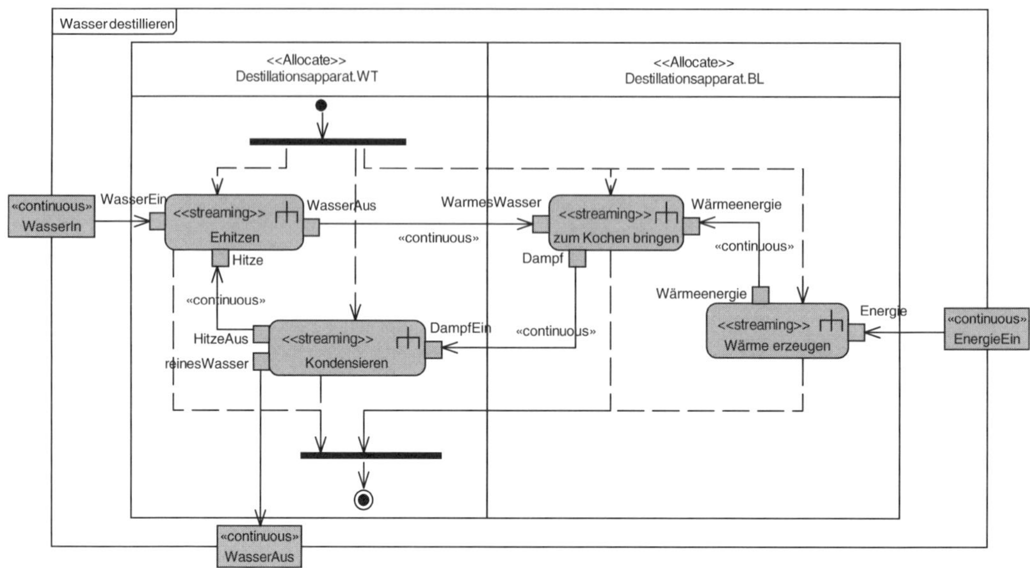

Abb. 4.9 *Das Aktivitätsdiagramm zeigt kontinuierliche Flüsse und Allokation*

Integration der Physik in die Systemsichten

Welche grundsätzlichen Lücken musste die SysML durch neue Diagrammformen schließen? Betrachten wir dazu ein normales System einmal nicht durch die Brille der Softwareentwicklung. Dann fällt auf, dass die physikalischen Gegebenheiten, in denen ein System arbeiten soll oder auf das es einwirken soll, mit Standardelementen der UML eher schwer beschreibbar sind. Das erklärt auch den Erfolg funktionaler Modellierung, bei der es möglich ist, kontinuierliche, physikalische Elemente zu beschreiben und in Steuerungs- bzw. Regelkreisen zu verbinden. Das Manko der fehlenden Architekturbeschreibung in Funktionsmodellen lässt sich durch eine intelligente Verbindung von funktionaler und UML-Modellierung überwinden. Die SysML verbindet diese Welten schon in ihrer Sprachdefinition durch die Bereitstellung der parametrischen Diagramme sowie einer Modellelementbibliothek für physikalische Grundgrößen. Blöcke können aus anderen Blöcken aufgebaut sein, die die Einschränkungen (Constraints) enthalten, die für die Realisierung des Blocks gelten. Diese Einschränkungsblöcke enthalten die Gleichungen, die berücksichtigt werden müssen. Die Parameter der Gleichungen müssen miteinander verschaltet werden. Wenn ein Element kinetische Energie besitzt, die aus seiner Masse und seiner Geschwindigkeit resultiert, dann müssen diese wiederum auch im Modell beschrieben sein. Das parametrische Diagramm klärt diese Zusammenhänge, wobei die Gesetzmäßigkeiten formal (OCL oder MathML) oder nicht formal durch textuelle Beschreibung modellierbar sind. Die mit ihren Gleichungen verbundenen Parameter des Destillationsapparats zeigt das parametrische Diagramm, abgekürzt „par“, in Abbildung 4.10.

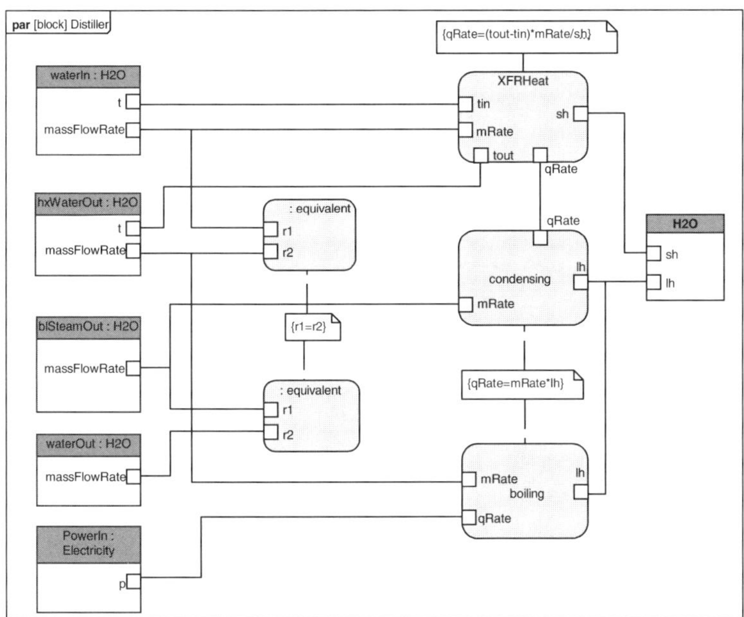

Abb. 4.10 *Parametrisches Diagramm der SysML*

Endlich Anforderungsmodellierung

Eine sehr wichtige Lücke der UML wird durch die SysML ebenfalls geschlossen: Seit den Anfängen der UML gibt es die Möglichkeit, über Anwendungsfälle funktionale Anforderungen in ganz spezieller Weise zu beschreiben. Für nicht-funktionale Anforderungen gab es kein Standardmodellierungselement. Zudem sind die Möglichkeiten, Anforderungen miteinander und mit den sie erfüllenden Modellelementen in Beziehung zu setzen, begrenzt. Was blieb, war das Verfahren, das Modell in ein Anforderungsmanagamentwerkzeug zu importieren und dort die Verknüpfungen zu setzen. Doch diese Werkzeuge können die Vernetzung des Modells in sich schlecht darstellen oder nutzen. Besser ist es, die textuellen Anforderungen direkt im Modell zu sehen und damit nutzen zu können. Mit dem Anforderungsdiagramm der SysML ist diese Vorgehensweise jetzt möglich. Eine Anforderung ist eine Art Klasse ohne die normalen Klasseneigenschaften, aber mit der Möglichkeit, ID, Anforderungstext und weitere Eigenschaften zu halten. Wichtiger noch sind die Verknüpfungsmöglichkeiten zwischen den Anforderungen und zu den anderen Modellelementen, um die folgenden Fragen zu beantworten:

- Woraus resultiert diese Anforderung?
- Welche Elemente erfüllen die Anforderung?
- Wie wird die Erfüllung der Anforderung getestet?
- Welche anderen Anforderungen ergeben sich aus dieser Anforderung?
- U.v.m.

Das Anforderungsdiagramm, abgekürzt „req", in Abbildung 4.11 zeigt einige der Anforderungseigenschaften und Verbindungsmöglichkeiten mit anderen Systemmodellelementen.

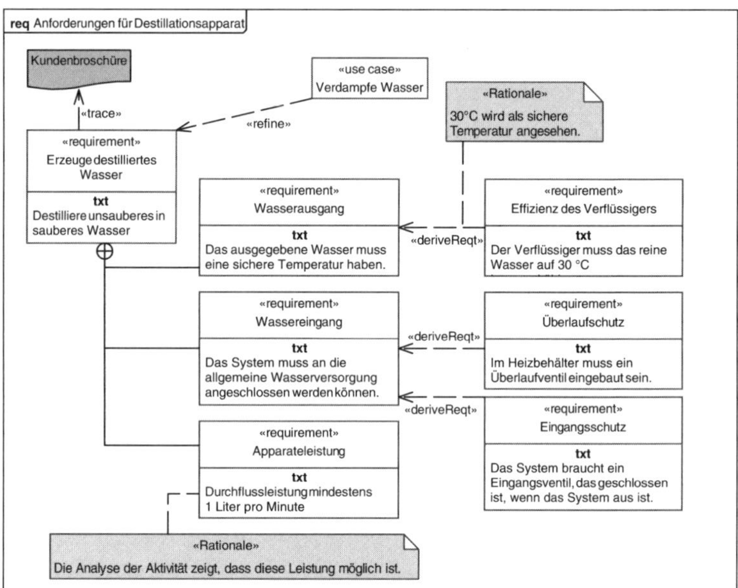

Abb. 4.11 *Anforderungen an den Destillationsapparat*

Fazit

Die vier Säulen der SysML beinhalten die Modellierung von Anforderungen, von Verhalten, Struktur und parametrischen Eigenschaften und ergeben so ein komplettes Bild des darzustellenden Systems. Getragen von einer breiten Interessengemeinschaft in der OMG und in INCOSE sowie mit Standardschnittstellen über XMI und AP233 versehen, ist erstmals ein erfolgversprechender Ansatz einer ganzheitlichen Modellierungssprache für Systems Engineering verfügbar.

Nicht mehr benötigte Diagramme

Vergleichen wir die Taxonomie der UML mit der der SysML, so fällt ein dem Systems Engineering typischer Pragmatismus auf. Zum ersten Mal ergibt eine Weiterentwicklung nicht ein Mehr an Diagrammen, sondern sie werden weniger. Die Fokussierung auf Sichten, die zur Beschreibung eines Systems notwendig sind, bedeutet, dass die rein softwarelastigen Diagramme der UML nicht per se einfach übernommen werden. Daher fehlen der SysML die Kommunikationsdiagramme, die Interaktionsübersichtsdiagramme und die Timing-Diagramme.

4.3.1 Die neuen Sichtweisen der SysML

Jetzt geht es ins Detail

Nach dem kurzen Überblick über die Struktur der SysML widmen wir uns nun den neuen Diagrammformen im Einzelnen. Dabei können wir auch auf die Sprachspezifika der verschiedenen Diagrammarten eingehen. Im Vordergrund soll aber nicht eine Übersetzung der SysML-Spezifikation stehen, sondern die Nutzung der neuen Sichten des Systems Engineering im Entstehungsprozess eines eingebetteten Systems.

Anforderungsdiagramm

Betrachten wir einen typischen Entwicklungsprozess, so sind die Anforderungen und deren Management die wichtigsten Punkte am Anfang des Projekts. Die einzelnen Phasen sind jedoch nicht mehr so getrennt wie im Wasserfallprozess, bei dem die Anforderungsanalyse beziehungsweise -spezifikation als abgeschlossener Prozessschritt den Beginn eines Projekts darstellt. Das Ende einer Entwicklungsphase kann in ein Phasenenddokument münden, nur ist dies nicht mehr die einzige Informationsquelle für die nächste Phase. Stattdessen müssen die Informationen phasenübergreifend vernetzt werden, damit der Prozess der Entwicklung von einer Idee bis zur ausgearbeiteten Implementierung jederzeit nachvollziehbar ist. Um Designelemente mit den Anforderungen, die sie betreffen, zu verbinden, sind verschiedene Lösungsansätze denkbar:

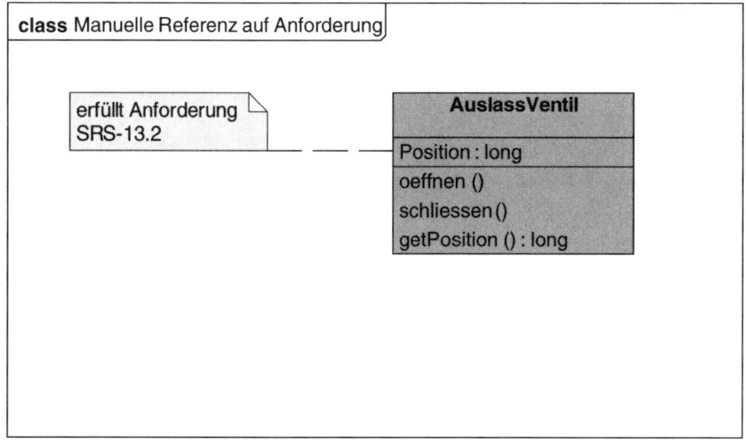

Abb. 4.12 *Manuelle Referenz auf eine Anforderung*

1. Rein textuell per manueller Referenz:
Nehmen wir einmal an, eine Anforderung für das Destillationsgerät aus dem Überblick über die SysML in Abschnitt 4.3 hätte eine eindeutige Identität, die sich in einer ID niederschlägt. Dann wäre es möglich, in Notizen oder in beschreibenden Eigenschaften von Modellelementen diese ID zu referenzieren. In einem Klassendiagramm könnte eine Notiz stehen „erfüllt Anforderung SRS-13.2“. Dies zeigt Abbildung 4.12. Genauso kann in der Software zum Beispiel im Headerfile vor einer C-Funktion die ID der Anforderung in einem Kommentar stehen:

```
/* implementiert Anforderung SRS-13.2 */
void foo(int p1);
```

Stellen wir uns ein Projekt vor, das von einem Entwickler alleine bewältigt werden kann und das vielleicht 50 bis 100 Anforderungen beschreiben und umsetzen soll, dann kann diese Methodik Erfolg versprechend sein. Bei mehr als 100 Anforderungen wird die Verwaltung der manuellen Links und das Nachführen der Anforderungsdokumentation, des Designs und das Codesourcen derartig komplex, dass effizientes Arbeiten so nicht möglich ist. Nachverfolgung von Anforderungen gerät so zu einer Arbeitsbeschaffungsmaßnahme, die in keinem größeren Projekt bezahlt werden kann.

2. Die Nutzung von Anforderungsmanagementwerkzeugen:
Aus der Tatsache, dass eine manuelle Nachverfolgung, Verlinkung und Verwaltung von Anforderungen nur bei sehr kleinen Projekten überhaupt möglich ist, entwickelte sich die Idee von Werkzugen zum Anforderungsmanagement. Diese dienen dazu, eine (fast) unbegrenzte Anzahl (meist) textuell beschriebener Anforderungen zu erfassen und intelligent miteinander zu verbinden. Verschiedene Ebenen von Anforderungen können so gebildet werden, und die Verlinkung der Anfoderungen kann erzeugt und auch nachvollzogen werden. Attribute der Anforderungen beschreiben sie eindeutiger; der Ursprung der Anforderung, ihr Status, die ID und vieles mehr werden unterstützt. Die Einbindung grafischer Modelle gestaltet sich aber hier schwieriger. Natürlich können auch UML-Diagramme, Modellelemente und ihre Beziehungen untereinander importiert werden. Allerdings ist die Netzwerkstruktur gerade von UML-Modellen hier ein Systemwechsel: Aus der reinen Top-down-Hierarchie springt ein Link zwischen einer Anforderung zum Beispiel zu einem Anwendungsfall (als Repräsentanz einer formalisierten, funktionalen Anforderung) in die Netzstruktur des UML-Modells. Der Anwendungsfall kann ein Sequenzdiagramm in der Modellstruktur unter sich haben, das den Ablauf des Anwendungsfalls konkretisiert. Dort sind verschiedene Objekte in der Interaktionsbeschreibung beteiligt, die wiederum im UML-Klassenmodell mit den sie erzeugenden Klassen verbunden sind. Die Operationen der Klassen sind ggf. nur zum Teil auf dem oben erwähnten Sequenzdiagramm als Nachrichtenaustausch in der Objektinteraktion beteiligt, oder sie werden als Trigger in Zustandsdiagrammen genutzt. Diese Vernetzung lässt sich in einem UML-Werkzeug wesentlich leichter nachvollziehen als in einem Anforderungsmanagementwerkzeug, denn die eigentliche Basis der Informationseinheiten sind im Anforderungsmanagementwerkzeug textuell. Trotzdem ist die Idee, auch Modelle als Informationsquelle für das Anforderungsmanagement zu nutzen, wesentlich besser als die rein manuelle Pflege der Verbindungen der Anforderungen. Ein Entwickler muss hier aber beide Werkzeuge gut beherrschen, denn im besten Fall wird es ein automatisches Auffinden eines Modellelements in der Modellkopie des Anforderungsmanagementwerkzeugs und umgekehrt geben. Die Elemente dieses Schattenmodells können dann im Anforderungsmanagementwerkzeug mit den Anforderungen „manuell" verbunden werden. Die durch Modellierung erzeug-

ten „automatischen" Verbindungen sind zur Nachverfolgung der Anforderungen gleichermaßen nutzbar.

3. Gesetzt den Fall, wir wollen die Anforderungen nicht vom Modell her separat halten, sondern im Modell erzeugen, verwalten und mit Modellelementen verbinden. Dann brauchen wir eine Erweiterung der UML, denn lediglich die Anwendungsfälle lassen sich als spezielle Art der (funktionalen) Anforderungen interpretieren. Diese Erweiterung der UML um die Anforderungsmodellierung ist in der SysML (endlich) enthalten.

Eigenschaften von Anforderungen

Wollen wir Anforderungen modellieren, brauchen wir zunächst ein UML-Element, das wir um die Elemente der Anforderung erweitern müssen. Die Wahl fiel hier auf das Metamodellelement „Classifier", dem „klassischen" Strukturelement (und strukturieren wollen wir die Anforderungen ja).

Wir brauchen bei einer Anforderung:

1. Name: Anonyme Anforderungen sind schwer zu nutzen.
2. ID: Eine eindeutige Kennung identifiziert eine Anforderung.
3. Anforderungstext: Die Beschreibung, was als Anforderung gefordert ist.

Neben diesen neuen Eigenschaften müssen wir die so stereotypisierten Klassen weiter anpassen. Dazu gehört, dass sie weder Attribute noch Operationen enthalten. Die Spezifikation der SysML geht sogar so weit, dass Klassen mit dem Stereotyp «requirement» immer abstrakt sein müssen. Das ist richtig, denn wir wollen ja keine Objekte aus diesen Klassen bilden, andererseits sollte uns dieses Detail nicht zu sehr belasten. Sehen wir uns die Anforderung aus obigem Beispiel nochmals an: Das Klassendiagramm in Abbildung 4.13 zeigt sowohl die Anforderung wie auch die Klasse, diese sie erfüllen soll.

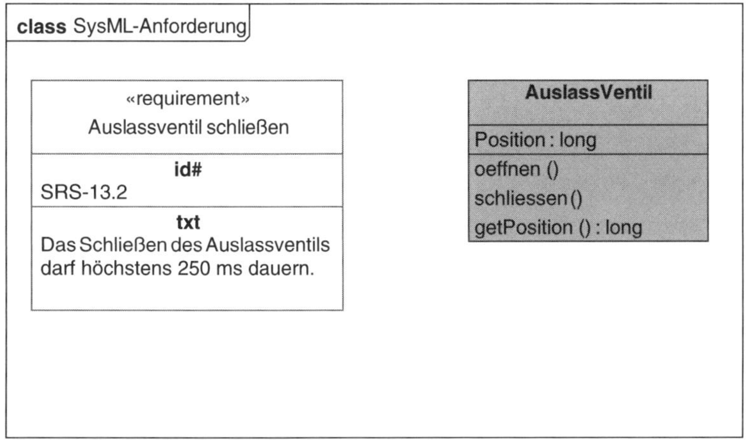

Abb. 4.13 *SysML-Anforderung*

Darstellung der Standardeigenschaften

Die Informationen über die ID und den Anforderungstext sind in den standardisierten Eigenschaftswerten „id#" und „txt" enthalten. Die Eigenschaftswerte können, wie bei ganz normalen Klassen auch, in eigenen Bereichen, sogenannten „Compartments", dargestellt werden. Dadurch sind sie nicht nur im Modellierungswerkzeug enthalten, sondern werden auch im Diagramm sichtbar. Die Nutzung von einem Bereich in der Anforderung für den Anforderungstext hat auch einen positiven Nebeneffekt: Diejenigen, die sich eloquent für die Beschreibung einer Anforderung den Platz des Leitartikels in einer Tageszeitung reservieren würden, sind grafisch angehalten, sich knapp zu fassen und sich vielleicht von Anfang an zu überlegen, ob in einer derartigen Prosabeschreibung nicht vielleicht mehrere Einzelanforderungen verstecken.

Anforderungsdiagramme

Anforderungen sollten in jedem UML- oder SysML-Diagramm sichtbar sein können, denn wir wollen sie ja auch mit anderen Modellelementen verbinden können. Um die Anforderungen auch miteinander in Beziehung zu setzen, definiert die SysML ein eigenes Diagramm, das Anforderungsdiagramm. Dies ist eine neue Diagrammform, die aus den UML-Klassendiagrammen abgeleitet ist.

Das erste hier dargestellte Anforderungsdiagramm (siehe Abb. 4.14) nutzen wir, um die verschiedenen Möglichkeiten zu zeigen, wie die wichtigen Eigenschaften von Anforderungen grafisch in der SysML modellierbar sind. Der persönliche Gusto sowie die Maxime, Unnötiges besser wegzulassen, sollten einen dabei leiten.

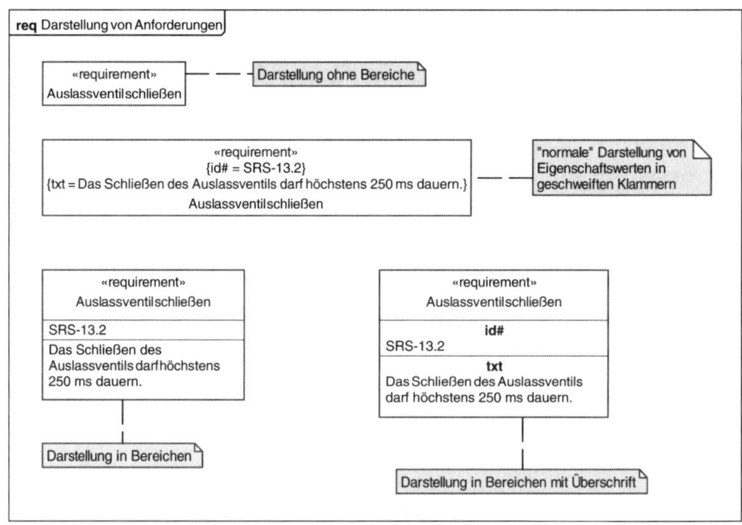

***Abb. 4.14** Darstellung von Anforderungen*

Typen von Anforderungen

Sehr oft brauchen wir in einem Projekt auch verschiedene Anforderungskategorien, wie Kundenanforderung, Geschäftsanforderung, Performanzanforderung oder Zuverlässigkeitsanforderung. Die SysML gibt hier nichts vor, weil die Einteilung von Projekt zu Projekt unterschiedlich ist, vielleicht aber auch von der Systemdomäne abhängt. Stellen wir uns also hier einfach die Möglichkeit vor, dass wir den Stereotyp «requirement» in verschiedene Untertypen aufteilen können, die wiederum mit ihren eigenen Stereotypen versehen sind. Eine Einteilung von Anforderungen können wir beispielsweise aus der Norm ISO/IEC 9126 ableiten. Diese ist zwar eigentlich für die Produktqualität von Software definiert, bietet aber viele Anhaltspunkte für die verschiedenen „Schubladen". Die wichtigsten sind:

- Funktionalität
- Zuverlässigkeit
- Benutzbarkeit
- Effizienz
- Änderbarkeit
- Übertragbarkeit

Im englischen Sprachraum hat sich für die Kategorisierung für System- und Softwarequalität das Akronym „FURPS" herausgebildet. Es steht für **F**unctionality (*Funktionalität*), **U**sability (*Benutzbarkeit*), **R**eliability (*Zuverlässigkeit*), **P**erformance (*Effizienz*) und **S**upportability (*Änderbarkeit*). Somit ist lediglich die Übertragbarkeit in der Norm zusätzlich genannt. Den lustigen englischen Begriff kann man sich aber vielleicht einfacher merken.

Beziehung von Anforderungen

Anforderungen mehr oder weniger grafisch zu beschreiben, reicht aber zur Anforderungsmodellierung nicht aus. Wir brauchen die Möglichkeit, Anforderungen miteinander in Beziehung zu setzen. Auch hier definiert die SysML den vollen Satz der notwendigen sprachlichen Ausdrucksformen.

Beziehungen kennen wir schon aus der UML. Diese werden als gerichtete, gestrichelte Kanten dargestellt. In der SysML sind die meisten Beziehungen, die eine Anforderung haben kann, mit stereotypisierten Beziehungen der UML modellierbar. Auf die Ausnahmen werden wir später ebenfalls im Einzelnen eingehen.

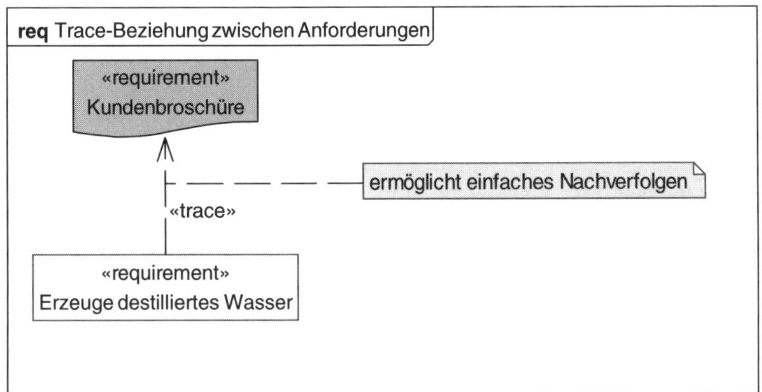

Abb. 4.15 *Trace-Beziehung zwischen Anforderungen*

Die semantisch sehr allgemein gehaltene Beziehung zwischen Anforderungen, die «trace»-Beziehung, stammt bereits aus der UML. Hierbei kann nur herausgelesen werden, dass eine Nachverfolgbarkeit zwischen zwei Anforderungen gegeben sein soll. Im Beispiel des Anforderungsdiagramms in Abbildung 4.15 können wir herauslesen, dass die Anforderung „Erzeuge destilliertes Wasser" aus der Kundenbroschüre stammt. Wie in der UML können die Anforderungen als Elemente der SysML grafisch stereotypisiert werden. In den Beispielen hier soll die Form der Kundenbroschüre an ein Dokument erinnern. Der Stereotyp «requirement» wird weiterhin dargestellt. Die SysML nutzt auch bei der «trace»-Beziehung die Möglichkeit, mit Callouts zu arbeiten: Callouts sind Notizen, die die Nachverfolgbarkeitsbeziehung in die jeweils andere Richtung darstellen. Hier kann mit den Schlüsselwörtern „tracesTo" oder „tracesFrom" die Nachverfolgbarkeit modelliert werden, ohne die andere Anforderung grafisch zu zeigen.

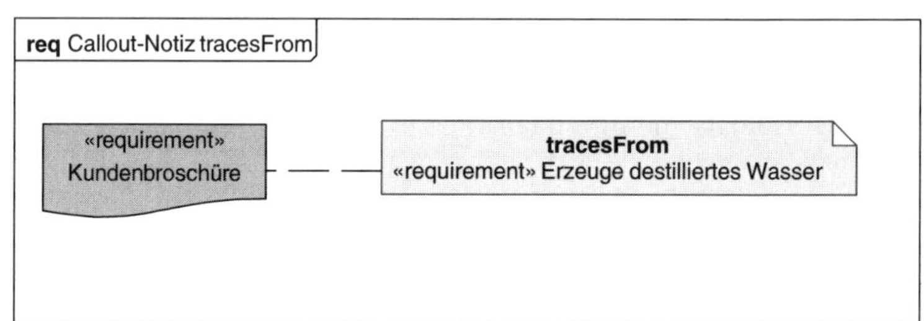

Abb. 4.16 *Nachverfolgbarkeit mit tracesFrom*

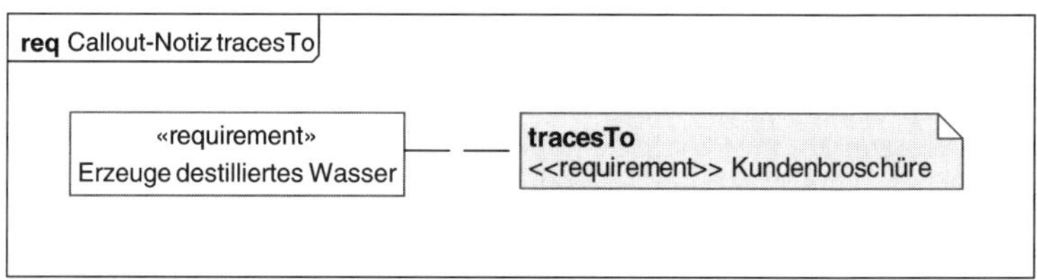

Abb. 4.17 *Nachverfolgbarkeit mit tracesTo*

Wenn eine Anforderung sich aus einer anderen ergibt, können wir diese Herleitung mit «deriveReqt» modellieren. Dies ist mehr als nur ein einfaches «trace», denn wir können so viel einfacher die Frage beantworten: „Wieso ist das denn gefordert?"

In unserem Destillationsapparat ist eine Anforderung, dass das gereinigte Wasser als Ausgangsprodukt eine „sichere" Temperatur haben muss. Daraus ergibt sich, dass der Verflüssiger, in dem der heiße Wasserdampf kondensiert, das Wasser auf 30 °C herunterkühlen muss. Ein Systementwickler, der sich vielleicht fragt, warum denn 30 °C gefordert sind, kann sich über die «deriveReqt»-Beziehung über den Grund informieren.

Auch für abgeleitete Anforderungen gibt es die Callout-Notation mit spezifischen Notizen. Wir unterscheiden aufgrund der Richtung der Ablei-

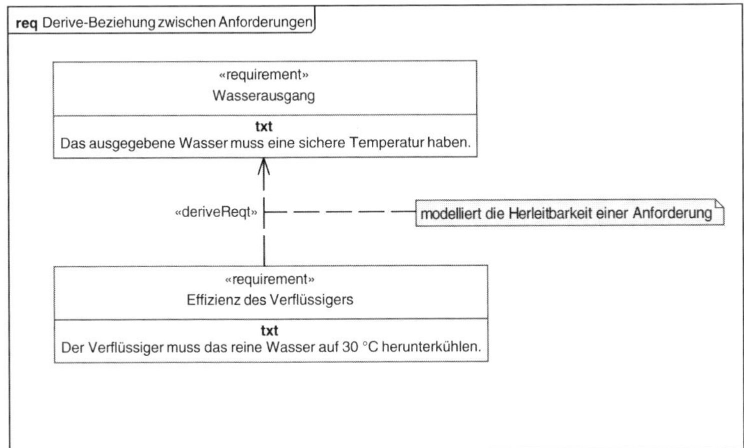

Abb. 4.18 *Derive-Beziehung zwischen Anforderungen*

tung die Schlüsselworte „derived“ für die abgeleitete Anforderung und „derivedFrom“ für die Anforderung, von der hergeleitet wird.

Wenn wir also die Ableitungsbeziehung nach unten verfolgen, können wir das wie in Abbildung 4.19 im Anforderungsdiagramm modellieren. Hier ist auch erkennbar, welchen Vorteil die Callout-Notation gegenüber der normalen Darstellung der Anforderung hat: In einem normalen Projekt werden nicht immer nur Eins-zu-eins-Beziehungen zwischen Anforderungen existieren, sondern von einer Anforderung werden häufig mehrere andere abgeleitet. Beispielsweise können Ableitungen von einer Systemanforderung auf je eine Anforderung für Software, Hardware und Mechanik existieren. Diese werden in der Notiz einfach Zeile für Zeile untereinander geschrieben, was weniger Platz auf dem Diagramm verbraucht.

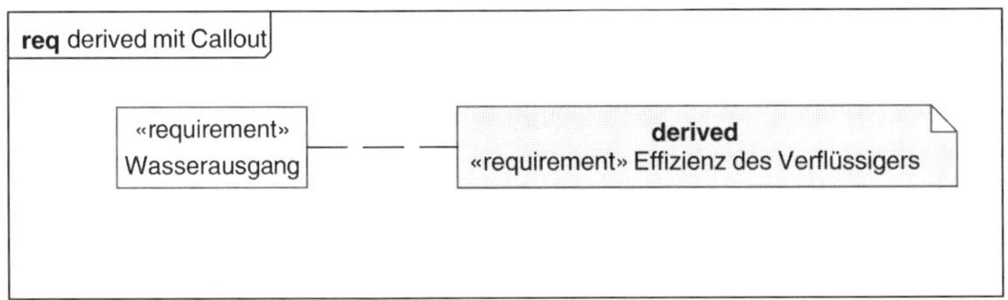

Abb. 4.19 *Derived-Beziehung mit Callout dargestellt*

Bei SysML-Werkzeugen ist es auch möglich, dass die Callout-Notizen automatisch errechnet und nicht manuell modelliert werden. Das bedeutet, dass der Modellierer, wie im Anforderungsdiagramm in Abbildung 4.20 gezeigt, die Callout-Notiz für die Ableitung an eine Anforderung anfügt, sich aber der Inhalt aus den Informationen im Modell ergibt. Die Darstellung im Diagramm ist also immer komplett.

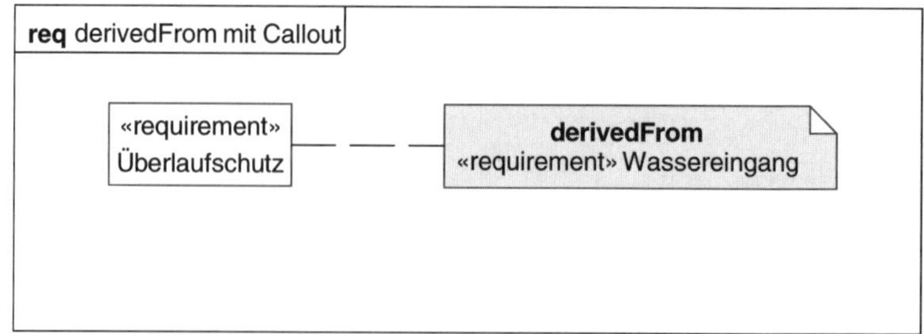

Abb. 4.20 derivedFrom mit Callout dargestellt

Hierarchische Organisation von Anforderungen

Viele Anforderungen sind hierarchisch strukturiert, wie im Beispielanforderungsdiagramm in Abbildung 4.21. Die Bestandteile einer Anforderung können explizit in eigenen Anforderungen modelliert werden. Das passende Symbol für dieses Enthalten-Sein ist nicht neu, sondern ist in der UML für Namensräume definiert und in der (alten) UML 1.4 auch für Klassen. Der Teil, also hier die Teilanforderung, ist im jeweiligen Namensraum mit eindeutigem Namen versehen und darf in keinem anderen Namensraum ebenfalls enthalten sein. Das Symbol für die Enthalten-Beziehung ist eine durchgezogene Kante mit einem Kreis, der ein Plus enthält. Dieses Plus-Symbol wird am übergeordneten Element angehängt, nach der gleichen Methodik wie bei der Aggregation oder Komposition von Klassen.

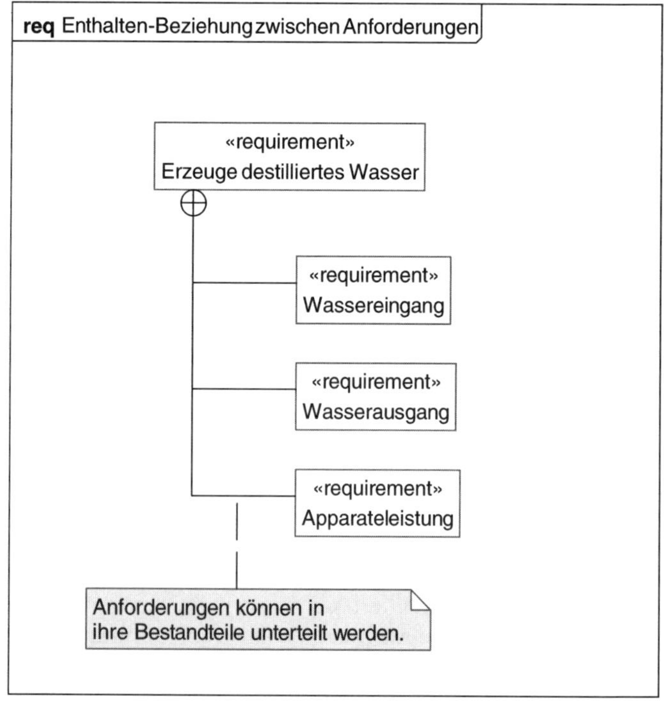

Abb. 4.21 Enthalten-Beziehung zwischen Anforderungen

Durch die Kapselung von Teilanforderungen im Namensraum einer übergeordneten Anforderung ergibt sich das Problem, dass Teilanforderungen nicht in einem anderen Kontext wiederverwendet werden können. Das klingt nach Erbsenzählerei, hat aber einen konkreten Anwendungsfall. Nehmen wir einmal an, unser Destillationsapparat ist ein sicherheitskritisches Gerät und muss somit gewisse Normen erfüllen, damit wir als Hersteller eine Zulassung erhalten. Eine gängige Norm für elektrische und elektronische Komponenten ist die IEC 61508. Diese können wir uns als aus vielen Einzelanforderungen zusammengesetzte Anforderung vorstellen, wie im Anforderungsdiagramm in Abbildung 4.22 dargestellt.

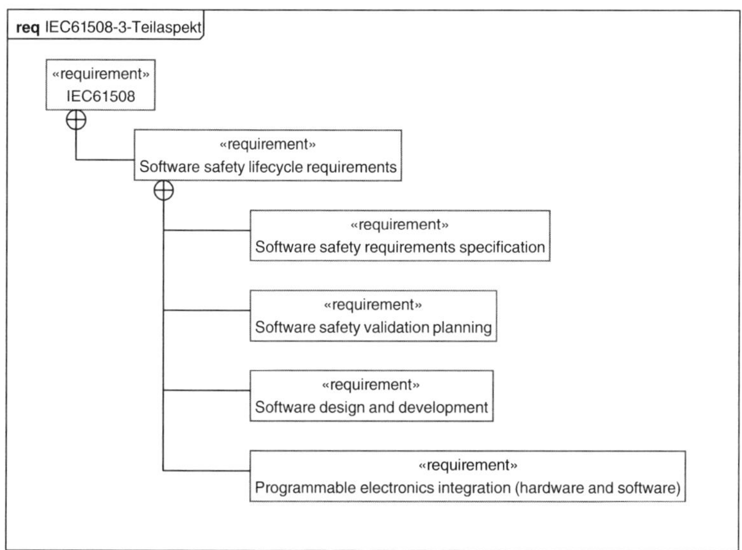

Abb. 4.22 *Ein Teilaspekt der IEC 61508-3*

Nutzung von Normen

Wenn nun unser Gerät eine spezifische Teilanforderung erfüllen soll, möchten wir dies im Kontext der Systemanforderungen des Destillationsapparats modellieren und nicht im Kontext der Norm. Dazu gehört die Möglichkeit, eine eigene, andere ID vergeben zu können und auch die Vernetzung mit anderen Anforderungen oder anderen Modellelementen spezifisch für das Projekt des Destillationsapparats vorzusehen. Auch dafür hat die SysML eine Antwort: die «copy»-Beziehung.

Wir können so eine Anforderung aus der Norm herauskopieren und im Modell unserer Anforderungen im Projekt nutzen, als sei es die Anforderung direkt aus der Norm. Dabei wird der Anforderungstext zwischen den mit der «copy»-Beziehung verbundenen Anforderungen immer gleich gehalten, vom Original zur Kopie. Der Name der Kopie und auch die ID können projektbezogen angepasst werden. Das Anforderungsdiagramm in Abbildung 4.23 zeigt ein Beispiel dafür.

Alternativdarstellung für Copy

Für die Copy-Beziehung gibt es in der SysML auch die Alternativnotation der Callouts. Callouts sind standardisierte Notizen, die einen Mo-

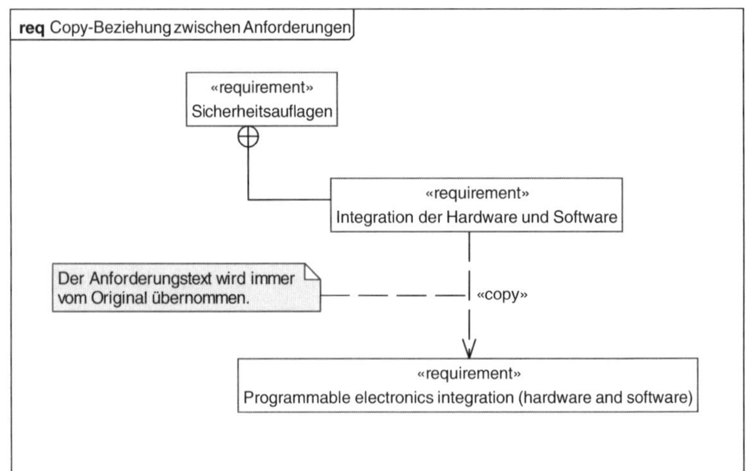

***Abb. 4.23** Copy-Beziehung zwischen Anforderungen*

dellzusammenhang kurz und knapp darstellen sollen. Bei der Copy-Beziehung gibt es die Möglichkeit, dies mit einer Notiz mit dem Schlüsselwort „Master" und der Angabe der Originalanforderung darzustellen. Insofern ist die Abbildung synonym mit der vorherigen. Somit kann der Modellierer selbst entscheiden, ob er auf dem Diagramm die Originalanforderung selbst darstellen will oder durch die Nutzung einer Notiz grafisch in den Hintergrund ziehen will. In Abbildung 4.24 ist diese Alternative mit Callout gezeigt.

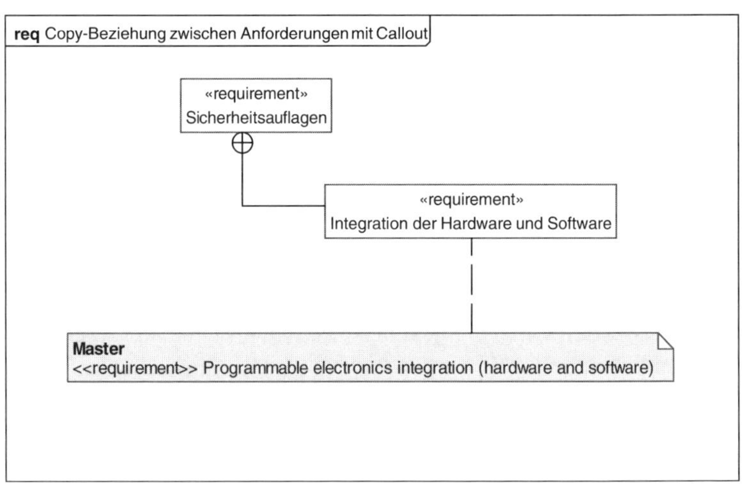

***Abb. 4.24** Copy-Beziehung zwischen Anforderungen mit Callout*

Beziehungen von Anforderungen in das Systemmodell

All die Beziehungen zwischen Anforderungen entsprechen in der SysML der Systematik, die es für die rein textuelle Anforderungsanalyse in entsprechenden Werkzeugen auch geben muss oder sollte. Einen Schritt weiter bei der Modellierung gehen wir, wenn die Anforderungen auch sinnvoll mit anderen Modellelementen verbunden werden können und damit allen Systementwicklungsperspektiven zur Verfügung stehen. Dabei können die Anforderungen in den anderen SysML-Diagrammen verwendet werden oder auch die anderen Modellelementtypen in den Anforderungsdiagrammen, dann allerdings meist als Callout-Notizen. Es gibt grundsätzlich drei notwendige Beziehungen zwischen Modellelementen und Anforderungen: Zum einen wollen wir darstellen, welche Elemente eine Anforderung erfüllt, zum anderen brauchen wir auch die Möglichkeit auszudrücken, wie die Erfüllung einer Anforderung getestet wird. Eine weitere nützliche Beziehung von Anforderungen in einem UML- oder SysML-Modell ist die Verfeinerung einer Anforderung. Beide Sprachen haben die Anwendungsfälle als funktionale Anforderungen enthalten. Anwendungsfälle beschreiben von außen gesehen, was ein System leisten soll. Da Anforderungen aber sehr viel freier beschreiben können, was zum Beispiel funktional zur Systemleistung zählt, können wir die Anwendungsfälle als mögliche Einstiegspunkte in ein Systemmodell begreifen. Insofern kann ein Anwendungsfall eine Anforderung verfeinern, was durch die mit «refine» stereotypisierte Beziehung der SysML verständlich dargestellt wird.

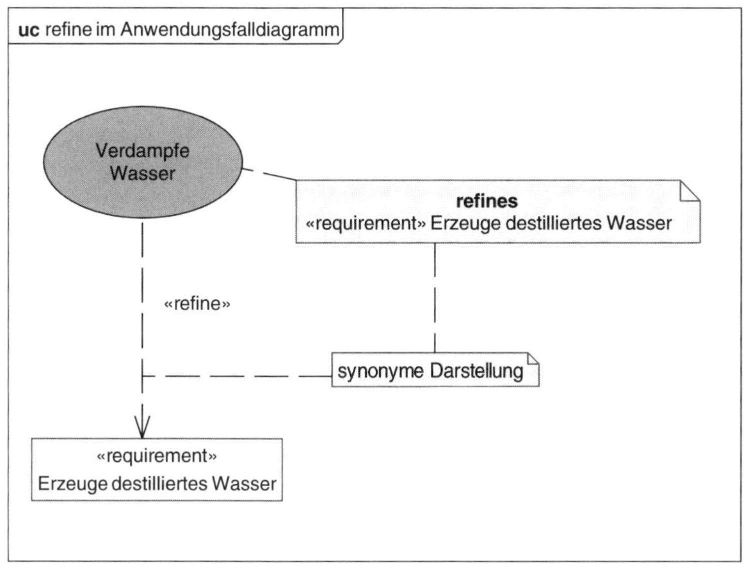

Abb. 4.25 *Refine-Beziehung im Anwendungsfalldiagramm*

Verbindung mit Anwendungsfällen

Die erste Möglichkeit der Modellierung einer Verfeinerung besteht im betreffenden UML- oder SysML-Diagramm. Das Anwendungsfalldiagramm in Abbildung 4.25 zeigt die Nutzung mit dem Anwendungsfall „Verdampfe Wasser" aus unserem Destillationsapparatebeispiel. Natürlich ist die Beziehung auch aus der Sicht der Anforderung im Anforderungsdiagramm darstellbar.

Das Anforderungsdiagramm in Abbildung 4.26 zeigt ebenfalls beide Formen, sowohl die direkte Darstellung des Anwendungsfalls mit der

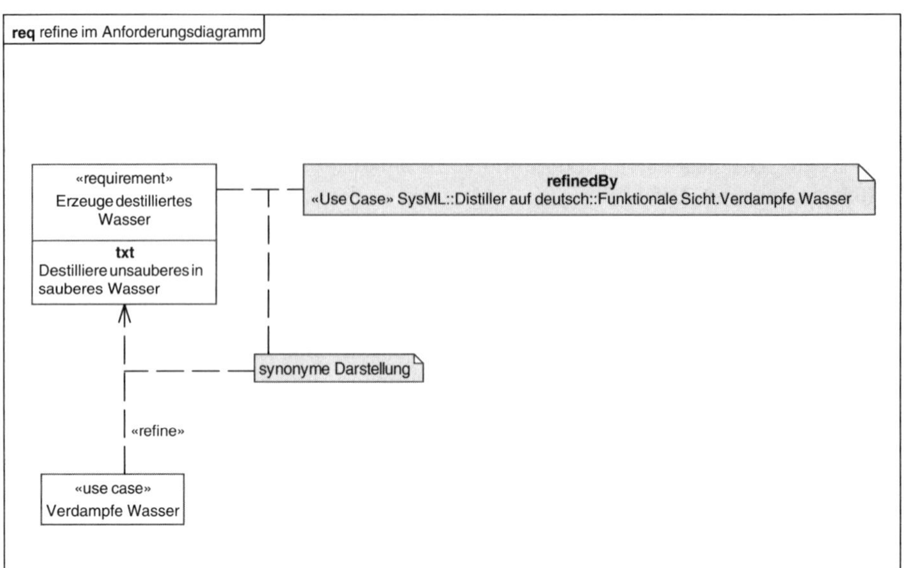

***Abb. 4.26** Refine im Anforderungsdiagramm*

Verfeinerungsbeziehung als auch die Callout-Notation, die an der entsprechenden Anforderung hängt.

Designelemente erfüllen Anforderungen

Die Erfüllung einer Anforderung können wir mit einer stereotypisierten Abhängigkeit, die den Stereotyp «satisfy» trägt, modellieren. Das Modellelement, das die Anforderung erfüllt, kann jede Art von Metamodellelement sein. Die Nutzung dieser Erfüllungsbeziehung bedarf also einer Interpretation, denn es macht keinen Sinn, wenn wir alle Modellelemente, die irgendwie zur Erfüllung beitragen, mit einer Anforderung explizit verbinden oder verbinden müssen. Das wäre ein Riesenaufwand, der einem Projekt nicht helfen, sondern es aufhalten würde. Stattdessen sollten die manuellen Verbindungen von den Anforderungen in das Systemdesign möglichst beschränkt bleiben. Beispielsweise könnten wir Anforderungen mit UML-Klassen oder mit SysML-Blöcken verbinden. Die Verbindung von Anforderungen auf strukturelle Elemente gibt uns die Möglichkeit, die durch das Modellieren ebenfalls vorhandenen, im Sinne der UML oder der SysML natürlichen Relationen zu beispielsweise Verhaltenssichten wie Zustandsdiagrammen zu nutzen, um die Anforderung weiterzuverfolgen. Wir müssen nicht auch noch das Zustandsdiagramm und alle Zustände darauf mit «satisfy» auf die Anforderung beziehen, denn im Modell ist die Verbindung zwischen den Zuständen und dem Block oder der Klasse gegeben, und somit sind die Verhaltenselemente so implizit mit der Anforderung verknüpft.

Auf der anderen Seite kommt es immer auf den genutzten Entwicklungsprozess an, wie die Erfüllung von Anforderungen am besten modelliert werden sollte. Beim Beispiel des Destillationsapparats ist die nicht-funktionale Anforderung „Apparateleistung“ mit einer Aktivität verbunden.

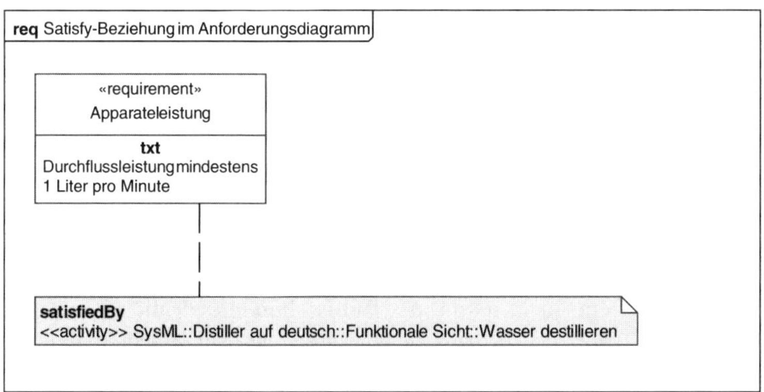

Abb. 4.27 *Satisfy-Beziehung im Anforderungsdiagramm*

Anforderungserfüllende Elemente im Anforderungsdiagramm

Das Anforderungsdiagramm in Abbildung 4.27 zeigt eine der üblichen beiden Möglichkeiten der Satisfy-Modellierung in dieser Diagrammform. Hier ist nur die Callout-Notation erlaubt, denn ein Anforderungsdiagramm kann als abgeleitetes Klassendiagramm die Aktivität selbst nicht darstellen. Explizit dürfen auf einem Anforderungsdiagramm nur Anforderungen, Pakete, sogenannte Classifier[2] und Testfälle erscheinen. Also nutzen wir hier eine Callout-Notiz mit dem Schlüsselwort „satisfiedBy“ und die Nennung der Aktivität.

Natürlich können wir die «satisfy»-Beziehung auch dort modellieren, wo die Aktivität selbst dargestellt ist, beispielsweise im Aktivitätsdiagramm.

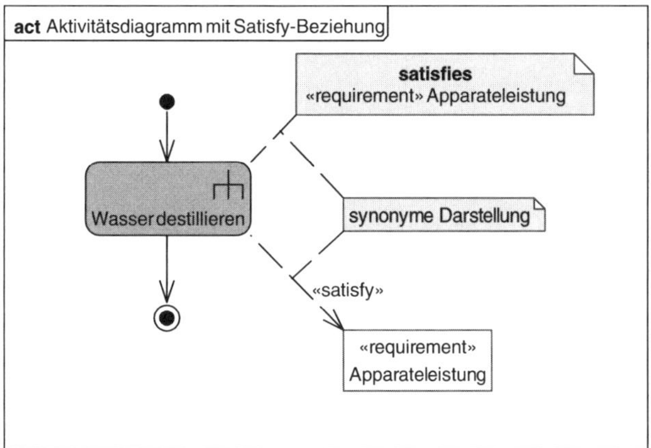

Abb. 4.28 *Aktivitätsdiagramm mit Satisfy-Beziehung*

Erfüllte Anforderungen in anderen Diagrammen

Dies wird im Aktivitätsdiagramm in Abbildung 4.28 genutzt. Hier werden wie gehabt die beiden synonymen Darstellungsformen der direkten Anforderungsreferenz und der Anforderungsreferenz mit einer Callout-

[2] Classifier ist eine Metaklasse der UML-Spezifikation. Wir können uns darunter Klassen oder klassenähnliche Metamodellelemente vorstellen.

Notiz gleichzeitig verwendet. Dies ist in einem echten Modell natürlich unnötig, und wir sollten uns für eine der beiden Möglichkeiten entscheiden.

Eigene Erweiterung von Satisfy

Eine weitere Definition ist für die Erfüllungsbeziehung ebenfalls sinnvoll. Verbinden wir eine Anforderung mit einem Modellelement, ist somit eine Nachverfolgung möglich. Was bedeutet aber in unserem jeweiligen Projekt die «satisfy»-Beziehung? Bedeutet die Tatsache, dass eine Anforderung mit mindestens einem Modellelement über diese Beziehung verbunden ist, dass die Anforderung immer zu 100 % erfüllt ist? Da dies bestimmt nicht immer der Fall ist, können wir die «satisfy»-Beziehung aus der SysML passend erweitern. In der gleichen Art und Weise, wie wir die UML erweitern können, um SysML-Eigenschaften modellieren zu können, ist es auch möglich, die SysML projektspezifisch anzupassen. Der Stereotyp «satisfy» benötigt also einen neuen Eigenschaftswert, mit dem wir den Erfüllungsgrad beschreiben können. Diese Erweiterung des Metamodells ist im Klassendiagramm dargestellt.

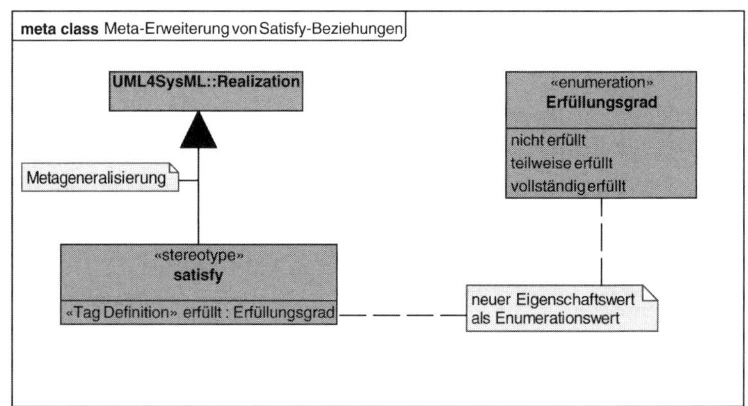

***Abb. 4.29** Meta-Erweiterung von Satisfy-Beziehungen*

Der Erfüllungsgrad sei hier exemplarisch mit einer einfachen Enumeration repräsentiert, die unterscheiden kann, ob durch die «satisfy»-Beziehung die betreffende Anforderung nicht, nur teilweise oder voll erfüllt wird.

Genauso könnten wir auch die Anforderungen erweitern, um zu modellieren, ob die Anforderung in der Summe den betreffenden Erfüllungsgrad erreicht.

Wenn wir die Aktivität „Wasser destillieren" jetzt so modellieren wollen, dass sie die Anforderung „Apparateleistung" nur teilweise erfüllt, können wir nach der Erweiterung des Stereotyps «satisfy» dies so darstellen wie in Abbildung 4.30 gezeigt.

Verbindungen mit Testfällen

Betrachten wir das V-Modell, so müssen wir für die Anforderungen in der ersten Entwicklungsphase sowohl die Verbindungen im linken Ast, der Entwicklung, als auch die Verbindungen zum rechten Ast, der Tests,

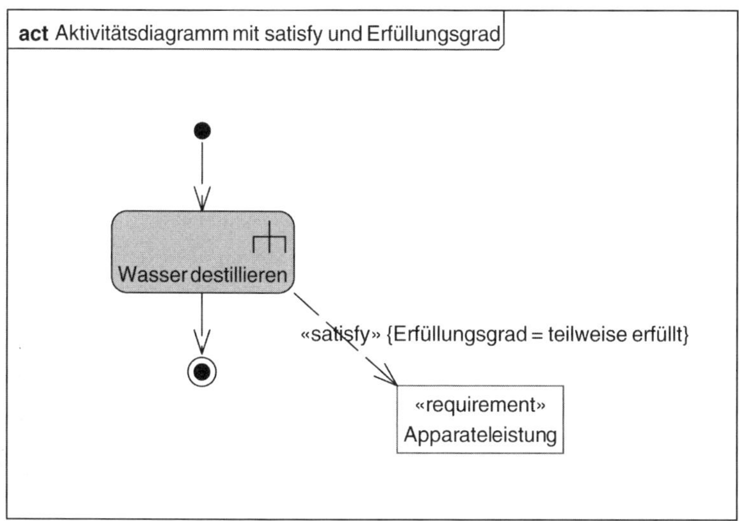

Abb. 4.30 *Aktivitätsdiagramm mit satisfy und Erfüllungsgrad*

definieren können. Dafür hat die SysML die passenden Modellierungselemente zur Anbindung von Anforderungen definiert. Es gibt zum einen auch in der SysML den Stereotyp «testCase», mit dem SysML- beziehungsweise auch UML-Elemente explizit als Testfälle bezeichnet werden können. Der Stereotyp darf an Operationen oder Verhaltenselemente angefügt werden, was beispielsweise Zustandsdiagrammen, Sequenzdiagrammen, Aktivitäten und Aktivitätsdiagrammen entspricht. Eine weitere Alternative für Testfallmodellierung wäre auch ein Anwendungsfall, denn damit schließt sich der Kreis aus der Anforderungsanalyse. Ein in einem Anwendungsfall beschriebener Ablauf zeigt, wie sich ein System auf die Interaktion von Akteuren von außen verhält. Was wäre also besser geeignet, beim System- oder Akzeptanztest zu definieren, wie sich das fertige System verhalten soll, als der Anwendungsfall, der beispielweise mit zukünftigen Nutzern zusammen festgelegt wurde?

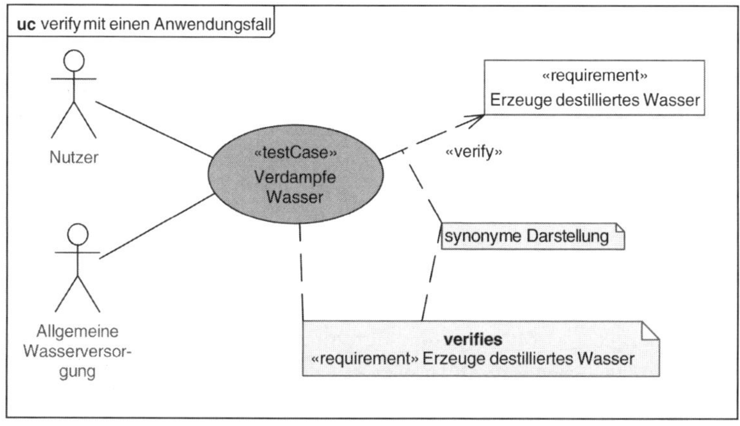

Abb. 4.31 *verify mit einem Anwendungsfall*

Das Anwendungsfalldiagramm in Abbildung 4.31 zeigt einen Anwendungsfall „Verdampfe Wasser", der die Erfüllung der Anforderung „Erzeuge destilliertes Wasser" nachprüfen soll. Dazu hat der Anwendungsfall den Stereotyp «testCase» erhalten, und eine Beziehung mit dem Stereotyp «verify» zeigt auf die Anforderung, die geprüft werden soll. Die synonyme Darstellung über eine Callout-Notiz mit dem Schlüsselwort „verifies" ist ebenfalls dargestellt. Im realen Projekt sollten wir uns aber wie immer für eine der beiden Möglichkeiten entscheiden. Natürlich ist die «verify»-Beziehung auch auf den Anforderungsdiagrammen darstellbar.

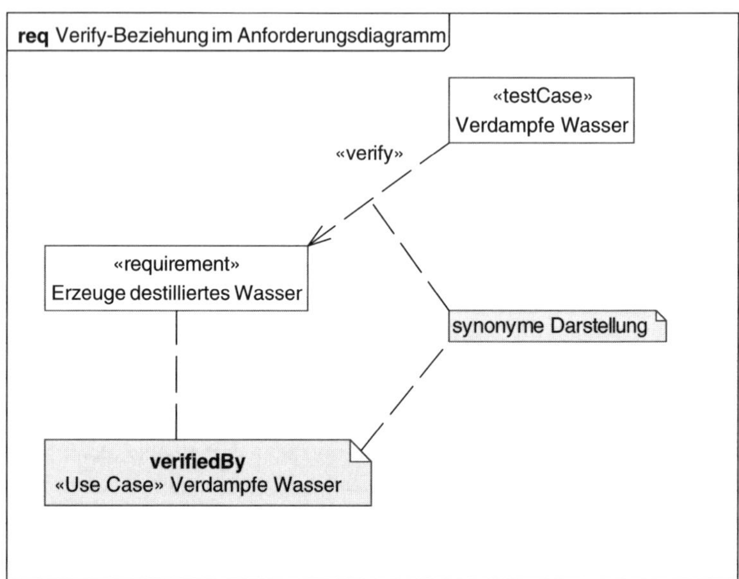

Abb. 4.32 *Verify-Beziehung im Anforderungsdiagramm*

Das Anforderungsdiagramm in Abbildung 4.32 nutzt die Möglichkeit, dass wir den Testfall mit dem passenden Stereotyp darstellen können. Die «verify»-Beziehung zeigt auf die betreffende Anforderung. Alternativ kann die Anforderung „Erzeuge destilliertes Wasser" mit einer Callout-Notiz erweitert werden, die den Schlüsselbegriff „verifiedBy" und den modellierten Testfall enthält.

Die OMG als Standardisierungsgremium hat bei den Testfällen wirklich gute Arbeit geleistet. Zeitgleich zu den Arbeiten an der SysML gab es eine weitere Arbeitsgruppe, die das UML Testing Profile entwickelte, das im Juli 2005 formalisiert wurde. Es beschreibt eine Spracherweiterung der UML 2.0, mit der Tests vollständig auf Basis der UML beschrieben werden können. Auch hier gibt es den Stereotyp «testCase», der in der SysML genauso wie im UML-2-Test-Profil definiert wurde und damit kompatibel ist. Das Metaklassendiagramm in Abbildung 4.33 zeigt die Definition des Stereotyps «testCase» aus dem Testing Profile.

Eine interessante Modellierungsmöglichkeit zeigt die Enumeration „Verdict" aus dem Profil: Das Testergebnis kann nicht einfach nur „bestan-

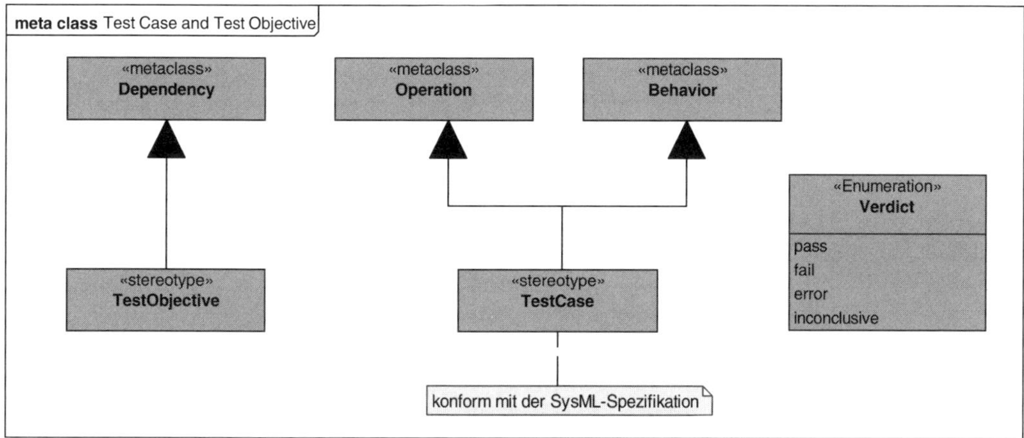

Abb. 4.33 *Test Case Definition aus dem UML Testing Profile*

den" oder „nicht bestanden" sein, sondern beschreibt auch den Fall eines Testfehlers oder „inconclusive", also ergebnislos. Hier wird also auch auf die gar nicht so seltenen Fälle eingegangen, dass der Testfall selbst einen Fehler enthält oder bezogen auf die zu testende Anforderung kein Ergebnis liefern kann. In der SysML-Spezifikation wird darauf auch explizit Bezug genommen und die gleiche Definition eines Testergebnisses erwähnt.

Dadurch, dass sowohl das UML Testing Profile als auch die SysML auf der gleichen Basis spezifiziert wurden, lassen sich in einem UML-Werkzeug beide Metamodellerweiterungen gemeinsam nutzen, wenn das Werkzeug zu leicht- oder schwergewichtigen Erweiterungen seines genutzten Metamodells fähig ist. Wir können dann beispielsweise die Testfälle entsprechend der Definitionen der UML Testing Profiles aufbauen und diese dann mit unseren Anforderungen über «verify» verknüpfen. Zwar ist das Modell dann kein pures SysML-Modell mehr, aber wir sollten in einem Projekt immer die Notationselemente nutzen, die standardisiert für eine bestimmte Perspektive am besten geeignet sind.

Abschließend sei zu den Anforderungen noch erwähnt, dass die Anforderungen auch tabellarisch dargestellt werden können. Gerade bei einer großen Anzahl von Anforderungen ist dies das Mittel der Wahl, wenn nicht eine einzelne oder wenige Anforderungen und deren Beziehungen modelliert werden sollen. Die aus dem Modell automatisch generierte Tabelle enthält für den Destillationsapparat noch einige Lücken, die durch die Tabelle sehr deutlich zutage treten. Da heißt es, vor dem nächsten Review die fehlenden Bezeichner, Anforderungsbeschreibungen und Verweise im Systemmodell nachzumodellieren. Die leeren Felder und Standardtexte zeigen in den Anforderungen ziemlichen Änderungs- beziehungsweise Handlungsbedarf.

***Tab. 4.1** Anforderungstabelle des Destillationsapparats*

Name	Txt	Satisfied By	Verified By	Traces From
Auslassventil schließen	Das Schließen des Auslassventils darf höchstens 250 ms dauern.			
IEC61508	The System shall do...			
Software safety lifecycle requirements	The System shall do...			
Software safety requirements specification	The System shall do...			
Software safety validation planning	The System shall do...			
Software design and development	The System shall do...			
Programmable electronics integration (hardware and software)	The System shall do...			
Sicherheitsauflagen	The System shall do...			
Integration der Hardware und Software	The System shall do...			
Effizienz des Verflüssigers	Der Verflüssiger muss das reine Wasser auf 30 °C herunterkühlen.			
Eingangsschutz	Das System braucht ein Eingangsventil, das geschlossen ist, wenn das System aus ist.			
Erzeuge destilliertes Wasser	Destilliere unsauberes in sauberes Wasser		«Use Case» Verdampfe Wasser (SysML::Anforderungen simpel erklärt)	
Wasserausgang	Das ausgegebene Wasser muss eine sichere Temperatur haben.			
Wassereingang	Das System muss an die allgemeine Wasserversorgung angeschlossen werden können.			
Apparateleistung	Durchflussleistung mindestens 1 Liter pro Minute	«Activity» Wasser destillieren (SysML::Anforderungen simpel erklärt)		
Kundenbroschüre	The System shall do...			«requirement» Erzeuge destilliertes Wasser (SysML::Distiller auf deutsch::Anforderungen)
Überlaufschutz	Im Heizbehälter muss ein Überlaufventil eingebaut sein.			

Blockdefinitionsdiagramm

Wie bei der UML auch sollten wir bei der Systembeschreibung mit der SysML zuerst definieren, welche Sichten uns in welchem Entwicklungsprozessschritt hilfreich sein werden. Für unser eingebettetes System haben wir mit den Anforderungsdiagrammen die Möglichkeit, die komplette Phase der Anforderungsanalyse textuell und mit Verweisen in das Systemdesign durchzuführen. Allerdings wäre es schade, wenn wir die SysML nicht auch zur Anforderungsanalyse mittels grafischer Modellierung nutzen würden. Die wechselseitige Betrachtung des Systems aus struktureller, funktionaler und nicht-funktionaler Sicht hilft immens beim Aufspüren von Anforderungslücken und Widersprüchen innerhalb der geforderten Eigenschaften des Systems. Die funktionale Sicht der SysML wurde ohne Veränderung von der UML übernommen, denn ihre Anwendungsfalldiagramme können sowohl Softwarefunktionalitäten wie auch Systeme beschreiben. Sie sind nicht rein softwarebezogen.

Systemstrukturmodellierung ist spezifisch

Anders sieht es bei der Modellierung von Systemstrukturen aus. Die UML 2 hat zwar mit den Kompositionsstrukturen auch eine hierarchische Modellierung von Strukturen im Portfolio, allerdings bleiben die Basiselemente die Klassen, die für Systemingenieure nicht generisch genug erscheinen. Anstelle von Klassen verwenden wir in der SysML den generischen Begriff des Blocks. Ein Block wird hier definiert als ein modulares Element der Systembeschreibung, das eine Menge an Eigenschaften zur Beschreibung des Systems oder weitere Informationen von Interesse enthält. Generischer geht es wirklich nicht mehr, aber das ist auch nötig, denn ein Block soll eine generelle Modellierungsmöglichkeit zum Aufbau von Systemen als Baum modularer Komponenten darstellen. Diese Baumstruktur umfasst auch logische oder Verhaltenselemente. Die Blöcke als Bausteine in der Baumstruktur enthalten ihre Eigenschaften, also die Informationen über den Block, wie das Blockverhalten z.B. in Form von Operationen und die Referenzen auf andere Blöcke, mit denen der Block verbunden ist.

Block als Basisstrukturelement

Die Blöcke der SysML bauen auf dem UML-Klassenmodell und dessen Kompositionsstrukturen auf. Wenn wir damit Hierarchien aufbauen wollen, um das Gesamtsystem als System von Systemen und Systemeigenschaften modellieren zu können, bedarf es erst einmal einer Teil-Ganzes-Beziehung, die wir in einem vereinfachten und erweiterten Klassendiagramm darstellen können. Die SysML spezifiziert dafür das Blockdefinitionsdiagramm, das die Abkürzung „bdd“ im Diagrammrahmen trägt.

Bevor wir aber mit Blöcken und ihren Eigenschaften arbeiten können, müssen wir noch ihre Basis für das Systems Engineering in der realen Welt legen. Um aus der realen Welt überhaupt etwas modellieren zu können, das einen Bezug zu physikalischen Gesetzmäßigkeiten hat, brauchen wir physikalische Größen, die uns die SysML als Modellbibliothek zur Verfügung stellt. Das funktioniert wie bei der Programmiersprache C: Basisfunktionen, die nicht im eigentlichen Sprachumfang enthalten sind, können wir trotzdem nutzen, wenn sie in einer zu unserem Projekt hinzufügbaren Bibliothek enthalten sind. Für Standard-IO-Functionen in ANSI-C brauchen wir:

```
#include <stdio.h>
```

Dazu muss natürlich die Bibliothek zum Linken tatsächlich vorhanden sein.

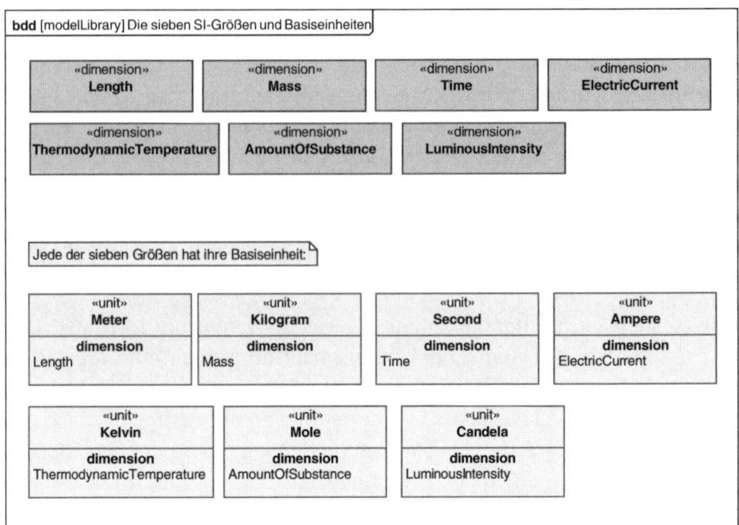

Abb. 4.34 *Blockdefinitionsdiagramm mit den 7 SI-Größen und ihre Basiseinheiten*

Vordefinierte Elemente

In der SysML gibt es eine definierte Modellbibliothek, die mehrere Pakete umfasst und die die SI-Basiseinheiten enthält. Wir müssen also nicht jedesmal Newton modellieren, wenn wir Kräfte messen oder ausdrücken wollen. Das Blockdefinitionsdiagramm in Abbildung 4.34 zeigt die sieben festgelegten Basisgrößen und ihre Basiseinheiten mit den entsprechenden Stereotypen «Dimension» für Basisgrößen und «Unit» für die Einheiten.

Alle SI-Einheiten sind enthalten

Neben den Basisgrößen gibt es natürlich auch weitere, abgeleitete Größen, die mit ihren spezifischen Einheiten im Blockdefinitionsdiagramm in Abbildung 4.35 zusammengefasst sind. Hier sind nur die Einheiten mit spezifischen Namen gelistet, es gibt natürlich auch noch zusammengesetzte Größen wie beispielsweise Beschleunigung. Deren Einheiten lassen sich aber durch die Basiseinheiten ausdrücken wie Meter durch Sekunden im Quadrat. Hier ist die SysML wirklich sehr akkurat, was die dargestellten Einheiten und Größen exemplarisch zeigen sollen. Hätten Sie (noch) gewusst, wofür „Weber“ oder „Katal“ stehen?

Wenn wir diese Basisgrößen oder auch davon abgeleitete Größen im Modell nutzen wollen, so brauchen wir einen Bezug auf die Größen in unseren Blöcken. Die SysML ermöglicht es mit den sogenannten Wertetypen (engl. Value Types), auf die Einheiten aus der SysML-Modellbibliothek Bezug zu nehmen. Das Blockdefinitionsdiagramm in Abbildung 4.36 zeigt diese Wertetypen.

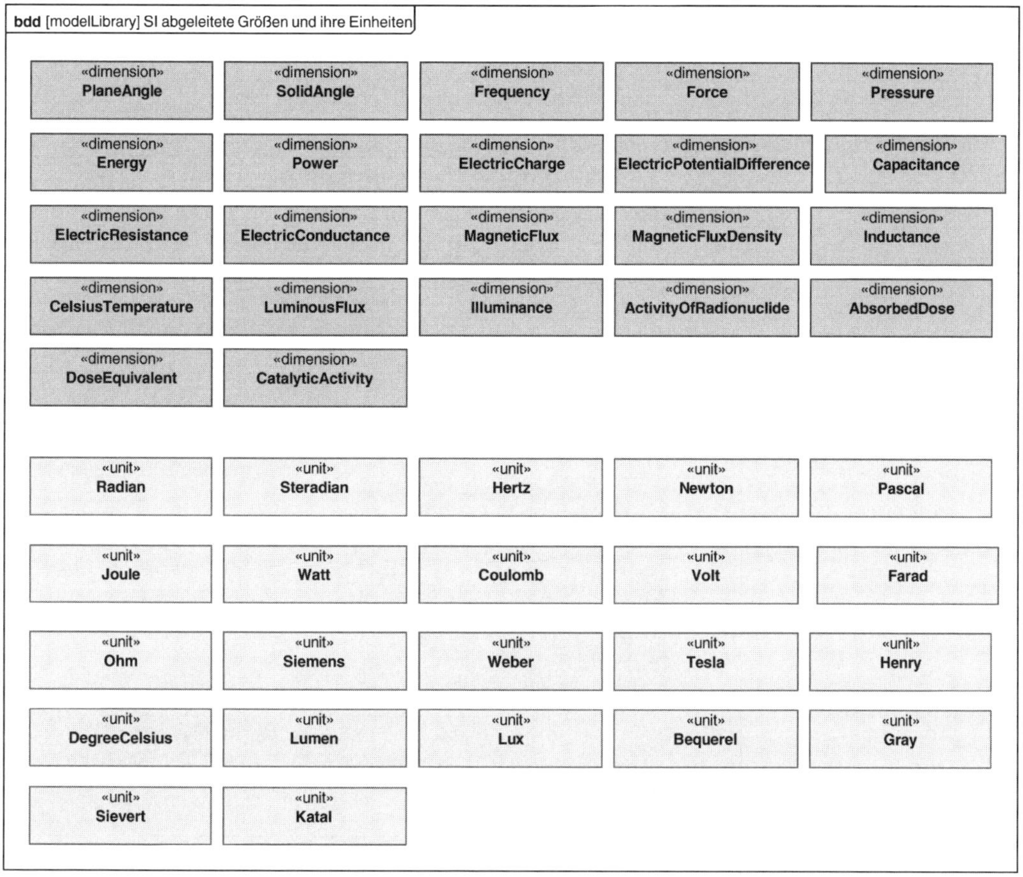

bdd [modelLibrary] SI abgeleitete Größen und ihre Einheiten
«dimension» PlaneAngle
«dimension» SolidAngle
«dimension» Frequency
«dimension» Force
«dimension» Pressure
«dimension» Energy
«dimension» Power
«dimension» ElectricCharge
«dimension» ElectricPotentialDifference
«dimension» Capacitance
«dimension» ElectricResistance
«dimension» ElectricConductance
«dimension» MagneticFlux
«dimension» MagneticFluxDensity
«dimension» Inductance
«dimension» CelsiusTemperature
«dimension» LuminousFlux
«dimension» Illuminance
«dimension» ActivityOfRadionuclide
«dimension» AbsorbedDose
«dimension» DoseEquivalent
«dimension» CatalyticActivity
«unit» Radian
«unit» Steradian
«unit» Hertz
«unit» Newton
«unit» Pascal
«unit» Joule
«unit» Watt
«unit» Coulomb
«unit» Volt
«unit» Farad
«unit» Ohm
«unit» Siemens
«unit» Weber
«unit» Tesla
«unit» Henry
«unit» DegreeCelsius
«unit» Lumen
«unit» Lux
«unit» Bequerel
«unit» Gray
«unit» Sievert
«unit» Katal

Abb. 4.35 *Blockdefinitionsdiagramm mit SI abgeleiteten Größen und ihren Einheiten*

bdd [modelLibrary] SI-Wertetypen
«model library» SI Definitionen
«valueType» s
dimension
Time
unit
Second
«valueType» kg
dimension
Mass
unit
Kilogram
«valueType» m
dimension
Length
unit
Meter
«valueType» N
dimension
Force
unit
Newton
Das Internationale Einheitensystem, auch einfach SI (Abk: Système international d'unités) genannt, verkörpert das moderne metrische System und ist das am weitesten verbreitete Einheitensystem für physikalische Einheiten. Es entstammt ursprünglich den Bedürfnissen der Wissenschaft und Forschung, ist aber mittlerweile auch das vorherrschende Einheitensystem für Wirtschaft und Handel.
(aus www.de.wikipedia.org)

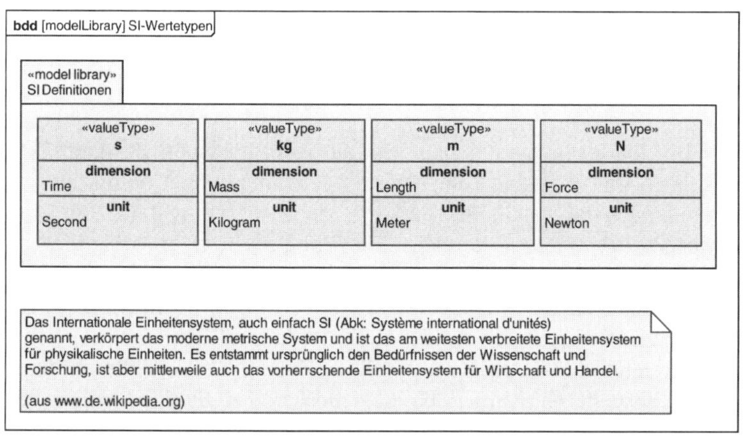

Abb. 4.36 *SI-Wertetypen in der SysML*

Was ist nun ein Wertetyp?

Die SysML definiert den Wertetyp mit dem Stereotyp «value type» analog der UML, die einige Basistypen wie Boolean oder Int als Datentypen zur Verfügung stellt. Wertetypen haben eine Einheit (engl. Unit) und eine Dimension als Eigenschaftswerte. Wenn wir also Zeitwerte ausdrücken wollen, so gibt es einen Wertetyp „s“ mit Größenbezug „Zeit“ und Einheit „Sekunde“, wie in Abb. 4.36 dargestellt. Ein anderes Beispiel: Wenn wir unserem Block, der den Destillationsapparat darstellt, eine Masse zuweisen wollen, so können wir ihm eine Blockeigenschaft (engl. Block Property) namens „Masse“ geben, die den Wertetyp „kg“ als Typ besitzt und natürlich auch einen Wert haben kann. Diese spezifischen Blockeigenschaften werden im Bereich der Werte (engl. Values) eigens dargestellt, wie das Blockdefinitionsdiagramm in Abbildung 4.37 zeigt.

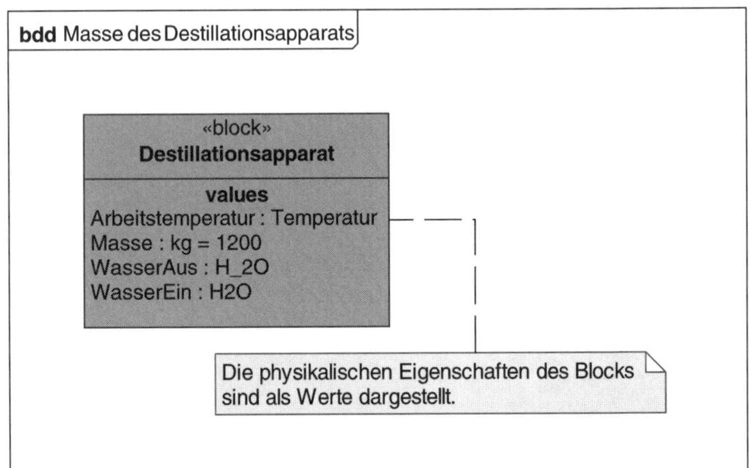

Abb. 4.37 *Die Masse des Destillationsapparats als Wertetyp dargestellt*

Neben den Wertetypen können SysML-Blöcke natürlich noch andere Eigenschaften besitzen. Ein zentraler Anwendungsfall der Blockdefinitionsdiagramme sind die Typdefinitionen der Teilsysteme, aus denen unser Gesamtsystem hierarchisch aufgebaut ist. Der englische Begriff für diese Teile des Systems ist „Part Property“, weil die Eigenschaften in der UML und somit auch der SysML „Property“ heißen und diese die Bestandteile des Blocks betreffen.

Darstellung von Systemteilen

Den Destillationsapparat haben wir aus verschiedenen Bestandteilen aufgebaut, was über eine Kompositionsbeziehung im Blockdefinitionsdiagramm auch dargestellt werden kann, siehe Abbildung 4.38. Hier sind für die Parts sowohl die Bereichsdarstellung im Block „Destillationsapparat“ verwendet wie auch die Kompositionen zu den anderen Blöcken, die Systembestandteile typisieren.Wenn wir dagegen die Bestandteile zwar nennen, aber keine weiteren Blöcke in das Diagramm zeichnen wollen, bleibt als alternative Darstellung die der Bestandteile im dedizierten Parts-Bereich innerhalb des Blocks. Das Blockdefinitionsdiagramm in Abbildung 4.39 macht davon Gebrauch.

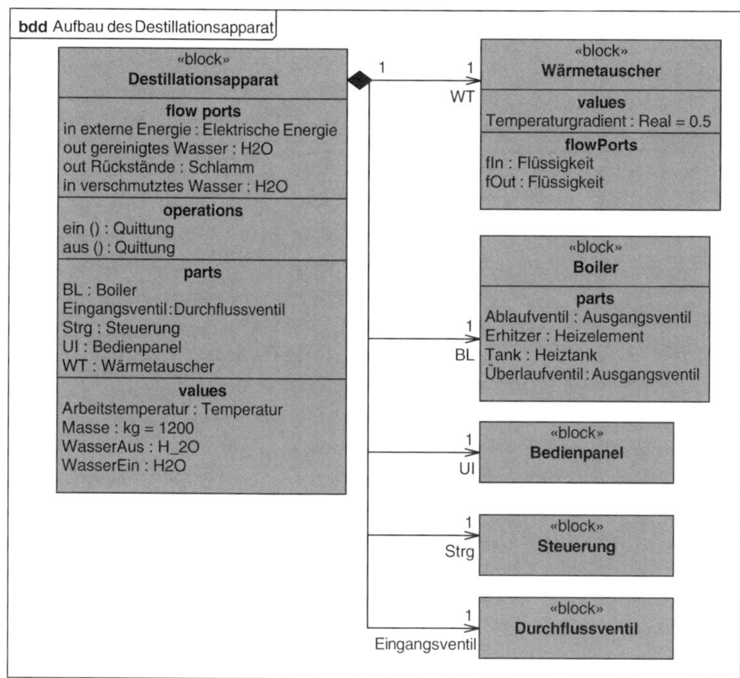

Abb. 4.38 *Aufbau des Destillationsapparats*

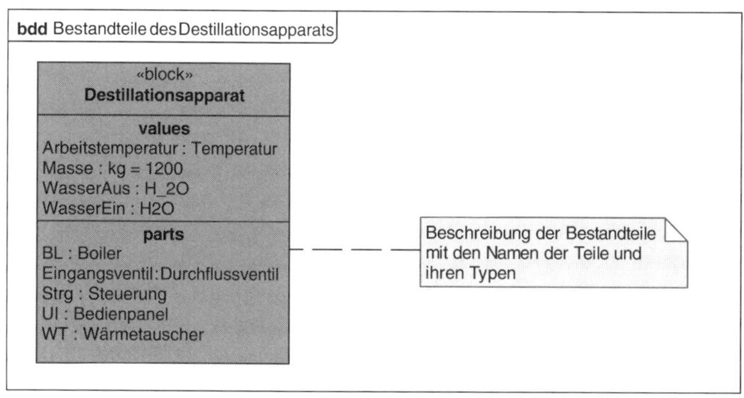

Abb. 4.39 *Bestandteile des Destillationsapparats*

Teil-Ganzes-Beziehungen in SysML

Die Parts können wir also auch als Bestandteile des Blocks bezeichnen. Sie gehören zum Block und sind als Bestandteil in keinem anderen Block existent. Der Boiler, der im Destillationsapparat installiert ist, kann in keinem anderen Gerät eingebaut sein. Die Bestandteile sind somit mit starker Aggregation beziehungsweise Komposition mit dem Kompositum verbunden. Diese Teil-Ganzes-Beziehung entspricht exakt der Kompositionsbeziehung der UML.

Es gibt in der SysML aber auch eine schwache Aggregation: Die Blöcke sind neben den Bestandteilen auch in der Lage, Blockreferenzen zu enthalten. Diese Referenzen auf andere Blöcke können mit Assoziationen oder schwacher Aggregation in der UML gleichgesetzt werden. Diese Teile eines Blocks existieren nicht nur als Bestandteil des übergeordneten Blocks. Ein Beispiel dazu wäre ein Thermometer, das wir zeitweise in den Boiler einfügen können. In Abbildung 4.40 ist das Thermometer mit einer Assoziation mit dem Boiler verbunden, gleichzeitig auch als Element im Abschnitt mit der Überschrift „references" eingetragen. Eigentlich reicht eine der beiden Darstellungsformen in einem Diagramm, und der Modellierer kann sich auch hier aussuchen, was er für aussagekräftiger hält.

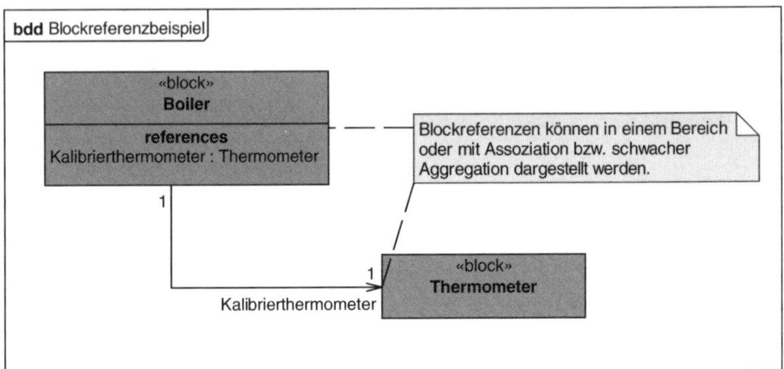

Abb. 4.40 *Beispiel für Blockreferenzen*

Verhalten von Blöcken

Alle drei Eigenschaftstypen für Blöcke, Wertetypen (engl. Value Properties), Bestandteile (engl. Part Properties) und Blockreferenzen (engl. Reference Properties) erweitern die UML, indem sie den Attributen einer Klasse entsprechen. Daneben kann ein Block auch Operationen enthalten. Blöcke haben also nicht nur Eigenschaften, sondern auch Verhalten. Dies kann ein statisches Verhalten sein, was mit den Operationen modelliert wird oder auch ein dynamisches Verhalten. Dafür verwendet die SysML wie auch die UML Zustandsdiagramme. Da wir uns die Zustandsdiagramme schon in der UML im Detail angesehen haben, soll uns hier nur der Hinweis genügen, dass wir für dynamisches Verhalten von Blöcken die gleichen Modellierungsmöglichkeiten haben wie in der UML.

Operationen werden ebenfalls wie in der UML in einem Abschnitt im Block dargestellt. Anders als in der UML hat der Abschnitt für Operationen aber auch eine Überschrift, wie auch die Abschnitte für die Blockeigenschaften. Diese ist ganz einfach „operations". Wir sehen: Systemingenieure gehen ganz pragmatisch an die Modellierung heran. Das Blockdefinitionsdiagramm in Abbildung 4.41 soll zwei Beispiele für Operationen im Block Thermometer zeigen.

Als Rückgabewert der Operation „getTemperatur()" ist der Wertetyp „Temperatur" definiert. Dieser hat als SysML-Dimension die Termodynamische Temperatur, die in der Sprachbibliothek der SysML unter den SI-

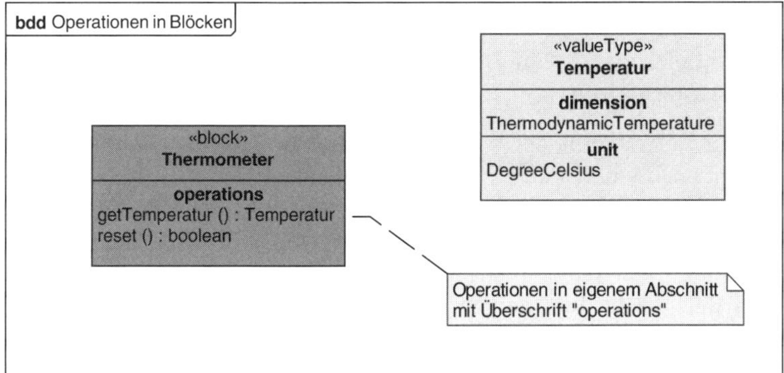

Abb. 4.41 *Operationen in Blöcken*

Einheiten zu finden ist. Die Einheit ist als °C angegeben. Weiterhin gibt es die Operation „reset() : boolean", die als booleschen Wert zurückgibt, ob der Reset funktioniert hat.

Die Operationen können ganz generisch die Einheiten der realen Welt nutzen. So hat unsere Temperatur keinerlei Einschränkung hinsichtlich der Skalierung in einem Computer. Dies können wir natürlich später hinzufügen, aber die Beschreibung unseres Systems soll noch völlig unbeeinflusst von einer technischen Realisation erfolgen.

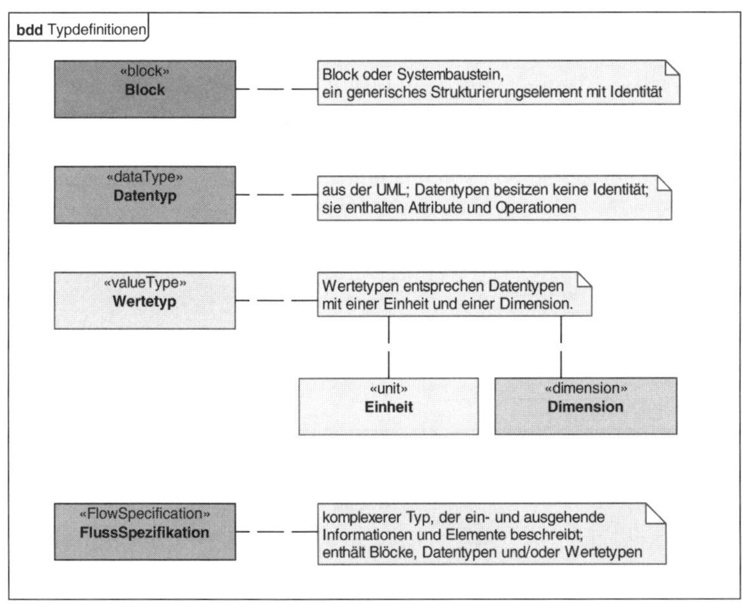

Abb. 4.42 *Typdefinitionen in der SysML*

Typen in der SysML

Ein wichtiges Konstrukt bei der Kommunikation und Zusammenarbeit von SysML-Blöcken ist die Möglichkeit, komplexere Elemente auszutauschen. Für diese auszutauschenden Elemente definiert die SysML einen eigenen Stereotyp, den der Flussspezifikation. Abbildung 4.42 beschreibt als weiteres Blockdefinitionsdiagramm die Flussspezifikation im Vergleich zu Blöcken, Datentypen und Wertetypen in den jeweiligen Kommentarnotizen.

Modellierung von Verteilungen

Bei der Verwendung der Wertetypen haben wir als Modellierer mit der SysML noch eine weitere, wichtige Möglichkeit: Zusätzlich zu den normalen Werteangaben, die mit „values" in ihrem Bereich überschrieben sind, und die mit den Wertetypen typisiert sind, gibt es noch eine Verteilungsdefinition (engl. Distribution Definition). Ein normaler Wert ist zum Beispiel im internen Blockdiagram in Abbildung 4.46 zu sehen. Wenn nun ein Wert als Eigenschaft eines Blocks oder eines Blockbestandteils nicht nur einen bestimmten Zahlenwert annehmen kann, sondern verteilt ist, können wir dies mit spezifischen Stereotypen beschreiben. Dabei ist hervorzuheben, dass die SysML hier bewusst nur einfachere Verteilungen exemplarisch beschreibt, und eine Erweiterung dieses Konstrukts durch den Modellierer vorsieht.

Eigene Verteilungsbeschreibungen

Eine ähnliche leichtgewichtige Erweiterung des SysML-Metamodells haben wir schon bei der Erfüllung von Anforderungen mit dem «satisfy»-Stereotyp durchgeführt. Das Metaklassendiagramm in Abbildung 4.43 zeigt die in der SysML definierten Stereotypen und eine zusätzliche Verteilung. Wenn es um die statistischen Ausfallraten von elektronischen Bauteilen geht, hat sich die Weibullverteilung des schwedischen Mathematikers Waloddi Weibull für die Zuverlässigkeitsanalyse durchgesetzt. Wenn wir einen SysML-Block mit seiner Zuverlässigkeit modellieren wollen, die sich nach der Weibullverteilung verhält, was laut Definition für wässrige Lösungen gilt, aber auch für die Lebensdauer von Halbleiterelementen verwendet werden kann, dann nutzen wir die Erweiterbarkeit der SysML für die Definition der Weibullverteilung und fügen in das Modell einen Stereotyp «weibull» mit den dazugehörigen Eigenschafts-

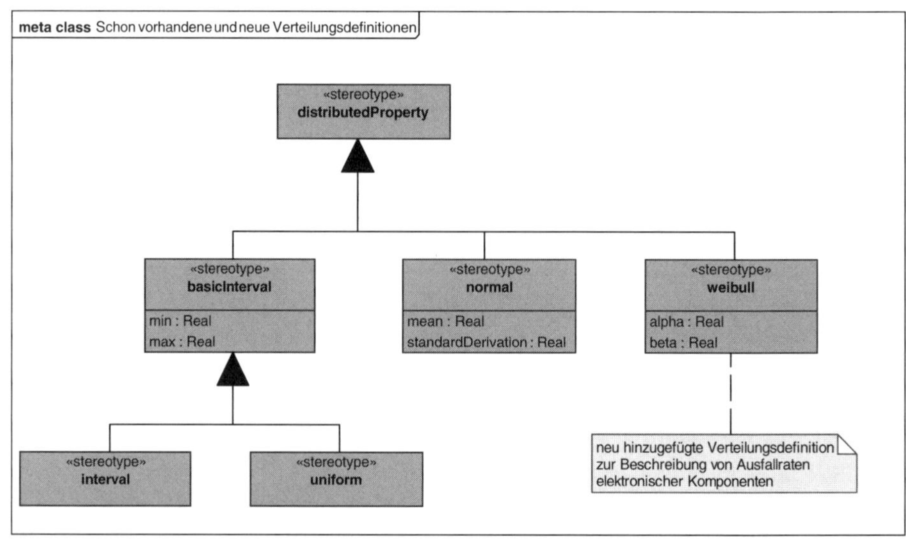

Abb. 4.43 *Schon vorhandene und neue Verteilungsdefinitionen*

werten „alpha“ und „beta“, die für die Formel der Weibullverteilung signifikant sind, ein. Verwenden wir die Weibullverteilung für die Steuerung unseres Destillationsapparats, so können wir einen Blockwertetyp „Zuverlässigkeit“ für die Steuerung modellieren, den Stereotyp «weibull» zuweisen und dann die beiden Eigenschaftswerte alpha und beta angeben. Resultat ist das Blockdefinitionsdiagramm wie in Abbildung 4.44 dargestellt.

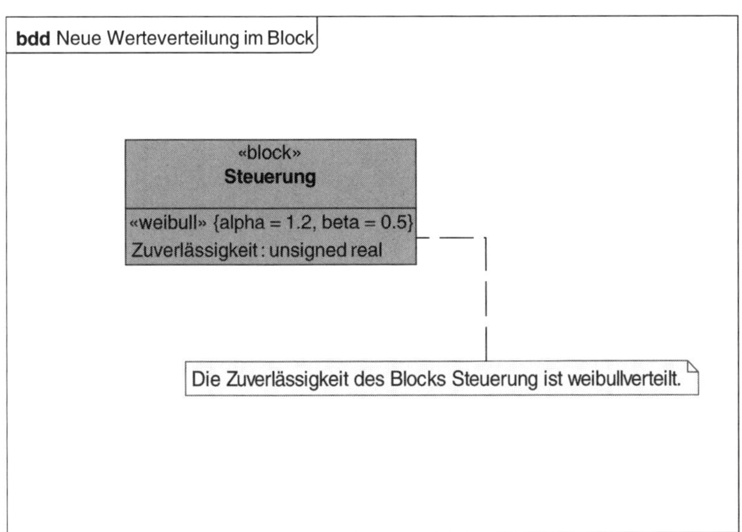

Abb. 4.44 *Neue Werteverteilung in einem Block genutzt*

Schnittstellen und ihre Beschreibung in SysML

Wir haben schon viele Elemente und Eigenschaften der SysML-Blöcke kennengelernt. Was noch fehlt, sind ihre Schnittstellen, die beschreiben, wie die Blöcke mit ihrer Umwelt oder anderen Blöcken kommunizieren. Wenn wir unseren Destillationsapparat als Beispiel modellieren wollen, reicht es aus Systems-Engineering-Sicht nicht aus, seine Masse, sein Volumen oder die Temperaturspanne darzustellen, in der er funktionieren soll. Wir müssen auch beschreiben, wie und wo das verschmutzte Wasser und die Heizenergie in diesen Block hineinfließen und wie das gereinigte Wasser entnommen werden kann. Dazu haben die Blöcke der SysML einen weiteren Bereich: die Durchflussports (engl. Flow Ports). Durch sie können Daten, Material oder Energie in einen Block hinein- oder wieder hinausfließen. Wie alle anderen Eigenschaften des Blocks können auch die Durchflussports auf einem Blockdefinitionsdiagramm in einem Bereich des betreffenden Block eingetragen werden, der hier mit „flowPorts“ überschrieben wird. Das Blockdefinitionsdiagramm in Abbildung 4.45 zeigt dies für den Destillationsapparat.

Was in dieser Darstellung fehlt, ist die Richtung, in der die Flüsse entweder in den Block hineingehen oder herauskommen. Dies ist optional durch die Schlüsselworte „in“, „out“ oder „inout“ genauso modellierbar wie die Parameter einer Operation in UML.

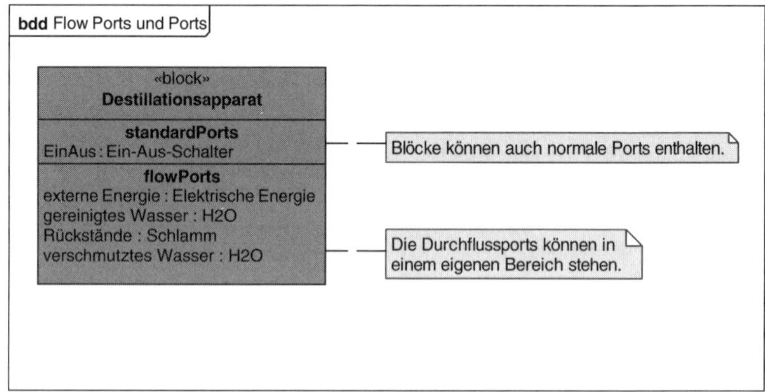

Abb. 4.45 *Durchflussports auf einem Blockdefinitionsdiagramm*

Interne Blockdiagramme

Erweiterung der Kompositionsstrukturen

Noch besser als die textuelle Angabe der Durchflussrichtung wäre natürlich eine grafische. Um dies zu ermöglichen, wurden die Kompositionsstrukturdiagramme der UML für die SysML erweitert. Sie heißen Interne Blockdiagramme, sind aber ganz ähnlich wie die Kompositionsstrukturdiagramme der UML aufgebaut. Im Zentrum eines Internen Blockdiagramms steht ein Block, dessen Aufbau in White-Box-Sicht dargestellt ist. Unser Destillationsapparat kann wie im Internen Blockdiagramm in Abbildung 4.46 gezeigt, mit seinen Ports, Durchflussports und Bestandteilen modelliert werden. Die enthaltenen Blöcke werden als Parts im Block dargestellt. In der vorläufigen SysML-1.0-Spezifikation waren sie mit „BlockProperty" stereotypisiert, allerdings wurde dieser Stereotyp bei der Finalisierung der Sprache als überflüssig bewertet und aus der Spezifikation entfernt. Die Parts der Blöcke entsprechen den Parts in Komponenten. Alle Blöcke, die wir im Blockdefinitionsdiagramm mit einer Kompositionsbeziehung mit dem enthaltenen Block verbunden haben, tauchen als Parts im internen Blockdiagramm wieder auf. Dabei ist der Rollenname wie im unten dargestellten Beispiel „WT" der eigentliche Bestandteil, während sein Typ durch den Block „Wärmetauscher" modelliert wird. Von der UML ebenfalls übernommen wurde die Möglichkeit, die Multiplizität des Bestandteils in der rechten oberen Ecke anzeigen lassen zu können. In den Bereichen der Bestandteile des Blocks können auch wieder die Eigenschaften wie Wertetypen stehen. Der Wärmetauscher beispielsweise hat einen Temperaturgradienten von anfänglich 0.5.

Softwareports in der SysML

Die Internen Blockdiagramme unterstützen in der SysML für Standardports genau wie in der UML auch die Modellierung von benötigten und bereitgestellten Schnittstellen. Unser System kann ja auch softwarebezogene oder damit verwandte Elemente enthalten, die Service-orientierte Kommunikation benutzen. Im Internen Blockdiagramm in Abbildung 4.47 ist ein Beispiel für eine bereitgestellte Schnittstelle darge-

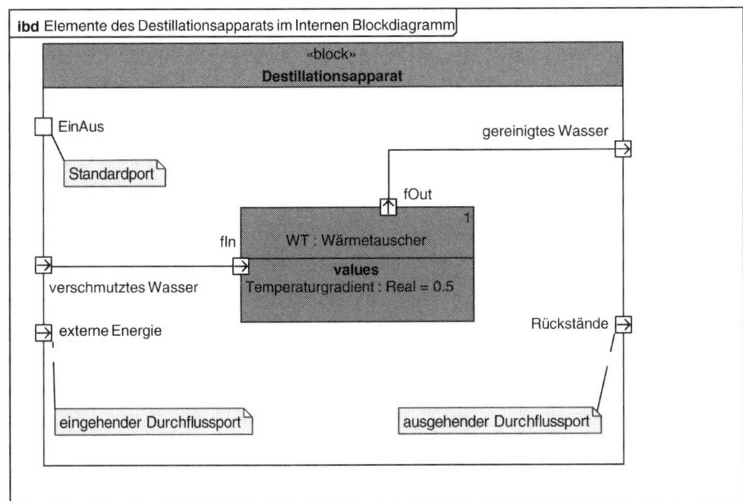

Abb. 4.46 *Elemente des Destillationsapparats im Internen Blockdiagramm*

stellt. Die Schnittstelle beschreibt einen Satz von Operationen, die der Block zum Ein- und Ausschalten bereitstellt. Im Gegensatz dazu kann ein weiterer Block diese Schnittstelle benötigen, um sie zu benutzen. Komponenteninteraktion und -verschaltung können wir damit auch in der SysML modellieren.

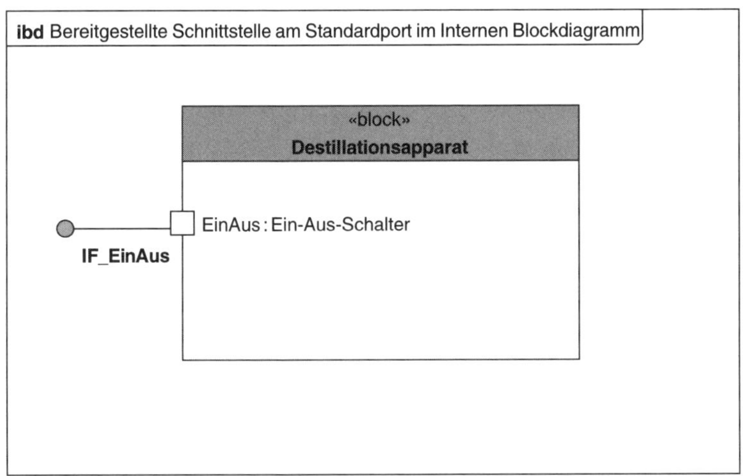

Abb. 4.47 *Bereitgestellte Schnittstelle am Standardport im Internen Blockdiagramm*

Grafische Unterschiede zu atomaren Flow Ports

Vergleichen wir die Standardports wie zum Beispiel den Port für „Ein-Aus" mit den Durchflussports (engl. Flow Ports) in der Abbildung 4.46, dann wird der betreffende Stereotyp «flowPort» hier nicht dargestellt. Stattdessen zeigt der kleine Pfeil im Quadrat des Ports für externe Energie die Richtung des Flusses. Der Richtungspfeil hängt nicht von der

Kante am Containerelement ab, an dem der Durchflussport angezeichnet ist, sondern beschreibt immer die Richtung. Die Möglichkeit, „hinein"fließende Elemente durch diesen Port durchzulassen, bedeutet, dass der Port immer nach innen zeigt. Wenn dagegen über den Durchflussport Elemente oder physikalische Größen herausfließen können wie beispielsweise über den Port „Rückstände", zeigt der Pfeil immer nach außen.

Nicht-atomare Flow Ports

Über die atomaren Durchflussports können einzelne Blöcke, Datentypen oder Wertetypen fließen. Diese Elemente haben wir schon im Diagramm 4.42 kennengelernt. Die komplexeren Flussspezifikationen (engl. Flow Specifications) beschreiben nun komplexere Elemente, die wiederum auf Blöcken, Datentypen, Wertetypen oder anderen Flussspezifikationen aufgebaut sind. Wenn nun ein Port eines Blocks oder eines Blockbestandteils für die Durchleitung einer solchen Flussspezifikation da sein soll, haben wir ein Problem mit der Darstellung der Durchflussrichtung. Es kann sein, dass einige Elemente der komplexen Flussspezifikation in den Block oder Blockbestandteil hineinfließen, andere Bestandteile aber herausfließen. Wenn wir das Wasser als komplexes Medium begreifen und Temperatur, Druck und Reinheitsgrad unterscheiden wollen, lässt sich das in einem Blockdefinitionsdiagramm so darstellen wie in Abbildung 4.48.

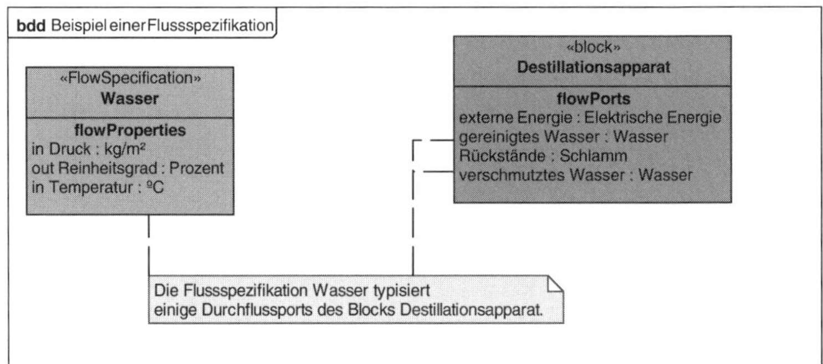

***Abb. 4.48** Beispiel einer Flussspezifikation*

Konjugierbare Flow Ports

Die Richtungsangabe ist für die Eigenschaften der Flussspezifikation (engl. Flow Properties) anzugeben. Druck und Temperatur sollen hineingehen, der Reinheitsgrad herausgehen. Dies ist natürlich nur für die eine Richtung der Nutzung der Flussspezifikation richtig. Unser Destillationsapparat im Internen Blockdiagramm der Abbildung 4.49 ist ein Bestandteil des übergeordneten Systems, hier der Einfachheit halber Kontext genannt. Die komplexen Flusspezifikationen für das verschmutzte Wasser als Eingang und für das gereinigte Wasser als Ausgang des Systembestandteils Destillationsapparat sind vom Typ der Durchflussspezifikation „Wasser", was für den Fall des verschmutzten Wassers durch die Typangabe hinter dem Doppelpunkt explizit angegeben ist. Der komplementäre Anschluss findet sich beispielsweise für das Leitungssystem. Der dort angetragene Wasseranschluss ist ebenfalls vom Typ „Wasser", allerdings ist die Richtung der Teilelemente der

Flussspezifikation Wasser hier umgekehrt. Die inverse Darstellung des Durchflussports als schwarzes Quadrat mit weißen Pfeilen soll die umgekehrte Richtung veranschaulichen. Die Pfeile selbst zeigen bei der Nutzung von Flusspezifikationen nie nur in eine Richtung, daher wird hier immer ein Pfeil nach außen und ein Pfleil nach innen angetragen. Somit weiß der Modellierer immer, dass es sich hier nicht um einen atomaren Durchflussport handeln kann. Die Eigenschaft eines Durchflussports, die die Richtung der Flussspezifikation invertiert, heißt in der SysML „isConjugated" und ist ein boolesches Attribut des Metamodellelements „Flow Port". Wenn „isConjugated" auf „true" gesetzt wird, ist das Symbol invers darzustellen.

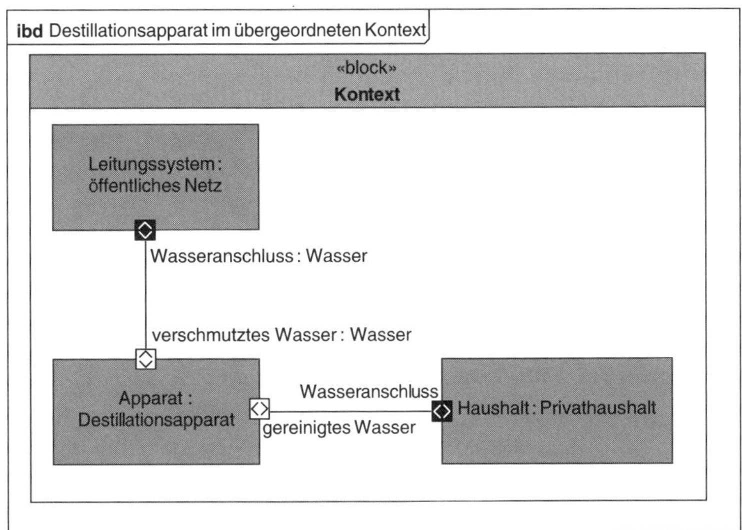

Abb. 4.49 *Destillationsapparat im übergeordneten Kontext*

Elementflüsse

Fassen wir die Elemente des Internen Blockdiagramms zusammen, so können wir Blöcke, ihre Bestandteile, Ports, Durchflussports und ihre Verbindungen zeichnen. Insgesamt also sind die Systemelemente und ihre Verdrahtung über Konnektoren darstellbar. Dies alles entspricht konzeptionell auch den Elementen des softwarelastigen Kompositionsstrukturdiagramms. Was noch fehlt für das Systems Engineering, ist die Möglichkeit, auch beschreiben zu können, welche Elemente über die Konnektoren fließen oder fließen können. Dafür definiert die SysML ein eigenes Metamodellelement des Elementflusses (engl. Item Flow), das im Nutzermodell als Stereotyp «itemFlow» zur Verfügung steht. Im Internen Blockdiagramm in Abbildung 4.50 ist der Destillationsapparat mit seinem Bestandteil des Boilers und einem Teil der Konnektoren dargestellt. Die atomaren Durchflussports für die elektrische Energie sind sowohl für den Destillationsapparat, für den Boiler als auch für den Erhitzer eingezeichnet. Diese Ports tragen die Bezeichnung „EnergieIn". Auf dem Konnektor, der den Durchflussport des Boilers mit dem des Erhitzers verbindet, ist im Diagramm auch der Elementfluss „e" des Typs

„Elektrische Energie“ mit modelliert. Auf dem Konnektor ist ein gerichteter, ausgefüllter Pfeil mit dem Namen und dem Typ des Elementflusses dargestellt.

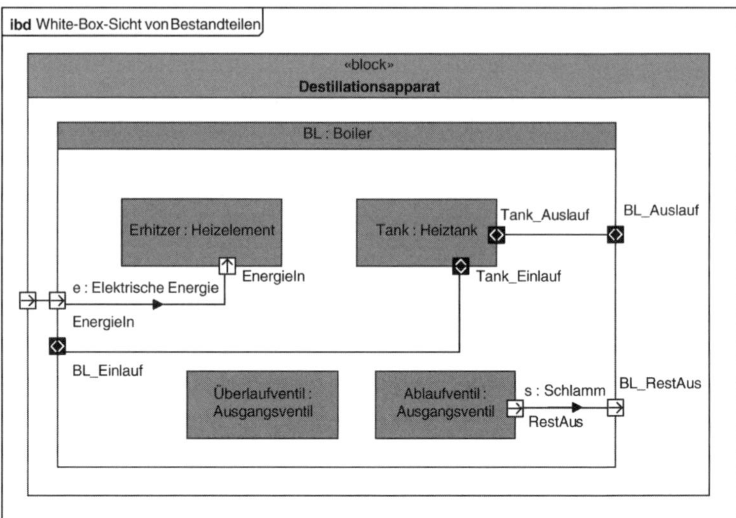

Abb. 4.50 *White-Box-Sicht von Bestandteilen*

Parametrisches Diagramm

Wie kommt die Physik ins System?

Wenn wir die Elemente innerhalb der systembeschreibenden Blöcke betrachten, so können wir für diese zum Beispiel ihre physikalischen Eigenschaften modellieren. Bisher war die Modellierung mit der UML immer ereignisorientiert. Ein Objekt hat die Fähigkeit, auf externe Signale zu reagieren und dann interne Funktionen auszuführen oder seinerseits Nachrichten an andere Objekte zu senden. Dieses können wir im Objektverhalten modellieren. Da sich Systeme in der realen Welt anders verhalten, brauchen wir in der SysML auch die Möglichkeit, die physikalischen Aspekte des Systems zu beschreiben. Dazu definiert die SysML Einschränkungen (engl. Constraints). Wir können diese auch Zusicherungen nennen.

Einschränkungen

Einschränkungen beziehen sich immer auf Systemeigenschaften, die sie miteinander in Beziehung setzen. Daher können wir in Einschränkungsblöcken (engl. Constraint Blocks), die mit anderen Blöcken in Beziehung stehen, einen Satz von Parametern nennen und mit einer oder mehreren Einschränkungen verbinden. Standardmäßig haben die Parameter dabei keine Richtung und keine Kausalität. Mit den Einschränkungen können wir mathematische oder physikalische Bedingungen an die Parameter knüpfen. Die Sprache, in der die mathematischen oder physikalischen Bedingungen bzw. Gleichungen ausgedrückt werden können, wird von der SysML nicht festgelegt. Sie kann formal sein wie die OCL, oder aber informell wie Prosatext. Die Auswertung der Einschränkungen obliegt nicht dem Modell, sondern einem eventuellen externen Programm, das auf die Informationen im SysML-Modell zugreift.

Einschränkungsblöcke sind stereotypisierte Blöcke und können Bestandteil anderer Blöcke sein. Im Blockdefinitionsdiagramm in Abbildung 4.51 sehen wir verschiedene Gleichungen, die in einem Fahrzeug zu berücksichtigen sind. Sie sind Teil des Fahrzeugs und daher auch als Teil in einem Blockdefinitionsdiagramm modelliert.

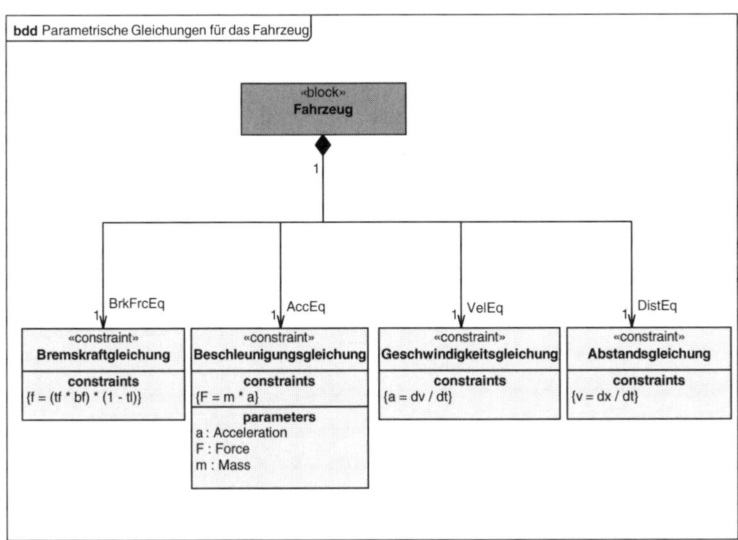

Abb. 4.51 *Blockdefinitionsdiagramm mit Einschränkungsblöcken*

Elemente von Einschränkungsblöcken

Innerhalb der Einschränkungsblöcke, die den Stereotyp «constraint» tragen, sind noch zwei weitere Bereiche von Bedeutung: Der erste ist mit „constraints" überschrieben, der zweite mit „parameters". Letzterer beinhaltet die für die im Einschränkungsblock definierten Einschränkungen (engl. Constraints) notwendigen Parameter. Diese werden im Bereich der Einschränkungen in den dortigen Gleichungen verwendet.

Sehen wir uns als Beispiel die Beschleunigungsgleichung als Einschränkungsblock näher an. In der Abbildung 4.51 sind für diesen Einschränkungsblock beide Bereiche sichtbar dargestellt. Die hier zu verwendende physikalische Gesetzmäßigkeit ist einfach $F = m * a$, also die Kraft ist Masse mal Beschleunigung. Dieses physikalische Gesetz ist mit geschweiften Klammern dargestellt, die bezeichnend für die Einschränkungen in Einschränkungsblöcken sind. Die notwendigen Parameter sind F für die Kraft, m für Masse und a für Beschleunigung. Wenn wir im Modell nach „Acceleration" fahnden würden, würden wir auf einen «valueType», also einen Wertetypen stoßen.

Parametrische Diagramme verwenden die Einschränkungen

In parametrischen Diagrammen können wir die Parameter miteinander verschalten. Da parametrische Diagramme spezialisierte Interne Blockdiagrammen sind, verwenden wir die Einschränkungsblöcke in der gleichen Art und Weise, wie die Parts im Internen Blockdiagramm. Die Einschränkungsblöcke werden hier allerdings grafisch anders dargestellt: Sie erhalten abgerundete Ecken, um sie von den Teilen, Parts und Ports unterscheiden zu können, die, wie im Beispiel der Abbildung 4.52 zu

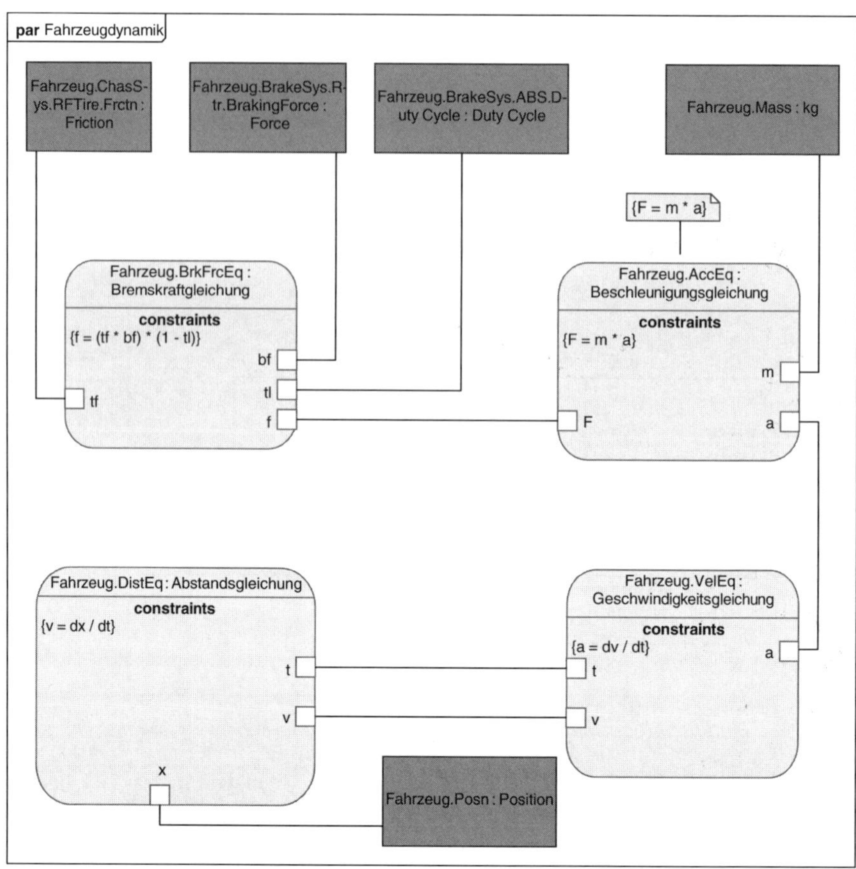

Abb. 4.52 *Fahrzeugdynamik als parametrisches Diagramm*

sehen, die Werte zu den Parametern liefern. Die Parameter der Einschränkungsblöcke sind zwar wie Ports als kleine Quadrate gezeichnet, allerdings sind die Parameter der Einschränkungsblöcke innerhalb der Blöcke positioniert und nicht auf der den Block beschreibenden Linie. Die Gleichungen können wieder innerhalb des Einschränkungsblocks angegeben werden oder auch als Notiz, die mit dem Einschränkungsblock verbunden ist. Dabei sind auch mehrere Verbindungen zu Einschränkungsblöcken möglich, sofern die Gleichung auch in beiden Verwendung findet. Für die Beschleunigungsgleichung sind in Abbildung 4.52 beide Darstellungsformen sichtbar, was aber nicht üblich ist. Wichtig sind auch hier die geschweiften Klammern, die die Einschränkung umrahmen.

Konnektoren verbinden die Parameter ungerichtet, so dass für jede Einschränkung sichtbar wird, woher die Daten oder Werte kommen. Ebenfalls mit Konnektoren werden die Werte wie Fahrzeugmasse oder Fahrzeugposition in dieses System von Gleichungen angeschlossen. Somit dienen parametrische Diagramme und ihre Bestandteile wie die Einschränkungsblöcke der ingenieurmäßigen Analyse des Systems.

Adaptierte UML-Diagramme

Neben den völlig überarbeiteten oder neuen Sichten der SysML im Vergleich zur UML gibt es auch Diagrammformen, die ihre generelle Charakteristik wie in der UML behalten haben, aber durch für das Systems Engineering sinnvolle Konzepte ergänzt wurden. Diese wollen wir hier kurz beleuchten, denn manche Ergänzung ist für die Modellierung eingebetteter Systeme recht wertvoll.

Das Aktivitätsdiagramm im Systems Engineering

Ziele der Aktivitätsmodellierung

Die SysML beschreibt für die Modellierung von Aktivitäten, dass diese die Eingänge, Ausgänge, Sequenzen und Bedingungen zur Koordination anderer Verhalten hervorhebt. Dabei ist Verhalten das, was das System tut. Wie auch in der UML können sowohl Aktivitätsflüsse als auch Datenflüsse modelliert werden. Darüber hinaus können wir aber auch Elemente der Aktivitätsmodellierung auf die sie enthaltenen Blöcke beziehen.

Aufbau und Zweck

Das Aktivitätsdiagramm in der SysML gehört zu einer Aktivität und beschreibt diese. Das Diagramm ist also ein Unterelement einer Aktivität. Wir können diese Diagrammform verwenden, um Systemfunktionalitäten zu beschreiben, Kommunikationen zwischen Systemen, Teilsystemen und Nutzern darzustellen, und Kontroll-, Daten- oder Elementflüsse zu modellieren. Dabei baut das SysML-Aktivitätsdiagramm auf dem der UML auf. Dieses wird aber um die folgenden Elemente erweitert:

- stärkere Semantik zur Dekomposition von Aktivitäten;
- Kontrollfluss wird wie Datenfluss dargestellt;
- kontinuierliche Systeme können modelliert werden;
- Wahrscheinlichkeiten werden eingeführt.

Dekomposition von Aktivitäten

Hierarchien werden in der UML eigentlich nur immer dann unterstützt, wenn es nicht anders geht. Für das Modellieren von Systemen sind Hierarchien allerdings ein wichtigeres Grundkonzept als für die Modellierung von Software. Betrachten wir die Aktivitäten aus der Sicht von Systemingenieuren, so ist die Dekomposition in Teilaktivitäten ein gängiges Vorgehen. Dieses wird in der SysML auch von der Semantik her unterstützt. Wie im Blockdefinitionsdiagramm in Abbildung 4.53 dargestellt, können wir das Herunterbrechen von Aktivitäten in Blockdefinitionsdiagrammen modellieren. Somit sind wir in der Lage, unabhängig von physikalischen Strukturen auch die funktionalen Elemente zu unterteilen.

Die gleiche Strukturierung finden wir im SysML-Aktivitätsdiagramm. Als Unterdiagramm einer Aktivität ist die übergeordnete Aktivität als Diagrammrahmen dargestellt, in dem die darin vorkommenden Aktionen wie im Aktivitätsdiagramm der UML üblich modelliert werden. In der SysML wird der Kontrollfluss mit gestrichelten, gerichteten Kanten symbolisiert, daher haben wir in der Beispielabbildung 4.54 keine durchgezogenen, sondern gestrichelte Ablaufkanten.

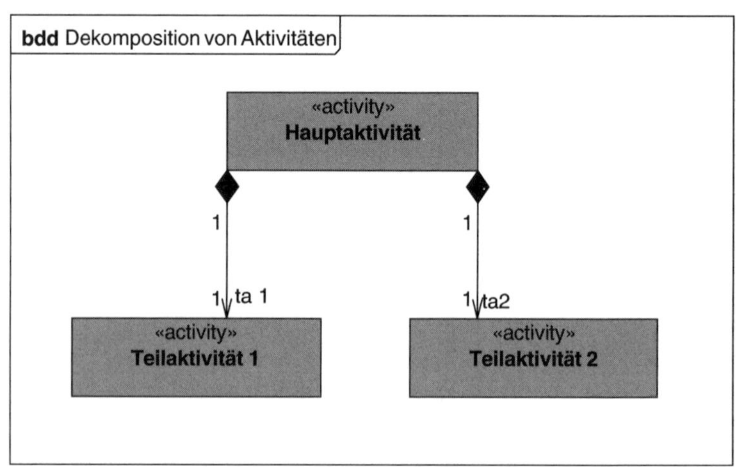

Abb. 4.53 *Dekomposition von Aktivitäten*

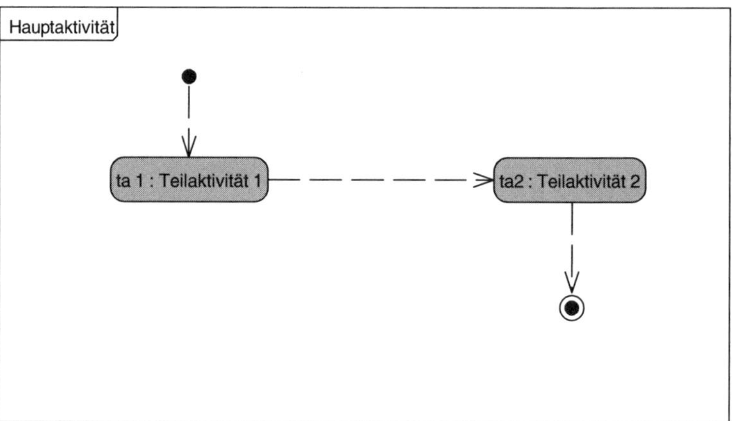

Abb. 4.54 *Aktivitätsdiagramm zeigt Teilaktionen*

Die Aktionen und Aktivitäten gehorchen einem Typ-Instanzenmodell. Die in Abbildung 4.54 gezeigten Aktionen entsprechen den Rollennamen auf den Kompositionsbeziehungen im Blockdefinitionsdiagramm in Abbildung 4.53. Die Teilaktivitäten sind die Typen der Aktionen.

Auch die Bedeutung einer Aktivitätsdekomposition ist in der SysML klarer definiert als in der UML. Beispielsweise ist festgelegt, dass jede gerade ausgeführte Teilaktivität beendet wird, wenn die sie einschließende, zusammengesetzte Aktivität beendet wird.

Aktionsknoten

Ein Aktionsknoten (engl. Action Node) entspricht einem Einzelschritt innerhalb einer Aktivität, der auch nicht weiter aufgeteilt wird. Wie üblich im Aktivitätsdiagramm startet der Ablauf der Aktion, wenn der Aktionsknoten an den Eingängen mit Token angefahren wird.

Ein Aktionsknoten, der den Aufruf eines Verhaltens bezeichnet, ist eine Unterform des Aktionsknotens. Sie heißt „CallBehavior", was wir im Deutschen als Aufrufverhalten übersetzen können. Das Aktivitätsdiagramm in Abbildung 4.55 zeigt diese. Wir können Aufrufverhalten immer dann verwenden, wenn eine Aktion eine vollständige Unteraktivität repräsentiert, die im Blockdefinitionsdiagramm als Teilaktivität modelliert ist. Die Typbezeichnung der (Teil-)Aktivität können wir auch weglassen. Da die Aktivitäten mit den Operationen eines Blocks verlinkt werden können, entsprechen die Operationsaufrufe dann dem Start der betreffenden Aktivität.

Aufrufverhalten

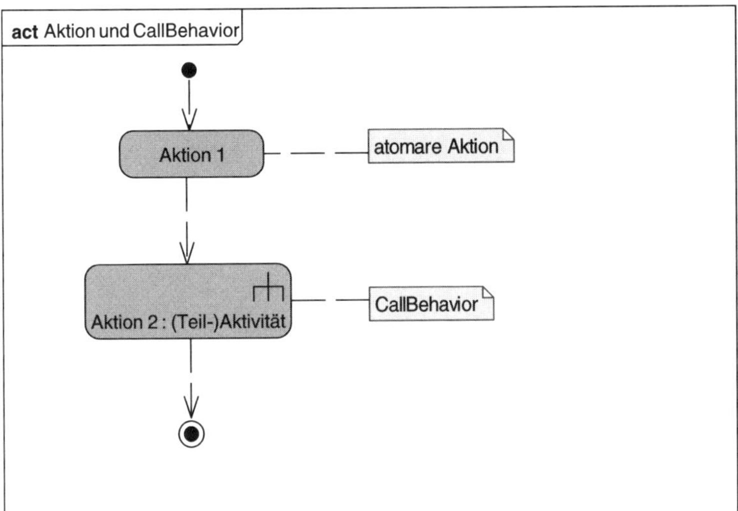

Abb. 4.55 *Aktion und CallBehavior*

In SysML-Aktivitätsdiagrammen können auch Objektknoten vorkommen, wie auch in der UML. Diese repräsentieren Datentypen oder Blöcke, die in der beschriebenen Aktivität per Kompositionsbeziehung enthalten sein können. Die Objektknoten beschreiben, welche Elemente oder Daten zwischen den Aktionsknoten fließen. Sind solche Objektknoten per Kompositionsbeziehung an eine Aktivität gebunden, werden sie sofort gelöscht, wenn die Aktivität beendet ist.

Verwendung von Objektknoten

Das Aktivitätsdiagramm in Abbildung 4.56 zeigt einen Objektknoten vom Typ eines Blocks. Auch hier gelten die gleichen Regeln wie bei Aktionen: Es gibt die Nutzung des Blocks, die einer Instanz entspricht, und den Typ, der mit dem Block selbst definiert ist. Wir können natürlich hier auch Datentypen anstelle von Blöcken verwenden. Die Aktivitätskanten als gerichtete Pfeile umfassen im Aktivitätsdiagramm der SysML sowohl Kontroll- wie Objektflüsse. Dabei können wir die Regeln bezüglich der Kontrollflüsse als gestrichelte Linien definieren. Die SysML bleibt da unklar, denn beide Linienarten sind in der jetzt fertiggestellten Spezifikation erlaubt. Für die Linienart der Objektflüsse ist festgelegt, dass sie als durchgezogene Linien zu zeichnen sind. Wenn wir also Kon-

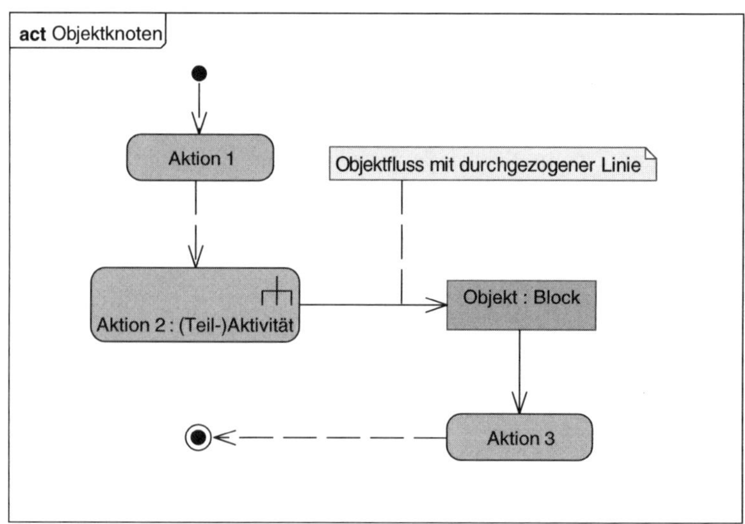

Abb. 4.56 *Objektknoten*

trollfluss und Objektfluss voneinander unterscheiden wollen, müssen wir Kontrollflüsse gestrichelt zeichnen, was die Notation im Vergleich zur UML 1.x genau vertauscht. Damit bleibt es als Modellierer spannend. Wir können zum einen zwischen der UML 1.x und der SysML besser unterscheiden oder aber beide Arten von Aktivitätskanten gleich zeichnen – wie in der UML 2.

Die Pin-Notation

In der UML 2 wurde für Aktionsknoten auch die Pin-Notation eingeführt, die synonym Objektfluss darstellen kann. Natürlich ist es auch in der SysML möglich, diese Ein- und Ausgangspins von Aktionsknoten zu verwenden. Auch Pins werden mit Blöcken oder Datentypen typisiert. Die Verwendung von Objektknoten oder Pins ist in der SysML gleichwertig. Dabei müssen wir bei der Modellierung beachten, dass die verbundenen Pins den gleichen Namen und den gleichen Typ besitzen müssen. Der Grund dafür ist einleuchtend: Der Objektfluss, der aus einem Aktionsknoten als Resultat herauskommt, muss der Gleiche sein wie der, der im nächsten Aktionsknoten als Eingang weiterverarbeitet wird.

Das Aktivitätsdiagramm in Abbildung 4.57 wiederholt die Beschreibung des Aktivitätsdiagramms der Abbildung 4.56.

Allokationen im Modell

Bei der Beschreibung von Systemen haben wir es mit einer Vielzahl von unterschiedlichen Ebenen und Abstraktionssichten zu tun. Diese Ebenen müssen auch miteinander verbunden werden können, um beispielsweise Funktionssicht mit Topologie, Software mit Hardware oder abstrakter mit konkreter Sicht zu verbinden. Es gibt daher die allgemeingültige Abhängigkeitsbeziehung (engl. Dependency) mit dem Stereotyp «allocate». Wir können damit Modellelemente miteinander verbinden, die aus den verschiedensten Sichten stammen. Damit brauchen wir eine allgemeingültige Möglichkeit, die Allokation auf allen möglichen

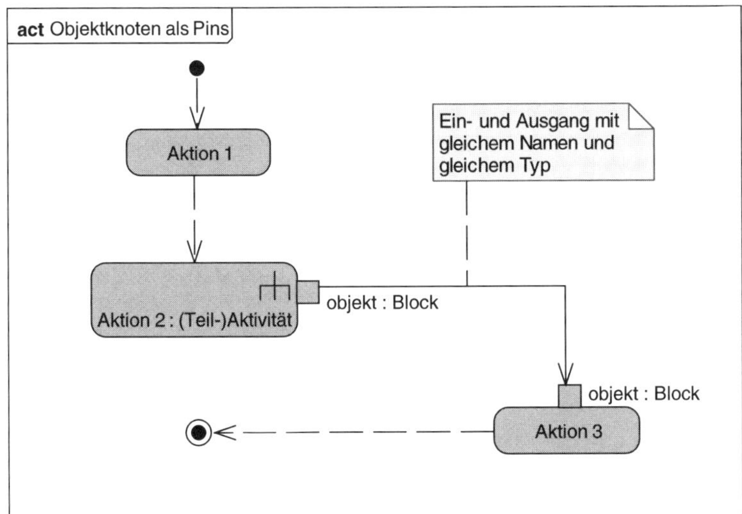

Abb. 4.57 *Objektknoten als Pins*

SysML-Diagrammen darstellen zu können. Da wir uns an das Metamodell der SysML halten wollen, können wir nicht einfach (wie das manche Modellierungswerkzeuge leider erlauben) Modellelemente auf Diagrammen nutzen, auf denen sie eigentlich nichts verloren haben, nur um eine Abhängigkeitskante für die «allocate»-Beziehung ziehen zu können. Einen Ausweg aus der Falle, Verbindungen zeigen zu können, die laut Metamodell nicht darstellbar sind, stellen die Callout-Notizen dar, die wir schon für die Anforderungen der SysML nutzen konnten. Im Aktivitätsdiagramm in Abbildung 4.58 sehen wir neben den anforderungsbezogenen Informationen auch eine weitere Notiz, die mit dem Aktionsknoten „Wasser destillieren" verbunden ist. Diese ist mit „allocatedTo"

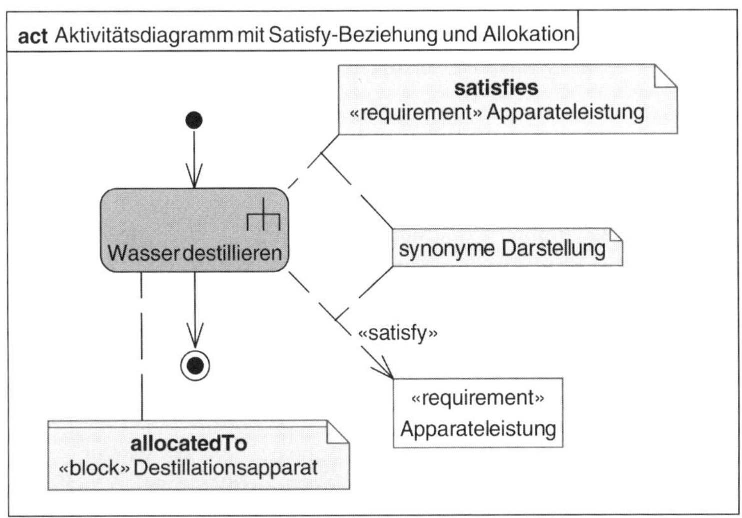

Abb. 4.58 *Aktivitätsdiagramm mit Satisfy und Allokation*

überschrieben und beschreibt danach eine Liste von Modellelementen, die mit diesem Aktionsknoten per «allocate» verbunden sind. In unserem Fall enthält die Liste nur einen Block, den Destillationsapparat.

Neben der Callout-Notiz mit „allocatedTo" gibt es natürlich noch ein „allocatedFrom". Verfolgen wir also die Allokationsbeziehung zum Destillationsapparat, so sehen wir diesen im Blockdefinitionsdiagramm in Abbildung 4.59. Hier ist eine Callout-Notiz zu sehen, die den Aktionsknoten als „allocatedFrom" zeigt.

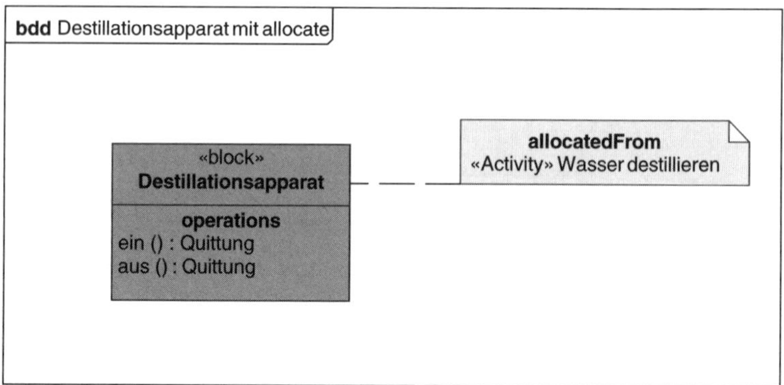

Abb. 4.59 *Destillationsapparat mit allocate*

Allokationen durch die Nutzung von Schwimmbahnen

Die Verbindung eines Aktionsknoten zu einem Block lässt sich in der SysML auch direkt in einem Aktivitätsdiagramm modellieren. Wir verwenden hier die altbekannten Schwimmbahnen. Wenn diese den Stereotyp «allocate» tragen, so können wir direkt strukturelle oder logische Elemente wie unseren Block „Destillationsapparat" mit der Schwimmbahn als „Host" eintragen. Jeder Aktionsknoten in der betreffenden Schwimmbahn wird mit einem „Host"-Element per «allocate» verbunden.

So ist im Aktivitätsdiagramm in Abbildung 4.60 die Aktivität „Wasser destillieren" durch ihre Position in der Schwimmbahn des Destillationsapparats auf diesen Block automatisch alloziert.

Strukturelle Allokationen sind jederzeit möglich. Wenn wir eine abstrakte, logische Struktur auf die reale Hardware mappen wollen, so ist dies direkt mit einer «allocate»-Beziehung zum Beispiel zwischen Blöcken und Parts möglich. In den Blöcken können wir auch in eigenen Bereichen die Allokationsbeziehungen anzeigen lassen. Demzufolge zeigt das Blockdefinitionsdiagramm in Abbildung 4.61 einen „allocatedFrom"-Bereich an, der die Aktivität „Wasser destillieren" enthält.

Zu guter Letzt definiert die SysML wie auch bei den Beziehungen zu Anforderungen für Allokationsbeziehungen die Möglichkeit, die Beziehungen in Tabellenform anzugeben.

Wahrscheinlichkeiten

Nach diesem kleinen Exkurs zu Allokationen, den wir vor allem gemacht haben, um die Verwendung von Aktivitätsdiagrammen zur Allokation von Aktivitäten und Aktionen auf Strukurelemente zu zeigen, wenden wir uns wieder den Erweiterungen der Aktivitätsdiagramme in

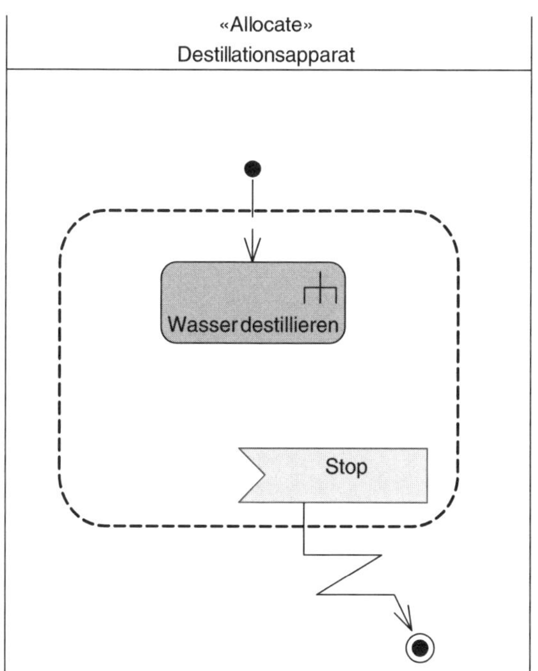

Abb. 4.60 *Allokation im Aktivitätsdiagramm*

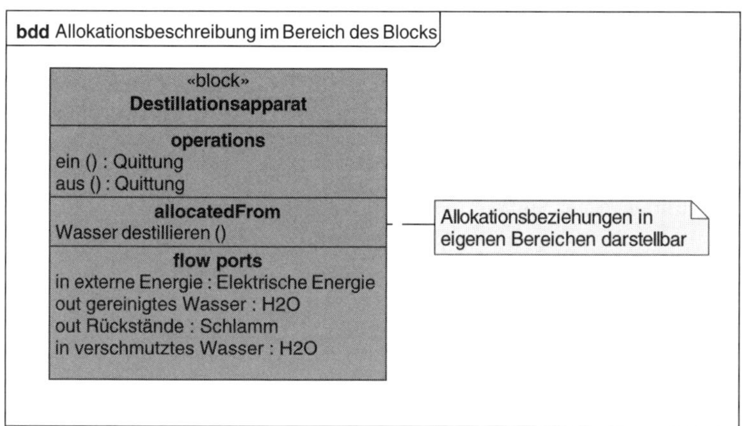

Abb. 4.61 *Allokationsbeschreibung im Bereich des Blocks*

der SysML zu. Für das Systems Engineering besteht der Bedarf, die Verzweigungen im Daten- oder Kontrollfluss von Wahrscheinlichkeiten abhängig modellieren zu können. Daher wird für die Pins von Aktionsknoten und Aktivitäten sowie für die Aktivitätskanten selbst die Möglichkeit geschaffen, einen Wahrscheinlichkeitswert angeben zu können, mit dem dieser Ausgang oder Übergang beschritten werden soll. Das Aktivitätsdiagramm in Abbildung 4.62 enthält beide Modellierungsarten, sowohl die für Pins als auch die für Aktivitätskanten. Dabei müssen die Wahrscheinlichkeiten in der Summe 1 ergeben, schließlich verteilen wir die Möglichkeiten vollständig. Aus der Aktion 1 gehen 2 Pins heraus, die mit Wahrscheinlichkeitswerten versehen sind. Nach der Folgeaktion teilt eine Verzweigung drei mögliche Kontrollflusswerte, die wiederum mit Wahrscheinlichkeitswerten versehen sind. So wird die Endaktion C mit einer Gesamtwahrscheinlichkeit von 0.12 durchgeführt werden.

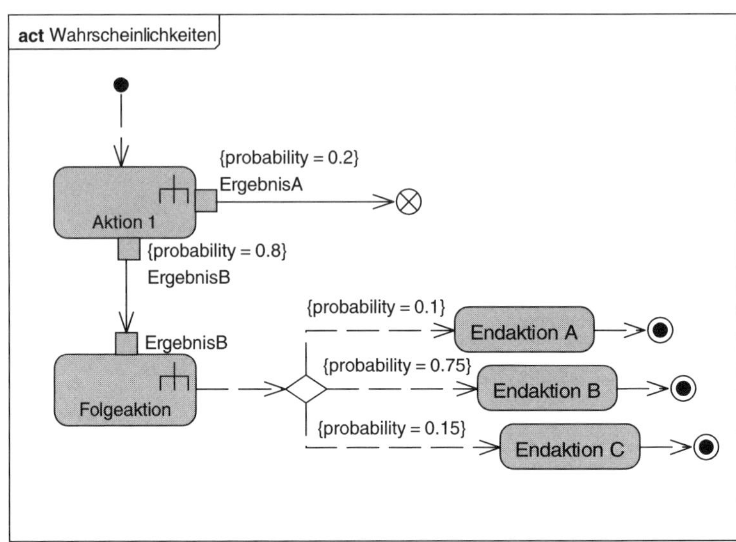

Abb. 4.62 *Wahrscheinlichkeiten*

Spezielle Stereotypen

Zum Abschluss wollen wir noch weitere Stereotypen und Eigenschaften für die Verwendung in den SysML-Aktivitätsdiagrammen vorstellen. Da wäre der Stereotyp «nobuffer», der auf Objektknoten oder Parameterpins verwendet werden kann. Der Stereotyp zeigt an, dass Elemente, die am Aktionsknoten ankommen, verloren gehen können. Ähnliches bedeutet der Stereotyp «overwrite», der auf den gleichen Elementen des Aktivitätsdiagramms benutzt werden kann. Wir können damit modellieren, dass ankommende Elemente die vorherigen überschreiben. Speziell für Eingangsparameter gibt es den Stereotyp «optional», der anzeigt, dass die dazugehörige Aktion auch ohne diesen Parameter starten kann. Unser tokenbasiertes Ablaufschema würde sonst das Vorhandensein aller Eingangsparameter vor dem Start einer Aktion bedingen. Als letzten Stereotyp wollen wir noch die Eigenschaft „rate" betrachten, die wir auf Objektflüsse oder Parameterpins setzen können. Diese spezifiziert die Rate, mit der Elemente oder Werte übertragen werden. Wir können Verteilungen oder konkrete konstante Werte für „rate" angeben.

5 | Best-practice-Verfahren für die Entwicklung eingebetteter Systeme

Neben den Modellierungssichten, die uns die UML und die SysML zur Systementwicklung bereitstellen, gibt es natürlich noch Erfahrungswerte und Verfahren, die hier erwähnenswert sind. Durch den Komplexitätsgrad heutiger Systeme ist die Entwicklung nie mehr nur eine „One-Man-Show", sondern geschieht immer nur im Team. Dies muss ebenso berücksichtigt werden wie der Übergang der verschiedenen Abstraktionsgrade von Modellen in den unterschiedlichen Entwicklungsphasen. Hierfür gibt es Werkzeugunterstützung wie verschiedene Verfahren zur Zusammenführung von Modellversionen oder auch beim Übergang von den Softwaredesignsichten zum Quellcode. Abgerundet wird das Kapitel durch einen Blick auf die Modellgetriebene Architektur (MDA), die für eingebettete Systeme auch effizient genutzt werden kann.

Übersicht

Was sind eigentlich Modelle?

Grafische Modelle gehören als Artefakte zu den typischen Produkten eines Entwicklungsprozesses. Sie bewegen sich zwischen den rein textuellen Beschreibungen in Anforderungen und textlichen Spezifikationen und den endgültigen Arbeitsergebnissen wie der Hardware, der mechanischen Komponenten und der Software. Systemmodelle leisten aber noch mehr. Sie fungieren wie Informationscontainer, die auch gleichzeitig das Navigieren innerhalb der verschiedenen Sichten und Perspektiven ermöglichen. Ein Modell verbindet die verschiedenen Domänen und Sichten und ermöglicht effiziente Kommunikation im Entwicklungsteam. Dabei entwickelt sich das Modell entsprechend der Projektphasen weiter, wenn wir System- und Softwaremodelle nicht einfach als Artefakte eines bestimmten Zeitpunkts im Projekt verstehen wollen. Wenn wir zum Beispiel nur die UML verwenden, um die statische Softwarestruktur im Grobdesign darzustellen, wird uns unser Modell nur für diese eine Sicht nützlich sein. Es entspräche einem Dokument, das wir eben nicht mit Worten, sondern mit der grafischen Notation des UML-Klassenmodells ausdrücken. Verwenden wir stattdessen mehrere Perspektiven der UML, so könnten wir zusätzlich die Entwicklung von Anwendungsfällen, deren Szenarien an der Softwaregrenze und den entsprechenden Objektinteraktionen bis hin zum UML-Klassenmodell beschreiben. Dies zeigt zum einen auf, warum wir die Softwarestruktur eben gerade so gewählt haben, wie sie im Design vorgeschlagen ist. Zum anderen können wir diesen roten Faden durch die Softwareentwicklung auch nutzen, später sicher vorkommende Änderungen funktionaler Anforderungen durch den gleichen Prozess zu führen, um die optimalen Änderungen im Design aufgrund dieser Anforderungsänderungen zu finden.

Modellieren heißt also Austausch von Information und gemeinsames Zusammentragen von Information. Der Reifegrad des Modells wächst dabei mit der Projektlaufzeit, und die Art der Bearbeitung des Modells muss alle diese Notwendigkeiten berücksichtigen.

5.1 Zusammenarbeit im Team

Gerade für große Projekte sind unterschiedliche Kooperationsmodelle im Laufe des Entwicklungszyklus zu berücksichtigen. Ganz am Anfang bereits jeden Projektarbeiter mit unfertigen Aufgabenstellungen auf die Reise zu schicken und auf seiner eigenen, separaten Insel arbeiten zu lassen, kann die Suche nach der optimalen Lösung der Anforderungen sehr schwierig gestalten. Die Verantwortlichkeiten im Team können abstrakt schon sehr schnell festgelegt werden, aber wie auch beim objektorientierten Design ist im „Projektplanungsdesign“ ein Hauptaspekt der der Schnittstellendefinition. Was liegt da näher, als zuerst gemeinsam im Team in einem Modell die Schnittstellen kooperativ zusammen festzulegen?

Ein gemeinsames Modell in frühen Phasen

Insofern empfiehlt sich, in den frühen Phasen parallel in einem Modell zu arbeiten, da es jetzt noch häufige Änderungen in der Modellstruktur geben kann und geben wird. Außerdem ist es wichtig, die unterschiedlichen Domänen wie Systems Engineering, Software Engineering und Hardware Engineering mit einer gemeinsamen Sprache unter einen Hut zu bekommen. Stellen wir uns ein Gegenmodell kurz vor: Wenn jeder der Teammitarbeiter in einzelnen Teilsichten ohne gemeinsame Basis modelliert, sind die folgenden Effekte nahezu unabwendbar:

- Lücken können schlecht erkannt werden. Da keiner über ein Gesamtbild verfügt, ist es schwierig, offensichtliche Lücken in der Gesamtspezifikation zu entdecken. Jeder hat nur seinen kleinen Teil der Landkarte, und mit der Annahme, die weißen Flecken werden sicher auf dem Kartenabschnitt eines anderen erklärt werden, macht sich auch keiner auf Entdeckertour. Eine gemeinsame Expedition findet erst recht nicht statt.
- Es gibt kein gemeinsames Glossar. Damit werden nicht nur Lücken schlecht gefunden, sondern gleiche Dinge unterschiedlich benannt und unterschiedlich definiert. Dies dann irgendwann zu berichtigen, ist recht schwer.
- In unterschiedlichen Teilmodellen können inkompatible Entscheidungen getroffen werden. Insgesamt ist es schwierig, Konsistenz über alle Teilmodelle zu erhalten. Zwar gibt es in der UML und auch in der SysML Sichten, die nur dokumentatorischen Charakter haben, aber andere wie das Klassenmodell oder das Verhaltensmodell sind formal, und für diese müssen die Teilmodelle konsistent zueinander sein.
- Änderungen in der Gesamtstruktur sind nur schwer möglich, da dabei zwei oder mehr Teilmodelle konsistent geändert werden müssen. Aufteilungen müssen dabei in verschiedenen Sichten getroffen werden, wobei sehr oft die logische oder physikalische Struktur die Grundlage für Verantwortlichkeitsaufteilungen bildet. Für objektorientierte Vorgehensweisen wäre aber eine Aufteilung nach unterschiedlichen Funktionalitäten, sprich Anwendungsfällen, sinnvoller. Die logische oder physikalische Struktur bleibt für alle Funktionalitäten die gleiche.

Paralleles Modellieren

Wenn wir aufgrund dieser Argumente zumindest für die frühen Phasen wie Anforderungsanalyse und Grobentwurf auf ein Modell setzen, stellt sich die nächste Frage: Wie arbeiten mehrere, vielleicht viele Modellierer gemeinsam in einem Modell? Die Einführung von Konfigurationsmanagement (KM) mit kontrolliertem Auschecken, Bearbeiten und nachfolgendem Wiedereinchecken des Modells in die Datenbank eines KM-Werkzeugs führt zu einer Serialisierung der Arbeiten am Modell. Wenn immer nur einer an einem Artefakt oder am Gesamtmodell arbeiten kann, müssen andere warten, was das Projekt insgesamt verlangsamt. Die notwendige Parallelisierung der Modellierung wäre nur dann möglich, wenn wir das Modell wieder in Teilmodelle aufteilen. Die Aufteilung bedeutet eine Verlangsamung der Projektarbeit, weil die in regelmäßigen Abständen notwendige Konsolidierung der Teilmodelle – so sie denn möglich ist – die Arbeit für alle Modellierer stoppen lässt, bis sie wieder auf einer gemeinsamen Basis weitermachen können. Erst die

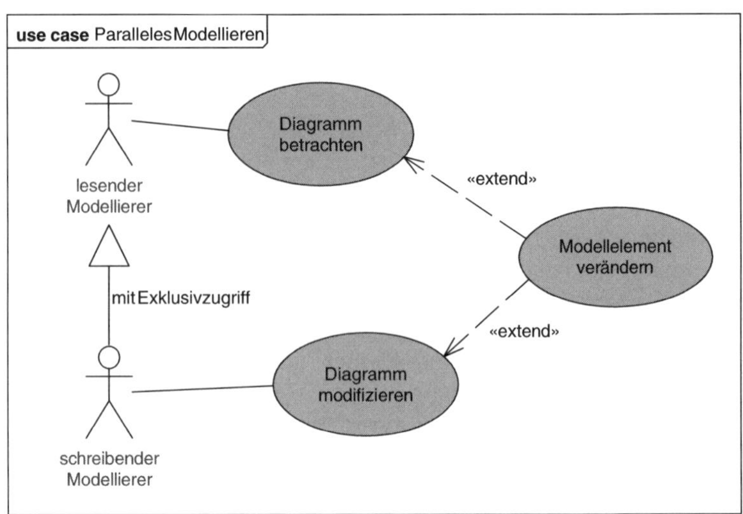

Abb. 5.1 *Paralleles Modellieren*

Nutzung einer Datenbank, die den gemeinsamen Zugriff auf das Modell kontrolliert ermöglicht und dabei nur die jeweils kleinstmögliche Menge an Modellelementen inklusive deren Beziehungen bei Zugriff eines Modellierers für die anderen sperrt, ist den Anforderungen des gemeinsamen, parallelen Arbeitens angemessen. Ein Diagramm zu öffnen heißt nicht automatisch, dass der Nutzer auch exklusiven Zugriff auf alle Elemente, die auf dem Diagramm gezeigt werden, benötigt. Stattdessen kann das Diagramm als Modellelement für schreibenden Zugriff nur einem Nutzer zugeordnet werden, was die Position und das Aussehen der Symbole auf dem Diagramm mit dem Diagramm selbst für andere sperrt. Trotzdem kann ein anderer über das lesende Öffnen des gleichen Diagramms auf die darauf abgebildeten Modellelemente zugreifen und deren Eigenschaften ändern. Das Anwendungsfalldiagramm in Abbildung 5.1 zeigt diese Kooperationsmöglichkeit.

Ein Beispiel für paralleles Arbeiten

Nutzer Willi öffnet ein Klassendiagramm, das die Klasse „Sensor" zeigt. Er kann das Symbol der Klasse verschieben und die Darstellungsoptionen verändern, aber natürlich auch die Klasse „Sensor" selbst verändern, zum Beispiel ein Attribut hinzufügen. Nutzer Sepp möchte das gleiche Diagramm öffnen, erhält aber dafür nur Lesezugriff. Sepp kann also auf das Diagramm keine neuen Klassen setzen und auch die Position der Klasse „Sensor" nicht verändern. Trotzdem kann er für die Klasse „Sensor" ebenfalls ein neues Attribut definieren, denn die Klasse „Sensor" ist nicht mit dem Diagramm automatisch gesperrt. Falls die beiden Nutzer gleichzeitig auf ein Element zugreifen, muss die unter dem Modellierungswerkzeug liegende Datenbank den Konflikt auflösen, beispielweise durch Serialisierung. Der erste Nutzer kann das Element ändern, der zweite Nutzer erst dann, wenn der erste die Änderung durchgeführt hat. Da die Einzeländerungen nur kleinere Transaktionen mit der Datenbank bedeuten, fällt diese Wartezeit nicht so ins Gewicht.

Insgesamt fällt Modellierung im Multi-User-Umfeld in die gleiche Kategorie wie gängige Client-Server-Systeme: E-Mail-Systeme, Buchungssysteme oder Diskussionsforen bilden auch eine Realität ab, die von vielen Nutzern bearbeitet und verwendet wird.

Serialisierung der Arbeit ist manchmal notwendig

Es gibt andere Phasen im Projekt, in denen andere Kooperationsstrategien vorteilhafter als der parallele Zugriff sind. Im Zusammenspiel mit der Codeentwicklung braucht der Softwareentwickler in der Implementierungsphase mehr Kontrollmechanismen, um seinen Modellanteil im gemeinsamen Modell den anderen im Team zur Verfügung zu stellen. Ein Verfahren zur kontrollierten Isolation von einzelnen Entwicklern ist die private Sandbox. Jeder Entwickler kann in seiner eigenen Sandbox Änderungen am Modell vornehmen, die von den Modellierungsschritten anderer Nutzer am Modell unbeeinflusst bleiben. Dreh- und Angelpunkt einer solchen Vorgehensweise ist die Möglichkeit, die verschiedenen Versionen des Modells konfliktfrei zusammenzuführen oder, wenn Konflikte auftauchen, diese den Nutzern klar darzustellen und zur Entscheidung vorzulegen.

Beispiel für Sandboxing

Wenn wir uns die beiden Klassen im Klassendiagramm in Abbildung 5.2 ansehen, so gibt es eine unidirektionale Assoziation von A nach B mit dem Rollennamen „theBs" für die beliebig vielen Objekte der Klasse B, die A unter diesem Namen kennt.

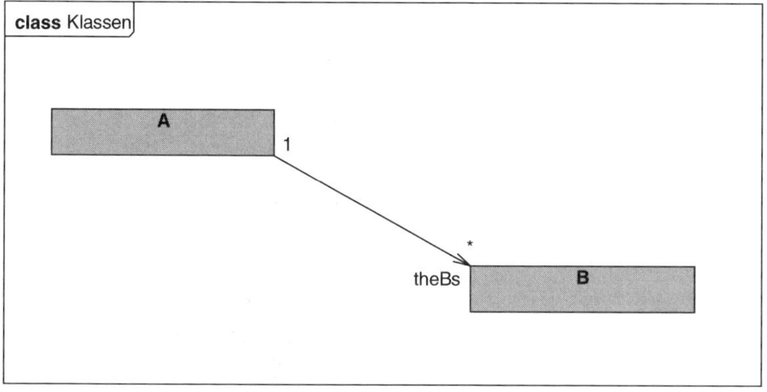

Abb. 5.2 Ausgangslage der Klassen in Version 0

Wieder arbeiten unsere Nutzer Willi und Sepp zusammen, allerdings zieht sich Willi in eine eigene Sandbox zurück. Er modelliert an der Klasse B weiter und verändert auch die Assoziation zu A, indem er einen Rollennamen für A einführt und auch die Navigierbarkeit auf dieser Assoziation zulässt. Die Klasse B erhält zudem ein Attribut und dazugehörige Getter- und Setterfunktionen. Das Klassendiagramm in Abbildung 5.3 zeigt diese Modifikationen.

Derweil arbeitet Sepp im Hauptstamm des Modells und hat die folgenden Änderungen eingeführt: In der Klasse A wurde ein neues Attribut „a" eingeführt, aber auch die Assoziation zu B wurde verändert, denn die Multiplizität ist jetzt eins oder mehrere. Den Rollennamen „myBs" hat er ebenfalls verändert, wie in der Abbildung 5.4 zu sehen ist.

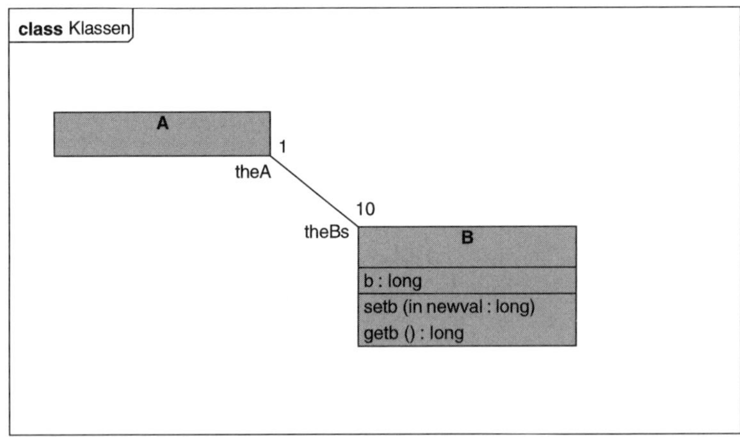

Abb. 5.3 *Die Änderungen in der Sandbox von Willi*

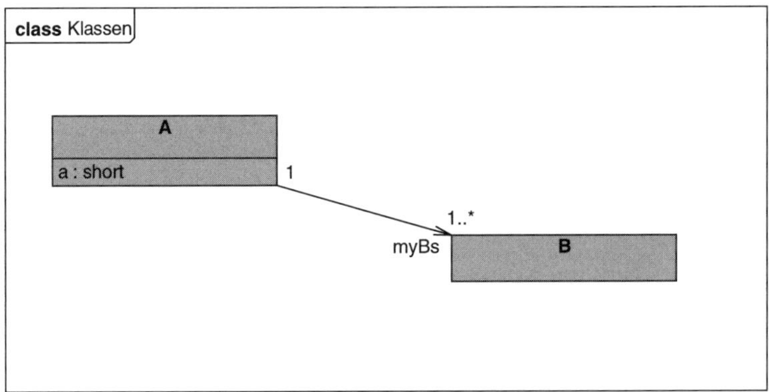

Abb. 5.4 *Die Änderungen von Sepp im Hauptstamm (Version 1)*

Die in der Version 1 des Modells durch den Nutzer Sepp modellierten Änderungen müssen nun mit den Änderungen von Willi in der Sandbox zusammengeführt werden. Ein Werkzeug, das die beiden Versionen vergleicht, sehen wir in Abbildung 5.5. Dabei werden auf Basis der Modellelemente beide Versionen gegenübergestellt und dazwischen die Art der jeweiligen Unterschiede symbolisch markiert.

Die Auflösung der Unterschiede hängt nun von der Art und Weise ab, wie wir weiter verfahren wollen. Ein Modellabgleich kann ja in beide Richtungen erfolgen. Wir können die Änderungen von Willi in das Hauptmodell einspielen, aber auch die Übernahme der Änderungen von Sepp in die Sandbox von Willi als erstem Schritt vor einer Übernahme der Sandbox in den Hauptstamm des Modells wäre möglich. Im englischen Sprachgebrauch haben sich hier zwei Begriffe etabliert: „Reconcile“ (d.h. Abgleich) für die Übernahme der Änderungen in der Sandbox in das Hauptmodell und „Rebase“ (d.h. Aktualisierung der Sandbox

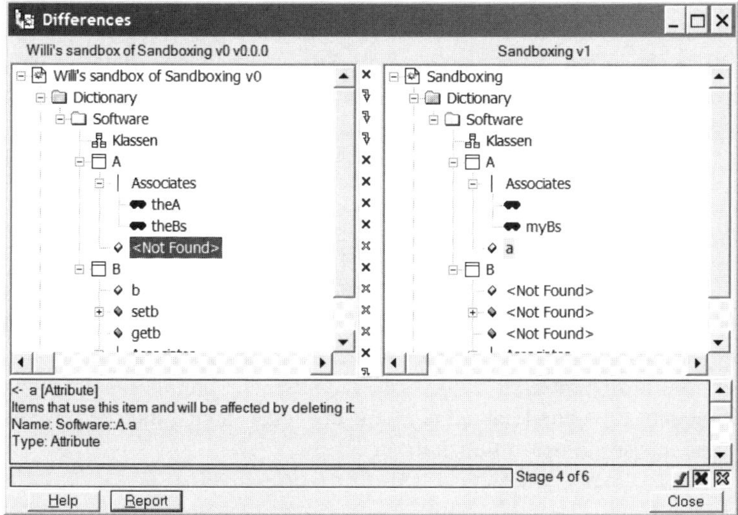

Abb. 5.5 *Vergleich der Unterschiede*

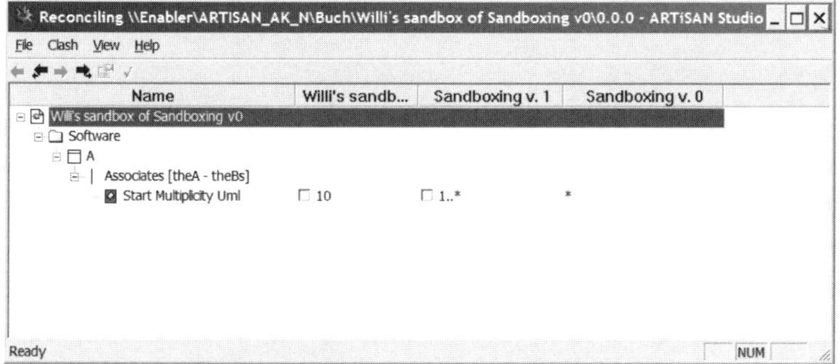

Abb. 5.6 *Reconcile der Sandbox in den Versionsstamm*

durch das Hauptmodell). Da „Reconcile" im Deutschen eigentlich nur „Abgleich" heißt, wollen wir die englische Nomenklatur beibehalten.

Wenn wir nicht alles manuell durchführen wollen, sondern durch einen Automatismus die beiden Versionen ineinander überführen wollen, so ist dies durch eine Zusammenführung möglich, die alle drei Modelle berücksichtigt, die hier eine Rolle spielen. Die Technik heißt 3-Wege-Merge. Das Merge-Tool betrachtet dabei die Unterschiede zwischen den beiden zu vergleichenden Versionen, aber auch die jeweiligen Unterschiede zwischen dem gemeinsamen Ursprungsmodell und den aktuellen Versionen. Aus diesen drei Versionen wird eine vierte, neue Version generiert. Der 3-Wege-Merge benötigt selten eine Interaktion mit dem Nutzer, und zwar nur dann, wenn, wie in Abbildung 5.6 zu sehen, widersprüchliche Informationen – beispielsweise beim Reconcile der Sandbox in den Hauptstamm des Modells – bewertet und die richtige manuell ausgewählt werden muss. Hier kann der Nutzer auswählen, ob er die

Multiplizität „10“ an der Rolle „theBs“ aus der Sandbox von Willi übernehmen will oder lieber die „eins oder mehrere“ der Version 1 des von Sepp geänderten Modellhauptstamms. Zur Information wird noch dargestellt, dass die Multiplizität in der Stammversion ursprünglich auf „beliebig viele“ stand. Auch grafische Veränderungen in unterschiedlichen Bereichen kann ein gutes 3-Wege-Merge-Tool bemerken und dann auch anzeigen.

Nach der Zusammenführung

Ein „Reconcile“ nimmt die Änderungen der Sandbox und führt diese in eine neue Version im Stammmodell hinein. Wenn wir die wenigen, manuellen Entscheidungen getroffen haben, so entsteht aus der veränderten Version 1 und der Sandbox unter Berücksichtigung der Urversion 0 eine neue Version 2. Diese enthält jetzt die Klasse wie im Klassendiagramm in Abbildung 5.7. Die Assoziation ist jetzt bidirektional, enthält die Rolle „theA“ und hat auf der Seite der Rolle „myBs“ die von uns manuell ausgewählte Multiplizität „10“.

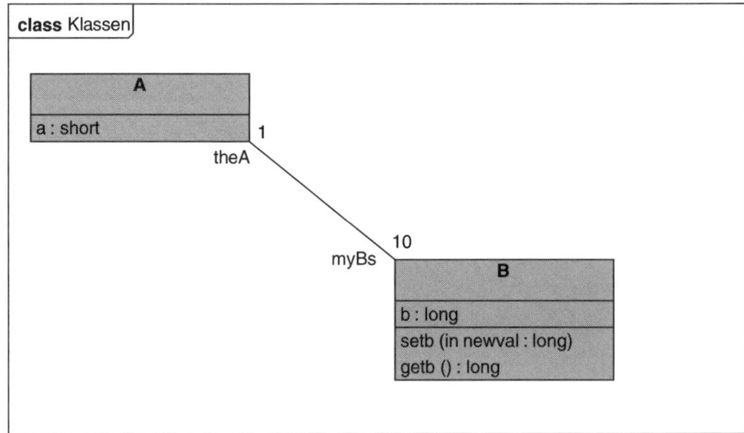

Abb. 5.7 *Ergebnis des Merge*

5.2 Modell und Source Code

Modelle und Source Code sind gar nicht so unterschiedlich. Betrachten wir den Source Code einmal nicht aus der Brille des Softwareentwicklers, sondern aus der Sicht des Entwicklungsprozesses, so können wir auch unseren Code als Modell begreifen, das die Verfahren und das Verhalten unseres Systems beschreibt. Die Abstraktionsebene ist jedoch eine andere. Das SysML-Paketdiagramm in Abbildung 5.8 zeigt diesen Zusammenhang. Sogar unsere textuell beschriebenen Anforderungen stellen ein abstraktes Modell dar, denn auch sie beschreiben unser System. In der SysML existiert für die unterschiedlichen Sichten ein eigenes Modellelement, die Sichtweise mit dem Stereotyp «Viewpoint». Eine Sichtweise hat in der SysML folgende Eigenschaften:

- Stakeholders: Wer nimmt diese Sichtweise ein?
- Purpose: Welches Interesse haben diese Stakeholder?

- Concerns: Welche Bedenken und Hintergründe haben die Stakeholder?
- Languages: Welche Sprache wird in dieser Sichtweise verwendet?
- Methods: Mit welchen Methoden wird diese Sichtweise aufgebaut?

In Abbildung 5.8 zeigen die Sichtweisen nur die Stakeholder in einem eigenen Bereich, denn die Modelle, die in den zu den Sichtweisen konformen Sichten Verwendung finden, beschreiben die Sichtweisen hinreichend. Die Abstraktionen zwischen den Modellen und auch zwischen den Sichtweisen beschreiben, dass hier ein und dasselbe System aus verschiedenen Blickwinkeln und auf verschiedenen Abstraktionsebenen dargestellt wird.

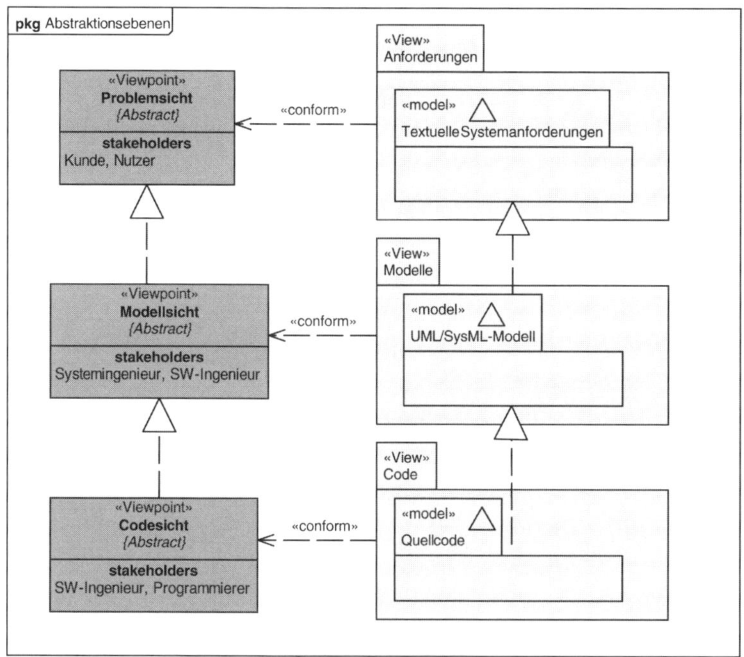

***Abb. 5.8** Verschiedene Abstraktionsebenen*

Diese Abstraktionen zwischen Modellen gilt es nun, in einem Entwicklungsprozess zu verbinden und Transformationen zu finden, die Informationen von der einen in die andere Abstraktionsebene übertragen. Die textuellen Anforderungen sollen das zu lösende Problem beschreiben, ohne das System- oder Softwaredesign vorwegzunehmen. Daher ist der Brückenschlag zwischen Anforderungen und Systemdesign immer ein kreativer Prozess, der erst das Problem erfasst, mögliche Lösungen skizziert und bewertet und dann die für das System- oder Softwaredesign optimale Lösung auswählt. Dabei müssen die funktionalen und nicht-funktionalen Anforderungen gegenübergestellt und auf Lücken bzw. Widersprüche geprüft werden. Randbedingungen wie der Kostenrahmen und verfügbare Basistechnologien müssen Berücksichtigung finden. Daher ist die Transformation zwischen dem textuellen Modell der Anforderungen und einem grafischen Modell in SysML und UML eigentlich immer manuell, wie das Paketdiagramm in Abbildung 5.9 zeigt. Für den Entwicklungsprozess bleibt dabei wichtig, dass die verschiedenen Ebenen miteinander verbunden werden, um Nachverfolgbarkeit im Modell zu gewährleisten. Mit der Möglichkeit der Anforderungsmodellierung in der SysML stehen uns dazu mittlerweile alle nötigen sprachlichen Mittel zur Verfügung.

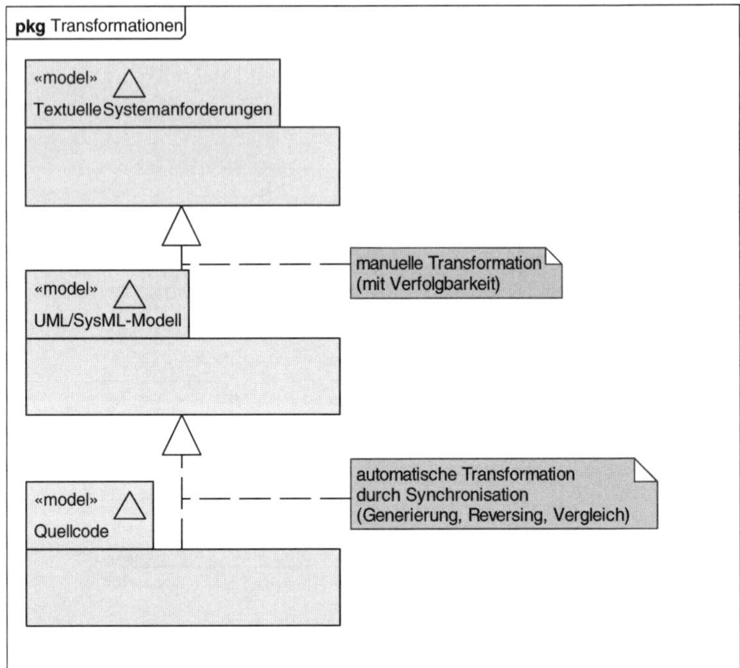

Abb. 5.9 *Transformationen zwischen Modellen*

Ein oder zwei Modelle für System und Software?

Betrachten wir die System- und Softwaremodellierung als Arbeit auf getrennten Abstraktionsebenen, so müssen wir das UML/SysML-Modell im stereotypisierten Paket in der Mitte der Abbildung 5.9 in zwei Modelle unterteilen. Wenn uns nur dedizierte Werkzeuge, die entweder SysML oder UML unterstützen, zur Verfügung stünden, wäre dies unausweichlich. Besser ist der Ansatz, möglichst in einem Modell zu arbeiten, so dass beide sprachlichen „Dialekte" für die Beschreibung von Systemsichten und von Softwaresichten gemeinsam unterstützt werden. Da die Konzepte der SysML explizit auch Software einschließen, wäre es in einem Modell möglich, beispielsweise über «allocate»-Beziehungen die Klassen der Softwarestruktur auf die Systemstruktur abzubilden.

Der Weg von der UML zum Code

Die UML ist keine grafische Programmiersprache, auch wenn visuelles Programmieren mit den formal spezifizierten Perspektiven der UML wie dem Klassenmodell und dem Zustandsmodell sehr effizient sein kann oder zumindest zu sein scheint. Die Verbindung von UML und objektorientierten Programmiersprachen wie C++, Java oder Ada95 ist keineswegs immer einfach und bedarf Transformationsregeln von der einen in die jeweils andere Ebene. Bei prozeduralen Sprachen wie ANSI-C ist die Notwendigkeit der transformatorischen Interpretation noch offensichtlicher. Da aber gerade diese Programmiersprache für eingebettete Systeme aus Gründen der Ressourceneffizienz, dem Fehlen von Compilern für C++ oder auch, um Zertifizierungsaufwände im durchführbaren Rahmen zu halten, immer noch weit verbreitet ist, lohnt sich der Aufwand, sich die Verbindung von UML und C-Code genauer anzusehen.

Aus welchen Sichten ist Code generierbar?

Immer wieder gern gesehen beim Berater für Modellierung, ist die Frage: „Aus welchen Diagrammen lässt sich denn Code generieren?" Wenn der Fragende dann viel Zeit mitbringt, können wir uns wieder auf die Grundsatzdiskussion über das Modell und die Diagramme als gefilterte Sichten auf das Modell einlassen. Trotzdem gibt es aus dem UML-Modell heraus die „natürlichen" Untermodelle, die zumeist in eine Transformation in Code eingehen, beispielsweise das Klassenmodell, das für objektorientierte, aber auch funktionale Programmiersprachen die statischen Konstrukte wie Klasse (oder Struktur), Variable oder Methode bzw. Funktion bereithält. Bei der folgenden Gegenüberstellung eines Klassendiagramms mit C-Code-Fragmenten sollten wir die Indirektion beim Modellieren nicht aus den Augen verlieren: Wir ändern im Klassendiagramm die Eigenschaften von Elementen des Klassenmodells. Diese Eigenschaften werden im Code übernommen. Daneben gibt es die mögliche Filterung der Modelleigenschaften in den Diagrammen: Wenn wir die Attribute einer Klasse in einem Diagramm nicht anzeigen, so sind diese aber dadurch nicht automatisch gelöscht. Das Kompositionsstrukturdiagramm in Abbildung 5.10 zeigt die Teil-Ganzes-Struktur der Klasse A. Die fünf zugehörigen Instanzreferenzen auf die Klasse B sind dargestellt, nicht aber die Operationen und Attribute der Klasse A. Trotzdem sind diese natürlich im Klassenmodell vorhanden.

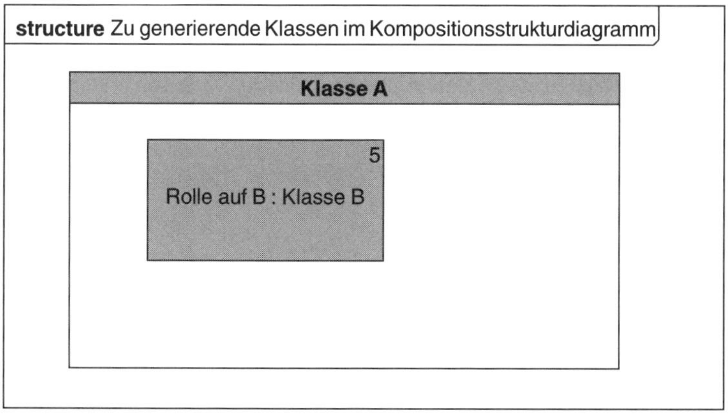

Abb. 5.10 *Zu generierende Klassen im Kompositionsstrukturdiagramm*

Beispiel für C Code

Da für eingebettete Systeme das Mapping von Modellinformationen auf ANSI-C immer noch große Bedeutung hat, wollen wir uns ein kleines Beispiel für die statischen Elemente des UML-Klassenmodells und deren Entsprechung in ANSI-C einmal kurz ansehen. Das Klassendiagramm in Abbildung 5.11 enthält zwei Klassen, die über eine Kompositionsbeziehung miteinander verbunden sind.

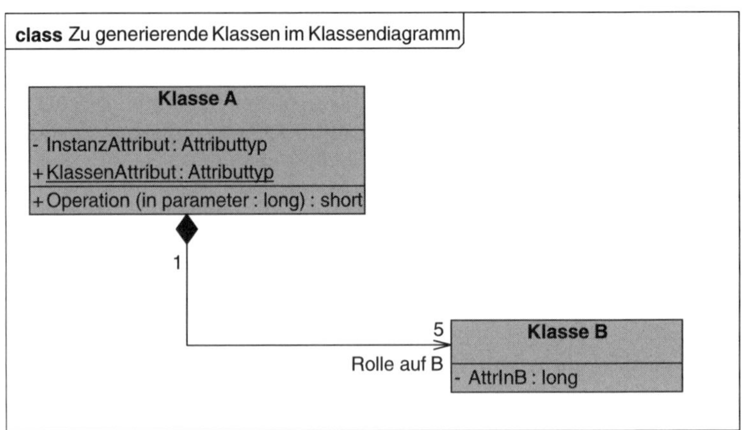

Abb. 5.11 Zu generierende Klassen im Klassendiagramm

Die Klasse A enthält zwei Attribute und eine Operation. Das Attribut „KlassenAttribut“ ist unterstrichen. Dies zeigt, dass dieses Attribut auf Klassenebene und nicht auf Instanzebene definiert ist. Auch die Sichtbarkeit der Klassenelemente ist im Diagramm dargestellt. Das Attribut „KlassenAttribut“ und die Operation sind öffentlich zugänglich, während das Attribut „InstanzAttribut“ nur privaten Zugriff erlaubt.

Die Codesicht im Header

Wenn wir nun für diese Klassen C-Code erzeugen, sind die Definitionen im UML-Klassenmodell die passende Interpretation in C. Das erzeugte Headerfile „KlasseA.h“ enthält in unserem Beispiel Standardentwurfsmuster, die wir auch beim handgeschriebenen Code verwenden würden. So gibt es ein Compilation Gate, das mehrmaliges Durchlaufen des Headers beim Kompilieren verhindert. Alle Namen aus dem Modell sind so verändert, dass ungültige Zeichen wenn möglich keine Verwendung im Code finden. So sind die im Modell immer wieder vorkommenden Leerzeichen in den Elementnamen im Code entfernt.

```
/*
File : .KlasseA.h
*/

#ifndef __KlasseA
#define __KlasseA

#include "KlasseB.h"

struct KlasseA
{
    Attributtyp InstanzAttribut;
    struct KlasseB rRolleaufB[5];
};
extern Attributtyp KlassenAttribut;
short Operation(struct KlasseA* this, long parameter);

#endif
```

Ein Kommentar am Anfang nennt den Dateinamen, der so heißt wie die Klasse. Danach werden die vom Code benötigten Header inkludiert. Die Klasse „Klasse A" hat eine Kompositionsbeziehung zur Klasse „Klasse B", daher brauchen wir deren Header. Die Klasse „Klasse A" selbst ist in eine Struktur transformiert. Diese enthält die Attribute und die Rollen auf Instanzebene, da diese für jede C-Variable, die mit dieser Struktur deklariert wird, unterschiedliche Werte annehmen können soll. Das auf Klassenebene modellierte Attribut „KlassenAttribut" ist hier als extern deklariert. Die eigentliche Deklaration ist in der Implementationsdatei „KlasseA.c". Da die Operation auch öffentlich zugreifbar sein soll, finden wir für die daraus generierte C-Funktion im Header natürlich auch eine Forward-Deklaration. Schließlich ist im Klassendiagramm ein „+" links neben dem Operationsnamen dargestellt.

```
/*
File : .KlasseA.c
*/

#include "KlasseA.h"


Attributtyp KlassenAttribut;
short Operation(struct KlasseA* this, long parameter)
{
return 1;
}
```

Die Codesicht in der Implementationsdatei

Die passend generierte Datei „KlasseA.c" enthält die implementationsinformationen auf Codeebene. Dazu gehören die Deklaration unseres Attributs „Klassenattribut" sowie die Implementierung der Operation. Als Platzhalter könnte der Codegenerator hier einen der Rückgabewertdefinition „short" entsprechenden Wert zurückliefern, damit ein Compile-Lauf den Code auch ohne weitere Vervollständigung frei von Warnungen übersetzen kann. Natürlich ist in der Implementationsdatei der Header für die Klasse referenziert.

Verschiedene Abstraktionsebenen am Beispiel des Verhaltensmodells

Was wir mit den softwarespezifischen Sichten eines UML-Modells beschreiben, ist eine abstrakte Sicht auf Abläufe und Strukturen, wie sie auf einem Zielsystem existieren. Den Quellcode, beispielsweise in ANSI-C, können wir aber auch als ein Modell der Abläufe und Strukturen ansehen. Dieses Modell wird wiederum durch einen Compiler in die ausführbare Maschinensprache übersetzt. Im Klassendiagramm in Abbildung 5.12 sehen wir drei UML-Pakete, die verschiedene Abstraktionsebenen darstellen. In der realen Welt auf dem Zielsystem finden wir eine Zustandsmaschine, die durch eine Zustandsmaschine auf der Ebene des Quellcodes abstrahiert werden kann. Mit der Notiz ist für diese Zustandsmaschine festgelegt, dass sie als passive Zustandsmaschine mit Run-To-Completion-Semantik[1] geschrieben ist. Gleichzeitig

[1] Dies ist eine Form der Implementierung von Zustandsmaschinen, die sich dadurch auszeichnet, dass alle in der UML oder SysML verwendbaren Konstrukte konsistent im Quellcode realisierbar sind.

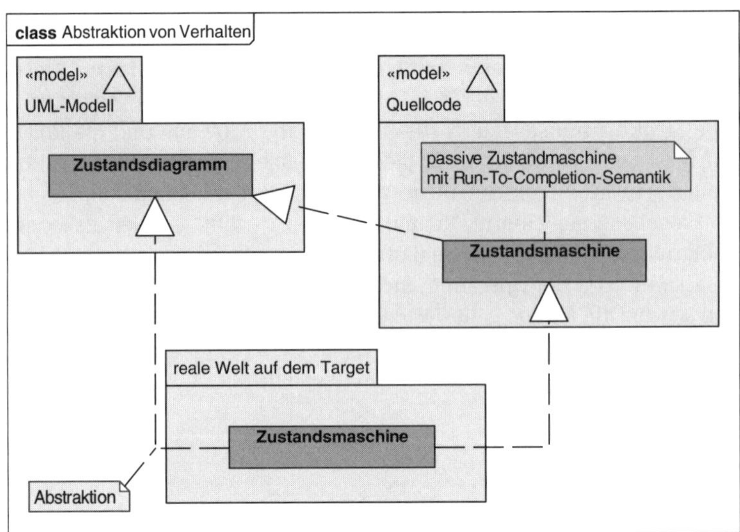

***Abb. 5.12** Abstraktion von Verhalten*

kann die reale Zustandsmaschine durch ein UML-Zustandsdiagramm abstrahiert dargestellt werden. Natürlich müssen wir den Begriff „Zustandsdiagramm" hier nicht zu wörtlich nehmen, denn ein dynamisches Objekt kann in der UML nicht nur in einem Zustandsdiagramm, sondern in einer Hierarchie von Zustandsdiagrammen beschrieben sein. Jeder Zustand kann ja seinerseits ein Zustandsdiagramm enthalten.

Implementationen von Zustandsmaschinen

Da Zustandsdiagramme endlichen Automaten entsprechen, gibt es natürlich verschiedene Implementationsformen für die Umsetzung in Quellcode. Wir können eine Zustandsübergangstabelle definieren, die für jeden möglichen Zustand und für jedes Eingangssignal den folgenden Zustand errechnen lässt. Es ist auch möglich, mit Funktionspointern zu arbeiten oder mit Switch-Case-Statements. Diese Realisierungen erlauben aber nur die Verwendung einer Untermenge der Modellierungsverfahren in Zustandsmaschinen.

Umsetzung als RTC-Zustandsmaschine

Eine passive Zustandsmaschine mit Run-to-Completion-Verfahren (RTC) ist dagegen in der Lage, semantisch alle möglichen Strukturen von UML-Zustandsdiagrammen umzusetzen. Dabei wird jedes Eingangssignal in eine Funktion umgesetzt, die als ersten Schritt immer ein Semaphor setzt, um weitere Signalverarbeitung zu sperren. Als vorletzten Schritt wird eine spezielle Funktion aufgerufen, die Bedingungen in der Zustandsmaschine darauf überprüft, ob sie jetzt wahr sind und daraufhin Aktionen durchgeführt werden müssen. Danach wird die Semaphore für weitere Eingangssignale wieder freigegeben.

Beurteilung von RTC

Vorteile dieses Vorgehens sind die transparente und die vollständige Umsetzung dessen, was im UML-Modell dargestellt ist. Nachteil ist, dass wir keine Prioritäten von Nachrichten definieren können und daher auch Antwortzeiteinschränkungen vorkommen können, wenn wir keine zusätzlichen Vorkehrungen treffen. Es kann daher nötig sein, hochpriore und niederpriore Nachrichten in separaten Zustandsmaschinen zu behandeln. Dies wiederum kann das Verhaltensmodell verkomplizieren.

5.2.1 Modellgetriebene Architektur (MDA)

Weiterentwicklung des Transformationsgedankens

Wenn wir die Generierung des Quellcodes aus dem Modell heraus als Transformation begreifen, so liegt bei Betrachtung der normalen Projekterfordernisse der Gedanke nahe, sich das Modell als Abstraktion des Codes noch genauer anzusehen. Dabei fällt auf, dass wir zwei grundsätzliche Dinge modellieren: Zum einen die „reine" Applikation, also die Funktionalitäten der Software, und zum anderen die Umsetzung dieser Applikation auf die ausgewählte Plattform. Natürlich sind diese beiden Sichten normalerweise miteinander verwoben, trotzdem lohnt sich der Gedanke, aus der getrennten Betrachtung von Applikation und Architektur für eine erweiterte Wiederverwendung Nutzen zu ziehen.

Diese Sichtweise ist von der OMG standardisiert

Seit einigen Jahren propagiert die Object Management Group unter dem Begriff Model Driven Architecture eine Trennung der fachbezogenen Modellanteile von den zur Implementierung notwendigen technischen Designentscheidungen. Die reinen Applikationsanteile mit generischen Implementationsideen werden Platform Independent Model (PIM), also plattformunabhängiges Modell genannt, während das Modell inklusive implementationstechnischer Information als Platform Specific Model (PSM), also plattformspezifisches Modell bezeichnet wird. Mit Hilfe der UML können Elemente auf beiden Ebenen beschrieben werden. Diesen Zusammenhang stellt das Paketdiagramm in Abbildung 5.13 dar. Über dem plattformunabhängigen Modell steht noch das CIM, das Computational Independent Model. Hier können wir die Anforderungen an das System finden, beispielsweise mit Mitteln der Geschäftsregeln (engl. Business Rules) beschrieben.

Beispiel für ein Echtzeitsystem

Normalerweise unterscheidet man im Modell die Spezifikation einer Funktionalität nicht von ihrer technischen Implementierung. Ein Beispiel: Im Modell wird spezifiziert, dass es nebenläufige Prozesse gibt, also Dinge gleichzeitig oder pseudogleichzeitig passieren. Hier läuft die Applikation parallel zur Auswertung von Hardwareregistern, die beim Auftreten von Nachrichten diese in einer Interrupt-Service-Routine (ISR) verarbeiten und weitergeben. Dazu wird das Konzept des Event Flags verwendet, was von den meisten Echtzeitbetriebssystemen unterstützt wird. Die ISR setzt das Flag, und die Applikation liest es. Wenn das Lesen vor dem Setzen geschieht, muss die Applikation warten. Verwendet man die üblichen Symbole für das Taskdesign, könnte das Kommunikationsschema so aussehen wie in Abbildung 5.14, einem stereotypisierten Kommunikationsdiagramm:

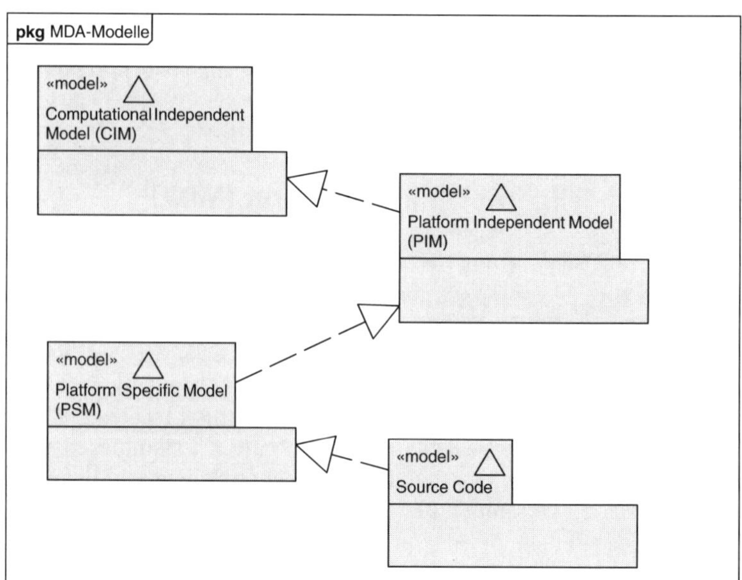

Abb. 5.13 *MDA-Modelle*

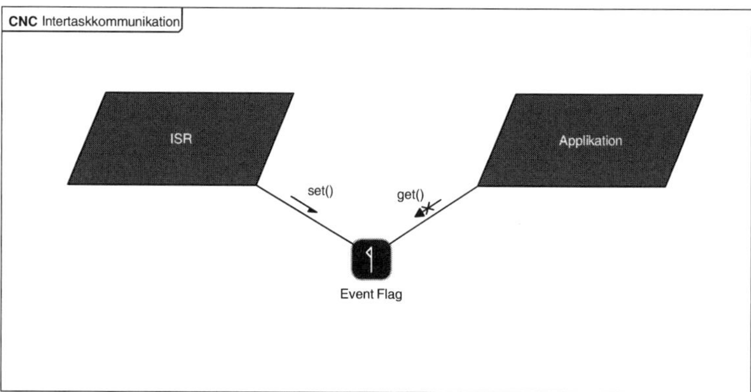

Abb. 5.14 *Intertaskkommunikation: Asynchrone Kommunikation ohne Daten*

Hinter dieser Objektinteraktion verbergen sich Klassen, die die Eigenschaften der beteiligten Objekte festlegen. Ein Softwaredesigner könnte das nun ganz generisch definieren, indem er beispielsweise nur die generellen Eigenschaften beschreibt, die das zukünftig im System genutzte Echtzeitbetriebssystem haben muss. In unserem Fall hier wären das die Tasks und ein Kommunikationselement für die asynchrone Kommunikation ohne Daten, also ein Event Flag oder eine Mutex-Semaphore. Die Einbindung dieser generellen Konzeptklassen in die Applikation sähe dann in etwa so aus, wie im Klassendiagramm in Abbildung 5.15 dargestellt.

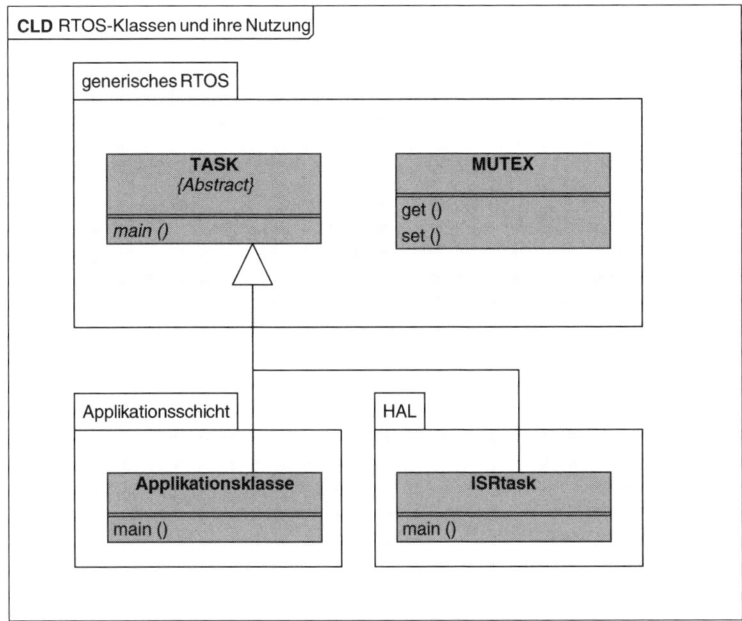

Abb. 5.15 *Generische RTOS-Klassen und ihre Nutzung durch die Applikation*

Betriebssystemintegration

Nun möchte nicht jeder parallel zur Applikationsentwicklung ein passendes Echtzeitbetriebssystem entwickeln. Zwar sind viele Projekte verknüpft mit eigenen, handgeschriebenen Schedulern oder anderen (Rumpf-)Betriebssystemen, doch ist es im Sinne der Wiederverwendung und der Fokussierung auf die eigene Applikationsdomäne sicher vorteilhaft, vorhandene und verfügbare Betriebssysteme zu nutzen. Es wird also irgendwann im Design eine Entscheidung für ein spezifisches Betriebssystem geben, und deren Elemente werden mit der Applikation im Softwaredesign verknüpft. Dies kann auf unterschiedliche Art erfolgen:

1. Durch die Nutzung eines Code Frameworks.
2. Durch direkte Integration der Betriebssystemklassen.

Nutzung von Code Frameworks

Code Frameworks sorgen dafür, dass die generische Nutzung von Konzepten, wie hier die RTOS-Integration, auf Codeebene mit einer spezifischen RTOS-Implementierung verknüpft wird. Entweder geschieht das durch sogenannte Wrapperklassen, die die realen Funktionen im RTOS kapseln oder durch Mapping mit Code Makros. In jedem Fall wird etwas „Künstliches" zwischen die Betriebssystemfunktionen und die Applikation geschoben, es kann sein, dass nicht alle spezifischen RTOS-Funktionalitäten nutzbar sind, oder es gibt eine Indirektionsstufe mehr, oder aber der Code ist nur schwer lesbar.

Integration der realen Betriebssystemklassen

Bei der zweiten Alternative können die Betriebssystemkomponenten zum Beispiel durch Code Reversing in das UML-Modell in ein separates Paket übernommen werden. Danach stehen die RTOS-Funktionen und Klassen direkt für die Applikationsentwicklung zur Verfügung. Das

Klassendiagramm mit der Nutzung der RTOS-Klassen würde danach so aussehen wie in Abbildung 5.16.

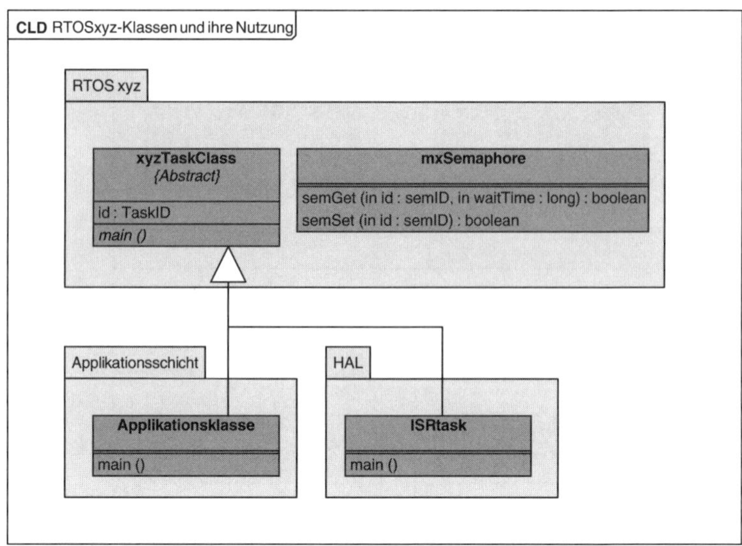

Abb. 5.16 *Direkte Nutzung der Klassen eines spezifischen RTOS*

Hier gibt es also eine Kopplung zwischen den Applikationsobjekten und Realisationsklassen, die die Lösungsideen erst ermöglichen. So kann die asynchrone Kommunikation zwischen den verschiedenen Tasks nur mit dem genutzten Betriebssystem realisiert werden. Alle Abstraktionsebenen sind transparent im Klassenmodell verfügbar.

Ist das aber in jedem Fall immer die optimale Vorgehensweise?

MDA als Alternative

Die modellgetriebene Architektur (MDA) schlägt einen anderen Weg vor. In einem plattformunabhängigen Modell kann der Entwickler seine Designkonzepte beschreiben, ohne auf die tatsächlich zu nutzenden Implementationsklassen zuzugreifen. Das sähe in unserem Betriebssystembeispiel folgendermaßen aus:

Wir modellieren die Konzepte „Task" und „Semaphore" unabhängig vom später eingesetzten Betriebssystem. Dazu statten wir im PIM die jeweiligen Konzepte mit einem Stereotyp «PIM-Concept» aus. Die Klasse „TMutex" ist somit die Basisklasse, mit der wir in der Applikation das Konzept einer Mutex-Semaphore nutzen können.

Wo definieren wir die „echte" Plattform-implementierung?

Das Klassendiagramm in Abbildung 5.17 zeigt ein Bild, dass es eigentlich weder auf PIM- noch auch PSM-Ebene gibt. Was wir brauchen, ist eine Möglichkeit der gesteuerten Transformation vom PIM-Konzept in ein ausgewähltes PSM-Konzept, wie beispielsweise „TLinuxMutex". Die hier genutzte Implementierung eines MDA-Konzepts sieht vor, dass der Modellierer nur in einem Modell arbeitet, dem plattformunabhängigen Modell PIM. Durch Annotierungen im PIM können wir die plattformspezifischen Entscheidungen einstellen, so dass der Codegenerator die pas-

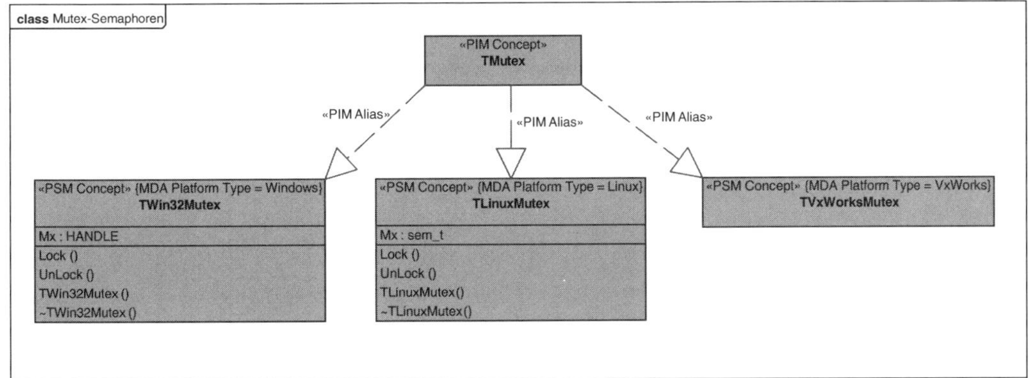

Abb. 5.17 *MDA-Transformation von Mutex-Semaphoren*

sende Implementierungsart herausliest und den korrekten plattformspezifischen Code erstellt. Das PSM ist lediglich ein Schattenmodell auf dem generativen Weg zum Source Code.

MDA im Kontext eines Entwicklungsprozesses

Diese Implementierung von MDA-Konzepten hat zum Ziel, die Rollen in einem Entwicklungsprozess optimal zu nutzen. Der Spezialist in der Applikationsdomäne kann sich auf die Applikation selbst konzentrieren. Er muss lediglich wissen, dass er in unserem Fall eine Mutex-Semaphore braucht, um zwischen verschiedenen Tasks Informationen auszutauschen. Ein Spezialist für die verschiedenen Plattformen wird dagegen im Bereich des Transformators (hier bei den Transformationsregeln im Codegenerator) arbeiten. Er verbindet die plattformunabhängigen Konzepte mit den spezifischen Konzepten. Die Transformation selbst bei der Generierung des Applikationscodes geschieht danach unabhängig.

Die hehre Lehre

In der Definition der MDA ist die Beschreibung der Modellierung der jeweiligen Ebenen durchdacht und verständlich. Die Transformationen zwischen den verschiedenen Plattformebenen sind dagegen noch nicht im gleichen Reifegrad standardisiert. Die Objekt Management Group hat, basierend auf dem Meta Object Facility (MOF) die MOF QVT definiert. QVT steht für „Query Views Transformations“ und verbindet die Metamodellierung mit MOF 2.0 mit einem Subset der OCL, so dass damit Transformationsregeln beschreibbar sind.

6 | Ausführbare Spezifikationen mit xUML am Beispiel FLASHman

Gastkapitel von Markus Schacher, KnowGravity, Inc.

Der (realistische?!) Traum eines Systementwicklers zur Vermeidung von Fehlern ist es, möglichst früh im Entwicklungsprozess eine ausführbare Spezifikation zur Verfügung zu haben. Mit der eXecutable UML (xUML) als spezifischer Variante der UML ist dies möglich. Ich freue mich außerordentlich, dass mit Markus Schacher ein erfahrener xUML-Experte das im UML-Kapitel vorgestellte Beispiel des FLASHman so in xUML umsetzt, dass die Unterschiede und Gemeinsamkeiten der xUML mit der UML klar ersichtlich werden. Dabei betrachten wir die verschiedenen xUML-Diagramme und die UML-Aktions-Semantik, ohne die eine Verhaltensbeschreibung unabhängig von Programmiersprachen nicht möglich ist, im Beispiel auf verschiedenen Ebenen.

Buchseiten sind per se nicht ausführbar, aber das Beispiel wurde von Markus Schacher so transparent umgesetzt, dass der Leser einen umfassenden Überblick zu xUML erhält.

Danke, Markus!

Übersicht

6.1 Überblick über die eXecutable UML (xUML)

xUML als UML-Dialekt

Die xUML ist eine präzise Variante der UML, welche die Erstellung direkt ausführbarer Modelle erlaubt. Solche xUML-Modelle beschreiben die geforderte Funktionalität eines (Software-)Systems in einer lösungsneutralen Form. Die hier kurz vorgestellte Variante der xUML wird von CASSANDRA/xUML in Kombination mit dem UML-Werkzeug ARTiSAN Studio unterstützt. In dieser Variante der xUML kommen die folgenden, im Wesentlichen bereits bekannten UML-Diagramme zur Anwendung:

- **xUML-Anwendungsfalldiagramme** zeigen, welche Benutzertypen welche Funktionen des Systems ausführen. Dabei unterscheidet sich ein xUML-Anwendungsfalldiagramm in keiner Weise von einem „normalen" Anwendungsfalldiagramm. Insbesondere stehen die «include»-, die «extend»- sowie die Spezialisierungsbeziehung zwischen Anwendungsfällen für die Modellierung komplexer Wiederverwendungsszenarien zur Verfügung.
- Sogenannte „**Blackbox-Sequenzdiagramme**" zeigen pro Anwendungsfall, welche elementaren Dienstleistungen (engl. Requests) dem jeweils den Anwendungsfall ausführenden Akteur zur Verfügung stehen. Speziell an dieser Art von Sequenzdiagramm ist, dass es lediglich zwei interagierende Systeme zeigt: das System als Blackbox und die Umwelt des Systems als Repräsentant des Benutzers. Die einzelnen Requests werden in der xUML als Ereignisse mit Parametern modelliert.
- Das **xUML-Domänenobjekt-Diagramm** ist ein UML-Klassendiagramm, das die fachlichen Klassen des Systems zeigt. Zwischen diesen Domänenobjekten können sowohl normale Assoziationen als auch Spezialisierungsbeziehungen mit der üblichen Semantik modelliert werden. Außerdem lassen sich diesen Domänenobjekten Attribute mit verschiedenen elementaren Datentypen (boolean, text, real etc.) hinzufügen. In der xUML werden zudem oft abgeleitete Attribute (mit vorangestelltem „/") verwendet, hinter denen ein beliebig komplexer Ausdruck zur Berechnung des aktuellen Wertes stehen kann. Das dynamische Verhalten von Domänenobjekten wird in der xUML nicht durch einzelne Operationen, sondern durch xUML-Zustandsdiagramme (siehe unten) beschrieben.
- Ein **xUML-Zustandsdiagramm** beschreibt das dynamische Verhalten eines einzelnen Domänenobjektes. Wie für Zustandsdiagramme üblich, zeigt es verschiedene Zustände, die das Objekt einnehmen kann, und wie es in diesen Zuständen auf Requests (Events) reagiert. Dazu steht wiederum das ganze Arsenal der UML-Zustandsmodellierung zur Verfügung (Superzustände, parallele Zustände etc.).
- Schließlich werden mit **xUML-Objektdiagrammen** konkrete Instanziierungen des Domänenobjekt-Modells modelliert. Hierbei lassen sich Instanzen von Domänenobjekten mit konkreten Attributwerten, aber auch Instanzen von Assoziationen (engl. Links) modellieren.

Textuelle Ergänzungen

Um die gesamte durch ein UML-Modell ausgedrückte Funktionalität tatsächlich ausführbar zu machen, fehlen noch zwei weitere textuelle Elemente:

- Mithilfe der **Object Constraint Language (OCL)** lassen sich komplexe Ausdrücke wie Bedingungen, Berechnungen oder Objektnavigationen auf hohem Abstraktionsniveau formulieren. Die Evaluation eines solchen Ausdrucks liefert ein bestimmtes Ergebnis, ist an sich aber frei von Seiteneffekten. Im Rahmen der xUML wird die gesamte Semantik der OCL bereitgestellt, es wird jedoch eine Syntax als in der Standard-OCL verwendet, die der englischen Sprache näher ist.
- Ein weniger bekanntes Element der UML ist die sogenannte **„UML-Aktions-Semantik"**. Damit wird ein Satz programmiersprachenunabhängiger Operationen standardisiert, mit denen sich Effekte spezifizieren lassen. Dazu gehören beispielsweise das Erzeugen oder Löschen von Objektinstanzen, das Setzen von Attributwerten oder das Herstellen bzw. das Auflösen von Assoziationsinstanzen (Links) zwischen Objekten. Die UML definiert jedoch keine konkrete Syntax für die UML-Aktions-Semantik, sondern lediglich (wie der Name schon sagt) deren Semantik. Für die xUML wurde dafür wiederum eine konkrete Syntax festgelegt, die sich so weit wie möglich an der englischen Sprache orientiert.

6.2 Ausführung von xUML-Modellen

Aufbau als virtuelle Maschine

Mit den im vorherigen Abschnitt eingeführten Elementen lässt sich nun ein xUML-Modell erstellen, welches direkt ausführbar ist. Aber was heißt denn nun „direkt ausführbar" genau? Ein solches Modell kann in eine spezielle Umgebung transferiert werden, die im Kern auf einer sogenannten **„UML Virtual Machine (UVM)"** basiert. Dabei handelt es sich, ähnlich wie bei der Java Virtual Machine (JVM), um einen Interpreter, der eine plattformneutrale „Maschinensprache" ausführt.

In dieser Umgebung kann der Benutzer Objekte instanziieren und mittels Links zueinander in Beziehung setzen, Meldungen im Sinne von Events an Objektinstanzen senden und deren Folgen beobachten, aber auch in der Rolle eines Akteurs ganze Anwendungsfälle ausführen. Zudem besteht die Möglichkeit, interaktiv einzelne OCL-Ausdrücke zu evaluieren und einzelne Aktionen auszuführen sowie verschiedene „innere" Vorgänge bei der Ausführung des Modells zu verfolgen (Model-Level Debugging).

Ablauf als Simulation

Ein aktueller Zustand des Modells (d.h. seine aktuelle Instanziierung) lässt sich jederzeit abspeichern und später wieder herstellen. Schließlich können sämtliche durch einen Benutzer ausgeführte Aktionen sowie die vom Modell gezeigten Reaktionen automatisch aufgezeichnet und unter einem Namen als Testfall abgespeichert werden. Diese Testfälle lassen sich zu Gruppen zusammenfassen und als Regressionstests nach Modelländerungen automatisch wiederholen.

Bei der beschriebenen xUML-Ausführungsumgebung handelt es sich somit um einen „geschützten Sandkasten", in dem sich auch komplexe Experimente wie (Echt-)Zeit-simulationen mit dem spezifizierten System machen lassen. Aus diesem Grund wird in diesem Zusammenhang oft auch von der **„Simulation" des xUML-Modells** gesprochen.

6.3 Das Beispiel „FLASHman"

Schichtenarchitektur

Zur Illustration der wichtigsten Konzepte der xUML soll an dieser Stelle das bereits bekannte Beispiel des FLASHman herangezogen werden. Beim Entwurf funktionaler Modelle von technischen Systemen hat sich die folgende dreischichtige Modellarchitektur bewährt:

- Im **Hardware Abstraction Layer (HAL)** werden die Elemente der zu steuernden Hardware in der Software abstrahiert. Im Falle des FLASHman werden hier Domänenobjekte wie „CODEC" (Coder-Decoder), „D/A Converter", „Amplifier" oder „Display" modelliert.
- Der **Logical Controller Layer (LCL)** abstrahiert Domänenobjekte, mit denen wichtige fachliche Abläufe verbunden sind. Dabei handelt es sich in erster Linie um Domänenobjekte, die Prozesse oder zu produzierende oder zu verarbeitende Produkte repräsentieren. In unserem FLASHman-Beispiel sind dies etwa „Artist", „Album", „Title" oder „Playlist". Alle diese Domänenobjekte werden „abgearbeitet", und diese Abarbeitung ist durch die Software zu steuern.
- Die Prozesse des LCL werden normalerweise durch ein Übersystem ausgelöst, genutzt und überwacht. Ein solches Übersystem ist in vielen Fällen ein Mensch (z. B. der Benutzer des FLASHman), kann aber auch ein übergeordnetes technisches System sein. Der **User Interface Layer (UIL)** repräsentiert das Modell der Schnittstelle dieses Übersystems zu den unteren zwei Schichten der Architektur.

6.3.1 Der FLASHman User Interface Layer

Systemsteuerung

Betrachten wir nun diese drei Schichten am Beispiel des FLASHman. Wir beginnen mit dem Anwendungsfallmodell im User Interface Layer UIL. Abbildung 6.1 zeigt das xUML-Anwendungsfalldiagramm. Aus der Perspektive der xUML ist hier nichts Besonderes anzumerken, da es sich dabei um ein ganz normales UML-Anwendungsfalldiagramm handelt.

Hinter jedem dieser Anwendungsfälle steht nun ein xUML-Blackbox-Sequenzdiagramm. In den drei Sequenzdiagrammen der Abbildung 6.2 sind beispielsweise diejenigen der Anwendungsfälle „start playlist", „navigate" und „set volume" dargestellt. Die Semantik dieser Diagramme ist sehr einfach: Sie zeigen weder Abfolgen noch Alternativen noch Wiederholungen von Interaktionen. Sie zeigen lediglich eine Auflistung von Requests, die der Akteur im Rahmen des jeweiligen Anwendungsfalls an das System absetzen kann[1]. Die einzelnen Requests sind in der xUML als Ereignisse, optional mit Parametern modelliert. So hat beispielsweise der Request „set playlist" im Anwendungsfall „start playlist" den Parameter „playlist", mit dem mitgeteilt wird, welche Playlist gespielt werden soll.

[1] Die Requests können nach wie vor mittels Kontrollstrukturen (Sequenzen, Selektionen, Iterationen etc.) strukturiert werden, dies wird jedoch bei der Ausführung des xUML-Modells nicht berücksichtigt.

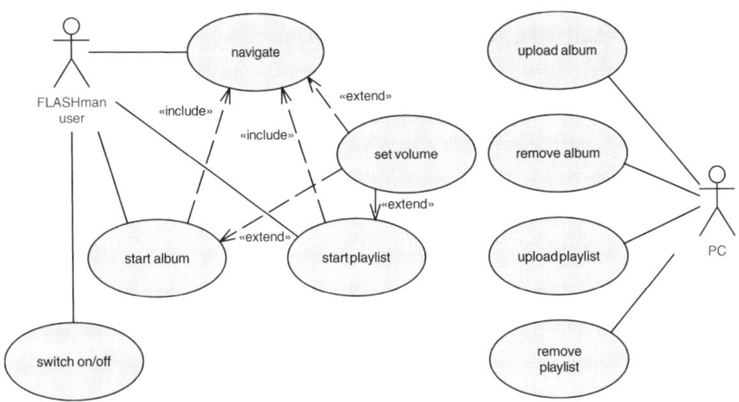

Abb. 6.1 *Anwendungsfälle im FLASHman UIL*

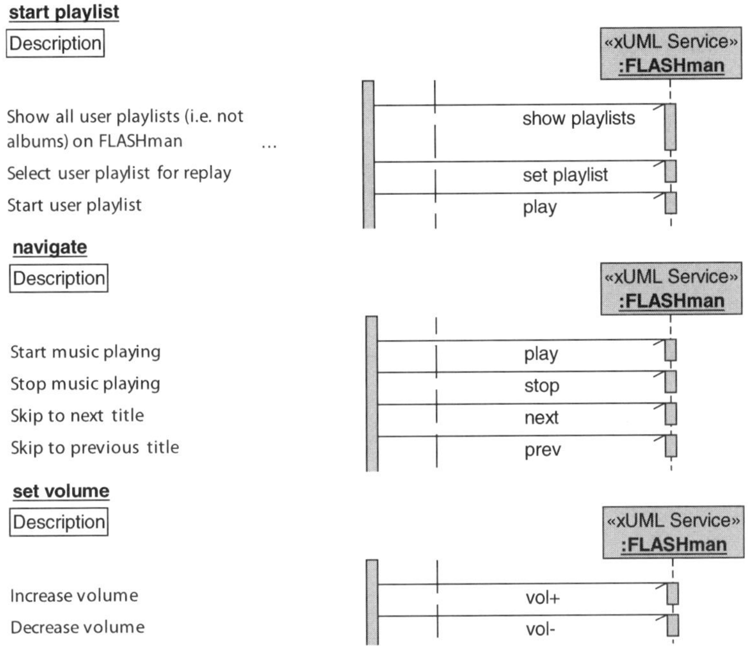

Abb. 6.2 *Drei Blackbox-Sequenzdiagramme im FLASHman UIL*

Selbstverständlich können Anwendungsfälle auch in der xUML weiter verbal beschrieben werden (mit Intent, Vor- und Nachbedingungen etc. wie weiter vorne in diesem Buch erläutert) – nur haben diese Beschreibungen keinen Einfluss auf die Ausführung des xUML-Modells.

Aus den xUML-Anwendungsfalldiagrammen sowie den xUML-Blackbox-Sequenzdiagrammen erzeugt nun das Laufzeitsystem der UML Virtual Machine (UVM) ein einfaches GUI, wie es in Abbildung 6.3 dargestellt ist.

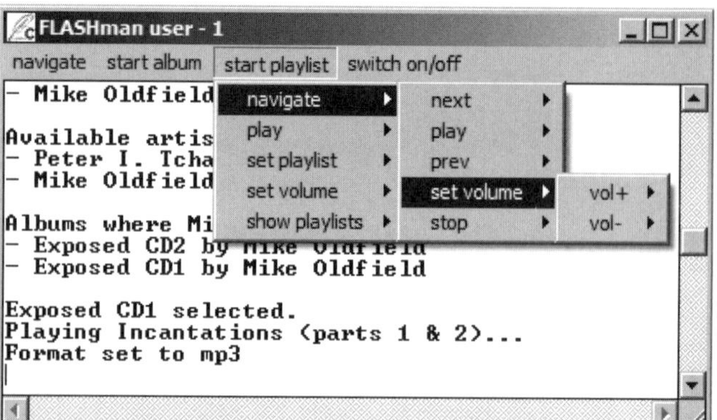

Abb. 6.3 *Das generierte FLASHman GUI*

Systemschnittstellen

Eine weitere Funktion, die der User Interface Layer übernimmt, ist die Steuerung der Schnittstellen zu den Akteuren des Systems. Dazu dienen die zwei Klassen „hci controller“ (Human-Computer Interface controller) und „pc interface“ (siehe Abb. 6.4). Der PC, mit dem Musik auf den FLASHman hochgeladen werden kann, ist dabei selbst als eigenständiges System im Umfeld des FLASHman modelliert.

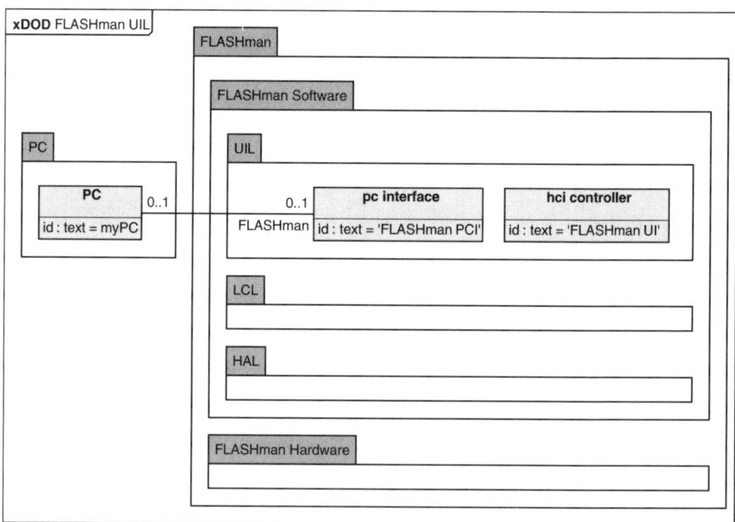

Abb. 6.4 *Der FLASHman UIL*

Diese beiden Schnittstellen-Klassen fungieren dabei als sogenannte „Fassaden“, d.h., sie nehmen die im Anwendungsfallmodell spezifizierten Requests vom Akteur entgegen und leiten sie an die zuständige Klasse in den unteren Layern weiter. Wir kommen am Schluss dieser Beschreibung noch einmal auf diese Klassen zurück.

6.3.2 Der FLASHman Hardware Abstraction Layer

Die physikalische Schicht

Nun wenden wir uns dem anderen Ende der Schichtenarchitektur zu: der Hardware des FLASHman. Hier sind die folgenden elektronischen Komponenten durch die Software zu steuern:

- Die Musikdaten werden in einem **FLASH-Speicher** persistent abgelegt, der seinerseits einen kleinen Controller für den Datenzugriff enthält. Dieser Controller unterstützt einen automatischen Datentransfer zwischen der FLASHman-Hardware und dem eigentlichen FLASH-Speicher via DMA (Direct Memory Access).
- Der **CODEC (Coder-Decoder)** bildet zusammen mit dem **DAC (Digital/Analog Converter)** eine Einheit, die via DMA Audiodaten im MP3- oder WMA-Format aus dem FLASH-Speicher in ein Analogsignal transformiert. Dazu hat die Software das Datenformat, die Startadresse und die Länge des Eingangsstroms an den Controller des FLASH-Speichers zu übermitteln. Sobald der gewünschte Bytestrom vollständig abgearbeitet ist, wird dies durch das Signal „complete“ der Software gemeldet.
- Durch den **Amplifier (Verstärker)** wird schließlich das Analogsignal aus dem DAC in die vom Benutzer gewünschte Lautstärke verstärkt. Dazu lässt sich über die Software der gewünschte Ausgangspegel im Bereich 0 ... 255 einstellen.
- Schließlich kann die Software auf dem **LCD-Display** verschiedene Kurztexte, wie beispielsweise den aktuell gespielten Titel, anzeigen.

Hardwareklassen

Diese fünf Hardware-Bausteine sind als vier einzelne Klassen im Hardware Abstraction Layer (HAL) abstrahiert (siehe Abb. 6.5), da der DAC nicht direkt durch die Software anzusteuern ist. Da jeder dieser fünf Hardware-Bausteine in einem FLASHman genau einmal vorkommt, sind

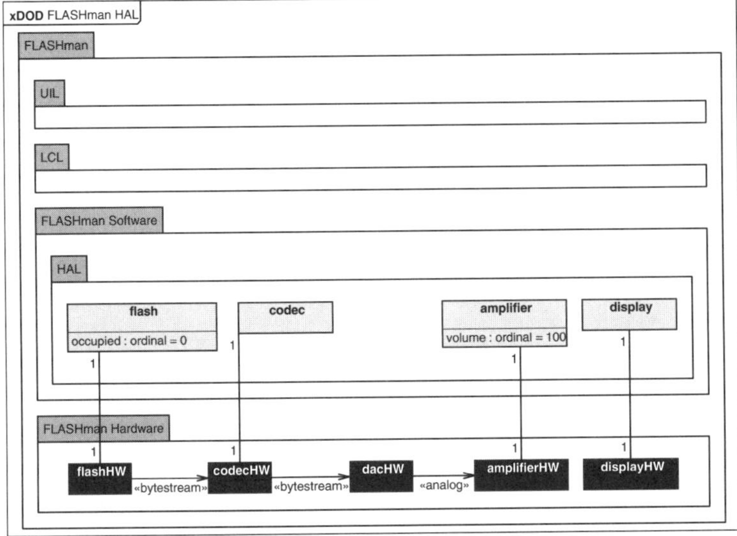

Abb. 6.5 Die FLASHman-Hardware und der FLASHman HAL

die entsprechenden vier Klassen sogenannte „Singletons“, d.h. Klassen, von denen jeweils nur genau eine einzige Instanz existiert.

Die Hardware-Elemente weisen zwar untereinander elektrische Verbindungen auf (zumindest die ersten drei), diese sind jedoch für die Steuerungssoftware nicht relevant. Aus diesem Grund sind im HAL auch keine Assoziationen zwischen den entsprechenden Klassen modelliert.

Verhalten der Hardwareelemente

Die Verhaltensmodelle der vier Device-Klassen sind trivial. Abbildung 6.6 zeigt beispielsweise das Zustandsdiagramm der „amplifier“-Klasse: Es besteht lediglich aus einem Zustand „ready“, in dem die Impuls-Ereignisse „inc-volume“ und „dec-volume“ aus dem UIL in die entsprechenden numerischen Signale zur Steuerung der Hardware umgesetzt werden.

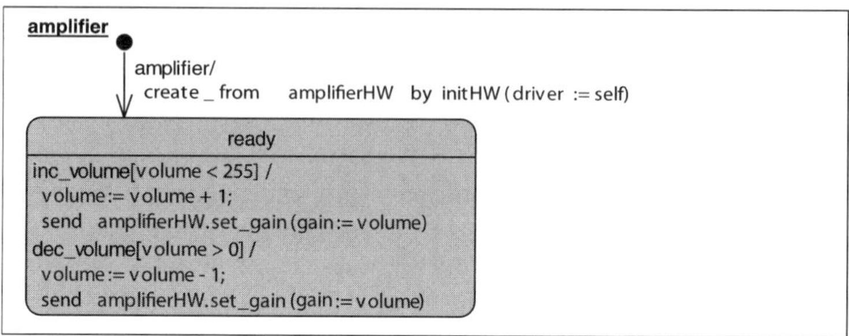

Abb. 6.6 *Das Zustandsdiagramm „amplifier“*

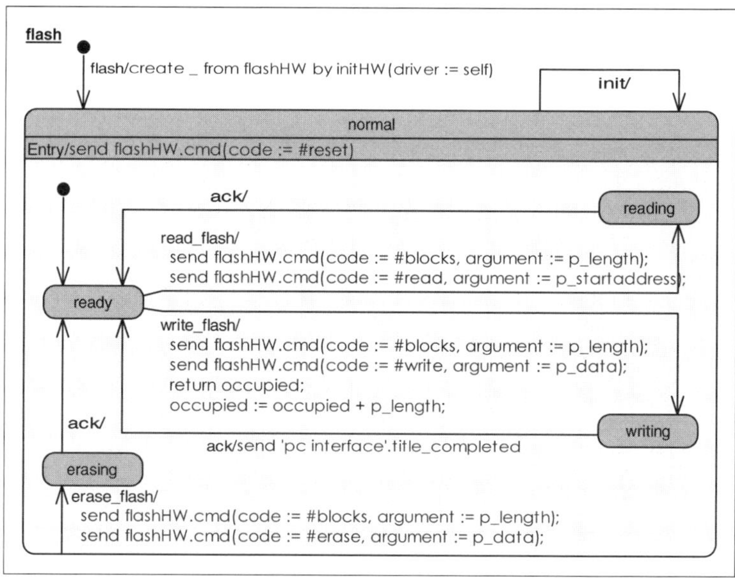

Abb. 6.7 *Das Zustandsdiagramm „flash“*

Abbildung 6.7 zeigt das Zustandsdiagramm der Klasse „flash“, welche für die Ansteuerung des FLASH-Controllers zuständig ist. Mit diesem kommuniziert die FLASHman-Software über eine einfache Schnittstelle:

- Durch das Signal „cmd“ sendet die FLASHman-Software verschiedene Kommandos („reset“, „blocks“, „read“, „write“ und „erase“) an den FLASH-Controller.
- Durch das Signal „ack“ meldet der FLASH-Controller der FLASHman-Software den Abschluss der Ausführung eines Kommandos.

Die Device-Klasse ihrerseits wird aus den oberen Schichten der FLASHman-Software durch die Requests „init“, „read-flash“, „write-flash“ und „erase-flash“ (jeweils mit entsprechenden Parametern wie „length“ oder „startaddress“) angesteuert.

6.3.3 Der FLASHman Logical Controller Layer

Die Logikschicht

Nun kommen wir zum interessantesten Teil unseres FLASHman-Modells, dem Logical Controller Layer LCL (siehe Abb. 6.8). Hier finden wir beim FLASHman Domänenobjekte wie „album“, „title“ oder „playlist“. Diese Domänenobjekte haben zwei wichtige Aufgaben:

- Sie sind die Grundlage vieler Instanzen, die im FLASH-Speicher des FLASHman persistent gehalten werden müssen.

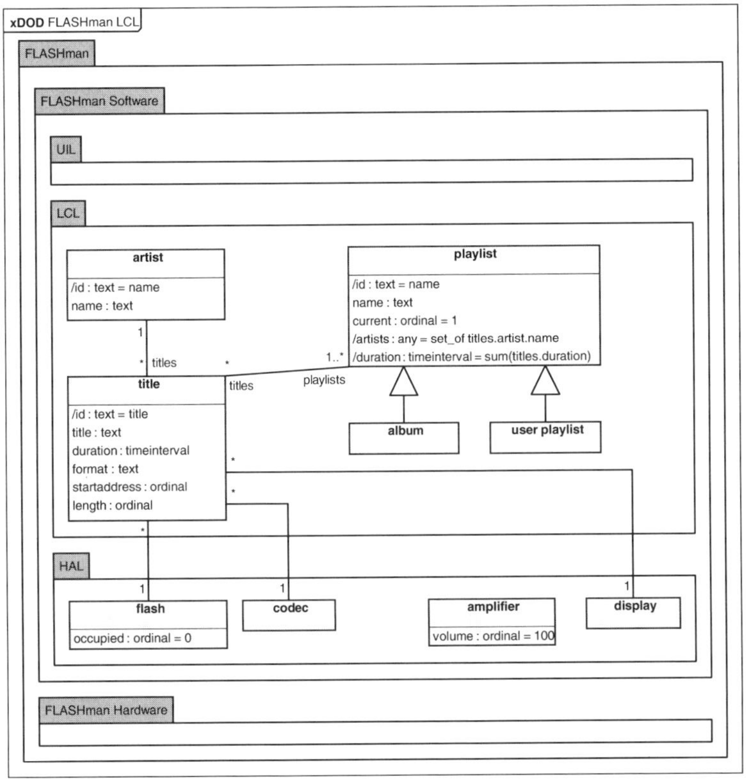

Abb. 6.8 *Der FLASHman LCL*

- Sie bestimmen die Abläufe, mit denen die Hardware des FLASHman via HAL gesteuert wird, um den durch die Anwendungsfälle beschriebenen Nutzen zu erzielen.

Hier sind auch einige interessante Attribute zu finden. In der xUML besitzt jede Objektinstanz eine technische OID (Objektidentifikation), mit der sie sich eindeutig identifizieren lässt. Diese ist jedoch für den menschlichen Benutzer nichtssagend (z.B. „4237"). Daher besitzt der Name „id" in der xUML eine spezielle Bedeutung: Ein Attribut mit diesem Namen (ob normal oder abgeleitet) wird automatisch als „sprechende" Objektidentifikation interpretiert. Alle Domänenobjekte des LCL weisen solche abgeleiteten „id"s auf, damit sie beispielsweise während der Simulation einfacher zur Beobachtung auszuwählen sind (so wird beispielsweise die „id" eines Artisten aus dessen „Namen" abgeleitet). Ähnlich verhält es sich mit dem Attribut „/duration" von „playlist": Es leitet sich aus der Summe der Attribute „duration" aller Titel ab.

Da die Domänenobjekte des LCL diejenigen des HAL kennen müssen, um sie steuern zu können, bestehen nicht nur Assoziationen zwischen LCL-Objekten, sondern auch zu den jeweils benötigten HAL-Objekten. Das Domänenobjekt „title" übernimmt hier die Kommunikation mit allen HAL-Klassen, da es eine zentrale Rolle bei der Steuerung von Abläufen spielt. Abbildung 6.9 zeigt das Zustandsdiagramm von „title".

Jeder auf den FLASHman geladene Titel führt zu einer eigenen Instanz der Klasse „title". Wird eine solche angelegt, so werden ihre Attribute initialisiert (siehe ①), der „artist" instanziiert (falls er nicht bereits existiert) (siehe ②), die Verbindung zu den HAL-Klassen hergestellt (siehe ③), die Daten des Titels ins FLASH geschrieben (siehe ④) und eine entsprechende Meldung auf dem Display ausgegeben (siehe ⑤).

Nun ist der Titel im Zustand „writing" und wartet, bis die HAL-Klasse „flash" den Zustand „normal.ready" erreicht, was wiederum den Titel in den Zustand „idle" überführt. Das Abspielen des Titels wird durch den Request „play-title" angestoßen und ist ebenfalls beendet, wenn die HAL-Klasse „flash" wieder den Zustand „normal.ready" erreicht. Auch das Löschen eines Titels wird wiederum mit den Zuständen der HAL-Klasse „flash" synchronisiert. Alle diese „when(...)"-Transitionen repräsentieren globale Modellbedingungen, die alleine durch das Wahrwerden der jeweiligen Bedingung, d.h. ohne expliziten Anstoß ausgelöst werden[2].

Die LCL-Klasse „playlist" (siehe Zustandsdiagramm in Abb. 6.10) spielt insofern eine zentrale Rolle im LCL, als sie vom Benutzer zur Wiedergabe ausgewählt wird und somit ihrerseits alle dazugehörigen „title"-Instanzen abspielt. Dies wird durch die „Entry"-Transition des Zustands „playing" bewirkt: Sie sendet an den „i"-ten Titel in der Beziehung „titles" den Request „play-title", wobei „i" dem aktuellen Wert des Attributes „current" entspricht. Über die Requests „next-title" und „prev-title"

[2] In einer konventionellen, objektorientierten Implementation müsste jede einzelne „when(...)"-Transition durch ein „Observer"-Pattern realisiert werden.

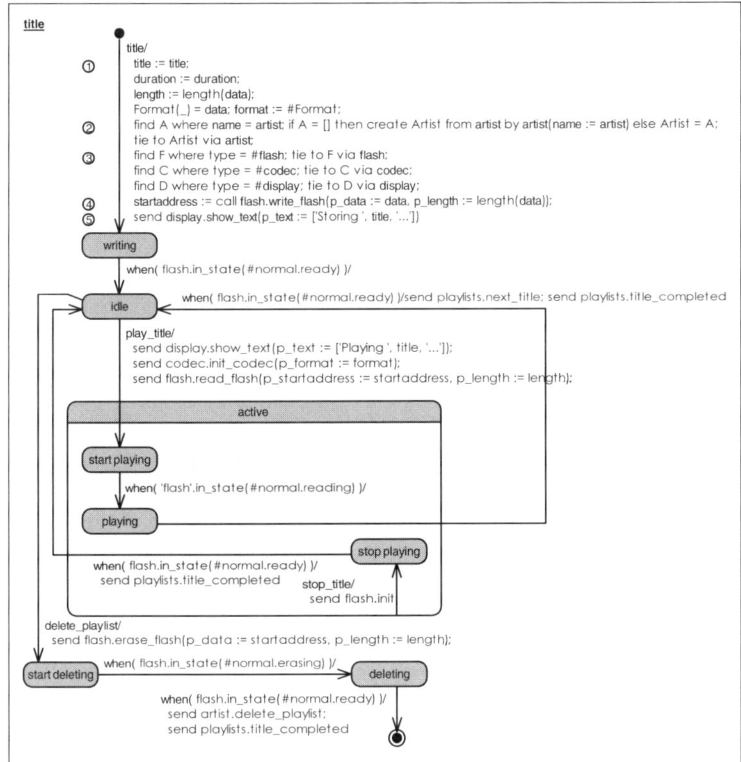

Abb. 6.9 *Das Zustandsdiagramm „title"*

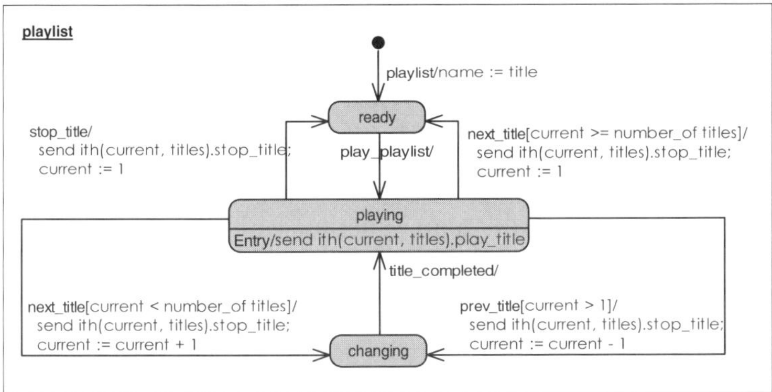

Abb. 6.10 *Das Zustandsdiagramm „playlist"*

kann man sich in der Titelliste vor- und rückwärts bewegen, und „stop-title" bricht die Wiedergabe ab.

Vererbung von Verhalten

Die LCL-Klasse „playlist" wird durch zwei weitere Klassen spezialisiert: Entweder handelt es sich um ein Album oder eine durch den Benutzer zusammengestellte Liste („user playlist"). Die Zustandsdiagramme dieser zwei Klassen sind den Abbildungen 6.11 und 6.12 dargestellt. Beiden gemeinsam ist, dass sie das Verhalten ihrer Superklasse „playlist", wie es im Zustandsdiagramm in Abbildung 6.10 gezeigt ist, erben. Daher sind die beiden Zustandsdiagramme „album“ und „user playlist“ sehr einfach: Sie spezifizieren lediglich die zusätzliche Funktionalität der jeweiligen Subklasse. Im Falle eines Albums sind dies:

- das Hochladen aus dem PC und das Hinzufügen von Titeln zum Album via „add-title“ im Zustand „ready“,
- das Löschen des gesamten Albums via PC, d.h. das Entfernen sämtlicher seiner Titel aus dem FLASH-Speicher via „delete-playlist“, was in den Zustand „being deleted“ führt.

In diesem Zusammenhang stellt sich die Frage, was es eigentlich heißt, wenn eine Zustandsmaschine (z.B. „playlist“) von einer anderen Zustandsmaschine (z.B. „album“) „geerbt“ wird: In einer Instanz der Subklasse laufen schlicht und einfach beide Zustandsmaschinen parallel! Mit anderen Worten: Eine konkrete Instanz eines Albums kann sich beispielsweise im Zustand „playlist:playing“ *und* „album:'being deleted'“ gleichzeitig befinden!

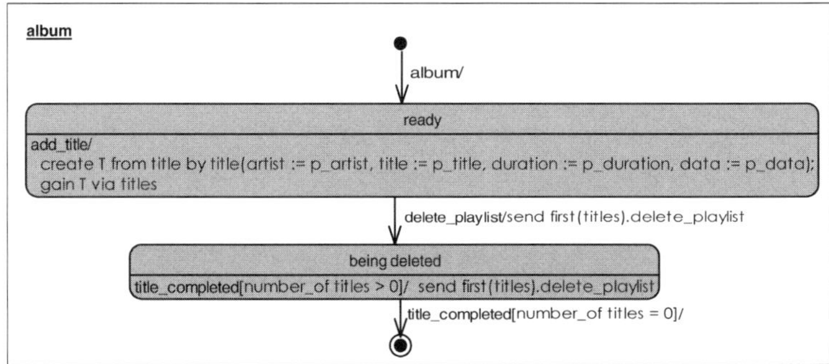

Abb. 6.11 *Das Zustandsdiagramm „album“*

In den Reaktionen auf die Requests „add-title“ und „delete-playlist“ unterscheidet sich das Verhalten einer „user playlist“ (Abb. 6.12) von demjenigen einer Klasse „album“ (Abb. 6.11): Auf den Request „add-title“ wird kein neuer Titel hochgeladen, sondern lediglich der bereits vorhandene Titel der „user playlist“ hinzugefügt. Analog dazu bewirkt „delete--playlist“ auch nicht, dass sämtliche Titel aus dem FLASH-Speicher gelöscht werden, sondern lediglich das Löschen der „user playlist“ selbst.

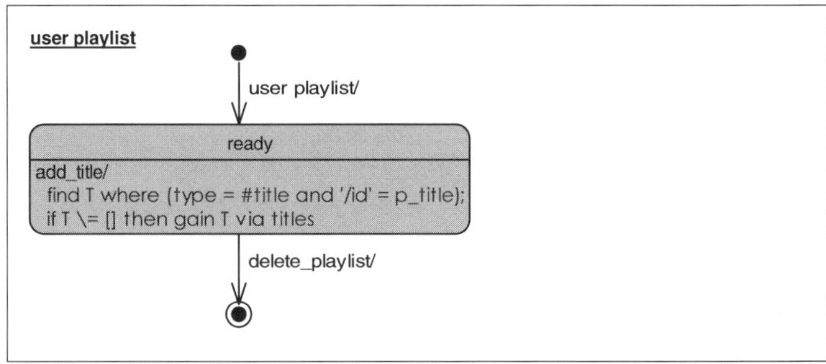

Abb. 6.12 *Das Zustandsdiagramm „user playlist“*

6.3.4 Der FLASHman als Ganzes

Somit sind wir nun in der Lage, sämtliche Domänenobjekte des FLASHman als Ganzes zu betrachten. Abbildung 6.13 zeigt das vollständige Domänenobjekt-Diagramm des FLASHman.

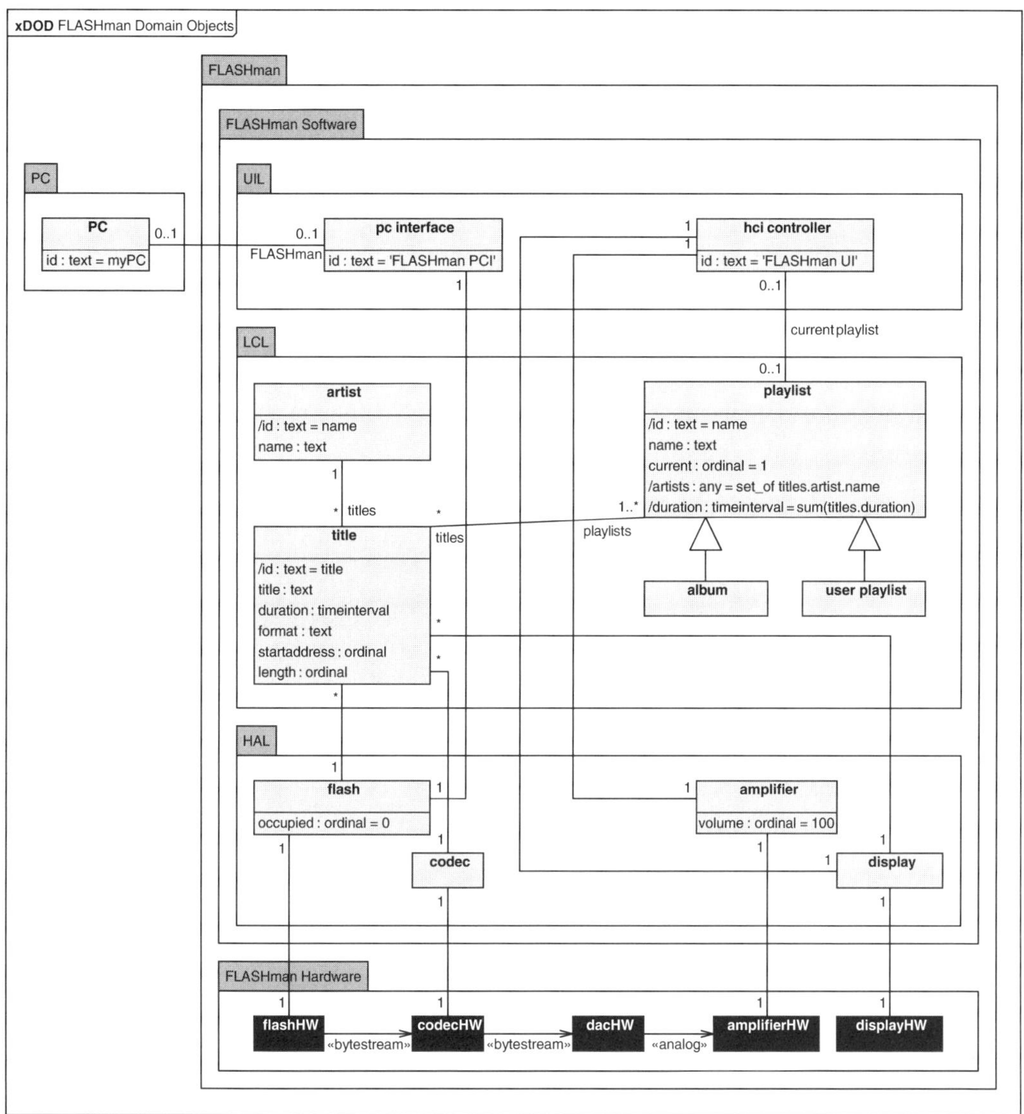

Abb. 6.13 *Domänenobjekt-Diagramm des FLASHman HAL*

Exemplarische Objektkollaboration

Die Darstellung einer konkreten Objekt-Instanziierung ist oft eine hilfreiche Sache. Abbildung 6.14 zeigt beispielsweise eine mögliche Instanziierung des FLASHman in Form eines Objektdiagramms. In diesem „Schnappschuss" wurde erst ein einziges Album „Exposed CD1" mit den zwei Titeln „Incantations (parts 1 & 2)“ und „Incantations (parts 3 & 4)“ des Artisten „Mike Oldfield“ auf den FLASHman hochgeladen. Diese Titel haben Verbindung mit den zu steuernden HAL-Klassen aufgenommen. Im Moment wird gerade der zweite Titel des Albums abgespielt, was an den Zuständen (siehe „$state“) der verschiedenen Objekte zu sehen ist. Im Album ist zudem zu sehen, dass es sich gleichzeitig in den zwei Zuständen „ready“ und „playing“ befindet.

An dieser Stelle kommen wir noch einmal auf die Klassen im UIL zurück. Sie fungieren als sogenannte „Fassaden“ des FLASHman, indem sie Requests von Akteuren entgegennehmen und sie an die zuständigen Objekte im Inneren des FLASHman weiterleiten.

Abbildung 6.15 zeigt das Zustandsdiagramm der Klasse „hci controller“. Sie übernimmt beim Einschalten des FLASHman die Instanziierung der HAL-Klassen. Danach fungiert sie als Fassade und nimmt die im Anwendungsfallmodell spezifizierten Requests vom Benutzer (z. B. „vol+“) entgegen und leitet sie an die zuständige Klasse in den unteren Schichten weiter (z. B. als „inc-volume“ an den Verstärker im HAL). Die Requests „show artists“, „show albums“ und „show playlists“ erledigt der „hci controller“ gleich selbst, indem er mittels einer datenbankähnlichen Abfrage an den LCL die gewünschten Texte erzeugt und am Display ausgibt. Schließlich wird mit dem Zustand „ready to play“ erreicht, dass die Navigations-Requests „play“, „next“, „prev“ und „stop“ erst weitergeleitet werden, wenn eine abzuspielende Titelliste festgelegt ist.

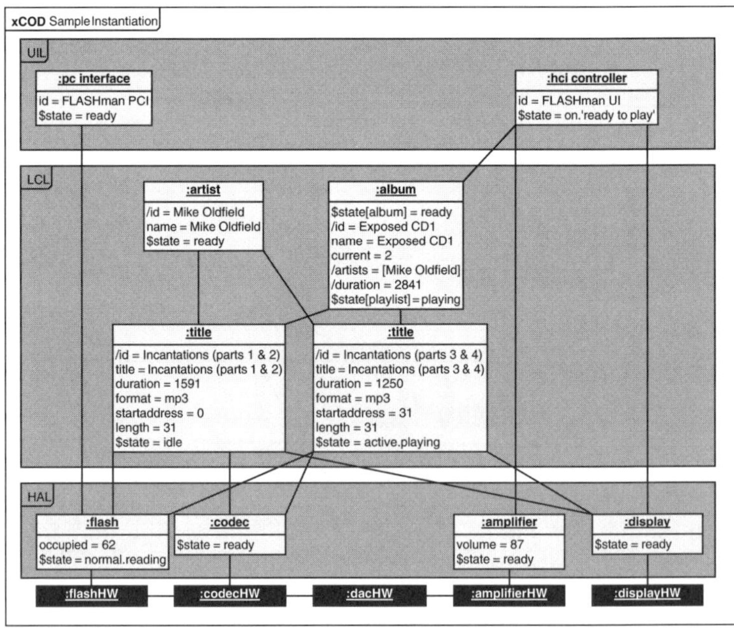

***Abb. 6.14** Die Instanziierung des FLASHman HAL*

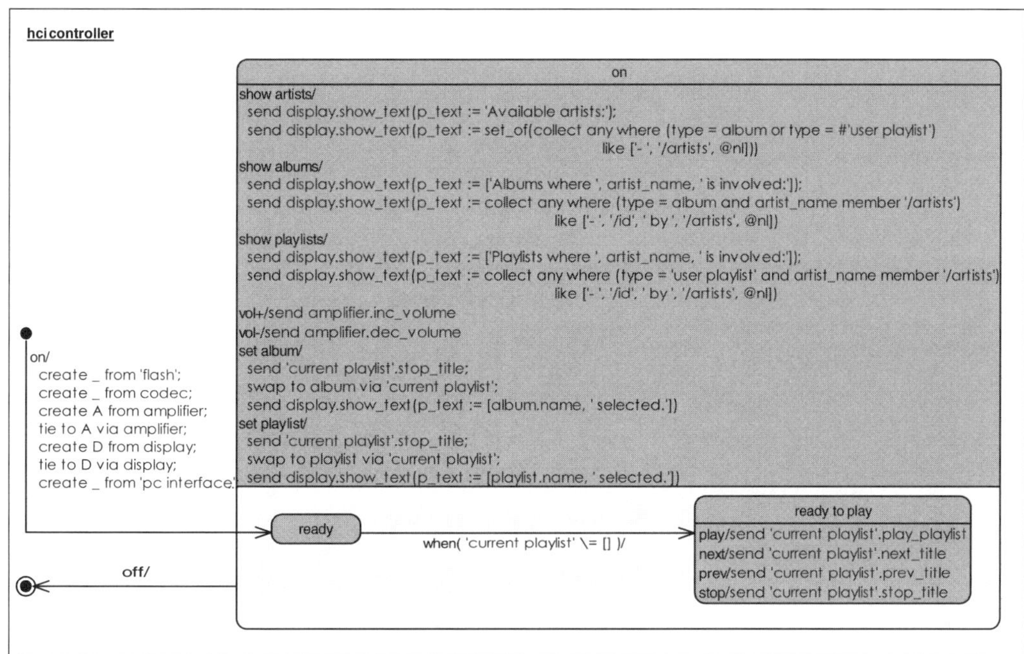

hci controller
on
show artists/
send display.show_text(p_text := 'Available artists:');
send display.show_text(p_text := set_of(collect any where (type = album or type = #'user playlist')
like ['- ', '/artists', @nl]))
show albums/
send display.show_text(p_text := ['Albums where ', artist_name, ' is involved:']);
send display.show_text(p_text := collect any where (type = album and artist_name member '/artists')
like ['- ', '/id', ' by ', '/artists', @nl])
show playlists/
send display.show_text(p_text := ['Playlists where ', artist_name, ' is involved:']);
send display.show_text(p_text := collect any where (type = 'user playlist' and artist_name member '/artists')
like ['- ', '/id', ' by ', '/artists', @nl])
vol+/send amplifier.inc_volume
vol-/send amplifier.dec_volume
set album/
send 'current playlist'.stop_title;
swap to album via 'current playlist';
send display.show_text(p_text := [album.name, ' selected.'])
set playlist/
send 'current playlist'.stop_title;
swap to playlist via 'current playlist';
send display.show_text(p_text := [playlist.name, ' selected.'])
on/
create _ from 'flash';
create _ from codec;
create A from amplifier;
tie to A via amplifier;
create D from display;
tie to D via display;
create _ from 'pc interface';
ready
when('current playlist' \= [])/
ready to play
play/send 'current playlist'.play_playlist
next/send 'current playlist'.next_title
prev/send 'current playlist'.prev_title
stop/send 'current playlist'.stop_title
off/

Abb. 6.15 *Das Zustandsdiagramm „hci controller"*

6.3.5 Ausführung der FLASHman-Spezifikation

Ausführbare Spezifikation

So, nun hätten wir eine vollständige funktionale Spezifikation des FLASHman zusammen, die direkt ausführbar ist. Worüber wir allerdings bisher nicht gesprochen haben, sind die Klassen „flashHW", „codecHW", „dacHW", „amplifierHW", „displayHW" sowie „PC" aus dem Domänenobjekt-Diagramm in Abbildung 6.13. Sie sind alle nicht Teil der FLASHman Software selbst, sondern Teil von deren Umgebung. Sie sind für die Ausführung der Spezifikation nicht zwingend notwendig, können jedoch aus folgenden Gründen ebenfalls mittels xUML beschrieben werden:

- In der Klasse „PC" lassen sich Testdaten beschreiben (Alben, Titel, Titellisten, etc.), welche sich in einfacher Weise vom simulierten PC auf den simulierten FLASHman hochladen lassen.
- Die Klasse „flashHW" simuliert die anzusteuernde FLASHman-Hardware. Da diese auf Kommandos aus der FLASHman-Software antworten muss, vereinfacht eine einfache Simulation dieser Hardware als „Loop-back"-Adapter die Ausführung der Spezifikation wesentlich.
- Die Klassen „codecHW", „amplifierHW" und „displayHW" können beispielsweise dazu dienen, die von der FLASHman-Software gesendeten Kommandos zu protokollieren.
- Die Klasse „dacHW" schließlich spielt für die Simulation der FLASHman-Software überhaupt keine Rolle, da sie eine reine Hardware-Funktion repräsentiert.

Die Ausführung der Spezifikation erfolgt in der CASSANDRA/xUML-Umgebung durch das Auslösen von Requests über das in Abbildung 6.3 gezeigte FLASHman GUI und dem Beobachten der dadurch ausgelösten Vorgänge. Abbildung 6.16 zeigt einen Schnappschuss einer Simulationssitzung mit dem FLASHman. Darauf sind unter anderem auch ein Protokoll-Fenster zu sehen, welches die aktuellen Vorgänge innerhalb der Spezifikation protokolliert sowie eine Menge von sogenannten „Objekt-Inspektoren", mit denen sich einzelne Instanzen beobachten lassen. Schließlich besteht über den gezeigten Papagei die Möglichkeit, bestimmte Vorgänge auch akustisch zu verkünden.

***Abb. 6.16** Die Simulation des FLASHman*

6.4 Weitergehende Möglichkeiten der xUML

Ein xUML-Toolset

Im vorgestellten FLASHman-Beispiel ist lediglich ein Teil der Möglichkeiten von xUML zur Anwendung gekommen. Daneben stellt der xUML-Formalismus und die CASSANDRA/xUML-Entwicklungsumgebung weitere Elemente zur Spezifikation komplexer Zusammenhänge zur Verfügung:

› Es steht ein umfangreiches Set an mathematischen Funktionen zur Verfügung, um auch komplexe Berechnungen zu spezifizieren.

- Mittels komplexer Mengenoperationen (Schnitt-, Vereinigungs-, Differenzmengen etc.) lassen sich zusammen mit mehrstufigen Navigationsoperationen insbesondere Objektinstanzen als Mengen bearbeiten.
- Informationen lassen sich proaktiv vom Benutzer einfordern oder von externen Systemen einlesen.
- Objektinstanzen lassen sich persistent machen, d.h., sie können eine einzelne Simulationssitzung „überleben".
- Durch die implizite oder explizite Steuerung logischer verteilter Transaktionen lassen sich komplexe fachliche Invarianten über die gesamte Spezifikation garantieren.
- Durch die Verwendung von when(...)-Transitionen lassen sich komplexe Vorwärts-Inferenz-Regeln (auch „Produktionsregeln" genannt) spezifizieren.
- Die Definition ganzer Regelsets für abgeleitete Objekteigenschaften erlaubt die Spezifikation komplexer dynamisch änderbarer und polymorpher Rückwärts-Inferenz-Regeln (auch Ableitungsregeln genannt).
- Durch die Möglichkeit, Akteure (Rollen) oder einzelne Benutzer (Personen) in Ausdrücken zu verwenden, lassen sich Sicherheits-Anforderungen wie Zugriffsberechtigungen spezifizieren.
- Mittels after(...)-Transitionen und verzögertem Versenden von Requests lassen sich komplexe Zeitverhalten spezifizieren.

Zusätzlich kann das standardmäßig via Anwendungsfallmodell erzeugte GUI ein dezidiertes, von Hand programmiertes GUI einbinden. Damit lassen sich Spezifikationen komplexer technischer Systeme wesentlich realitätsnaher simulieren.

CASSANDRA/xUML bietet zudem die Möglichkeit, komplexe Testfälle automatisch aufzuzeichnen und zu ganzen Gruppen zusammenzustellen, die sich dann wieder automatisch „abspielen" lassen. Die Resultate dieser Testunterstützung lassen sich via XML-Generierung in Form von Testspezifikationen und Testprotokollen automatisch dokumentieren.

Ein reales xUML-Beispiel

Im realen europaweiten Projekt „Euro-Interlocking", in dem es um die Spezifikation sicherheitskritischer Stellwerksysteme aus dem Bahnbereich geht, wurden weit über 100 Zustandsdiagramme mittels xUML spezifiziert, von denen eines in Abbildung 6.17 gezeigt ist. Es handelt sich dabei um das Verhalten einer sogenannten „Fahrstraße", die einen bestimmten Weg im Schienennetz eines Bahnhofes von einem Punkt zu einem anderen für einen Zug freischaltet.

Schließlich wurde in diesem Projekt ein dezidiertes GUI erstellt und in die Simulation integriert, welches in Abbildung 6.18 zu sehen ist. Damit ist es den beteiligten Bahn-Experten möglich, die Spezifikation zu testen, ohne dass sie mit der UML in Kontakt kommen.

Weitere Informationen zu CASSANDRA/xUML sind unter http://www.knowgravity.com/CASSANDRA zu finden.

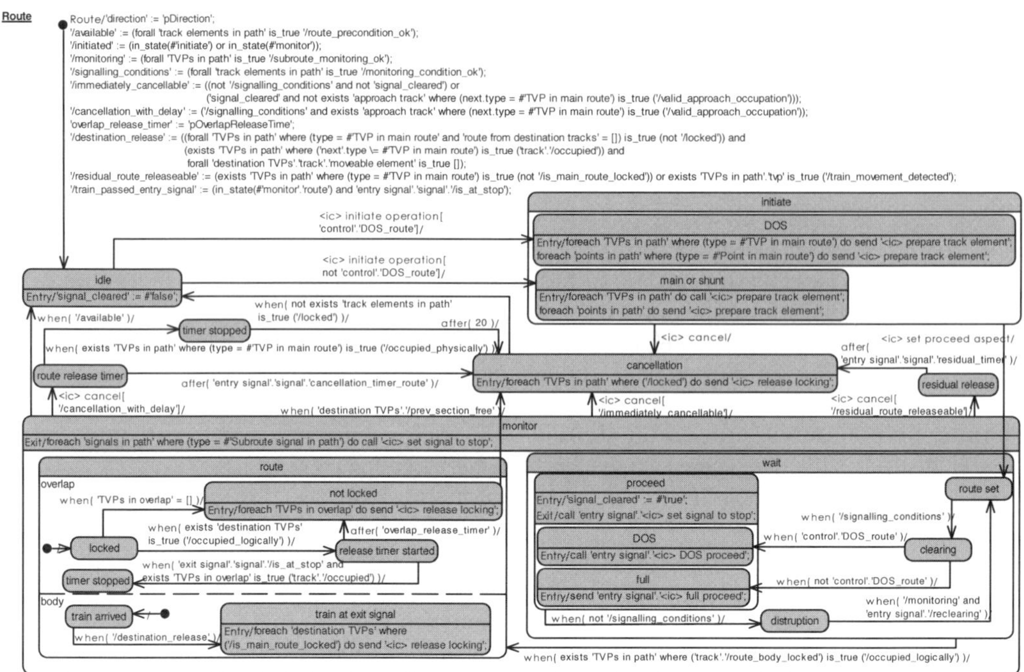

Abb. 6.17 *Ein Zustandsdiagramm aus dem „Euro-Interlocking"-Projekt*

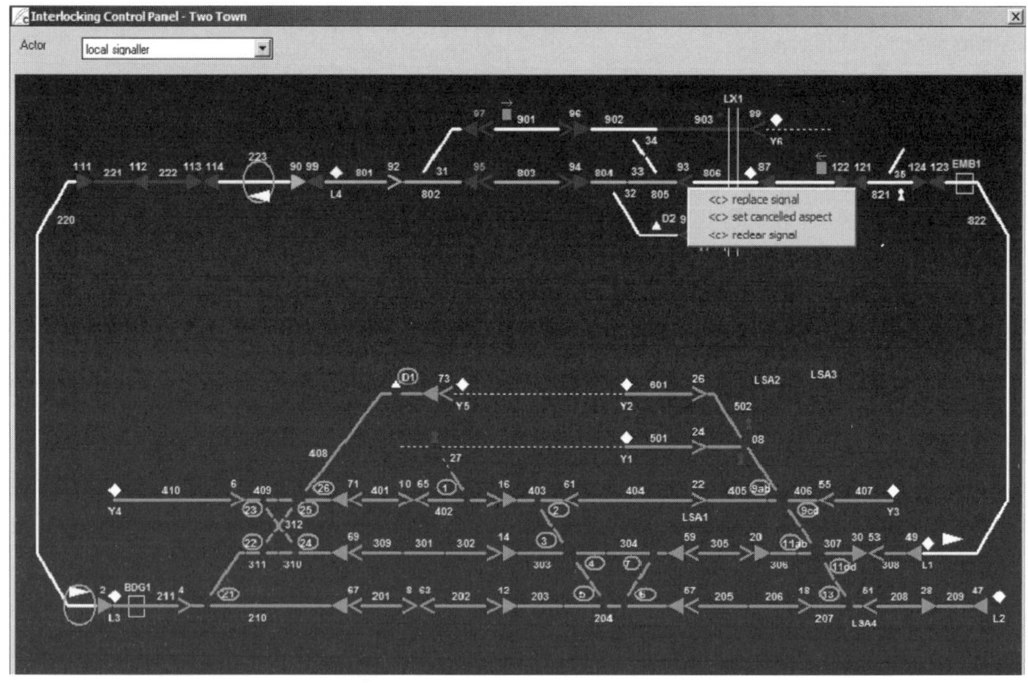

Abb. 6.18 *Das dezidierte GUI des „Euro-Interlocking"-Projekts*

Literatur

Grady Booch, Object Oriented Analysis and Design with Applications, Benjamin Cummings, 1993

Ole-Johan Dahl, Kristen Nygaard, How Object-Oriented Programming Started: http://www.ifi.uio.no/~kristen/FORSKNINGSDOK-MAPPE/F_OO_start.html, erfasst am 05.09.2006

Tom DeMarco, Structured Analysis and System Specification, Yourdon Press, 1978

Huáscar Espinoza et al., A General Structure for the Analysis Framework of the UML MARTE Profile, MARTES Workshop, October 2005, Montego Bay, Jamaica, erfasst am 13.05.2007, http://www.martes.org/prev/2005/SLIDES/6.pdf

Erich Gamma, Richard Helm, Ralph Johnson, John Vlissides, Entwurfsmuster, Addison-Wesley, 1995

Hassan Gomaa, Designing Concurrent, Distributed and Real-Time Applications with UML, Addison-Wesley Longman, Amsterdam, 2000

Patrick Grässle, Henriette Baumann, Philippe Baumann, UML 2 projektorientiert, Galileo Press, 2007

Jan Guillou, Coq Rouge, Piper, 1988

David Harel, Statecharts: A Visual Formalism for Complex Systems, Elsevier, 1987

Matthew Hause and Alan Moore: The Systems Modelling Language, http://www.omgsysml.org/ARTiSAN-The-Systems-Modeling-Language.pdf

Colin Hood, Susanne Mühlbauer, Chris Rupp, Gerhard Versteegen, iX-Studie Anforderungsmanagement, 2. Auflage, Heise Zeitschriften Verlag, 2007

Peter Hruschka, Chris Rupp, Agile Softwareentwicklung für Embedded Real-Time Systems mit der UML, Hanser, 2002

INCOSE, Guide to the Systems Engineering Body of Knowledge, http://g2sebok.incose.org/, 01 September 2003

Mario Jeckle et al., UML 2 glasklar, Hanser Verlag, München, 2004

Ralph Johnson, William Opdyke, Refactoring: An aid in designing application frameworks and evolving object-oriented systems. In: Proceedings of Symposion on Object-Oriented Programming Emphasizing Practical Applications (SOOPPA), September 1990

Peter Junglas, Einführung in Simulink, 1999, http://www.tu-harburg.de/rzt/tuinfo/software/numsoft/matlab/kurs/simulink/HTML/

Peter Liggesmeyer, Dieter Rombach, Software Engineering eingebetteter Systeme, Elsevier-Spektrum Akademischer Verlag, Heidelberg, 2005

Object Management Group (OMG), 1997. Unified Modeling Language: Semantics 1.1 Final Adopted Specification ptc/97-08-04. [online] Available from: http://www.omg.org [Accessed September 1998]

Object Management Group (OMG), 2003a. Unified Modeling Language: Superstructure version 2.0 Final Adopted Specification ptc/03-08-02. [online] Available from: http://www.omg.org [Accessed September 2003]

Object Management Group (OMG), 2003b. Unified Modeling Language: Infrastructure version 2.0 Final Adopted Specification ptc/03-09-015. [online] Available from: http://www.omg.org [Accessed September 2003]

Object Management Group (OMG), 2007. Unified Modeling Language: Infrastructure version 2.1.1 (with change bars); http://www.omg.org/docs/formal/07-02-04.pdf [Accessed March 2007]

Object Management Group (OMG), 2007. Unified Modeling Language: Superstructure version 2.1.1 (with change bars); http://www.omg.org/docs/formal/07-02-05.pdf [Accessed March 2007]

Object Management Group (OMG), 2006. Object Constraint Language, OMG Available Specification, Version 2.0; http://www.omg.org/docs/formal/06-05-01.pdf [Accessed March 2007]

Object Management Group (OMG), 2006. Diagram Interchange, version 1.0; http://www.omg.org/docs/formal/06-04-04.pdf [Accessed March 2007]

Object Management Group (OMG), 2006, Systems Modeling Language version 1.0, Available from www.OMGSysML.org. [Accessed March 2006]

Object Management Group, OMG Systems Modeling Language (OMG SysML™), V1.0, OMG Available Specification, http://www.omg.org/docs/formal/07-09-01.pdf

Object Management Group, A UML Profile for MARTE, Beta 1, OMG Adopted Specification, August 2007, http://www.omg.org/docs/ptc/07-08-04.pdf

Object Management Group, Meta Object Facility (MOF) 2.0 Query/View/Transformation Specification Final Adopted Specification, Juli 2007, http://www.omg.org/docs/ptc/07-07-07.pdf

oose.de GmbH, Glossar der oose.de GmbH für UML (Unified Modeling Language) Version 2.0, http://www.oose.de/oep/desc/glo-e9f9.htm

Roland Petrasch, Oliver Meimberg, Model Driven Architecture, dpunkt.verlag, Heidelberg, 2006

Andrej Pietschker, Testen mit TTCN-3 in der Praxis, http://www.gm.fh-koeln.de/~winter/tav/html/tav21/TAV21F2Pietschker.pdf

Markus Schacher, Patrick Grässle, Agile Unternehmen durch Business Rules, Springer, Berlin 2006

Deutschsprachige Informationen über TTCN-3: http://www.software-kompetenz.de/?26812, erfasst am 19.05.2007

Überblick über MDA: http://www.software-kompetenz.de/?5348, erfasst am 25.07.06

V-Modell XT Development Team, ftp://ftp.tu-clausthal.de/pub/institute/informatik/v-modell-xt/Releases/1.2.1/Dokumentation/V-Modell-XT-Einf%C3 %BChrung.pdf

Wikipedia, Beitrag über ISO/IEC 9126, http://de.wikipedia.org/wiki/ISO-9126, erfasst am 01.02.2007

Heinz Züllighoven, Object-Oriented Construction Handbook, dpunkt.verlag, Heidelberg, 2005

Index

E

F

G

H

I

J

K

L

M

N

O

P

Q

R

S

T

U

V

W

X

Z